《浙江植物志(新编)》编辑委员会 编著

浙江植物志 新编
Flora of Zhejiang
(New Edition)

第十卷 莎草科—兰科

Volume 10
Cyperaceae—Orchidaceae

浙江科学技术出版社

图书在版编目(CIP)数据

浙江植物志：新编.第十卷/《浙江植物志（新编）》
编辑委员会编著.— 杭州：浙江科学技术出版社，2021.3
　　ISBN 978-7-5341-9176-3

Ⅰ.①浙… Ⅱ.①浙… Ⅲ.①植物志－浙江
Ⅳ.①Q948.525.5

中国版本图书馆CIP数据核字（2020）第194054号

书　　名	浙江植物志（新编）·第十卷
编　　著	《浙江植物志（新编）》编辑委员会
出版发行	浙江科学技术出版社
	杭州市体育场路347号　邮政编码：310006
	编辑部电话：0571-85152719
	销售部电话：0571-85176040
	网址：www.zkpress.com
排　　版	杭州万方图书有限公司
印　　刷	浙江新华数码印务有限公司
经　　销	全国各地新华书店
开　　本	889mm×1194mm　1/16　　印　张　37.5
字　　数	860 000
版　　次	2021年3月第1版　　2021年3月第1次印刷
书　　号	ISBN 978-7-5341-9176-3　　定　价　350.00元
审 图 号	浙S（2019）11号

版权所有　翻印必究
（图书出现倒装、缺页等印装质量问题，本社销售部负责调换）

策划组稿　章建林　詹　喜　　**责任编辑**　赵雷霖　卢晓梅
责任校对　李亚学　陈宇珊　　**封面设计**　金　晖
责任印务　叶文炀

【内容提要】

本卷记载了浙江省野生或习见栽培的被子植物（单子叶植物：莎草科至兰科）18科，156属，560种（不计种下分类群，但浙江无原种的种下分类群以种计）。其中包括本志作者自《浙江植物志（新编）》编著项目启动以来发表的新分类群（新种、新亚种和新变种）7个，新组合1个，学名作新异名处理7个，中国新记录种2个，浙江分布新记录属1个，新记录种（含亚种和变种）19个，订正了4个以往错误鉴定种。每种植物均有中名、拉丁名、形态描述、产地、生境、分布、用途等记述，近95%的种类附有野外实地拍摄的彩色图片。

本卷可供农业、林业、园艺、医药、环保等行业的科技人员、管理人员及广大植物爱好者参考，也可作为各类院校植物学、农学、林学、园艺学、药学、生态学等相关专业的辅助教材。

Summary

In this volume, 560 species belonging to 156 genera in 18 families (from Cyperaceae to Orchidaceae in monocots) are recorded, which are wild and commonly cultivated species in Zhejiang Province. The species covered in this volume include 7 new taxa (new species, new subspecies and new varieties), 1 new combination, 7 scientific names reduced to synonyms, 2 species newly recorded in China, 1 genera newly recorded with 19 species newly recorded (with subspecies and varieties) in Zhejiang. 4 formerly mis-identified species were clarified. Each species contains Chinese name, scientific name, morphological description, locality, habitat, distribution, economic usage, etc. Approximately 95% species are accompanied by color pictures obtained from original observation.

This book can be used as a reference for scientists and technicians, managers and plant hobbyists of agriculture, forestry, horticulture, medicine and pharmacy, environmental protection and other related fields. It also can be course materials for various majors in botany, agriculture, forestry, horticulture, pharmacy, ecology, etc.

《浙江植物志（新编）》编辑委员会

主　　　任　胡　侠（2018年12月起在任）
　　　　　　林云举（2014年11月至2018年12月在任）
副　主　任　吴　鸿　杨幼平　王章明（常务）　陆献峰
　　　　　　于明坚　江　波　吾中良　章滨森
委　　　员　柳新红　陈华新　朱光权　丁良冬　孙晓霞

主　　　编　李根有　丁炳扬
副　主　编　金孝锋　陈征海　张方钢　金水虎
编　　　委　李根有　丁炳扬　金孝锋　陈征海　张方钢
　　　　　　金水虎　柳新红　赵云鹏

顾　　　问　郑朝宗　裘宝林

组 织 编 著　浙江省林业局
　　　　　　浙江省植物学会

Editorial Board of Flora of Zhejiang (New Edition)

Directors

    Hu Xia (Served from December 2018)

    Lin Yunju (Served from November 2014 to December 2018)

Vice directors

Wu Hong	Yang Youping	Wang Zhangming
Lu Xianfeng	Yu Mingjian	Jiang Bo
Wu Zhongliang	Zhang Binsen	

Committee members

Liu Xinhong	Chen Huaxin	Zhu Guangquan
Ding Liangdong	Sun Xiaoxia	

Editors-in-chief

    Li Genyou   Ding Bingyang

Associate editors-in-chief

Jin Xiaofeng	Chen Zhenghai	Zhang Fanggang
Jin Shuihu		

Editorial board

Li Genyou	Ding Bingyang	Jin Xiaofeng
Chen Zhenghai	Zhang Fanggang	Jin Shuihu
Liu Xinhong	Zhao Yunpeng	

Advisers

    Zheng Chaozong   Qiu Baolin

Organizers

    Zhejiang Administration of Forestry

    Botanical Society of Zhejiang

本卷编著者及分工

卷 主 编　金孝锋
卷副主编　赵云鹏　陈伟杰
编 著 者　莎草科、黑三棱科、香蒲科、水玉簪科
　　　　　金孝锋（杭州师范大学）　鲁益飞（浙江大学）
　　　　　芭蕉科、姜科、美人蕉科、竹芋科、田葱科、
　　　　　雨久花科、鸢尾科、芦荟科、龙舌兰科
　　　　　陈伟杰（浙江农林大学）
　　　　　百合科、百部科、菝葜科
　　　　　赵云鹏（浙江大学）　李　攀（浙江大学）
　　　　　薯蓣科
　　　　　高亚红（杭州植物园）
　　　　　兰科
　　　　　吴棣飞（温州市公园管理处）
　　　　　张宏伟（浙江清凉峰国家级自然保护区管理局）

Authors and Division

Volume editor-in-chief

Jin Xiaofeng

Volume associate editors-in-chief

Zhao Yunpeng and Chen Weijie

Authors

Cyperaceae, Sparganiaceae, Typhaceae, Burmanniaceae

Jin Xiaofeng (Hangzhou Normal University) and Lu Yifei (Zhejiang University)

Musaceae, Zingiberaceae, Cannaceae, Marantaceae, Philydraceae,

Pontederiaceae, Iridaceae, Aloeaceae, Agavaceae

Chen Weijie (Zhejiang Agricultural and Forestry University)

Liliaceae, Stemonaceae, Smilacaceae

Zhao Yunpeng (Zhejiang University) and Li Pan (Zhejiang University)

Dioscoreaceae

Gao Yahong (Hangzhou Botanical Garden)

Orchidaceae

Wu Difei (Park Service of Wenzhou City) and Zhang Hongwei (Administration of Zhejiang Qingliangfeng National Nature Reserve)

序 一

浙江植物学专家前辈历经10年的辛勤努力，于1993年出版了8卷《浙江植物志》（7卷加总论卷）。该志记载了浙江野生与习见栽培的维管植物共231科，1372属，4444种（含种下等级）。该志编撰严谨，图文并茂，荣获第二届国家图书奖（1995），不仅深受社会各界欢迎，出现了一书难求的现象，还成为浙江乃至周边省份科研、科普、教学、生产的必备参考书，在浙江省的经济建设、生态保护等方面发挥了非常重要的作用。

《浙江植物志》出版之后的20多年中，随着经济的飞速发展，省外及国外一些植物物种被大量引入，同时浙江新一代植物学工作者在继承前辈严谨工作作风的基础上，不懈努力，深入调查，又发现了众多的植物新分类群和分布新记录。而这些资料均分散在各种期刊和著作中，不利于各行各业应用。因此，《浙江植物志（新编）》的出版顺应了时代的发展和社会的需求，意义重大。

《浙江植物志（新编）》对原志书进行了全面的、系统的补充修订，并在被子植物部分采用了当代著名的四大被子植物分类系统之一的克朗奎斯特（Cronquist）分类系统（1988）；本志书用精美的彩色照片代替了原来的线描图，使之更具直观性和实用性，这在省级植物志书中是非常有特色的。

全套志书由原来的8卷增加至10卷；收录种类比原志书有了大量增加，其中有近年发现的新分类群100余个，新记录科3个，新记录属80多个，新记录种400多个，同时增加了很多物种的新分布点；对原记载的植物逐种进行了考证，对不少植物学名根据新的资料予以了更正，对一些原来鉴定错误或经调查已无栽培的种类进行了更正与删减，充分汲取了植物分类的最新研究成果，使之更具科学性和准确性。

由此可见，本套志书在学术水平上又有了较大的提升，充分体现出了编撰志书为地方经济建设及基层大众服务的初衷。相信本套志书出版之后，定会为浙江省的植物学研究、教学、科普以及植物资源的开发利用与保护等发挥重要作用。

我注意到，在从事植物经典分类人才越来越稀缺的今天，在经济较发达的浙江，仍有一批中青年植物学者执着地坚守在基础研究的岗位上，这让我尤为高兴。

在本套志书编撰之初，我与浙江同行就有了密切的书信联系和问题交流，并自始至终给予了特别关注。得知本套志书即将陆续出版，甚感欣慰，特予作序。

中国科学院植物研究所研究员
中国科学院院士
2019年5月于北京

序 二

浙江地处我国东南沿海，陆域面积不大，但自然条件优越，植物资源丰富，人文底蕴深厚，有钟观光、钱崇澍、李善兰等植物学先驱，并涌现出了陈嵘、张肇骞、钟补求、蔡希陶、王伏雄、吴中伦、梁希、杨衔晋、林刚、陈诗、陈谋、贺贤育等林学家、植物分类学家和采集家，成为我国近代植物学的重要发源地之一。独特的区域优势和丰富的植物资源，吸引了众多国内外学者来浙江开展采集和研究工作，除浙江籍人士外，还有胡先骕、秦仁昌、郑万钧、陈焕镛、裴鉴、唐进、耿以礼、郑勉、裘佩熹、J. Cunningham、R. Fortune、E. Faber、F.B. Forbes、W.B. Hemsley、S. Matsuda、C.S. Sargent、H. Migo、A.N. Steward等，为浙江的植物资源调查和分类研究奠定了基础。

1993年，本人有幸受邀参加"浙江植物资源调查研究及《浙江植物志》编著"成果评审会，方云亿、章绍尧等浙江老一辈植物分类学家踏实严谨、精益求精的科研作风给我留下了深刻印象。项目成果获得了浙江省科技进步奖一等奖（1994），《浙江植物志》还获得第二届国家图书奖（1995）和第七届全国优秀科技图书一等奖（1995），成为省级植物志的典范。《中国植物志》于2004年全部出版，有人认为植物分类学家从此已无用武之地。殊不知，由于历史原因，就整体而言，我国植物分类学还处在描述阶段。浙江省的植物分类学者认识到这一点，他们承前启后，不仅自己奋斗，还培养人才，为这一领域注入了活力。浙江省的植物资源调查研究工作方兴未艾，相继出版了《浙江种子植物检索鉴定手册》等专著，积累了丰富翔实的新资料，结出了新成果。

《浙江植物志（新编）》由浙江省27家单位的50余位专家参与编研工作。通过大规模和系统的野外考察、标本采集、照片拍摄，收录的种类大幅增加，其中有近年发现的新记录科3个，新记录属80多个，新记录种400多个，充实了浙江乃至全国植物区系地理的内容；全书85%以上的种类配有实地拍摄的彩色照片，图文并茂。与《浙江植物志》相比，《浙江植物志（新编）》种类收录更齐全，分类处理更合理，兼顾科学性、可读性、实用性和鉴赏性。在此，我对本志编著者和浙江科学技术出版社相关人员所付出的心血表示感谢，也希望浙江的植物分类工作者再接再厉，继续开展更深入的植物资源调查和研究，在分类修订、生物多样性编目、物种形成、系统发生和进化、亲缘地理等方面取得新的更大的成绩。

是为序。

中国植物学会名誉理事长
中国科学院院士 洪德元

2019年6月于北京

前 言

浙江位于中国东南沿海，长江三角洲南翼，东临东海，南接福建，西与安徽、江西相连，北与上海、江苏接壤，地理坐标为27°02′～31°11′N，118°01′～123°10′E。陆地面积10.55万平方千米，约占全国的1.1%，是我国陆地面积较小的省份。全省以山地丘陵为主，素有"七山一水二分田"之说。因地处中亚热带，全省气候温和，雨量充沛，山脉纵横，丘陵起伏，河谷、平原、盆地交错分布，海岸曲折，岛屿众多，自然环境复杂多样，利于各类植物繁衍生息，加之地史古老，孕育并保存了丰富的植物种类，享有"东南植物宝库"之美誉。

浙江境内的植物标本采集与调查工作始于18世纪初期。随着杭、甬等地通商口岸的开放，J. Cunningham、R. Fortune、E. Faber等10多个国家的50多位学者先后进入浙江的舟山、宁波、杭州、台州等地开展植物标本的采集和调查工作，对早期植物科学的传播及植物分类资料的积累起到了重要作用。在我国最早科学系统地开展植物标本采集的是钟观光（北仑），之后在浙江涌现出了一批我国近代植物分类学家和采集家，如钱崇澍（海宁）、陈嵘（安吉）、钟补勤（北仑）、钟稼勤（北仑）、钟补求（北仑）、林刚（平阳）、陈诗（诸暨）、陈谋（诸暨）、吴中伦（诸暨）、贺贤育（镇海）、张肇骞（永嘉）等。我国许多著名植物分类学家也曾先后来浙江进行采集、研究，如胡先骕、秦仁昌、郑万钧、耿以礼、唐进、裴鉴、郑勉、裴佩熹等。因此，浙江也成为我国近代植物分类研究的发祥地之一。中华人民共和国成立后，浙江省人民政府对植物资源的普查工作非常重视，陆续组织开展了一些专题性或区域性的植物资源普查工作，积累了大量的标本和资料，为植物志书的编写奠定了良好的基础。

1982年，浙江省科委下达了089号文件，组织省内19家大专院校、科研单位的50余位科研、教学专家，开展了《浙江植物志》的编著工作。他们通过野外考察、标本查阅、资料整理、潜心编撰，历经十载寒暑，出版了洋洋8卷巨著。全志共记载浙江野生及习见栽培植物231科，1372属，3897种，30亚种，391变种，126变型，第一次全面系统地展示了浙江植物资源的全貌。该项目成果荣获浙江省科学技术进步奖一等奖（1994）。《浙江植物志》还获得第二届国家图书奖（1995）及第七届全国优秀科技图书一等奖（1995）。长期以来，作为省内外植物专业人士、学生及社会有关人员必不可少的权威工具书，《浙江植物志》在浙江省的经济和生态建设方面发挥了极为重要的作用。

《浙江植物志》出版后的20多年中，社会、经济、文化、环境等方面均发生了翻天覆地的变化，植物种类、相关信息也相应地产生了巨大的改变。随着交通状况不断改善和植物分类知识的广泛普及，在年青一代专业人员的不懈努力下，植物调查和研究工作更为全面和深入，新发现也逐渐增多。据初步统计，在本项目进行之前就已发现新种

（含种下等级）或新记录种350多个；在此期间，国内外植物分类和系统进化等方面的研究也取得了长足发展，被 Flora of China 和其他文献归并的有300余种，分类等级或学名改变的有300多种；与此同时，很多历史上曾经引种的植物已经消失，而在走向国际化的进程中，更多与农业、林业、园林、医药相关的新资源植物又被不断地引进栽培，种类变动的数量高达本志书记载总数的近1/4。

近些年来，在浙江各级政府的高度重视下，植物资源调查研究工作的开展如火如荼、方兴未艾。在本志编撰前及期间，浙江的科研团队相继出版了《温州植物志》（5卷）、《杭州植物志》（3卷）、《宁波植物图鉴》（5卷）等区域性志书，以及一批实用性图鉴或专著，如《浙江种子植物检索鉴定手册》《浙江野菜100种精选图谱》系列丛书、《浙江省常见树种彩色图鉴》、《宁波珍稀植物》、《宁波滨海植物》、《玉环木本植物图谱》、《台州乡土树种识别与应用》、《慈溪乡土树种彩色图谱》、《莫干山区乡土树种》等；各地已建或新建自然保护区的资源普查工作陆续开展，出版了《天目山植物志》（4卷）、《清凉峰植物》、《清凉峰木本植物志》（2卷）、《百山祖的野生植物》等专著和科学考察报告，积累的新资料越来越丰富。党的十八大后，中共浙江省委、省人民政府统筹推进"五位一体"总体布局，十分重视生态建设和植物资源保护工作。在新形势下，迫切需要厘清浙江省植物种类、分布、生存状况及开发利用价值，为森林、湿地、物种三条"生态保护红线"的研究与监测提供信息丰富、数据准确、功能完善的基础资料。如今，社会安宁，经济繁荣，修志时机已充分成熟，工作基础也已相对夯实。因此，为适应新形势的快速变化，尽早编撰一部能反映浙江植物资源现状的志书已是大势所趋和当务之急。

经过一段时间的酝酿和筹备，2014年年底，由浙江省林业局（原浙江省林业厅）与浙江省植物学会联合组织成立了《浙江植物志（新编）》编委会，聚集全省27家教学、科研、生产单位的50余位专家和学者，正式启动了"浙江省野生植物资源调查、建档、编纂及《浙江植物志》（第二版）编著"项目（浙江省财政项目，编号：335010-2015-0005）。

5年来，编委会召开了10余次全体或扩大会议，制订和完善了编写大纲和细则，并提出全部采用彩色照片及系统更先进、种类更齐全、资料更丰富、数据更准确、使用更方便的要求；组织了数百次规模不等的野外科学考察活动，时间覆盖一年四季，地点遍及全省各地，拍摄了100余万幅植物种类和生境彩色照片，采集标本5000余号，发现了众多的植物新类群和省级以上分布新记录植物，获取了大量植物新分布点及新用途等重要信息；参编者查阅了大量文献资料，以及省内外各大植物标本馆、中国数字植物标本馆（CVH）、国家标本资源共享平台（NSII）的大量相关标本，对不少有疑问的植物类群和学名进行了认真考证，发表研究论文上百篇，取得了丰硕的成果。

本套志书共10卷，收录的种类原则上为浙江省境内野生、归化、逸生及当下习见栽培的植物。具体收录的种类和内容如下：第一卷为概论（包括自然概况、采集和研究简史、植物区系、资源植物），蕨类植物门，石杉科至满江红科，计50科；第二卷为裸子植物门，苏铁科至红豆杉科，计10科，被子植物门，木兰科至荨麻科，计33科；第三卷为胡桃科至杨柳科，计36科；第四卷为白花菜科至蔷薇科，计17科；第五卷为含羞草科至茶茱萸科，计26科；第六卷为黄杨科至夹竹桃科，计27科；第七卷为萝藦科至胡麻科，计19科；第八卷为紫葳科至菊科，计9科；第九卷为泽泻科至禾本科，计17科；第十卷为莎草科至兰科，计18科。

　　本志的编写及出版工作得到了社会各界的大力支持和热切关注。中国科学院植物研究所王文采院士、洪德元院士自始至终给予了倾情关注和悉心指导；郑朝宗教授、裘宝林教授不顾年老体迈，欣然受邀担任本志顾问，并多次亲临现场指导、细心审阅资料；许多参与《浙江植物志》编著工作的省内老一辈植物分类学家为本志的编写建言献策，并寄予热切厚望；浙江科学技术出版社本着公益精神，不求赢利，为高质量出版本志，与编委会进行了密切合作；省内外植物分类专家及爱好者为本志无私提供了相关信息和高质量照片；江苏省中国科学院植物研究所标本馆（NAS）、中国科学院昆明植物研究所标本馆（KUN）、中国科学院西北高原生物研究所植物标本馆（HNWP）、中国科学院植物研究所标本馆（PE）、中国科学院华南植物园标本馆（IBSC）、中国科学院沈阳应用生态研究所东北生物标本馆（IFP）、安徽师范大学生命科学学院生物标本馆植物标本室（ANUB），以及杭州植物园植物标本馆（HHBG）、浙江农林大学植物标本馆（ZJFC）、浙江自然博物院植物标本馆（ZM）、浙江大学植物标本馆（HZU）、杭州师范大学植物标本馆（HTC）、温州大学植物标本馆（WZU）等为本志作者查阅标本给予了极大方便；全省各县（市、区）及自然保护区等单位的领导和技术人员在植物资源考察过程中给予了大力支持；原浙江省林业厅厅长林云举、副厅长王章明一直将本项目作为重要工作来抓，对编写过程中遇到的困难和问题都给予了及时解决；浙江省野生动植物保护管理总站吾中良站长、章滨森站长、陈华新副站长，浙江省林业科学研究院江波院长，浙江省森林资源监测中心汪奎宏主任以及本志编委会办公室的柳新红、朱光权、陈友吾、孙晓霞等同志在本志的调查和编写过程中做了大量组织、协调和日常管理工作。所有这一切，都为本志编研工作的顺利开展和完成提供了强有力的保障。谨在此一并致以诚挚的谢意！

　　由于编著者研究水平、编研时间所限，志书中难免存在不足之处，恳盼读者不吝指正。

《浙江植物志（新编）》编辑委员会

执笔：李根有

2019年4月30日

编写说明

1. 本志收录的种类原则上为浙江省境内野生、归化、逸生及当下习见栽培的维管植物。蕨类植物采用秦仁昌分类系统(1978);裸子植物采用郑万钧分类系统(1978);被子植物采用克朗奎斯特(Cronquist)分类系统(1988),但对个别科做了适当调整,如芍药科(根据王文采先生意见,移至毛茛科之后)、禾本科(因考虑分卷平衡原因,与莎草科位置对调)等。

2. 本志收载的种下等级包括亚种和变种,变型不单独著录,只在种下讨论中予以附记,列出名称(中名、拉丁名)和主要鉴别特征。对于栽培植物的品种通常不作划分。在种类统计上以种系为单位,即浙江无模式亚种(变种)的亚种(变种)以种计数[1个种系下不止1个亚种(变种)的只计1个],其余亚种(变种)不作计数。

3. 本志对浙江省自然分布种类省内产地情况的著录,除全省均有分布的外,尽可能反映其产地信息。为节省篇幅,以地级市为单位编写,如某市大部分县(县级市和区)有产的只写出该地级市名称;对于不是大部分县(县级市和区)有产的则直接列出县(县级市和区)名称(与地级市间用"及"连接);对于一些老市区间难以明确划分界线的简称为"市区"。产地名称和范围的行政区划资料截至2014年,但为更好地反映植物分布的自然属性,部分市区仍作独立产地予以记载。具体如下:

湖州:湖州市区(吴兴、南浔)、长兴、安吉、德清。

嘉兴:嘉兴市区(南湖、秀洲)、嘉善、平湖、桐乡、海盐、海宁。

杭州:杭州市区(上城、下城、江干、拱墅、西湖、余杭)、萧山(含滨江)、富阳、临安、桐庐、建德、淳安。

绍兴:绍兴市区(越城、柯桥)、上虞、诸暨、嵊州、新昌。

宁波:宁波市区(海曙、江东、江北、镇海、北仑)、鄞州、慈溪、余姚、奉化、象山、宁海。

舟山:定海、普陀、岱山、嵊泗。

衢州:衢州市区(柯城、衢江)、开化、常山、江山、龙游。

金华:金华市区(婺城、金东)、浦江、兰溪、义乌、东阳、磐安、永康、武义。

台州:台州市区(椒江、路桥、黄岩)、天台、三门、临海、仙居、温岭、玉环。

丽水:莲都、缙云、遂昌、松阳、龙泉、庆元、云和、景宁、青田。

温州:温州市区(鹿城、龙湾、瓯海)、洞头、乐清、永嘉、瑞安、文成、平阳、苍南、泰顺。

4. 本志对浙江省分布的植物种类国内分布情况的编写，除全国均有分布的外，分大区（东北、华北、华东、华中、华南、西南、西北）和省（自治区、直辖市）两级编写，如大区内大部分省（自治区、直辖市）有分布的只写出该大区名称；对于不是大部分省（自治区、直辖市）有分布的则直接列出省（自治区、直辖市）名称，与大区间用"及"连接。分布区名称和范围以2014年的行政区划为依据，但为更好地反映植物分布的自然属性，对部分地区做了适当调整。具体如下：

东北：黑龙江、吉林、辽宁。
华北：内蒙古、河北（含北京、天津）、山西、山东。
华东：江苏（含上海）、安徽、浙江、江西、福建。
华中：河南、湖北、湖南。
华南：台湾、广东（含香港、澳门）、海南、广西。
西南：四川（含重庆）、贵州、云南、西藏。
西北：陕西、宁夏、甘肃、青海、新疆。

目　　录

一八五	莎草科	Cyperaceae	1
一八六	黑三棱科	Sparganiaceae	209
一八七	香蒲科	Typhaceae	211
一八八	芭蕉科	Musaceae	213
一八九	姜科	Zingiberaceae	217
一九〇	美人蕉科	Cannaceae	227
一九一	竹芋科	Marantaceae	233
一九二	田葱科	Philydraceae	236
一九三	雨久花科	Pontederiaceae	238
一九四	百合科	Liliaceae	242
一九五	鸢尾科	Iridaceae	347
一九六	芦荟科	Aloeaceae	366
一九七	龙舌兰科	Agavaceae	368
一九八	百部科	Stemonaceae	382
一九九	菝葜科	Smilacaceae	386
二〇〇	薯蓣科	Dioscoreaceae	404
二〇一	水玉簪科	Burmanniaceae	423
二〇二	兰科	Orchidaceae	428

中名索引 ······ 553

拉丁名索引 ······ 563

附录 ······ 579

一八五　莎草科 Cyperaceae

多年生草本，稀为一年生，常具根状茎，有时具匍匐茎或块茎。秆多实心，三棱形，少有圆柱形。叶基生或秆生，排成三列，下部常具闭合的叶鞘，有时仅具叶鞘而无叶片。花序为穗状、总状、圆锥状、头状或聚伞状，由少数至多数小穗组成，有时单生；小穗由2至多花组成，或退化仅具1花；花两性或单性，雌雄同株，少为雌雄异株，着生于鳞片腋内；鳞片螺旋状排列，或排成二列；花被缺，或退化为下位刚毛或下位鳞片，有时雌花为先出叶形成的果囊包裹；雄蕊3，稀2或1；子房1室，具1胚珠，花柱1，柱头2裂或3裂。果为小坚果，呈三棱状、双凸状、平凸状或圆球状，表面平滑，或具各式花纹或细点；胚乳丰富。莎草科植物主要形态特征示意图见图10-1。

100余属，约5400种，全球广泛分布。我国有33属，865种，南北各地均有分布；浙江有21属，219种。

本科有些属的范围大小和界定存在分歧，特别是藨草属 Scirpus 和莎草属 Cyperus。Flora of China 对藨草属采用小属的概念，将水葱属 Schoenoplectus、针蔺属 Trichophorum、三棱草属 Bolboschoenus 等一一分出；对莎草属则趋向于采用广义的大属概念，将水莎草属 Juncellus 和砖子苗属 Mariscus 并入莎草属，扁莎属 Pycreus 和水蜈蚣属 Kyllinga 仍作为独立的属分出。从形态上看，上述属之间的区别明显，因此本志对藨草属和莎草属均采用狭义小属处理。

分属检索表

1. 花两性或单性，雌花无先出叶；小坚果也无先出叶所形成的果囊包裹。
   2. 花两性，如为单性花，则具下位刚毛。
     3. 鳞片螺旋状排列；花具下位刚毛，稀完全退化。
       4. 小穗具多数两性花。
         5. 花柱基部不膨大，果时与小坚果连接处界限不分明。
           6. 下位刚毛在基部多少连合，6条或更少，粗短而花后不伸长，常具小刺。
             7. 花序基部的苞片叶状，或似秆的延长，长于或稀稍短于花序；小穗具多花。
               8. 花序顶生，或顶生和侧生兼有；苞片1~5，叶状；叶基生和秆生。
                 9. 聚伞花序多次复出成圆锥状，或几个简单聚伞花序总状排列；鳞片背面无毛；小坚果长1.5mm以下 ··· **1. 藨草属 Scirpus**
                 9. 聚伞花序简单，顶生；鳞片背面被柔毛；小坚果长3mm以上 ··· **2. 三棱草属 Bolboschoenus**
               8. 花序假侧生；苞片常1，似秆的延长；叶退化成鞘状 ········ **3. 水葱属 Schoenoplectus**
             7. 花序基部的苞片鳞片状，远短于花序；小穗具5~10余花 ··· **4. 针蔺属 Trichophorum**

6.下位刚毛在基部分离，多数，花后伸长成丝状，光滑·············· **5.羊胡子草属 Eriophorum**
　　5.花柱基部膨大，果时与小坚果连接处界限分明。
　　　10.叶片退化；小穗单生；下位刚毛4～8，有时更少 ················· **6.荸荠属 Eleocharis**
　　　10.叶片存在；小穗多数，稀单生；下位刚毛完全退化。
　　　　11.花柱基宿存；花序苞片小 ······································· **7.球柱草属 Bulbostylis**
　　　　11.花柱基脱落；花序苞片显著 ····································· **8.飘拂草属 Fimbristylis**
　4.小穗仅在上部或中部的鳞片内具少数两性花。
　　　12.柱头2；小坚果双凸状，顶端具明显的喙；秆较矮小，三棱形，稀圆柱形·············
　　　　 ··· **9.刺子莞属 Rhynchospora**
　　　12.柱头3；小坚果三棱状，顶端无明显的喙；秆高大且粗壮，圆柱形。
　　　　13.叶片具明显的中脉；花序松散呈狭塔形；雄蕊2或3 ············ **10.克拉莎属 Cladium**
　　　　13.叶片中脉不明显；花序密集，几呈穗状；雄蕊3。
　　　　　14.叶片呈圆柱形；小坚果具下位鳞片 ·················· **11.鳞籽莎属 Lepidosperma**
　　　　　14.叶片扁平；小坚果无下位刚毛或下位鳞片 ··············· **12.黑莎草属 Gahnia**
　3.鳞片二列排列；花无下位刚毛。
　　15.小穗轴连续，基部无关节；鳞片自小穗基部向顶端逐渐脱落。
　　　16.柱头3，稀2；小坚果三棱状 ··· **13.莎草属 Cyperus**
　　　16.柱头2；小坚果双凸状或平凸状。
　　　　17.小坚果面向小穗轴，背腹压扁 ······································· **14.水莎草属 Juncellus**
　　　　17.小坚果棱向小穗轴，两侧压扁 ·· **15.扁莎属 Pycreus**
　　15.小穗基部具关节；鳞片常与小穗轴于关节处一起脱落。
　　　18.小穗多数或极多数，聚成穗状或头状；柱头3；小坚果三棱状 ······ **16.砖子苗属 Mariscus**
　　　18.小穗1～3个聚生成头状或球状；柱头2；小坚果双凸状············· **17.水蜈蚣属 Kyllinga**
2.花单性，稀两性。
　19.小穗2～7个簇生于秆顶，稀单生，仅具2鳞片；小坚果无下位盘 ······ **18.湖瓜草属 Lipocarpha**
　19.小穗排成圆锥花序或聚伞花序，缩短成小簇生于叶腋，具2至多数鳞片；小坚果具下位盘。
　　20.聚伞花序缩短成头状；小坚果为2枚对生的鳞片所包裹；一年生草本·······················
　　 ··· **19.裂颖茅属 Diplacrum**
　　20.圆锥花序开展；小坚果不为鳞片包裹；一年生或多年生草本·········· **20.珍珠茅属 Scleria**
1.花单性，雌花常为先出叶在边缘合生的果囊所包裹；小坚果为果囊所包裹············ **21.薹草属 Carex**

一八五 莎草科 Cyperaceae

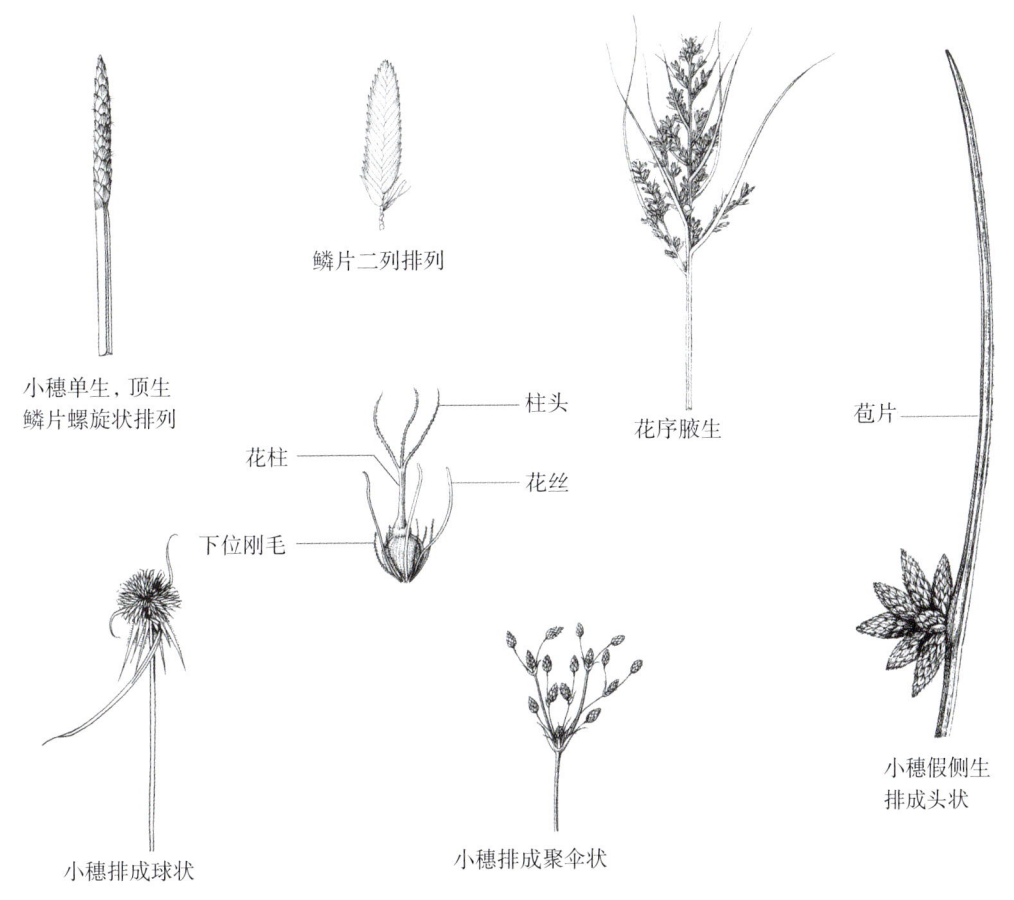

图 10-1 莎草科植物主要形态特征示意图

1 藨草属 Scirpus L.

多年生草本，具根状茎或无根状茎。秆常三棱形或钝三棱形，稀为四方形，具节。叶基生和秆生。苞片叶状，开展；聚伞花序具多数小穗，多次复出成圆锥状，或数个聚伞花序排成总状；小穗常具多花；鳞片螺旋状排列，每1鳞片内通常具1两性花，或最下1至数鳞片内无花，极少最上面1鳞片内有1雄花；下位刚毛3~6，直立或弯曲，有顺刺，稀近平滑；雄蕊1~3；花柱基部不膨大，柱头2或3。小坚果平凸状、双凸状或三棱状，无柄或近无柄。

约35种，主要分布于北半球温带地区，以北美洲居多。我国有12种，东北至西南各地均有分布；浙江有4种。

分种检索表

1. 聚伞花序多次复出成圆锥状；苞片无鞘；下位刚毛中部以上或近顶端具顺刺。
  2. 鳞片先端圆钝，具3脉；下位刚毛直立，稍长于小坚果；柱头2；小坚果双凸状 ························ **1. 百球藨草 S. rosthornii**

2. 鳞片先端急尖，具1脉；下位刚毛卷曲，远长于小坚果；柱头3；小坚果三棱状。
　　3. 秆丛生；小穗4~10组成小头状花序；鳞片长圆状卵形或披针形，长约3mm；聚伞花序顶生和侧生兼有 ·· **2. 华东藨草 S. karuizawensis**
　　3. 秆散生；小穗2~4组成小头状花序；鳞片三角状卵形或卵形，长3~5mm；聚伞花序顶生 ·· **3. 庐山藨草 S. lushanensis**
1. 聚伞花序3~5排成总状；苞片具鞘；下位刚毛顶端呈鸡毛帚状 ············ **4. 海南藨草 S. hainanensis**

1. 百球藨草 （图10-2）
Scirpus rosthornii Diels

根状茎短。秆粗壮，高70~100cm，坚硬，三棱形，具节和秆生叶，节间长。叶较坚挺，上部的叶高出花序，宽6~15mm，叶片边缘和下面中肋上粗糙；叶鞘长3~12cm，具突起的横脉。苞片3~5，叶状，常长于花序；聚伞花序大，顶生，具多次复出的长侧枝，第一次辐射枝6或7个，稍粗壮，长可达12cm，各次辐射枝均粗糙，4~10小穗聚生成头状，着生于辐射枝顶端；小穗卵球形或椭圆球形，顶端的近圆球形，长2~3mm，宽约1.5mm，具多花，无柄；鳞片宽卵形，2条侧脉明显隆起，两侧脉间黄色，其余为麦秆黄色或棕色，后变为深褐色，长约1mm，先端圆钝，具3脉；下位刚毛2或3，较小坚果稍长，直立，中部以上有顺刺；柱头2。小坚果椭圆球形或近圆球形，双凸状，黄色，长0.6~0.7mm。花果期5—10月。

产于丽水及临安、普陀、开化、江山、金华市区、天台、仙居、文成、苍南、泰顺。生于海拔150~1250m的林下潮湿处、溪沟边或路边潮湿处。分布于华东、华中、西南及山东、广东、广西、陕西、甘肃。日本、尼泊尔也有。

图10-2 百球藨草

2. 华东藨草 （图10-3）
Scirpus karuizawensis Makino

根状茎短。秆丛生，粗壮，坚硬，高80~150cm，略呈三棱形，具5~7节。叶基生和秆生，少数基生叶仅具叶鞘而无叶片，叶鞘红棕色；叶坚硬，常短于秆；叶片宽4~10mm。苞片1~4，叶状，较花序长；长侧枝聚伞花序2~4，有时仅1个，顶生和侧生，集生成圆锥状，顶生长侧枝聚伞花序有时复出，具多数辐射枝，侧生长侧枝聚伞花序简单，具5至少数辐射枝；辐射枝较短，少数长达7cm；小穗4~10聚生成头状，着生于辐射枝顶端，长圆球形或卵球形，长5~9mm，宽3~4mm，顶端钝，密生多花；鳞片长圆状卵形或披针形，红棕色，长约3mm，膜质，先端急尖，背面具1脉；下位刚毛6，白色，较小坚果长得多，下部卷曲，伸出鳞片之外，顶端疏生顺刺；花柱中等长，柱头3。小坚果长圆球形或倒卵球形，扁三棱状，淡黄色，长约1mm（不连喙），稍具光泽，具短喙。花果期9—11月。

产于安吉、杭州市区、台州市区、天台、缙云、永嘉。生于海拔850~1200m的沼泽湿地、沟边草丛中。分布于东北、华东、华中及山东、贵州、云南、陕西。日本、朝鲜半岛也有。

图10-3　华东藨草

3. 庐山藨草　茸球藨草　（图10-4）
Scirpus lushanensis Ohwi

根状茎粗短。秆散生，粗壮，坚硬，高50~80cm，钝三棱形，具5~8节。叶基生和秆生，短于秆；叶片宽8~10mm；叶鞘常红棕色。苞片2~4，叶状，常短于花序；聚伞花序顶生，多次复出，小穗极多；小穗常单生，或2~4簇生，椭圆球形或近球形，长3~6mm，密生多花；鳞片三角状卵形或卵形，锈色，长3~5mm，膜质，先端急尖，背面具1淡绿色脉；下位刚毛6，较小坚果长，下部卷曲，上端疏生顺刺；花柱中等长，柱头3。小坚果倒卵球形，扁三棱状，淡黄色，长约1mm，顶端具喙。花果期3—10月。

产于丽水及安吉、临安、桐庐、开化、磐安、天台、乐清、永嘉、文成、泰顺。生于海拔400~1200m的溪沟边、林下潮湿处、沼泽草丛中或岩石上。分布于东北、华东、华中、西南及山东、广东、广西、陕西。东亚、东南亚和南亚也有。

图10-4　庐山藨草

4. 海南藨草　（图10-5）
Scirpus hainanensis S.M. Hwang

根状茎短或无。秆直立，丛生，高50~65cm，圆柱状，具节。叶基生，成丛或有3~5叶生于秆上，短于秆；叶片长条形，宽3～5mm；叶鞘长1.5～3cm，棕色，鞘口斜截形。苞片叶状，常较花序短，具鞘；复圆锥花序由1个顶生和3～5个侧生的长侧枝聚伞花序组成；长侧枝聚伞花序具长梗，稍疏离，具3～12小穗；小穗无柄或具柄，单生，长圆形或卵状长圆形，长5～7mm，宽2～3mm，具10～15花，有时整个小穗再生出小植株；鳞片卵形或长圆状卵形，顶端急尖，背面中部黄绿色，两侧淡黄色，膜质，长2～2.5mm，具1脉；下位刚毛6，长约1.5mm，下部无毛，上部密被黄棕色长柔毛，呈鸡毛帚状；雄蕊2，花药长圆形，药隔顶端稍突出；花柱长约1.5mm，基部稍膨大，柱头3。小坚果卵球形或阔倒卵球形，三棱状，成熟后呈黄棕色，长约1.5mm，具光泽。花果期5月。

图10-5　海南䗪草

产于奉化（溪口）。生于草丛中。分布于江苏、福建和海南。

张宏伟等（2017）曾根据采自奉化溪口的标本报道了浙江有伞房刺子莞（三俭草）*Rhynchospora corymbosa* (L.) Britt.的分布，经查凭证标本发现其小坚果下位刚毛6，顶端呈鸡毛帚状，显然是本种的误定。

❷ 三棱草属　Bolboschoenus (Asch.) Palla

多年生草本，具根状茎，有时膨大成块茎状。秆常三棱形，具多节。叶基生和秆生。苞片叶状，开展，稀似秆的延长；聚伞花序简单，顶生而具3或4辐射枝，或缩短成头状而为假侧生，稀仅具1小穗；小穗常具多花；鳞片螺旋状排列，每1鳞片内通常具1两性花；下位刚毛3～6，直立或弯曲，有倒刺；雄蕊3；花柱基部不膨大或稍膨大，柱头2或3。小坚果平凸状、双凸状或三棱状，无柄或近无柄。

约8种，主要分布于东亚和北美洲。我国有4种，南北各地均有分布，主要生于海滨或湖泊沼泽地带；浙江有2种。

1. 荆三棱　（图10-6）
Bolboschoenus yagara (Ohwi) Y.C. Yang et M. Zhan —— *Scirpus yagara* Ohwi

根状茎粗而长，匍匐，顶端生球状块茎。秆高大，粗壮，高70～120cm，锐三棱形，基部膨大，具秆生叶。叶片扁平，宽5～10mm。苞片3～5，叶状，长于花序；聚伞花序简单，具3或4辐射枝；小穗卵状长圆球形，锈褐色，长10～18mm，宽5～8mm，密生多花；鳞片长圆形，长约8mm，先端略有撕裂状缺刻，具长芒，背面有短柔毛，具1脉；下位刚毛6，与小坚果近等长，有倒刺；雄蕊3，花药条形；花柱细长，柱头3，稀2。小坚果倒卵球形，三棱状，长约3mm，成熟时呈黄白色或黄褐色，表面有细纹。花果期5—6月。

杭州市区公园、宁波梅湖等地有栽培。分布于东北、华北、华东、华中及贵州、云南、新疆。东亚及越南、哈萨克斯坦，欧洲也有。

图10-6 荆三棱

2. 扁秆藨草　扁秆荆三棱　（图10-7）

Bolboschoenus planiculmis (Fr. Schmidt) T.V. Egorova — *Scirpus planiculmis* Fr. Schmidt — *S.* × *mariqueter* Tang et F.T. Wang

根状茎匍匐，木质，具块茎或无。秆散生，高25～100cm，较细，三棱形，平滑，基部膨大。叶基生或秆生；叶片细条形，扁平，宽2～5mm，基部具长叶鞘。苞片1～3，叶状，长于花序，边缘粗糙，或有时1长1短；聚伞花序头状，具1～6小穗；小穗卵球形、宽卵球形或长圆状卵球形，长8～16mm，锈褐色，具多花；鳞片长圆形或卵形，长5～8mm，膜质，褐色或深褐色，先端有撕裂状缺刻，具芒或短尖，背面常疏被柔毛，具1脉；下位刚毛4～6，有倒刺，长为小坚果的1/2～2/3；雄蕊3；花柱长，柱头2。小坚果倒卵球形或宽倒卵球形，两面稍凹或稍凸，长3～3.5mm。花果期5—8月。

产于宁波及海盐、杭州市区、普陀、岱山、台州市区、天台、瑞安。生于海边滩涂、江边沙滩草丛中、水沟边或水田边。分布于东北、华北、华东、华中、西北及台湾、云南。东亚、东南亚、南亚、中亚，欧洲也有。

图10-7　扁秆藨草

与荆三棱的区别在于花序缩短为头状，或仅具单个小穗，下位刚毛长为小坚果的1/2～2/3，柱头2。

海三棱藨草 *Scirpus* × *mariqueter* Tang et F.T. Wang 的花序假侧生，秆三棱形，与藨草（三棱水葱）*S. triqueter* L.相似，但其小穗大，小坚果表面具网纹，与扁秆藨草相似，故在发表时推测可能是两者的杂交。但最近基于形态和分子证据的研究结果并不支持这一推断。从其分布和生长状况看，本种在沙滩或滩涂往往成片分布，与天然杂交种本身个体数量少、分布区狭小的特性不大相似。Koyama（1980）认为其是扁秆藨草的单个小穗类型，这样的变异式样在莎草科中是较为常见的，我们也更倾向于将此"杂种"并入扁秆藨草。

❸ 水葱属 Schoenoplectus (Rchb.) Palla

一年生或多年生草本，有时具长而匍匐的根状茎。秆常三棱形，稀圆柱形，常无节。叶常退化，仅存叶鞘。苞片叶状，常1枚，形似秆的延长；聚伞花序假侧生，具1至数个小穗；小穗常具多花；鳞片螺旋状排列，每1鳞片内通常具1两性花；下位刚毛3～6，直立或弯曲，有倒刺，或为下位鳞片；雄蕊1～3；花柱基部不膨大，柱头2或3。小坚果平凸状、双凸状或三棱状，无柄或近无柄。

约77种，全球广布。我国有22种，全国各地均产；浙江有7种。

分种检索表

1. 植株具伸长的根状茎；秆散生或单生。
   2. 秆三棱形；下位刚毛6 ·· **1.三棱水葱 S. triqueter**
   2. 秆圆柱形；下位刚毛3～6。
      3. 植株矮小，秆高不及30cm；叶鞘无叶片；苞片长于花序；小穗单生 ··································
         ·· **2.细匍匐茎水葱 S. lineolatus**
      3. 植株高大，秆高1m以上；最上面的叶鞘具叶片；苞片短于花序；聚伞花序具多数小穗··········
         ·· **3.水葱 S. tabernaemontani**
1. 植株无伸长的根状茎；秆丛生。
   4. 秆三棱形或锐三棱形。
      5. 小穗长10～15mm，长圆柱形或长圆状卵球形；植株无穗状珠芽 ······ **4.水毛花 S. triangulatus**
      5. 小穗长5～10mm，卵球形至长卵球形；植株近顶端具穗状珠芽 ·········· **5.穗芽水葱 S. gemmifer**
   4. 秆圆柱形。
      6. 鳞片宽卵形或卵形，褐色，长3.5～4mm，先端短尖；小坚果宽倒卵球形或倒卵球形；下位刚毛近等长或短于小坚果 ·· **6.萤蔺 S. juncoides**
      6. 鳞片长圆状卵形，淡绿色至黄绿色，长4～5.5mm，先端渐尖；小坚果宽椭圆球形；下位刚毛长约为小坚果的1.5倍 ··· **7.猪毛草 S. wallichii**

1. 三棱水葱　藨草（图10-8）

Schoenoplectus triqueter (L.) Palla — *Scirpus triqueter* L.

根状茎长，匍匐，干时呈红棕色。秆散生，粗壮，高20～90cm，三棱形，基部具2或3叶鞘，鞘膜质，横脉明显隆起，最上部的鞘顶端具叶片。叶片扁平，长1.3～5.5（8）cm，宽1.5～2mm。苞片1，似秆的延长，三棱形，长1.5～7cm。简单长侧枝聚伞花序假侧生，有1～8辐射枝；辐射枝三棱形，棱上粗糙，长可达5cm，每个辐射枝顶端具1～8簇生的小穗；小穗卵球形或长圆球形，长6～12（14）mm，宽3～7mm，密生多花；鳞片长圆形、椭圆形或宽卵形，顶端微凹或圆形，黄棕色，长3～4mm，膜质，边缘疏生缘毛，背面具1脉，稍延伸出顶端成短尖；下位刚毛6，近等长，具倒刺；雄蕊3，花药药隔暗褐色，稍突出；花柱短，柱头2。小坚果倒卵球形，平凸状，成熟时呈褐色，具光泽。花果期6—12月。

产于杭州市区、建德、象山、普陀。生于海拔约50m的江边沙滩潮湿处。除江西、海南、贵州外，全国各地都有。东亚、中亚、北非、大西洋岛屿、欧洲也有。

图10-8　三棱水葱

2. 细匍匐茎水葱 线状匍茎藨草 (图10-9)

Schoenoplectus lineolatus (Franch. et Sav.) T. Koyama — *Scirpus lineolatus* Franch. et Sav. — *Schoenoplectiella lineolata* (Franch. et Sav.) J. Jung et H.K. Choi

图10-9 细匍匐茎水葱

根状茎细长，匍匐。秆散生，高7～25cm，近圆柱形，基部具1或2叶鞘，鞘膜质，淡棕色，无叶片。苞片1，似秆的延长，较小穗长；小穗单一，假侧生，长圆球形或宽披针形，长4～6mm，具10余花，无柄；鳞片长圆形，淡黄色，长4～4.5mm，有少数褐色条纹，边缘常为白色半透明，先端急尖或钝，脉不明显；下位刚毛4或5，长为小坚果的1倍，具倒刺；雄蕊2或3，花药长约2.5mm；花柱长，柱头2。小坚果宽倒卵球形，平凸状，黑色，长约2mm，具光泽。花果期4—10月。

产于杭州市区、桐庐。生于沙地上。分布于台湾、广东。俄罗斯远东地区、日本也有。

3. 水葱 (图10-10)

Schoenoplectus tabernaemontani (C.C. Gmel.) Palla — *Scirpus tabernaemontani* C.C. Gmel. — *S. validus* Vahl — *S. validus* var. *laeviglumis* Tang et F.T. Wang

根状茎粗壮，匍匐，具许多须根。秆高大，圆柱形，高1～2m，平滑，基部具3或4叶鞘；鞘长可达30cm，膜质，最上面的叶鞘具叶片。叶片长条形，长1.5～11cm。苞片1，似秆的延长，直立，钻状，常短于花序，极少数稍长于花序；长侧枝聚伞花序简单或复出，假侧生，具4～13或更多辐射枝；辐射枝长可达5cm，边缘有锯齿；小穗单一，或2、3簇生于辐射枝顶端，卵球形或长

图10-10 水葱

圆球形，顶端急尖或钝圆，长5～10mm，宽2～3.5mm，具多花；鳞片椭圆形或宽卵形，棕色或紫褐色，有时基部色淡，膜质，长约3mm，边缘具缘毛，顶端微凹，具短尖，背面有铁锈色突起小点，具1脉；下位刚毛5或6，与小坚果等长，红棕色，具倒刺；雄蕊3；花柱中等长，柱头2，稀3，长于花柱。小坚果倒卵球形或椭圆球形，双凸状，稀为三棱状，长约2mm。花果期5月。

公园浅水池塘中常见栽培。分布于东北、华北、华中、西南、西北及江苏、台湾、广东。东亚、东南亚、南亚、中亚、北非、大洋洲、美洲、欧洲也有。

本省常见栽培的还有花叶水葱 S. tabernaemontani C.C. Gmel. 'Zebrinus'（图10-11）和金线水葱 S. tabernaemontani 'Albescens'（图10-12）两个品种。

图 10-11　花叶水葱

图 10-12　金线水葱

4. 水毛花 （图10-13）

Schoenoplectus triangulatus (Roxb.) Soják — *Scirpus triangulatus* Roxb. — *S. mucronatus* L. var. *robusta* Miq. — *Schoenoplectus. mucronatus* (L.) Palla var. *robusta* (Miq.) T. Koyama — *S. mucronatus* subsp. *robusta* (Miq.) T. Koyama — *S. triangulata* (Roxb.) J. Jung et H.K. Choi

根状茎粗短。秆丛生，高50～70cm，稍粗壮，锐三棱形，基部具2叶鞘，叶鞘棕色，长10～15cm，顶端呈斜楔形，无叶片。苞片1，似秆的延长，直立或稍展开，长3～7cm；小穗6～8聚生成头状，假侧生，长圆柱形或长圆状卵球形，长10～15mm，具多花；鳞片卵形或长圆状卵形，淡棕色，具红棕色短条纹，长4～4.5mm，近革质，先端具短尖，背面具1脉；下位刚毛6，长为小坚果的1.5倍或与之近等长，具倒刺；雄蕊3；柱头3。小坚果倒卵球形或宽倒卵球形，扁三棱状，成熟后呈暗棕色，长2～2.5mm，具光泽，稍有条纹。花果期5—11月。

产于宁波及杭州市区、临安、建德、淳安、诸暨、普陀、衢州市区、开化、浦江、磐安、天台、缙云、松阳、景宁、永嘉、苍南。生于海拔1500m以下的沟边、河滩草丛中或沼泽湿地。分布于华东、华中、华南、西南及黑龙江、山西、山东、陕西。东亚、东南亚、南亚、非洲、欧洲南部也有。

图 10-13 水毛花

5. 穗芽水葱 （图10-14）

Schoenoplectus gemmifer C. Sato, T. Maeda et Uchino —— *Schoenoplectiella gemmifera* (C. Sato, T. Maeda et Uchino) Hayas. —— *Scirpus gemmifer* (C. Sato, T. Maeda et Uchino) Y.F. Lu et X.F. Jin

根状茎短。秆丛生，高40～100cm，锐三棱形，直立，柔软，基部具2或3叶鞘，鞘膜质，红棕色至棕褐色，顶端斜截形，无叶片。苞片1，似秆的延长，直立、斜展或平展，长2～6cm；小穗3～14聚生成头状，假侧生，卵球形至长卵球形，长5～10mm，先端急尖或钝，密生多花，无柄，

图 10-14　穗芽水葱

上常生有小芽，并长成新植株；鳞片宽椭圆形，黄绿色或黄褐色，具细条纹，长4～4.5mm，先端近圆形，背面具3脉；下位刚毛6，稀5或7，常稍长于小坚果，具倒刺；雄蕊3；花柱中等长，柱头2，稀3。小坚果宽倒卵球形，平凸状，成熟时呈棕黑色，长约2mm，具光泽，有横向皱纹，顶端具小尖。花果期7—10月。

产于莲都（峰源）、庆元（百山祖、黄皮）、景宁（望东垟、大仰湖）。生于海拔1300～1400m的山地沼泽中。日本也有。

6. 萤蔺 （图 10-15）

Schoenoplectus juncoides (Roxb.) Palla — *Scirpus juncoides* Roxb. — *Schoenoplectiella juncoides* (Roxb.) Lye

根状茎短。秆丛生，高30～50cm，圆柱形，有时稍具棱角，基部具2或3叶鞘，鞘口斜楔形，边缘干膜质，无叶片。苞片1，似秆的延长，直立，长5～15cm；小穗3～5聚生成头状，假侧生，卵球形或长圆状卵球形，长10～15mm，具多花；鳞片宽卵形或卵形，褐色，两侧有深棕色条纹，长3.5～4mm，先端短尖，背面具1绿色脉；下位刚毛5或6，与小坚果近等长或短于小坚果，具倒刺；雄蕊3；柱头3，稀2。小坚果宽倒卵球形或倒卵球形，平凸状，成熟后呈黑褐色，长约2mm，稍皱缩，具光泽。花果期5—11月。

产于丽水及安吉、德清、杭州市区、临安、建德、淳安、绍兴市区、鄞州、开化、江山、义乌、永嘉、文成、泰顺。生于海拔110～1240m的水田边、溪边湿地、沼泽草丛中和山坡林缘潮湿处。除东北外，全国广泛分布。东亚、东南亚、南亚、中亚，大洋洲、太平洋岛屿、印度洋岛屿、马达加斯加也有。

图 10-15　萤蔺

7. 猪毛草 （图 10-16）

Schoenoplectus wallichii (Nees) T. Koyama — *Scirpus wallichii* Nees — *Schoenoplectiella wallichii* (Nees) Lye

根状茎短。秆丛生，高10～40cm，细弱，平滑，基部具2或3叶鞘，鞘近于膜质，长3～9cm，口部斜截形，无叶片。苞片1，似秆的延长，直立，长4.5～13cm，顶端急尖，基部稍扩大；小穗单一，或2、3簇生，假侧生，长圆状卵球形，顶端急尖，长7～17mm，宽3～6mm，具10余花至多花；鳞片长圆状卵形，淡绿色至黄绿色，近于革质，长4～5.5mm，先端渐尖，具短尖，背面具1绿色脉；下位刚毛4，长约为小坚果的1.5倍，上部生倒刺；雄蕊3，花药长圆球形；花柱中等长，柱头2。小坚果宽椭圆球形，平凸状，黑褐色，长约2mm，有不明显的皱纹，稍具光泽。花果期7—12月。

产于湖州市区、开化、武义、泰顺。生于海拔100～700m的田边潮湿处、池塘中。分布于华东、华中、华南及贵州、云南。东亚、东南亚、南亚也有。

以往本种在浙江的有些标本被鉴定为萤蔺，但其鳞片长圆状卵形，淡绿色至黄绿色，长4～5.5mm，先端渐尖，小坚果宽椭圆球形，下位刚毛长约为小坚果的1.5倍，与萤蔺较容易区别。

一八五　莎草科 Cyperaceae　　17

图 10-16　猪毛草

4 针蔺属 Trichophorum Pers.

多年生草本。秆丛生，三棱形或圆柱形，基部具无叶的鞘。叶片常退化，仅具叶鞘，或上部的呈钻形。苞片1，鳞片状，先端具短尖或芒；蝎尾状聚伞花序生于秆顶，具数个小穗，有时小穗单生；小穗常具几花；鳞片螺旋状排列，每1鳞片内通常具1两性花；下位刚毛6，丝状，花时伸出鳞片外，弯曲，上部疏生顺刺；雄蕊2，或3，或6；花柱基部稍膨大，柱头3。小坚果长圆球形至倒卵球形，三棱状，无柄，先端具小喙。

约10种，分布于热带至温带高山地区。我国有6种，分布于东北、华北、华东、华中、华南和西南等地；浙江有2种。

1. 玉山针蔺　类头状花序藨草　（图10-17）

Trichophorum subcapitatum (Thwaites et Hook.) D.A. Simpson — *Scirpus subcapitatus* Thwaites et Hook.

根状茎短。秆密丛生，高30～70cm，细长，近圆柱形，平滑，稀在上端粗糙，无秆生叶，基部具5或6叶鞘，鞘棕黄色，裂口处薄膜质，棕色，顶端具很短的叶片。叶片钻形，长约1.5cm，边缘粗糙。苞片鳞片状，卵形或长圆形，长4～6mm，先端具较长的短尖；蝎尾状聚伞花序小，具2～4小穗，少有单生者；小穗卵球形或椭圆球状披针形，长5～10mm，具5～12花；鳞片排列疏松，卵形或长圆状卵形，麦秆黄色或棕色，长3.5～4.5mm，先端急尖或钝，有时伸出顶端成短尖，背面具1绿色脉；下位刚毛6，较小坚果长约1倍，上部疏生短刺；雄蕊3；花柱短，柱头3。小坚果长圆球形或长圆状卵球形，三棱状，黄褐色，长约2mm。花果期3—11月。

产于杭州、温州及安吉、诸暨、江山、浦江、武义、临海、仙居、缙云、遂昌、龙泉、庆元。生于海拔100～1800m的溪沟边、岩石上、山坡林下或路边草丛中。分布于华东、华中、华南和西南等地。东亚、东南亚、南亚及巴布亚新几内亚也有。

图10-17 玉山针蔺

2. 三棱针蔺 三棱秆藨草
Trichophorum mattfeldianum (Kük.) S.Yun Liang —— *Scirpus mattfeldianus* Kük.

根状茎短，木质，具细长须根。秆密丛生，坚挺，高20～100cm，三棱形，平滑，下部具4～6叶鞘，叶鞘淡棕色，裂口处为薄膜质，棕色，顶端叶片退化成短尖或呈钻状。苞片鳞片状，披针形或长圆状卵形，顶端具短尖；蝎尾状聚伞花序具2～4小穗，或单生；小穗椭圆球形或长圆球形，长6～7mm，具少数花；鳞片排列疏松，长圆状卵形，红棕色或棕色，长3～4mm，膜质，顶端急尖，具短尖，背面具1脉；下位刚毛6，长于小坚果，上部疏生顺刺；雄蕊3；花柱细长，柱头3。小坚果长圆球形或长圆状倒卵球形，三棱状，褐色，长约1.8mm。花果期5—8月。

产于临海、仙居、乐清、永嘉。生于海拔约700m的山坡岩石上、路边草丛中。分布于华东及山西、河南、湖北、广东、广西、贵州。越南也有。合模式标本采自临海、仙居。

与玉山针蔺的区别在于本种秆为三棱形。以往记载本种雄蕊6，但检查浙江的标本后发现其雄蕊为3，特附于此。

5 羊胡子草属 Eriophorum L.

多年生草本，具根状茎，有时兼有匍匐根状茎。秆丛生或散生，钝三棱形。叶基生和秆生，秆生叶有时退化仅存叶鞘。苞片叶状、佛焰苞状或鳞片状；聚伞花序简单或复出，顶生，具少数或多数小穗，有时仅具1小穗；小穗具少数至多数花；花两性；鳞片覆瓦状排列，最下部数枚鳞片内无花；下位刚毛多数，分裂，丝状，果时很长，伸出鳞片外；雄蕊2或3；花柱单一，基部不膨大，柱头3。小坚果三棱状，平滑，先端具短喙。

约25种，主要分布于北极和温带高海拔地区。我国有7种，分布于东北、西北和西南等地；浙江有1种。

细秆羊胡子草 （图10-18）
Eriophorum gracile W.D.J. Koch

多年生草本，具细长的匍匐根状茎。秆纤细，散生，中下部近圆柱形，上部三棱形，光滑，高可达35cm，基部具黑褐色的枯叶鞘。基生叶短于秆或与之近等长，叶鞘疏松，叶片长条形，宽约1mm，先端钝；秆生叶的叶鞘黄绿色或黄褐色，叶片条形，长2～5cm。苞片1或2，直立或斜升，下部鞘状，上部扁三棱形，先端钝；聚伞花序简单，具2～5小穗；小穗长圆球形，长6～8mm，小穗柄长短不一，直立或下垂，被黄色绒毛；鳞片卵状披针形，暗绿色，长4～5mm，先端钝，中脉明显，侧脉多数，边缘膜质；下位刚毛多数，丝状，细长；雄蕊3；柱头3。小坚果长圆球形，扁三棱状，黄褐色，长约3mm。花果期5—7月。

产于安吉、临安。生于山顶沼泽地。分布于东北及内蒙古、四川、云南、新疆。东亚、中亚、欧洲、北美洲也有。

图10-18 细秆羊胡子草

6 荸荠属 Eleocharis R. Br.

一年生或多年生草本，具根状茎，有时具地下匍匐茎或膨大成球茎。秆单生或丛生，无节。叶退化，仅具叶鞘，无叶片。苞片无；小穗单一，顶生，直立或斜升，具多数或少数两性花；鳞片螺旋状排列，稀近二列排列，最下部1~3鳞片内通常中空无花；下位刚毛4~8，通常具倒刺，稀下位刚毛缺或发育不全；雄蕊常3，稀1或2；花柱细，基部膨大成各种形状，宿存于小坚果上，柱头2或3，丝状。小坚果三棱状或双凸状，平滑或具网纹。

约250种，全球广布。我国有35种，南北各地均有分布；浙江有7种。

分种检索表

1. 秆具分节状的横隔膜，较粗壮；小穗圆柱形，直径与秆近相等；鳞片革质，脉不明显 ⋯ **1. 荸荠 E. dulcis**
1. 秆无横隔膜，较细弱；小穗长圆球形至卵球形，比秆粗；鳞片膜质，具明显的中脉。
   2. 柱头2；花柱基部狭圆锥形，不覆盖小坚果先端缢缩部分 ⋯⋯⋯⋯⋯⋯ **2. 江南荸荠 E. migoana**
   2. 柱头3；花柱基部常膨大成圆锥状、金字塔形或覃盖状，覆盖小坚果先端缢缩部分。
      3. 秆细如毛发，矮小；小坚果表面具横线形网纹；小穗具少数花，基部鳞片近二列排列，全部鳞片内有花 ⋯⋯⋯⋯⋯⋯⋯⋯⋯⋯⋯⋯⋯⋯⋯⋯⋯⋯⋯⋯⋯⋯⋯⋯⋯⋯⋯⋯⋯⋯ **3. 牛毛毡 E. yokoscensis**
      3. 秆细弱，但绝不如毛发，或较高大；小坚果表面平滑；小穗具多花，鳞片螺旋状排列，基部1~3枚中空无花。
         4. 秆四棱柱形；小穗常斜生于秆顶端；小坚果成熟时呈褐色。
            5. 下位刚毛倒刺长而密，羽毛状；鳞片倒卵形 ⋯⋯⋯⋯⋯⋯⋯ **4. 羽毛鳞荸荠 E. wichurae**
            5. 下位刚毛倒刺短而疏，不为羽毛状；鳞片椭圆状卵形 ⋯⋯⋯⋯⋯ **5. 龙师草 E. tetraquetra**
         4. 秆圆柱形；小穗直立；小坚果成熟时呈淡黄色。
            6. 小坚果棱上具狭翼；花柱基部膨大成金字塔形 ⋯⋯⋯⋯⋯⋯⋯ **6. 透明鳞荸荠 E. pellucida**
            6. 小坚果棱上无狭翼；花柱基部下延成覃盖状 ⋯⋯⋯⋯⋯⋯⋯⋯ **7. 渐尖穗荸荠 E. attenuata**

1. 荸荠 （图10-19）

Eleocharis dulcis (N.L. Burm.) Trin. ex Henschel — *Andropogon dulcis* N.L. Burm. — *E. tuberosa* (Roxb.) Roem. et Schult. — *E. equisetina* J. Presl et C. Presl

根状茎细长，匍匐，顶端膨大成球茎。秆丛生，圆柱形，高40~80cm，直径3~5mm，具多数横隔膜。叶片缺如，仅在秆基部有2或3叶鞘，叶鞘近膜质，绿黄色、棕红色或褐色，鞘口斜截。小穗顶生，圆柱形，淡绿色，长2~4cm，直径6~8mm，具多花，基部2鳞片内中空无花，抱小穗基部一周，其余鳞片全部有花；鳞片松散，覆瓦状排列，卵状长圆形，背部近革质，灰绿色，边缘膜质，淡黄色，长约5mm，宽约3mm，先端圆钝，具1中脉；下位刚毛7，长约为小坚果的1.5倍，具倒刺；柱头3。小坚果宽倒卵球形，双凸状，顶端不缢缩，长约2.5mm，花柱基部有领状的环。花果期6—11月。

产于湖州市区、杭州市区、临安、建德、淳安、嵊州、余姚、开化、浦江、天台、莲都、龙泉、庆元、永嘉、平阳、泰顺。生于海拔1000m以下的水田、水塘中或岩石上，栽培、野生或逸生。分布于华中、华南及江苏、福建。东亚、东南亚、南亚、大洋洲北部、非洲热带地区、印度洋岛屿、太平洋岛屿也有分布。

球茎富含淀粉，俗称"荸荠"，可供食用或药用。

图 10-19　荸荠

2. 江南荸荠

Eleocharis migoana Ohwi et T. Koyama

根状茎匍匐状。秆丛生，高20～50cm，直径1～2mm，具肋和槽，有横脉，干后脉多少隆起而呈疣状。叶片缺如，仅在秆基部有2叶鞘，鞘口截形。小穗长圆状披针形，长10～18mm，淡血红色，具多花，除基部的2鳞片无花外，其余鳞片内均有花；鳞片长圆状披针形，淡血红色，长3.5～4.5mm，宽1～1.5mm，先端急尖，具1中脉；下位刚毛4，长于小坚果，淡锈红色，具较密而短的倒刺；柱头2。小坚果倒卵球形，双凸状，黄色或淡黄色，长1.1～1.3mm，宽0.7～0.8mm；花柱基狭圆锥形，长约为小坚果的一半，宽约为小坚果的1/3。花果期5月。

产于定海。生于田边。分布于华东。

3. 牛毛毡 （图10-20）

Eleocharis yokoscensis (Franch. et Sav.) Tang et F.T. Wang — *Scirpus yokoscensis* Franch. et Sav.

根状茎缩短，具细长匍匐茎。秆密丛生，纤细，毛发状，绿色，高5～10cm，具沟槽，基部有叶鞘，鞘红褐色。叶片鳞片状。小穗卵球形或长圆球形，长2～4mm，稍扁平，所有鳞片内均有花；鳞片膜质，下部少数鳞片近于二列排列，卵形，两侧紫色，边缘具透明的狭边，长1.5～2mm，先端急尖，背部具绿色的龙骨状突起，具1脉；下位刚毛1～4，褐色，长约为小坚果的2倍，具粗硬的倒刺；柱头3。小坚果椭圆球形，淡褐色，长约2mm，有细密整齐的横线形网纹；花柱基圆锥形，与果顶连接处收缩。花果期4—11月。

产于杭州市区、临安、桐庐、淳安、宁波市区、鄞州、普陀、开化、武义、仙居、龙泉、乐清、永嘉、瑞安、文成、泰顺。生于海拔650m以下的水田、路边草丛或溪边等潮湿处。除内蒙古、海南、西藏、宁夏、甘肃、青海外，全国广泛分布。东亚、东南亚和南亚也有。

图10-20 牛毛毡

4. 羽毛鳞荸荠 （图10-21）

Eleocharis wichurae Boeckeler

根状茎木质，稍斜升。秆丛生，高30～50cm，锐四棱柱形，光滑，在秆的基部有1或2叶鞘，鞘红色或紫红色，顶端向一面深裂而鞘口很斜。小穗卵球形、长圆球形或披针形，稍斜升，长8～12mm，直径3～5mm，顶端急尖，具多花；小穗基部2鳞片内中空无花，对生，最下的一片抱小穗基部近一周，其余鳞片螺旋状紧密排列，长圆形或椭圆形，舟状，背部淡绿色，两侧有带锈色条纹，顶端钝圆，具1条细而不明显的中脉；下位刚毛6，锈褐色，与小坚果（连花柱基在内）近等长，密生疏柔毛，倒向或平展，软弱，羽毛状；柱头3。小坚果倒卵球形或宽倒卵球形，钝三棱状，稍扁，腹面微凸，背面强烈隆起，淡橄榄色，后期淡褐色，长1.3~1.5mm，宽1~1.1mm；花柱基异常膨大，圆锥形至长圆形，顶端急尖或钝，有时截形，压扁状，白色，密布乳头状突起。花果期6—9月。

产于开化、天台。生于海拔约850m的水沟边、水田边或潮湿的路边。分布于东北、华北、华东、华中及陕西、甘肃。东亚也有。

图10-21　羽毛鳞荸荠

5. 龙师草 （图10-22）
Eleocharis tetraquetra Nees

根状茎无，或有时有短的匍匐状根状茎。秆丛生，高30~50cm，锐四棱柱形，直立，无毛。叶片缺如，仅在秆基部有2或3叶鞘，鞘口近平截，顶端具三角形的小齿。小穗稍斜升，长圆球形，褐绿色，长8~11mm，顶端钝或急尖，基部渐狭，具多花，除基部3鳞片内无花外，其余均有花；鳞片椭圆状卵形，背部绿色，两侧锈色，边缘干膜质，长约3mm，先端钝，具1中脉；下位刚毛6，褐色，与小坚果近等长，具少数粗硬的倒刺；柱头3。小坚果卵圆球形，扁三棱状，背面明显突起，淡褐色，长约1.2mm，有短柄；花柱基圆锥形，顶端渐尖，扁三棱形，有少数乳头状突起。花果期5—11月。

产于杭州市区、临安、宁波市区、开化、武义、天台、缙云、遂昌、松阳、龙泉、庆元、永嘉、瑞安、文成、泰顺。生于海拔1500m以下的溪沟边和沼泽、路边草丛、浅水中或岩石上等潮湿处。除华北和西北外，全国广泛分布。东亚、东南亚、南亚、大洋洲北部也有。

图10-22　龙师草

6. 透明鳞荸荠　（图10-23）

Eleocharis pellucida J. Presl et C. Presl

根状茎缩短。秆丛生或密丛生，细弱，高5～30cm，圆柱形，具少数肋条和纵槽。叶片缺如，仅在秆的基部有2叶鞘，鞘口近平截，顶端具三角形小齿，高1.5～4cm。小穗披针形或长圆状卵球形，稀为卵球形，苍白色或淡红褐色，长3～8mm，近基部直径1.5～3mm，密生少数花至多花，常从小穗基部生小植株；小穗基部1鳞片内中空无花，抱小穗基部一周，其余鳞片内均有花，长圆形或近长圆形，淡锈色，长约2mm，顶端钝圆，具1淡绿色中脉；下位刚毛6，长约为小坚果的1.5倍，不向外展开，有倒刺，刺密而短；柱头3。小坚果倒卵球形，三棱状，淡黄色或橄榄绿色，长约1.2mm，各棱具狭翼，二面突起，呈膨胀状；花柱基金字塔形，顶端近渐尖。花果期4—11月。

产于杭州、丽水及湖州市区、嘉兴市区、绍兴市区、开化、常山、江山、浦江、磐安、永康、武义、永嘉、瑞安、泰顺。生于海拔1300m以下的水田中和江边、河滩、沼泽、林下草丛、溪沟边等潮湿处。分布于华东、华中、华南、西南及辽宁、山西、陕西。东亚、东南亚、南亚也有。

图10-23　透明鳞荸荠

6a. 稻田荸荠 （图10-24）

var. **japonica** (Miq.) Tang et F.T. Wang —— *E. japonica* Miq.

与透明鳞荸荠的区别在于秆较矮，细弱毫发，鳞片苍白色，下位刚毛比小坚果稍短，小坚果较短，长0.8~0.9mm。花果期4—11月。

产于嘉兴市区、宁波市区、鄞州、开化、临海、莲都、缙云、遂昌、庆元、泰顺。生于海拔1100m以下的路边草丛中、田边或溪沟边。分布于华东、华中、西南。日本、朝鲜半岛、泰国也有。

图10-24　稻田荸荠

7. 渐尖穗荸荠 （图10-25）

Eleocharis attenuata (Franch. et Sav.) Palla —— *Scirpus attenuatus* Franch. et Sav.

根状茎斜升或直升。秆丛生，细弱，高20～50cm，直径约1mm，圆柱形。叶片缺，仅在秆的基部有2长的叶鞘，鞘下部血红色或淡血红色，上部黄色，鞘口截形，顶端具短芒或短尖。小穗卵球形或长卵球形，长6～10mm，或更长，直径约3mm，具多花，除小穗基部的1鳞片内中空无花外，其余鳞片内均有花；鳞片长圆形或近长圆形，苍白色或淡锈色，有时沿中脉有褐色小斑点，长约2mm，先端圆，具1淡绿色中脉；下位刚毛6，铁锈色，与小坚果近等长，或短于小坚果，具较密的倒刺；柱头3。小坚果倒卵形，三棱状，蜡黄色，长约1.2mm，平滑；花柱基三角形，顶端急尖或渐尖，基部下延如覃盖，微狭于小坚果。花果期5—7月。

产于临安、宁波市区。生于海拔70～400m的水边、池塘边或草丛中。分布于华东、华中及广西、四川、陕西。东亚及越南、巴布亚新几内亚也有。

图10-25　渐尖穗荸荠

7a. 无根状茎荸荠

var. **erhizomatosa** Tang et F.T. Wang

与渐尖穗荸荠的区别在于植株无根状茎，秆一般较矮，小穗较短，下位刚毛具较稀、较短的倒刺。花果期5月。

产于杭州市区。分布于福建、湖南、广西。模式标本采自杭州。

7 球柱草属 Bulbostylis Kunth

一年生或多年生草本。秆丛生，纤细。叶丝状，生于秆的基部；叶鞘顶端常有长柔毛。苞片叶状，极细；聚伞花序简单或复出，顶生，开展或紧缩成头状；小穗具多数两性花；鳞片螺旋状排列，最下面1或2鳞片内中空无花；下位刚毛缺；雄蕊1～3；花柱细，基部膨大成小球状或盘状，宿存，与子房连接处通常缢缩，柱头3。小坚果倒卵球形，三棱状。

约100种，分布于热带至温带地区，以美洲热带地区和非洲热带地区种类最多。我国有3种，分布于东北、华北、华东、华中、华南和西南等地；浙江有2种。

1. 球柱草 （图10-26）

Bulbostylis barbata (Rottb.) C.B. Clarke —— *B. disticha* Ohwi et T. Koyama

一年生草本，无根状茎。秆丛生，纤细，无毛，高6～25 cm。叶片宽0.4～0.8 mm，边缘微外卷，背面叶脉间疏被柔毛；叶鞘薄膜质，边缘具白色长柔毛，顶端者较长。苞片2或3，毛被同叶片；长侧枝聚伞花序头状，密聚的无柄小穗3至数个；

图10-26 球柱草

小穗披针形或卵球状披针形，长3～6.5mm，基部钝，顶端急尖，具7～13花；鳞片膜质，卵形或近宽卵形，棕色或黄绿色，长1.5～2mm，顶端具短尖，仅被疏缘毛，有时被疏微柔毛，具龙骨状突起，常具1黄绿色中脉；雄蕊1，稀2，花药长圆形，顶端急尖。小坚果倒卵球形，三棱状，白色或淡黄色，长约0.8mm，表面细胞呈方形网纹，顶端截形或微凹，具盘状的花柱基。花果期4—11月。

产于杭州市区、建德、淳安、诸暨、宁波市区、象山、宁海、普陀、嵊泗、开化、东阳、天台、龙泉、庆元、乐清、永嘉、瑞安、平阳等地。生于海拔850m以下的路边、山坡、沙滩、沟边或草丛中。分布于华北、华东、华中、华南及辽宁。东亚、东南亚、南亚、大洋洲、北非、大西洋岛屿、印度洋岛屿也有。

2. 丝叶球柱草 （图10-27）

Bulbostylis densa (Wall.) Hand.-Mazz.

一年生草本，无根状茎。秆纤细，丛生，高10～20cm。叶片宽约0.5mm，先端渐尖，边缘微外卷，背面叶脉间疏被微柔毛；叶鞘膜质，顶端具长柔毛。苞片1或2，毛被同叶片；聚伞花序简单或近复出；具1，稀2或3散生小穗；顶生小穗无柄，长圆状卵球形或卵球形，长5～8mm，顶端急尖，具7～14花，或更多；鳞片卵形或近宽卵形，褐色，长1.5～2mm，先端钝，稀急尖，下部无花鳞片有时具芒状短尖，背面具龙骨状突起，具1～3中脉；雄蕊2；柱头3。小坚果倒卵球形，三棱状，成熟后呈灰紫色，长约0.8mm，表面具排列整齐的透明

图10-27 丝叶球柱草

小突起,具盘状花柱基。花果期5—11月。

产于杭州、丽水及安吉、宁波市区、慈溪、余姚、象山、宁海、普陀、开化、江山、金华市区、磐安、武义、天台、临海、永嘉、文成、泰顺等地。生于海拔100~1500m的水田边、岩石上、溪边和山坡草丛、沼泽或灌丛中。分布于东北、华东、华中、华南、西南及河北、山东。东亚、东南亚、南亚、非洲热带地区、大洋洲、太平洋岛屿也有。

与球柱草的主要区别在于本种聚伞花序小穗简单或复出,鳞片先端钝,稀急尖。

8 飘拂草属 Fimbristylis Vahl

一年生或多年生草本,具根状茎或缺,稀具匍匐根状茎。秆丛生或单生,较细。叶通常基生,有时仅有叶鞘而无叶片。花序顶生,为简单、复出或多次复出的长侧枝聚伞花序,少有集生成头状或仅具1个小穗。小穗单生或簇生,具数朵至多朵两性花;鳞片常为螺旋状排列,或下部鳞片为二列或近于二列排列,最下面1或2(稀3)鳞片内无花;无下位刚毛;雄蕊1~3;花柱基部膨大,有时上部被缘毛,柱头2或3,全部脱落。小坚果倒卵球形、宽倒卵球形、长圆球形或椭圆球形,三棱状或双凸状,表面有网纹或疣状突起,或两者兼有,亦或光滑,具短柄或柄不显著。

200余种,全球广泛分布,主要分布于东南亚。我国有54种,广泛分布于各地;浙江有26种。

分种检索表

1.小穗扁平或稍压扁;鳞片(至少下部的)二列排列。
 2.小穗单一顶生;苞片鳞片状……………………………………………………………………**1.独穗飘拂草 F. ovata**
 2.小穗少数至多数组成聚伞花序;苞片叶状。
  3.秆高5~13cm;小穗长4~5mm;鳞片长2.5~3mm;小坚果基部具短柄………………………………
  …………………………………………………………………………**2.矮飘拂草 F. fimbristyloides**
  3.秆高20~40cm;小穗长6~10mm;鳞片长4~5mm;小坚果基部无柄……**3.暗褐飘拂草 F. fusca**
1.小穗圆柱形;鳞片全部螺旋状排列。
 4.柱头3,少有2;花柱不扁平,不具缘毛。
  5.秆下部具1~4无叶片的鞘。
   6.叶片和叶鞘压扁;小穗球形或近球形……………………………………**4.日照飘拂草 F. littoralis**
   6.叶片和叶鞘不压扁;小穗卵球形或长圆状卵球形。
    7.聚伞花序多次复出;小穗较小,宽1.2~1.5mm;秆具5棱………………………………………
    ……………………………………………………………………**5.五棱秆飘拂草 F. quinquangularis**
    7.聚伞花序简单或复出;小穗较大,宽1.5~3mm;秆钝三棱形。
     8.秆高2~12cm;叶远长于秆;鳞片先端急尖;柱头2……**6.矮秆飘拂草 F. minuticulmis**

8. 秆高15~40cm；叶短于秆或与之近等长；鳞片先端圆钝；柱头2或3 ······ 7.面条草 **F. diphylloides**

5. 秆下部的鞘具叶片。

  9. 小坚果长圆球形。

    10. 叶片毛发状，宽0.2~0.5mm；小坚果表面具乳头状突起，后脱落 ··· 8.疣果飘拂草 **F. dipsacea** var. **verrucifera**

    10. 叶片狭条形，宽2~2.5mm；小坚果表面平滑，无乳头状突起 ······ 9.烟台飘拂草 **F. stauntonii**

  9. 小坚果倒卵球形或宽倒卵球形。

    11. 小坚果紫黑色；沙地生植物。

      12. 植株各部密被白色绢毛；小穗聚生成头状；根状茎长，具分枝 ··· 10.绢毛飘拂草 **F. sericea**

      12. 植株各部无毛；小穗单生，或2、3个簇生；根状茎短，无分枝 ·· 11.佛焰苞飘拂草 **F. cymosa** var. **spathacea**

    11. 小坚果绝不为紫黑色；非沙地生植物。

      13. 匍匐根状茎很长，粗壮；秆单生 ······················· 12.东南飘拂草 **F. pierotii**

      13. 根状茎缺、短或稍长；秆丛生。

        14. 小坚果平凸状；叶长于秆 ····················· 13.宜昌飘拂草 **F. henryi**

        14. 小坚果三棱状；叶短于秆。

          15. 植株高5.5~11.5cm；小坚果光亮 ············· 14.武功山飘拂草 **F. wukungshanensis**

          15. 植株高20~70cm；小坚果表面无光泽。

            16. 根状茎缺；苞片长于花序或近等长；小坚果长约0.8mm ································· 15.龙泉飘拂草 **F. longquanensis**

            16. 根状茎缩短或无；苞片短于花序；小坚果长约1.5mm ································· 16.矮扁鞘飘拂草 **F. complanata** var. **exalata**

4. 柱头2；花柱扁平，上部具缘毛。

  17. 小穗小，宽1~1.8mm，因鳞片有龙骨状突起而具棱角。

    18. 小坚果表面平滑，具光泽 ································· 17.夏飘拂草 **F. aestivalis**

    18. 小坚果表面具明显长圆形网纹，无光泽 ················ 18.复序飘拂草 **F. bisumbellata**

  17. 小穗较大，宽2~8mm，无棱角。

    19. 小穗狭长圆形或狭披针形，常指状簇生，辐射枝很短或近无 ····· 19.金色飘拂草 **F. hookeriana**

    19. 小穗卵球形，少有长圆球形或椭圆球形。

      20. 秆下部具无叶片的鞘；鳞片具1脉；小坚果表面平滑 ·········· 20.弱锈鳞飘拂草 **F. sieboldii**

      20. 秆下部鞘具叶片；鳞片具3~11脉；小坚果表面具网纹。

        21. 鳞片长2~2.5mm；雄蕊2或3；小坚果有褐色短柄，表面具7或8显著纵肋 ································· 21.两歧飘拂草 **F. dichotoma**

        21. 鳞片长3~6mm；雄蕊3；小坚果表面不具纵肋。

          22. 叶宽0.5~1mm；小穗1或2；小坚果圆倒卵球形或近圆球形。

            23. 鳞片宽大于长，长约3mm，黄白色 ············ 22.少穗飘拂草 **F. schoenoides**

            23. 鳞片长大于宽，长5~6mm，棕色 ············· 23.双穗飘拂草 **F. subbispicata**

          22. 叶宽1.5~3mm；小穗多数；小坚果宽倒卵球形、倒卵球形或椭圆球形。

            24. 根状茎短，不明显；叶片近无毛；通常有1苞片长于花序；鳞片长约3mm，背面具3~5脉 ························ 24.长穗飘拂草 **F. longispica**

24. 根状茎粗壮或具匍匐根状茎；叶片两面被毛；苞片短于花序；鳞片长于3mm，背面具5～11脉。
   25. 根状茎短，粗壮；叶片宽2～3mm；鳞片具11脉；小坚果表面具细小的六角形网纹················
   ···**25. 结壮飘拂草 F. rigidula**
   25. 具匍匐根状茎；叶片宽1.5～2mm；鳞片具5～7脉；小坚果表面具横长圆形网纹，有时具疣状突起·
   ···**26. 匍匐茎飘拂草 F. stolonifera**

1. 独穗飘拂草 （图10-28）
Fimbristylis ovata (Brum. f.) J. Kern. — *F. monostachya* (L.) Hassk.

多年生草本，根状茎短。秆丛生，高达15cm，纤细。叶短于秆；叶片宽0.5～1mm，毛发状，无毛，边缘稍内卷，短于秆；叶鞘黄白色，鞘口倾斜，最下部的无叶片。苞片1～3，鳞片状，最下部的先端具刚毛状短尖，与花序等长；小穗单个，顶生，卵球形，稍压扁，长7～13mm，宽约5mm，下部的鳞片二列排列，上部的鳞片螺旋状排列；鳞片宽卵形或卵形，黄绿色，长3～6mm，近革质，先端具短硬尖，具3脉，中脉较明显；雌蕊3；花柱基部膨大，无缘毛或稍有缘毛，柱头3。小坚果倒卵球形，三棱状，苍白色，长约2mm，具短柄，表面具明显疣状突起。花果期6—9月。

产于象山、宁海、定海、台州市区、洞头、瑞安、平阳。生于海拔60～100m的海滨草地上。分布于华南、西南及福建、湖南。东亚、东南亚、南亚及巴布亚新几内亚，非洲热带地区、美洲、太平洋岛屿也有。

图10-28 独穗飘拂草

2. 矮飘拂草 （图10-29）
Fimbristylis fimbristyloides (F. Muell.) Druce — *F. nanofusca* Tang et F.T. Wang

一年生草本。秆丛生，高5～13cm。叶短于秆；叶片宽1～1.5mm，丝状，稍弯，有缘毛，先端急尖。苞片2枚以上，叶状，宽不及1mm，先端渐尖，被短硬毛，短于花序；聚伞花序简单，少有近于复出；小穗单生，卵球形或短卵球形，稍扁，长4～5mm，宽约1.5mm，最下面的1～3鳞片内中空无花；鳞片卵形，棕色，无锈色细点，长2.5～3mm，被短硬毛，先端具短尖，背面具1龙骨状突起，无花鳞片稍短，先端有略长的芒；雄蕊3；子房圆筒形，三棱状，柱头3。小坚果倒卵球形，三棱状，淡黄色或近于白色，基部截形，有短柄，具多数疣状突起。花果期8月。

产于海宁（尖山）、丽水（莲都）。生于山坡。分布于广东、广西、云南。东亚、东南亚、南亚及巴布亚新几内亚，大洋洲北部也有。

《浙江植物志》中记载该种分布于磐安（尖山），未见标本。在北京大学生物系植物标本馆（PEY）有两份采自浙江海宁尖山的标本，之前本种在浙江的分布记载为"磐安尖山"有误，应为海宁尖山。

图 10-29　矮飘拂草

3. 暗褐飘拂草

Fimbristylis fusca (Nees) Benth. ex C.B. Clarke

一年生草本。根状茎缺，具须根。秆丛生，高 20～40cm，具根生叶。叶短于秆；叶片宽 1～3mm，长条形，两面被毛。苞片 2～4，叶状，基部甚宽，被毛；聚伞花序复出；小穗单生，披针形或长圆状披针形，扁平，长 6～10mm，最下面的 2 或 3 鳞片内中空无花；有花鳞片卵状披针形，棕色或近黑棕色，长 4～5mm，厚纸质，先端具硬尖，被粗糙短毛，有时具白色膜质的边缘，具 1 微隆起的脉；雄蕊 3；花柱长 4～5mm，基部膨大，柱头 3。小坚果倒卵球形，三棱状，淡棕色或白色，长约 0.9mm，无柄，具疣状突起。花果期 5 月。

产于杭州市区。生于路边竹丛中。分布于华东、华南及湖南、贵州、云南。越南、缅甸、马来西亚、泰国、印度也有。

4. 日照飘拂草　水虱草　（图 10-30）

Fimbristylis littoralis Gaudich. — *F. miliacea* (L.) Vahl

一年生草本。根状茎缺。秆丛生，高 10～40cm，扁四棱形，基部具 1～3 无叶片的鞘。叶长于或短于秆，或与秆等长；叶片宽 1～2mm，长条形，边缘有稀疏的细齿，先端渐尖成刚毛状；叶鞘侧扁，背面呈锐龙骨状，前面具膜质、锈色的边，鞘口斜裂。苞片 2～4，刚毛状，基部宽，具锈色、膜质的边，短于花序；聚伞花序复出或多次复出，稀简单；小穗单生，球形或近球形，长 1.5～5mm，宽 1.5～2mm；鳞片卵形，栗色，长约 1mm，膜质，先端极钝，具白色狭边，背面具龙骨状突起，具 3 脉，中脉绿色，沿侧脉处深褐色；雄蕊 2，花药长圆形，顶端钝，长为花丝的

1/2；花柱三棱状，基部稍膨大，无缘毛，柱头3。小坚果倒卵球形或宽倒卵球形，三棱状，麦秆黄色，长约1mm，具疣状突起和横长圆形网纹。花果期6—11月。

产于杭州、丽水及湖州市区、桐乡、诸暨、宁波市区、余姚、奉化、普陀、开化、江山、浦江、磐安、武义、台州市区、天台、瑞安、文成、平阳、泰顺。生于海拔900m以下的路边、溪边、沟边、水田边、沙滩上或草丛中。分布于华东、华中、华南、西南、西北及河北。东亚、东南亚、南亚，非洲、大洋洲、美洲、印度洋岛屿、太平洋岛屿也有。

图10-30　日照飘拂草

5. 五棱秆飘拂草 （图10-31）

Fimbristylis quinquangularis (Vahl) Kunth —— *F. quinquangularis* var. *elata* Tang et F.T. Wang

多年生草本，无根状茎。秆丛生，高14～85cm，由叶腋抽出，具5棱，基部以上有1～3无叶片的鞘，鞘管状。叶1～3，有时缺，不育根出苗可有更多短于或近等长于秆的叶；叶片宽2～3mm，平张，先端急尖或钝，边缘有细齿。苞片4，刚毛状，边缘有细齿，短于花序；聚伞花序多次复出；小穗单生，卵球形，长2～3（5）mm，宽1.2～1.5mm，顶端急尖或钝；鳞片卵形，栗褐色，长2mm，先端钝，具短尖，背面有龙骨状突起，具3脉，在中脉两侧各有2深褐色的条纹；雄蕊1，花药长圆形，长约0.5mm；花柱三棱状，基部稍膨大，上部被微柔毛，柱头3，略长于花柱。小坚果倒卵球形，三棱状，长约0.8mm，具疣状突起和横向线形网纹。花果期7—11月。

产于建德、开化、永康、缙云、龙泉、庆元、永嘉。生于海拔300～700m的水沟边、水田边或山沟草丛中。分布于华东、华南、西南及湖南。东南亚、南亚、中亚，非洲、大洋洲、印度洋岛屿也有。

图10-31　五棱秆飘拂草

6. 矮秆飘拂草（图10-32）
Fimbristylis minuticulmis X.F. Jin et C.Z. Zheng

一年生草本。根状茎缺。秆丛生，高2～12cm，钝三棱形，平滑，基部具2～4无叶片的鞘；鞘口斜截，疏生缘毛。叶远长于秆；叶片宽1～1.5mm，平张，顶端急尖，上部边缘粗糙；叶鞘长1～6cm，鞘

图10-32　矮秆飘拂草

口斜裂，红棕色；叶舌截形，平滑。苞片鳞片状，长2~2.5mm，顶端具长芒；花序简单或复出，长1~2cm，宽0.8~2cm；小穗4~7，宽卵球形，长3~5mm，宽2~3mm，顶端钝，具20~40花；鳞片卵形，淡棕色，长2~2.3mm，先端急尖，具白色狭边，背面具3脉；雄蕊1，花药长2~2.5mm；花柱长约0.8mm，基部膨大成圆锥状，光滑，柱头2，稍长于花柱。小坚果宽倒卵球形，不等的双凸状，淡黄色，长约0.8mm，宽约0.5mm，表面具不规则的六边形网纹和不明显的纵肋与疣状突起。花果期10—11月。

产于龙泉（住龙）。生于海拔800m左右的路边。模式标本采自龙泉住龙。

7. 面条草 拟二叶飘拂草 （图10-33）
Fimbristylis diphylloides Makino

一年生草本。根状茎缺或很短。秆丛生，高15~40cm，由叶腋抽出，扁四棱形，具纵槽，基部具1或2无叶片的鞘；鞘口斜截形，基部被纤维状的老叶鞘。叶短于或近等长于秆；叶片宽1.2~2.2mm，扁平，边缘具疏细齿。苞片4~6，刚毛状，基部宽，边缘具细齿，短于花序；聚伞花序简单或近于复出，长1.5~6cm，宽2~6cm；小穗单生，卵球形或长圆状卵球形，长2.5~6mm，宽1.5~2mm，顶端急尖，密生多花；鳞片宽卵形，褐色或红褐色，长约2mm，膜质，先端圆钝，边缘白色，具3绿色的脉；雄蕊1或2，花药长圆形，顶端钝；花柱基部稍膨大，无

图10-33 面条草

缘毛，柱头2或3，稍长于花柱或与之近等长。小坚果宽倒卵球形，三棱状或不等的双凸状，淡褐色，长约1mm，具疏而少的疣状突起和横长圆形网纹。花果期6—10月。

产于杭州市区、萧山、临安、桐庐、建德、宁波市区、鄞州、奉化、开化、江山、磐安、武义、莲都、缙云、遂昌、松阳、龙泉、永嘉、文成、泰顺。生于海拔900m以下的山坡、林下、田边、路边、溪边和草丛、沙滩或沼泽中。分布于华东、华中及广东、广西、四川、贵州。日本、朝鲜半岛也有。

浙江产的面条草雄蕊数目有变异，为1或2枚。

8. 疣果飘拂草 （图10-34）
Fimbristylis dipsacea (Rottb.) Benth. var. **verrucifera** (Maxim.) T. Koyama —— *F. verrucifera* (Maxim.) Makino

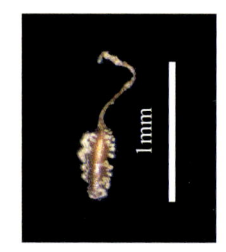

图10-34 疣果飘拂草

一年生草本。根状茎缺，具须根。秆多数，丛生，高2.5~15cm，纤细，钝三棱形。叶短于秆；叶片宽0.2~0.5mm，毛发状，柔软，内卷或近于平张；叶鞘锈褐色。苞片3~10，毛发状，最下部1或2苞片有时稍长于花序；聚伞花序简单或近于复出，有少数至多数小穗；小穗单生，少有2个簇生，长圆球形或圆卵球形，长3~6mm，宽2~2.5mm，具多花；鳞片长圆形或长圆状卵形，淡白色至麦秆黄色，长约1mm，先端具直的短尖，背面具绿色龙骨状突起；雄蕊1，花药披针形，顶端具短尖；花柱无毛，基部稍膨大，柱头2。小坚果狭长圆球形，圆筒状，褐色，具光泽，两边有4~9个白色、具柄、球形后期脱落的乳头状突起，基部近于截形，具细柄，表面细胞呈横的、近于六角形的网纹或近于线形的横纹。花果期7—8月。

产于杭州市区、绍兴市区。生于田边。分布于黑龙江、安徽、湖南。日本、朝鲜半岛、俄罗斯远东地区也有。

9. 烟台飘拂草 （图10-35）
Fimbristylis stauntonii Debeaux et Franch.

一年生草本。根状茎缺，具须根。秆丛生，高4~40cm，扁三棱形，具纵槽，基部有少数叶。叶短于秆；叶片宽2~2.5mm，扁平，长条形。苞片2或3，叶状，不等长，稍长或稍短于花序；聚伞花序简单或复出；小穗卵球形或长圆球形，长3~5mm，具多花；鳞片长圆状披针形，锈色，长1.5~2mm，膜质，先端的短尖不向外弯，背部具绿色龙骨状突起，具1脉；雄蕊1，稀2，花药顶端具短尖；花柱近圆柱状，无毛，基部膨大成球形，柱头2或3，微有毛。小坚果长圆球形，不明显三棱状或双凸状，黄白色，长约1mm，顶端稍膨大如盘，顶端以下缩成短颈，表面具横长圆形的网纹，花柱不脱落。花果期7—9月。

产于杭州市区、临安、慈溪、象山、开化、瑞安、泰顺。生于海拔350m以下的河边草丛中或水塘边。分布于华东、华中及辽宁、河北、山东、四川、陕西、甘肃。日本、朝鲜半岛也有。

图10-35 烟台飘拂草

10. 绢毛飘拂草 （图10-36）

Fimbristylis sericea R. Br.

多年生草本。根状茎长，斜升或横走，被黑褐色、枯老纤维状叶鞘。秆散生，高15~30cm，钝三棱形，被白色绢毛。叶短于秆；叶片宽1.5~3.2mm，基生，弯卷，先端急尖，密被白色绢毛。苞片2或3，叶状，被白色绢毛，短于花序；聚伞花序简单，被白色绢毛；小穗3~15聚生成头状，长圆状卵球形，长5~10mm，宽2~2.5mm，顶端急尖；鳞片卵形，中部有紫红色的短条纹，长3mm，背面有绢毛，先端钝，具短硬尖，具白色的宽边，具1脉；雄蕊3，花药狭长圆形，长约3mm；花柱扁，基部略膨大，有疏毛，柱头2。小坚果倒卵球形，双凸状或平凸状，成熟时呈紫黑色，长约1.2mm，近于光滑。花果期5—11月。

产于象山、普陀、嵊泗。生于海滨沙滩上。分布于华东、华南。东亚、东南亚、非洲、大洋洲也有。

图 10-36　绢毛飘拂草

11. 佛焰苞飘拂草 （图 10-37）

Fimbristylis cymosa R. Br. var. **spathacea** (Roth) T. Koyama — *F. spathacea* Roth

多年生草本。根状茎短。秆丛生，高 10~60cm，具槽或钝三棱形，基部生多数叶，外面包着黑褐色、分裂为纤维状的枯老叶鞘。叶远短于秆；叶片宽 1~3mm，条形，先端急尖，坚硬、开展，边缘略向里卷，具细齿，稍具光泽；叶鞘前面膜质，白色，鞘口斜裂，无叶舌。苞片 1~3，叶状，直立，短于花序；聚伞花序小；小穗单生，或 2、3 个簇生，卵球形或长圆球形，长 3~6mm，宽 1.5~2.5mm，顶端钝；鳞片宽卵形，锈色，长 1.2~2mm，先端钝，具无色透明的宽边，具 3~5 脉，有时中脉明显呈龙骨状突起；雄蕊 3，花药狭长圆形，长约 1mm，先端急尖；子房长圆球形，基部稍狭，花柱略扁，无缘毛，柱头 3，与花柱近等长。小坚果倒卵球形或宽倒卵球形，双凸状，紫黑色，长 0.8~0.9mm，有少数细疣状突起，几平滑。花果期 6—10 月。

图 10-37　佛焰苞飘拂草

产于普陀。生于海滨沙地。分布于华南及福建。东亚、东南亚，非洲也有。

12. 东南飘拂草

Fimbristylis pierotii Miq.

多年生草本。根状茎横生，粗壮，被长卵形的鳞片。秆单生，高 10~50cm，扁三棱形，上部粗糙，基部有 1 或 2 近于无叶的鞘。叶短于秆；叶片宽 1.2~2mm，边缘具细齿。苞片 1~3，钻状或鳞片状而具长芒，短于花序；聚伞花序简单，长 2~4cm，具 3~8 小穗；小穗长圆球形或卵球形，长 6~10mm，宽 2.5~4mm，具数花；鳞片宽卵形，栗褐色，长约 4mm，先端圆钝或近于急尖，仅基部的1或2鳞片先端具短硬尖，边缘白色，背部具龙骨状突起，具3脉；雄蕊3，花药细长圆形；子房倒三棱状长圆球形，花柱三棱状，基部圆锥状，无缘毛，柱头3，与花柱近等长。小坚果宽倒卵球形，平凸状，褐色，长约1mm，具细疣状突起。花果期5—6月。

产于岱山、仙居、遂昌。生于海拔1110m以下的山坡湿地草丛。分布于华东及山东、河南、云南。东亚及菲律宾也有。

13. 宜昌飘拂草 （图10-38）
Fimbristylis henryi C.B. Clarke

一年生草本。根状茎缺。秆丛生，高3～20cm，三棱形，有沟槽，无毛，基部具2叶。叶长于秆；叶片宽1～3mm，长条形，无毛，边缘具细齿；叶鞘口斜裂。苞片2或3，稀4，叶状，长于或近等长于花序；聚伞花序简单、复出或多次复出；小穗单生，长圆球形或长椭圆球形，稀卵球形，长3～8mm，宽1～1.5mm，具8～10花；鳞片卵形或卵状披针形，长约2mm，先端具硬尖，具3脉；雄蕊1，花药长圆形；花柱基部膨大成圆锥形，柱头2。小坚果椭圆球状倒卵球形、倒卵球形或椭圆球形，平凸状，淡黄色，长约1mm，表面具横长圆形网纹，无疣状突起。花果期7—10月。

产于宁波及临安、桐庐、开化、松阳、瑞安、泰顺。生于海拔60～900m的路边、田边、林下或溪边。分布于华东、华中、西南及广东、广西、陕西。

图10-38 宜昌飘拂草

14. 武功山飘拂草 （图10-39）

Fimbristylis wukungshanensis Tang et F.T. Wang

一年生草本。根状茎缺。秆丛生，高5.5～11.5cm，三棱形，有沟槽，无毛，基部具1或2叶。叶短于秆；叶片宽1～2mm，平张，无毛，向顶端渐狭，顶端急尖，边缘具细齿，鞘前面膜质，锈色，斜裂，长7～11mm，叶舌截形，具缘毛。苞片2或3，叶状，短于花序；小苞片钻状，边缘有细齿，基部较宽，膜质；长侧枝聚伞花序简单或复出，有3或4辐射枝，长1.5～4.5cm，宽0.5～3cm；辐射枝张开，细，长6～22mm；小穗单生于辐射枝顶端，卵球形或近卵球形，先端急尖，长3～4mm，宽1～1.2mm；具7～15花；鳞片卵状披针形，淡棕黄色，长1.7～2mm，顶端有硬尖，有宽的膜质边缘，背面具绿色龙骨状突起，具3脉；雄蕊1，花药长圆形，顶端具短尖，长0.5mm，长为花丝的1/5～1/4；花柱基部膨大成圆锥形，柱头2或3，长为花柱的1/3。小坚果宽倒卵球形，三棱状，淡黄色，长约0.8mm，有稀疏疣状突起。花果期9月。

产于龙泉（住龙）。生于海拔约800m的田埂上。分布于江西。为浙江新记录种。

图10-39 武功山飘拂草

15. 龙泉飘拂草 （图10-40）

Fimbristylis longquanensis X.F. Jin, Y.F. Lu et C.Z. Zheng

一年生草本。根状茎缺。秆丛生，高20～55cm，锐三棱形，平滑，基部具2～4叶。叶短于秆；叶片宽2～2.5mm，平张，顶端急尖，上部边缘内卷，稍粗糙；叶鞘长1～6cm，鞘口斜裂，红棕色；叶舌截形，具短毛。苞片2，叶状，长于或等长于花序；小苞片钻形，长5～15mm；聚伞花序简单至复出，长5～11cm，宽1.3～7cm，具3～6辐射枝，长1.5～7cm，具多数小穗；小穗单生，长圆状卵球形，长3～6mm，宽1～2mm，先端急尖，具7～18花；鳞片卵形，红棕色，长1.8～2mm，顶端渐尖或具小短尖，边缘具白色狭边，具3脉；雄蕊2，花药长2.2～2.5mm；

花柱长约1mm，基部膨大成圆锥状，平滑，柱头3。小坚果宽倒卵球形，三棱状，淡黄色，光滑，长约0.8mm，宽0.4～0.5mm，具不规则的六边形网纹。花果期7—9月。

产于磐安、武义、龙泉、松阳。生于海拔400～730m的农田边或溪边。模式标本采自龙泉官埔垟。

图10-40　龙泉飘拂草

16. 矮扁鞘飘拂草 （图10-41）

Fimbristylis complanata (Retz.) Link var. **exalata** (T. Koyama) Y.C. Tang ex S.R. Zhang et T. Koyama — *F. complanata* form. *exalata* T. Koyama — *F. complanata* var. *kraussiana* C.B. Clarke

多年生草本。根状茎缩短，或无根状茎。秆丛生，高（10）20～50cm，扁三棱形或四棱形，具槽，基部具多数叶，在幼苗时期有时具有无叶片的鞘。叶短于秆；叶片宽1～2.5mm，平张，厚纸质，上部边缘具细齿，顶端急尖；鞘两侧扁，背部具龙骨状突起，前面锈色，膜质，鞘口斜裂，具缘毛，叶舌很短，具缘毛。苞片2～4，短于花序；小苞片刚毛状，基部较宽；长侧枝聚伞花序简单或复出，具3或4辐射枝；小穗单生，长圆球形，长5～9mm，宽1.2～2mm，顶端急尖，具5～13花；鳞片卵形，褐色，长3mm，顶端急尖，背面具黄绿色龙骨状突起，具1脉，延伸成短尖；雄蕊3，花药长圆形，顶端急尖；子房三棱状长圆形，花柱三棱状，无毛，基部膨大成圆锥状，柱头3。小坚果倒卵球形或宽倒卵球形，钝三棱状，白色或黄白色，长约1.5mm，疏具疣状突起。花果期5—11月。

产于丽水、温州及杭州市区、临安、宁波市区、鄞州、普陀、开化、江山、磐安、天台、临海。生于海拔1200m以下的溪边和山坡草丛、荒田、湿地中或林下。分布于华东、华中、华南及山东、贵州。日本、朝鲜半岛也有。

浙江的标本，植株根状茎很短或无，秆高20～50cm，有时仅10cm，较细，叶片宽1～2.5mm，聚伞花序简单或复出，小坚果疏具疣状突起，应是矮扁鞘飘拂草。而扁鞘飘拂草小坚果表面仅具横长圆形网纹，聚伞花序多次复出，在我国四川和云南等地的标本确实与以往描述一致，但在浙江至今未见可靠标本。

图10-41　矮扁鞘飘拂草

17. 夏飘拂草 （图10-42）

Fimbristylis aestivalis (Retz.) Vahl

一年生草本。根状茎缺，具须根。秆密集丛生，高3～12cm，纤细，扁三棱形，平滑，基部具少数叶。叶短于秆；叶片宽0.5～1mm，丝状，通常扁平或边缘稍内卷，两面被疏柔毛；叶鞘短，棕色，外面被长柔毛。苞片3～5，叶状，被疏硬毛，短于或等长于花序；聚伞花序复出，疏散；小穗单生，卵球形、长圆状卵球形或披针形，长2.5～5mm，宽1～1.5mm，具棱角，具多花；鳞片卵形或长圆形，红棕色，长约1mm，膜质，先端圆，具长或短的短尖，背面具绿色的龙骨状突起，具3脉；雄蕊1，药隔突出，红色；花柱长，扁平，基部膨大，上部具缘毛，柱头2，极短。小坚果倒卵球形，双凸状，黄色，长约0.6mm，基部无柄，表面近于光滑或具极不明显的六角形网纹。花果期5—8月。

一八五　莎草科 Cyperaceae　　43

产于杭州市区、临安、宁波市区、奉化、象山。生于江边、草丛。分布于华东、华中、华南、西南及黑龙江、陕西。东亚、东南亚、南亚，大洋洲、太平洋岛屿也有。

图 10-42　夏飘拂草

18. 复序飘拂草 （图10-43）
Fimbristylis bisumbellata (Forssk.) Bubani

一年生草本。根状茎缺，具须根。秆密丛生，高4~20cm，较细弱，扁三棱形，平滑，基部具少数叶。叶短于秆；叶片宽0.7~1.5mm，平展，先端边缘具小刺；叶鞘短，黄绿色，具锈色斑点，被白色长柔毛。苞片2~5，叶状，近直立，下面的1或2苞片较长或等长于花序，其余的短于花序；聚伞花序复出或多次复出；小穗单生，长圆状卵球形或长圆球形，长2~7mm，宽1~1.8mm，具棱角，顶端急尖，具10~20花；鳞片宽卵形，棕色，长1.2~2mm，膜质，背面具绿色龙骨状突起，具3脉；雄蕊1或2，花药长圆状披针形；花柱长而扁，基部膨大，具缘毛，柱头2。小坚果宽倒卵球形，双凸状，黄白色，长约0.8mm，表面具横的长圆形网纹。花果期6—9月。

产于杭州市区、临安、奉化、开化、武义、松阳、泰顺。生于海拔330m以下的荒地上、江边、草丛中或田边。分布于华北、华东、华中、华南、西南及陕西、新疆。东亚、东南亚、南亚、中亚、非洲、大洋洲、欧洲、印度洋岛屿也有。

图 10-43　复序飘拂草

19. 金色飘拂草 （图10-44）
Fimbristylis hookeriana Boeckeler

一年生草本。根状茎缺。秆丛生，高5~25cm。叶短于秆；叶片宽1~2mm，无毛。苞片2~4，叶状，其中1或2苞片长于花序；聚伞花序简单或复出；小穗2~6指状簇生，或单生，狭长圆形或狭披针形，长1~1.5cm，宽约2mm；鳞片长圆状卵形，麦秆黄色或黄绿色，长约4mm，先端钝，具短尖，边缘干膜质，具3锈色的脉，仅1脉较明显；雄蕊通常2；

图 10-44　金色飘拂草

花柱长，扁平，基部较宽，上部具缘毛，柱头2。小坚果倒卵球形，双凸状，长约1.2mm，有短柄，表面有疣状突起和横长圆形的网纹。花果期8—11月。

产于宁波市区、普陀、武义、台州市区、天台、龙泉。生于海拔250m以下的路边、草丛中或岩石上。分布于华东及湖南、广东。越南、泰国、老挝、菲律宾、印度也有。

20. 弱锈鳞飘拂草 （图10-45）

Fimbristylis sieboldii Miq. — *F. ferrugineae* var. *sieboldii* (Miq.) Ohwi

多年生草本。根状茎短，木质。秆丛生，高15～30cm，扁三棱形，较细弱。下部的叶具有叶鞘而无叶片；鞘灰褐色。叶短于秆；叶片宽约1mm，丝状，常折叠。苞片1～3，其中1苞片与花序近等长；聚伞花序通常具1～4小穗，有时多达12个；小穗长圆状披针形，长6～12mm，宽2.5～3mm，密生多花；鳞片宽卵形，棕色，长约3mm，膜质，先端略具短尖，边缘有缘毛，具1脉；雄蕊3，花药细条形；花柱有缘毛，基部稍宽，柱头2。小坚果宽倒卵球形，扁双凸状，成熟时呈棕色或棕黑色，长约1.2mm，平滑。花果期5—11月。

产于杭州市区、上虞、宁波市区、普陀、岱山、台州市区、三门、龙泉、平阳、苍南。生于海拔900m以下的海边沙地上、岩石缝中或积水处。分布于华东、华南及山东。日本、朝鲜半岛也有。

图10-45　弱锈鳞飘拂草

21. 两歧飘拂草 (图10-46)

Fimbristylis dichotoma (L.) Vahl

一年生草本，具须根。秆丛生，高20～50cm，无毛或被柔毛，钝三棱形。叶略短于秆或与秆近等长；叶片宽1～2.5mm，丝状或长条形；叶鞘草质，上端近于截形。苞片3或4，叶状，无毛或被柔毛，通常有1或2长于花序；聚伞花序复出，少有简单；小穗卵球形或长圆状卵球形，长4～12mm，宽约2.5mm，具多花；鳞片卵形或长圆形，褐色，长2～2.5mm，有光泽，先端具短尖，具3或5脉；雄蕊2或3；花柱扁平，上部有缘毛，柱头2。小坚果宽倒卵球形，双凸状，白色至淡褐色，长约1mm，有褐色短柄，表面有7或8条显著纵肋及横长圆形的网纹。花果期6—11月。

产于杭州、丽水、温州及安吉、桐乡、宁波市区、奉化、象山、普陀、开化、江山、磐安、台州市区、天台、临海。生于海拔1200m以下的水田中、林下、路边草丛、灌丛及溪沟、河滩、沼泽、旷地或岩石上。除黑龙江、吉林、宁夏、青海外，全国广泛分布。东亚、东南亚、南亚、中亚、非洲、大洋洲、美洲、印度洋群岛、太平洋群岛也有。

图10-46 两歧飘拂草

21a. 矮两歧飘拂草 （图 10-47）

subsp. **depauperata** (R. Br.) J. Kern — *F. depauperata* R. Br. — *F. dichotoma* (L.) Vahl form. *depauperata* (C.B. Clarke) Ohwi — *F. diphylla* (Retz.) Vahl var. *depauperata* C.B. Clarke

本亚种植株各部纤细。秆高6～20cm。叶片宽仅0.3～0.9mm。小穗通常1，少有2或3，极少5，明显少于两歧飘拂草。花果期7—8月。

产于开化、缙云。生于海拔约350m的沟谷、山坡、草丛或岩石上。印度尼西亚、巴布亚新几内亚、澳大利亚也有。

《中国植物志》记载辽宁、湖南和河北产矮两歧飘拂草（变型）*F. dichotoma* form. *depauperata* (R. Br.) Ohwi；*Flora of China* 则认为矮两歧飘拂草应作为种级 *F. depauperata* R. Br. 或亚种 *F. dichotoma* subsp. *depauperata* (R. Br.) J. Kern。鉴于两歧飘拂草变异很大，所以将这个植株矮小、小穗稀少的类群作为亚种处理。

图 10-47 矮两歧飘拂草

22. 少穗飘拂草 （图 10-48）

Fimbristylis schoenoides (Retz.) Vahl

多年生草本。根状茎极短，具须根。秆丛生，高5～10(40)cm，细长，稍扁，具纵槽，基部具叶。叶短于秆；叶片宽0.5～1mm，两边常内卷，上部边缘具小刺。苞片无，或1或2，短于花序；聚伞花序简单，有时仅1或2小穗；小穗无柄或具柄，宽卵球形、卵球形或长圆状卵球形，长5～12mm，宽3～4mm，

图 10-48 少穗飘拂草

具多花；鳞片宽卵形，黄白色，具棕色短条纹，长约3mm，先端圆，无短尖或有时中脉稍延伸出顶端，具短尖，背面无龙骨状突起，具多数脉；雄蕊3，花药细条形；花柱长而扁平，基部扩大，中部以上具缘毛，柱头2。小坚果圆倒卵球形或近圆球形，双凸状，黄白色，长约1.5mm，具短柄，表面具细小的六角形网纹。花果期9月。

产于宁波市区(北仑)、象山、龙泉。生于谷地路边、田边草丛中。分布于华东、华南及云南。东南亚、南亚，非洲热带地区、大洋洲北部也有。

23. 双穗飘拂草 （图10-49）
Fimbristylis subbispicata Nees et Meyen

一年生草本。根状茎缺。秆丛生，高10~40cm，细瘦，扁三棱形，基部具少数叶。叶短于秆；叶片宽约1mm，稍坚挺，平展，上部边缘有小刺。苞片无，或1，长于花序；小穗通常1，少有2，顶生，长圆状卵球形或长圆球状披针形，长8~30mm，宽4~8mm，具多花；鳞片卵形、宽卵形或近于椭圆形，棕色，有锈色短条纹，长5~6mm，先端钝，具硬短尖，背面具多脉；雄蕊3，花药细条形，长2~2.5mm；花柱长而扁平，基部稍膨大，有褐色缘毛，柱头2。小坚果圆倒卵球形，扁双凸状，褐色，长1.5~1.7mm，基部具褐色短柄，表面具不明显六角形网纹，稍有

图10-49　双穗飘拂草

光泽。花果期5—11月。

产于杭州市区、临安、宁波市区、奉化、宁海、象山、定海、普陀、江山、磐安、天台、缙云、松阳、永嘉、平阳、苍南、泰顺。生于海拔100~1500m的山坡路边草丛、沼泽中及溪边湿处、旷地或路边岩石缝中。分布于华北、华东、华中、华南及辽宁、贵州、陕西。日本、朝鲜半岛、越南也有。

24. 长穗飘拂草
Fimbristylis longispica Steud.

一年生草本。根状茎短。秆近丛生,高15~60cm,稍强壮,扁平,基部具叶。叶短于秆;叶片宽1.5~2.5mm,扁平或边缘稍内卷,近于无毛。苞片2或3,叶状,最下部1枚通常长于花序;聚伞花序复出、多次复出或简单;小穗单生,狭长圆球形或长圆状卵球形,长6~18mm,顶端急尖或圆钝;鳞片宽卵形,舟状,长约3mm,近膜质,无毛,先端钝,具短尖,具3或5棕色或浅棕色的脉;雄蕊3;花柱略长于小坚果,上部具缘毛,基部稍宽,柱头2。小坚果宽倒卵球形,双凸状,浅棕褐色,长1.2~1.5mm,有光泽,无柄,表面具六角形明显网纹。花果期7—9月。

产于杭州市区、奉化、象山。生于沙滩上、江边草丛中。分布于辽宁、山东、江苏、福建、广东、广西、云南、陕西。日本、朝鲜半岛、缅甸也有。

25. 结壮飘拂草
Fimbristylis rigidula Nees

多年生草本。根状茎粗短,木质,横生。秆疏丛生,高15~50cm,扁圆柱形,基部粗大,常有残存的老叶鞘。叶短于秆;叶片宽2~3mm,两面均被疏生柔毛,呈灰绿色。苞片3~5,叶状,短于花序;聚伞花序复出,少有简单;小穗单生,卵球形或椭圆球形,长5~10mm,宽3~4mm,顶端钝或急尖,具多花;鳞片卵形或宽卵形,红褐色,长约4mm,先端钝,具短尖,背面具11脉,基部2鳞片内中空无花,较小,具稍长的短尖;雄蕊3,花药细条形;花柱扁,基部稍粗大,上端有缘毛,柱头2。小坚果宽倒卵球形或近于椭圆球形,双凸状,成熟时呈粉红色,长约1.2mm,表面具细小的六角形网纹。花果期5—10月。

产于杭州市区、临安、仙居、洞头、永嘉。生于海拔150~280m的山坡草丛中。分布于华东、华中、西南及广东、广西。东南亚、南亚也有。

26. 匍匐茎飘拂草 (图10-50)
Fimbristylis stolonifera C.B. Clarke

多年生草本,具匍匐根状茎。秆高30~70cm。叶短于秆;叶片宽1.5~2mm,长条形,两面被毛,背部有1条较明显的中脉,顶端急尖。苞片2或3,叶状,顶端急尖,通常短于花序,

图10-50 匍匐茎飘拂草

极少等长;长侧枝聚伞花序简单或近于复出,具3~6辐射枝;小穗单生,或2、3簇生于辐射枝顶端,卵球形或长圆状卵球形,长7~13mm,宽3~4mm,下面1或2鳞片内无花;有花鳞片长圆状卵形,栗色,长3~4mm,有光泽,顶端具由中脉延伸所成的短尖,背部有5~7隆起的脉;雄蕊3;花柱扁平,基部稍膨大,有缘毛,柱头2。小坚果倒卵球形,双凸状,白色或淡棕色,长约1.3mm,具横长圆形网纹,纵肋不显著,有时具疣状突起。花果期7月。

产于宁波市区(北仑)、余姚、龙泉、庆元、青田。生于海拔1000~1600m的山坡路边、沼泽草丛中。分布于西南及河北、广东、广西。印度、尼泊尔、不丹也有。

26a. 长穗匍匐茎飘拂草 (图10-51)
var. **cylindrica** X.F. Jin et Y.F. Lu

与匍匐茎飘拂草的主要区别在于花序简单,小穗圆柱形,长8~15mm,宽2.5~3mm。花果期7月。

产于永嘉。生于草丛中。模式标本采自永嘉岩坦。

图10-51 长穗匍匐茎飘拂草

⑨ 刺子莞属 Rhynchospora Vahl

多年生草本。秆丛生。叶基生或秆生,扁平,具封闭的叶鞘。苞片叶状或鳞片状,具鞘;圆锥花序由少数聚伞花序组成,稀小穗排列为近头状;小穗具少数花;鳞片螺旋状排列,或下部的鳞片多少呈二列排列,基部3或4鳞片内中空无花,中部的1~3鳞片内具1两性花,稀为雌花,最上部的1鳞片无花或具1雄花;下位刚毛3~6;雄蕊3,稀1或2;花柱基部膨大,宿存,柱头2,极少1。小坚果双凸状,表面平滑,或具皱纹或疣体,顶端具宿存而膨大的喙状花柱基。

约350种,主要分布于美洲热带和亚热带地区。我国有8种,主要分布于华东、华南至西南等地;浙江有4种。

分种检索表

1.叶基生;小穗多数排成近头状;小坚果具细点,上部边缘具短柔毛;柱头2或1·················
·· 1.刺子莞 **R. rubra**

1. 叶秆生；聚伞花序圆锥形；小坚果具横皱纹；柱头2。
 2. 秆细弱，直径不及1mm；叶片宽约0.5mm；下位刚毛具倒刺 ················ **2. 细叶刺子莞 R. faberi**
 2. 秆较粗壮，直径超过1.5mm；叶片宽1.5～3mm；下位刚毛具顺刺。
  3. 小穗长7～8mm；下位刚毛长于小坚果 ················ **3. 华刺子莞 R. chinensis**
  3. 小穗长3.5～4.5mm；下位刚毛稍短于小坚果 ················ **4. 白喙刺子莞 R. brownii**

1. 刺子莞 （图10-52）
Rhynchospora rubra (Lour.) Makino

根状茎直立或斜升。秆丛生，高20～65cm，直径0.8～2mm，圆柱状。叶基生，细长条形，长10～30cm，宽1～3.5mm，边缘粗糙。苞片4～10，叶状，长短不一，长1～5cm。头状花序顶生，球形，直径15～17mm，具多数小穗；小穗钻状披针形，长约8mm；鳞片6～8，棕色，最下部3鳞片内无花，较有花鳞片小，上部2或3鳞片内各具1单性花，其中上面1或2为雄花，下面1为雌花，最上部1鳞片条形，无花；下位刚毛4～6，长短不一，长不及小坚果的1/2或1/3；雄花2或3；柱头2，有时1。小坚果宽或狭倒卵球形，长1.5～2mm，双凸状，上部边缘被短柔毛，表面具细点；花柱基三角形。花果期5—12月。

产于温州及桐庐、宁波市区、天台、临海、莲都、龙泉、云和。生于海拔1050m以下的山坡杂草丛中、岩石上、沙滩潮湿处。分布于华东、华中、华南及贵州、云南。东亚、东南亚及印度、尼泊尔、斯里兰卡、巴布亚新几内亚、非洲、大洋洲、印度洋岛屿、太平洋岛屿也有。

图10-52 刺子莞

2. 细叶刺子莞 （图10-53）
Rhynchospora faberi C.B. Clarke

根状茎极短，具密而细的须根。秆丛生，高20～40cm，三棱形，有时顶端稍粗糙，基部具无叶片的鞘。叶基生和少数秆生，纤细如毫发，较秆短，宽通常约0.5mm，顶端尖，三棱形。苞片叶状或刚毛状，具鞘。圆锥花序由顶生和3或4个侧生长的侧枝聚伞花序组成；长侧枝聚伞花序很小，彼此远离，具少数小穗；小穗直立，卵球状披针形，长约3.5mm，具5或6鳞片，有1或2

花，最下面的3或4鳞片内中空无花；无花鳞片狭卵形，较有花鳞片短小，有花鳞片1或2，卵形或椭圆状卵形，最上面1片鳞片内无花或不发育，其下具雌花、雄花各1，或均为两性花，上面1雌花不发育；下位刚毛6，较小坚果稍长，被倒刺；雄蕊1；花柱细长，基部膨大，柱头2。小坚果倒卵状圆球形或宽倒卵球形，双凸状，表面微具横皱纹；宿存花柱基狭圆锥形，顶端急尖。花果期9—10月。

产于临安、桐庐、奉化、磐安、缙云、庆元、温州市区、文成。生于海拔750~1500m的沼泽、溪边草丛中。分布于华东及山东、湖南、广东、广西。俄罗斯、日本、朝鲜半岛也有。

图 10-53　细叶刺子莞

3. 华刺子莞　（图10-54）

Rhynchospora chinensis Nees et Meyen

根状茎极短。秆丛生，高40~50cm，三棱形，纤细，具节，基部具1或2无叶片的叶鞘。叶基生和秆生；叶片长条形，短于花序，宽1.5~2mm，先端渐尖，边缘粗糙。苞片叶状，下部的有鞘，上部的无鞘或具短鞘；圆锥花序由顶生和侧生伞房状聚伞花序组成；小穗通常4~8簇生成头状，披针形，褐色，长7~8mm；鳞片7或8，近卵形，最下部2或3鳞片内中空无花，上部2或3鳞片内各有1两性花（其中仅最下部的1花结实），最上部1鳞片内也中空无花；下位刚毛6，比小坚果长,有顺刺;雄蕊3,药隔顶端突出;子房倒卵球形,花柱基部膨大,柱头2。小坚果倒宽卵球形,长约3mm,双凸状,成熟时呈栗褐色,表面具皱纹;花柱基狭圆锥状,长于或等长于小坚果。花果期7—10月。

产于宁波市区(北仑)、奉化、宁海、象山、开化、天台、缙云、永嘉、瑞安、文成。生于海拔330~850m的路边草丛中、林下、溪沟边。分布于华东、华南及山东、湖北。日本、越南、泰国、缅甸、斯里兰卡,印度洋岛屿、马达加斯加也有。

图10-54 华刺子莞

4. 白喙刺子莞 (图10-55)

Rhynchospora brownii Roem. et Schult. — *R. rugosa* (Vahl) Gale subsp. *brownii* (Roem. et Schult.) T. Koyama

根状茎极短。秆丛生,直立,高30~50cm,纤细,三棱形,顶部通常粗糙。叶多数基生,较秆短;叶鞘无毛,具多条纵肋,鞘口具极短叶舌;叶片狭长条形,宽1.5~3mm,顶端渐尖,边缘

图10-55 白喙刺子莞

微粗糙。苞片叶状，下部的具鞘，最上部的无鞘；圆锥花序由顶生和侧生伞房状长侧枝聚伞花序组成，具多数小穗，顶生枝花序复出，松散；小穗椭圆球形或近卵球形，长3.5～4.5mm，锈色，顶端急尖，具7或8鳞片，最下部的3或4鳞片内中空无花，无花鳞片椭圆状卵形，较有花鳞片短小，上部有花鳞片3，宽卵形，各具1两性花（其中最上部的雌蕊极不发达），最上部的鳞片内无花；下位刚毛6，长短不一，具顺刺；雄蕊3；子房倒卵球形，柱头2，与花柱等长。小坚果宽椭圆球状倒卵球形，双凸状，淡锈色，长约1.7mm，具较深色的横皱纹；花柱基宽圆锥形，较小坚果短，表面被白色粉状物。花果期7月。

产于开化。生于沟谷中。分布于华南、西南及江西、福建、湖南。东亚、东南亚，非洲、大洋洲、欧洲、印度洋岛屿、太平洋岛屿也有。

⑩ 克拉莎属 Cladium P. Br.

多年生草本，通常具根状茎。秆圆柱形，具基生叶和秆生叶。叶片扁平，背腹面压扁，边缘粗糙。苞片叶状，具鞘；圆锥花序由顶生或数个侧生的伞房状复出聚伞花序组成；小穗通常无柄，常数个聚生，基部具鳞片状的小苞片和先出叶各1；鳞片少数，螺旋状排列，下部的4～6鳞片内无花，上部的2鳞片内具两性花，仅最上部的1花发育；花被完全退化；雄蕊2或3；花柱细长，基部增粗，宿存，柱头3。小坚果略呈核果状，圆柱形或三棱形，具3条肋纹或无肋纹，木栓质，平滑，无光泽。

4种，分布于亚洲、大洋洲、欧洲和南美洲、北美洲热带至暖温带地区。我国有1种；浙江也有。

华克拉莎 （图10-56）

Cladium jamaicense Crantz subsp. **chinense** (Nees) T. Koyama — *C. chinense* Nees

根状茎短。秆高1～3m，具多数秆生叶。叶片革质，宽5～11mm，扁平或呈"V"字形，上端渐狭且呈三棱形，顶端细长呈鞭状，边缘及背面中脉具细锯齿。苞片叶状，具鞘，下面的较长，向上渐短；圆锥花序顶生或侧生，长30～50cm；小苞片鳞片状，厚纸质，卵状披针形或披针形，顶端尾状渐尖；小穗4～12聚成小头状；小头状花序直径4～7mm；小穗成熟时呈卵球形或宽卵球形，暗褐色，长3～4mm，具5或6鳞片。鳞片卵形至长圆状披针形，长2.5～3mm，具明显中脉；雄蕊2，花丝很短，花药长约2mm，药隔突出成短尖；花柱长2～2.5mm，柱头3，长1～1.5mm。小坚果卵球形，亮绿褐色，长约2mm，光亮，喙极不明显。花果期4—11月。

一八五　莎草科 Cyperaceae　　55

产于奉化、宁海、象山、定海、普陀、台州市区、玉环、乐清、文成、平阳、苍南。生于海拔100～900m的山坡草丛中、路边、沟边、海边或岩缝间。分布于华南及云南、西藏。日本、朝鲜半岛、越南、印度、尼泊尔也有。

图 10-56　华克拉莎

11 鳞籽莎属 Lepidosperma Labill.

多年生草本。根状茎粗短。秆圆柱形，粗壮。叶基生，圆柱形，具叶鞘。苞片叶状，具鞘；圆锥花序开展或紧缩成穗状；小穗无柄，基部具鳞片状小苞片和先出叶，上部具鳞片4～6；鳞片螺旋状排列或下部近二列，下部的鳞片内无花，上部的鳞片内具两性花，其中仅上部的1或2花结实，最上部鳞片完全退化或缩小；下位鳞片3～6，下部扩大并连合成基盘状，贴生于子房基部，开花时白色，肉质，花后增大变硬，上部齿裂或刚毛状；雄蕊3；花柱细长，基部不膨大，脱落，柱头3。小坚果钝三棱状。

100余种，主产于澳大利亚、新西兰及亚洲热带地区。我国仅1种，分布于华东和华南；浙江也有。

鳞籽莎 （图10-57）
Lepidosperma chinense Nees et Meyen ex Kunth

具匍匐根状茎和须根。秆丛生，圆柱形或近圆柱形，基部被枯萎的叶鞘。叶圆柱形，基生，较秆稍短，直径2～3mm，平滑，坚挺，无毛。苞片具鞘，无毛；圆锥花序紧缩成穗状，长3～10cm；小穗密集，纺锤状长圆形，长6～8mm，具5鳞片，有1或2花；鳞片卵形或卵状披针

图10-57 鳞籽莎

形，长4~6.5mm，顶端钝，具短尖，背面龙骨状突起粗糙，表面略被白粉，最下面的2鳞片内中空无花，其上面2鳞片内各具1两性花，下面1雌蕊不发育，或有时下面1鳞片内无花，最上面的鳞片不发达；下位鳞片6，甚短；雄蕊3，花丝较花药长约1.5倍，花药顶端药隔突出；花柱细长，柱头3。小坚果椭圆球形，褐黄色，长3.5~4mm，平滑，有光泽，无喙，基部为硬化的鳞片所包。花果期4—11月。

产于温州（龙湾）、泰顺。生于海拔750m以下的山坡草丛中、沟边岩石上。分布于福建、湖南、广东、海南、广西。越南、马来西亚、印度尼西亚、巴布亚新几内亚也有。

⑫ 黑莎草属 Gahnia J.R. Forst. et G. Forst.

多年生草本，具坚硬的根状茎。秆粗壮，圆柱形，具节。叶基生和秆生，具叶鞘；叶片背腹压扁或因边缘内卷呈圆筒状，具明显中脉。圆锥花序疏散或紧缩成穗状；小穗具1小苞片、数枚鳞片和2花；鳞片螺旋状排列，黑色或暗褐色，下部的3~6或更多鳞片内无花，上部的2或3鳞片内有花，其中下面的1鳞片内有雄花或无花，中间的1鳞片内有两性花，上面的1鳞片无花或不存在；下位刚毛缺；雄蕊3（6），花丝长，药隔突出；花柱细长，基部宿存，柱头3，少2，或4或5。小坚果三棱状或略呈圆筒状，骨质，成熟后有光泽。

约30种，分布于南亚和东南亚。我国有3种，主要分布于华东、华南和西南；浙江有1种。

黑莎草 （图10-58）
Gahnia tristis Nees

秆粗壮，高0.5~1.5m，圆柱形，有节。叶具鞘，鞘红棕色，长10~20cm；叶片狭长，极硬，硬纸质或近革质，长40~60cm，宽0.7~1.2cm，从下而上渐狭，顶端钻形，边缘通常内卷，边缘及背面具刺状细齿。苞片叶状，具长鞘，向上渐变短；圆锥花序紧缩成穗状，由7~15个卵球形或矩形穗状枝花序组成；小苞片鳞片状；小穗排列紧密，纺锤形，具8鳞片，稀10；鳞片螺旋状排列，基部6鳞片内中空无花，卵状披针形，具1脉，最上面的2鳞片最小，其中上面1鳞片具两性花，下面1鳞片具雄蕊或无花；无下位刚毛；雄蕊3，药隔顶端突出于花药外；花柱细长，柱头3。小坚果倒卵状长圆球形，三棱状，成熟时呈黑色，长约4mm，平滑，具光泽，骨质。花果期4—12月。

产于临海、缙云、龙泉、庆元、永嘉、瑞安、平阳、苍南、泰顺。生于海拔100~810m的山坡林下灌丛、草丛中及路边或溪沟边。分布于华东、华南及湖南、贵州。日本、越南、泰国、马来西亚、印度尼西亚、印度也有。

图 10-58 黑莎草

⓭ 莎草属 Cyperus L.

一年生或多年生草本,具须根或短根状茎,稀具匍匐茎。秆丛生或散生,三棱形,粗壮或细弱。叶基生,有时仅有叶鞘而无叶片。苞片叶状;聚伞花序简单或复出,有时缩短成头状;小穗条形或狭长圆形,压扁,2至多数排成近总状、穗状、指状或头状于聚伞花序上,小穗轴宿存,具翅或仅具狭边;鳞片二列排列,稀为螺旋状排列,具1至数脉,最下部1或2鳞片内中空无花,其余鳞片内均具1两性花;雄蕊2或3,稀1;花柱基部不膨大,脱落,柱头3,稀2。小坚果三棱状,面向小穗轴。

500余种,广泛分布于全球,以热带和亚热带地区种类较多。我国近50种,南北各地均有分布;浙江有18种。

分种检索表

1. 花序轴极缩短,小穗指状排列或紧密排成头状;小穗长不及10mm。
  2. 长侧枝聚伞花序具发达的辐射枝。
    3. 多年生草本(栽培);秆粗壮,基部仅具叶鞘而无叶片;苞片10余枚,远长于花序 ·· **1. 旱伞草 C. involucratus**
    3. 一年生草本(野生);秆细瘦或稍细瘦,基部具叶片;苞片2或3,短于至稍长于花序。
      4. 小穗多数,密聚排成近头状。
        5. 鳞片扁圆形,长约1mm,先端圆钝;小穗极多数,密集成头状 ······ **2. 异型莎草 C. difformis**

一八五　莎草科 Cyperaceae

  5.鳞片长圆形，长1～1.5mm，顶端截形；小穗5至多数，排成折扇状……………………
……………………………………………………………………………… **3.长尖莎草　C. cuspidatus**
 4.小穗较少，排成疏松开展的近头状。
  6.小穗具4～8花，长4～8mm；鳞片先端具短尖，排列紧密；苞片常短于花序…………
………………………………………………………………………………… **4.畦畔莎草　C. haspan**
  6.小穗具10余花，长8～10mm；鳞片先端钝，排列较疏松；其中1苞片常较花序稍长………
………………………………………………………………………………… **5.窄穗莎草　C. tenuispica**
2.花序无辐射枝，小穗紧密排成头状。
 7.鳞片二列排列；小坚果长圆球形，平凸状………………………… **6.白鳞莎草　C. nipponicus**
 7.鳞片螺旋状排列；小坚果狭长圆球形，三棱状……………………… **7.旋鳞莎草　C. michelianus**
1.花序轴不缩短，小穗呈穗状或总状排列（扁穗莎草的小穗排列紧密，呈头状）；小穗长常超过10mm（但在碎米莎草和具芒碎米莎草中小穗有时长不及10mm）。
 8.花序轴缩短，小穗排成近头状；鳞片两侧苍白色或麦秆黄色………… **8.扁穗莎草　C. compressus**
 8.花序轴不缩短，小穗排成穗状或总状；鳞片两侧多为黄褐色、褐色、紫红色或暗血红色（在碎米莎草和具芒碎米莎草中鳞片颜色较淡）。
  9.鳞片两侧色淡，麦秆黄色或苍白色；花柱短；聚伞花序复出或多次复出。
   10.小穗轴近无翅；鳞片先端微凹，具不显著的短尖………………… **9.碎米莎草　C. iria**
   10.小穗轴具白色透明的狭边；鳞片先端圆，具明显的短尖…… **10.具芒碎米莎草　C. microiria**
  9.鳞片两侧黄褐色、褐色、紫红色或暗血红色；花柱中等长；聚伞花序简单，少有复出或多次复出。
   11.植株具长匍匐的根状茎和块茎；鳞片密覆瓦状排列………………… **11.香附子　C. rotundus**
   11.植物无根状茎或具根状茎；鳞片疏松或较疏松二列排列，或覆瓦状排列。
    12.小穗轴具翅。
     13.小穗近四棱形，3～14个疏松排列；秆较细；鳞片黄褐色…………………………
…………………………………………………………………………… **12.四棱穗莎草　C. tenuiculmis**
     13.小穗扁平，多数密集排列；秆粗壮；鳞片棕红色………… **13.球形莎草　C. glomeratus**
    12.小穗轴无翅，或具白色狭边。
     14.多年生草本，具根状茎。
      15.叶与秆等长；秆高大且粗壮；聚伞花序复出或多次复出；鳞片背面具龙骨状突起……
………………………………………………………………… **14.长穗高秆莎草　C. exaltatus var. megalanthus**
      15.叶短于秆；秆细弱；聚伞花序复出；鳞片背面无龙骨状突起。
       16.花序轴无毛；秆基部叶鞘具短叶或无叶片…………………………………
……………………………………………………………… **15.短叶茳芏 C. malaccensis subsp. monophyllus**
       16.花序轴被淡黄色粗硬毛；秆基部具叶……………… **16.毛轴莎草　C. pilosus**
     14.一年生草本，具须根。
      17.花序轴上无毛；鳞片先端具外弯的短尖…………… **17.阿穆尔莎草　C. amuricus**
      17.花序轴上具白色短刺毛；鳞片先端圆钝或微凹，无短尖……………………………
………………………………………………………………………… **18.直穗莎草　C. orthostachys**

1. 旱伞草　风车草　（图10-59）

Cyperus involucratus Rottb. — *C. alternifolius* L. subsp. *flabelliformis* (Rottb.) Kük.

多年生草本。根状茎短，粗大，须根坚硬。秆粗壮，高30~150cm，近圆柱形，上部稍粗糙，基部被无叶的鞘包裹，鞘棕色。苞片多数，近等长，较花序长约2倍，宽2~11mm，向四周展开，平展；多次复出的长侧枝聚伞花序具多数第一次辐射枝，辐射枝最长达7cm，每个第一次辐射枝具4~10个第二次辐射枝，最长达15cm；小穗聚生于第二次辐射枝上端，椭圆球形或长圆球状披针形，长3~8mm，宽1.5~3mm，压扁，具6~26花，小穗轴不具翅；鳞片覆瓦状紧密排列，卵形，膜质，苍白色，具锈色斑点，或为黄褐色，长约2mm，顶端渐尖，具3或5脉；雄蕊3，花药顶端具刚毛状附属物；花柱短，柱头3。小坚果椭圆球形，近三棱状，长约为鳞片的1/3，褐色。花果期10—11月。

原产于非洲和西南亚。湖南、台湾、广东有逸生。本省常见栽培，或逸生。

图10-59　旱伞草

2. 异型莎草 （图10-60）
Cyperus difformis L.

一年生草本，具多数须根。秆丛生，高10～30cm，扁三棱形，平滑，具纵条纹。叶短于秆；叶片长条形，扁平，宽2～5mm。苞片2或3，叶状，长于花序；聚伞花序简单；穗状花序排成近头状，直径6～8mm，具多数小穗；小穗长圆球形或披针形，长3～5mm，具10～15花，小穗轴无翅；鳞片排列疏松，膜质，扁圆形，中间淡黄色，两侧深红紫色，边缘白色透明，长约1mm，先端圆钝，背面具3条不明显的脉；雄蕊2，稀1，花药椭圆球形；花柱短，柱头3。小坚果倒卵状椭圆球形，三棱状，淡黄色，与鳞片近等长。花果期6—11月。

产于杭州、温州及湖州市区、安吉、桐乡、绍兴市区、宁波市区、奉化、普陀、岱山、开化、江山、浦江、磐安、武义、台州市区、天台、莲都、缙云、遂昌、松阳、龙泉。生于海拔900m以下的水沟边、山坡、沙滩上、荒田、草丛或岩石缝中。除西藏、青海外，全国广泛分布。东亚、东南亚、南亚、中亚、非洲、大洋洲、欧洲、印度洋岛屿、太平洋岛屿也有。

图10-60 异型莎草

3. 长尖莎草
Cyperus cuspidatus Kunth

一年生草本，具须根。秆丛生，细弱，高10～15cm，三棱形，平滑。叶少，短于秆；叶片宽1～2mm，常向内折合。苞片2或3，长条形，长于花序。聚伞花序具2～5辐射枝，辐射枝最长达

2cm；小穗5至多数，排列成折扇状，条形，长4～12mm，宽约1.5mm，具8～26花；鳞片较松，覆瓦状排列，长圆形，两侧紫红色或褐色，长1～1.5mm，顶端截形，背面具绿色龙骨状突起，且延伸出顶端呈较长而向外弯的芒，芒长约为鳞片的2/3，具3脉；雄蕊3，花药短，椭圆球形；花柱长，柱头3。小坚果长倒卵球形或长圆球形，三棱状，深褐色，长为鳞片的1/2，具许多疣状小突起。花果期8—11月。

产于龙泉、永嘉。生于海拔约50m的溪滩沙地。分布于华东、华南、西南及山东。东南亚、南亚、非洲、大洋洲、美洲、印度洋群岛也有。

4. 畦畔莎草 （图10-61）
Cyperus haspan L.

多年生草本。根状茎缩短。秆丛生或散生，高20～75cm，扁三棱形。叶短于秆；叶片宽2～3mm，或有时仅剩叶鞘而无叶片。苞片2，叶状，常较花序短，稀长于花序；长侧枝聚伞花序复出或简单，稀多次复出，具多数细长松散的第一次辐射枝；小穗通常3～6，呈指状排列，少数多至10余个，狭披针形，长4～8mm，宽1～1.5mm，具4～8花；小穗轴无翅。鳞片覆瓦状排列，膜质，长圆状卵形，背面具绿色龙骨状突起，两侧紫红色或苍白色，长约1.5mm，先端具短尖，具3脉；雄蕊3，花药狭长圆形，顶端常具白色刚毛状附属物；花柱中等长，柱头3。小坚果宽倒卵球形，三棱状，淡黄色，长约为鳞片的1/3，具疣状小突起。花果期6—12月。

产于丽水、温州及杭州市区、临安、建德、宁波市区、普陀、开化、江山、磐安、永康、武义、天台、临海。生于海拔1200m以下的山坡、溪边、路边草丛、海边、沼泽、田边或岩石缝等湿润处。分布于华东、华中、华南及云南、西藏。东亚、东南亚、南亚，非洲、北美洲、大洋洲、印度洋岛屿、太平洋岛屿也有。

图10-61 畦畔莎草

5. 窄穗莎草 （图10-62）
Cyperus tenuispica Steud.

一年生草本，具须根。秆丛生，细弱，高4～10cm，扁三棱形，基部具少数叶。叶短于秆；叶片细长条形，宽2～3mm；叶鞘稍长。苞片2或3，叶状，其中1苞片常长于花序；聚伞花序复出；小穗3～12，指状排列，条状披针形，长8～10mm，宽约1.2mm，具10余花，小穗轴无翅；鳞片疏松排列，椭圆形，背面中间黄绿色，两侧深褐色，长约1mm，先端钝，中脉不明显；雄蕊1或2，花药长椭圆球形，顶端无附属物，有时具刚毛状附属物；花柱长，柱头3。小坚果倒卵球形，淡黄色，三棱状，长约为鳞片的1/3，表面有疣状小突起。花果期5—10月。

产于杭州市区、慈溪、普陀、开化、武义、台州市区、缙云、遂昌、松阳、龙泉、永嘉、平阳、泰顺。生于海拔1300m以下的沟边草丛、沼泽湿地中及山坡阴湿处。分布于华东、华南、西南及湖南。东亚、东南亚、南亚、中亚，非洲热带地区、大洋洲、印度洋岛屿也有。

本种外形与畦畔莎草极为接近，以往常根据花药顶端是否具刚毛状附属物将这两种分开，其实这个性状并不可靠，花药顶端刚毛状附属物在畦畔莎草中也常不明显。此二者的主要区别在于小穗长度、具花的数目，鳞片先端钝或短尖，可能将本种作为畦畔莎草的种下等级更为合适。

图10-62 窄穗莎草

6. 白鳞莎草
Cyperus nipponicus Franch. et Sav. — *Scirpus stauntonii* C.B. Clarke

一年生草本，具许多细长的须根。秆密丛生，细弱，高5～20cm，扁三棱形，平滑，基部具少数叶。叶通常短于秆，或有时与秆等长；叶片宽1.5～2mm，平张或有时折合；叶鞘膜质，淡红棕色或紫褐色。苞片3~5,叶状,较花序长数倍;长侧枝聚伞花序缩短成头状,圆球形,直径1~2cm,有时辐射枝稍延长,具多数密生的小穗;小穗无柄,披针形或卵状长圆球形,压扁,长3~8mm,宽1.5~2mm,具8~30余花;小穗轴具白色透明的翅;鳞片呈稍疏的二列排列,宽卵形,背面沿中脉处绿色,两侧白色透明,有时具疏的锈色短线,长约2mm,顶端具小短尖,具多数脉;雄蕊2,花药狭长圆球形;花柱长,柱头2。小坚果长圆球形,平凸状或有时近于凹凸状,黄褐色,长约为鳞片的1/2。花果期6—11月。

产于湖州市区、杭州市区、临安、宁波市区、宁海、开化。生于海拔150m以下的路边草丛、山坡湿地、溪边或池塘边。分布于华北、华东、华中及辽宁。俄罗斯远东地区、日本、朝鲜半岛也有。

7. 旋鳞莎草 （图10-63）
Cyperus michelianus (L.) Link

一年生草本,具许多须根。秆密丛生,高2~25cm,扁三棱形,平滑。叶长于或短于秆;叶片宽1~2.5mm,平张或有时对折;基部叶鞘紫红色。苞片3~6,叶状,基部宽,较花序长很多;长侧枝聚伞花序呈头状,卵球形或球形,直径5~15mm,具极多数密集的小穗;小穗卵球形或披针形,长3~4mm,宽约1.5mm,具10~20余花;鳞片螺旋状排列,膜质,长圆状披针形,淡黄白色,稍透明,有时上部中间具黄褐色或红褐色条纹,长约2mm,具3或5脉,中脉呈绿色龙骨状突起,顶端延伸成短尖;雄蕊2,稀1,花药长圆球形;花柱长,柱头2,稀3,通常具黄色乳头状突起。小坚果狭长圆球形,三棱状,长为鳞片的1/3~1/2,表面包有一层白色透明疏松的细胞。花果期5—10月。

图10-63 旋鳞莎草

产于桐乡、杭州市区、桐庐、开化。生于江边、水中、沙滩上或溪边。分布于东北、华东、华中及河北、山东、广东、广西、云南、西藏、新疆。东亚、东南亚、南亚、非洲、大洋洲、欧洲也有。

8. 扁穗莎草 （图10-64）
Cyperus compressus L.

一年生草本，具多数须根。秆丛生，高15～35cm，三棱形，基部具多数叶。叶短于秆；叶片宽1.5～2mm；叶鞘紫褐色。苞片3～5，叶状，长于花序；聚伞花序简单；穗状花序缩短成近头状，花序轴很短，具5～12小穗；小穗排列紧密，斜展，长条状披针形，长10～15mm，具10～18花，小穗轴具狭翅；鳞片覆瓦状排列，较紧密，宽卵形，背面有龙骨状突起，两侧苍白色或麦秆黄色，有时有锈色斑点，长约3mm，先端具稍长的芒，具7或9脉；雄蕊3，花药狭长圆球形；花柱长，柱头3，较短。小坚果倒卵球形，三棱状，侧面凹陷，深棕色，长约1mm，表面具密的细点。花果期6—12月。

产于杭州及湖州市区、绍兴市区、宁波市区、余姚、开化、缙云、龙泉、洞头、永嘉、文成、泰顺等地。生于海拔600m以下的草丛中、

图10-64　扁穗莎草

溪沟边及荒地、山坡上或田边等潮湿处。分布于华北、华东、华中、华南、西南及辽宁、甘肃。东亚、东南亚、南亚、非洲、大洋洲、美洲、印度洋岛屿、太平洋岛屿也有。

9. 碎米莎草 （图10-65）
Cyperus iria L.

一年生草本，具多数须根。秆丛生，高15～50cm，扁三棱形，下部具多数叶，无毛。叶短于秆；叶片细长条形，扁平，宽2～3.5mm；叶鞘红棕色或棕紫色。苞片3～5，叶状，长于花序；聚伞花序复出；穗状花序卵形或长圆状卵形，长2～4cm，具5至多数小穗；小穗排列松散，斜展，长圆球形、披针形或狭披针形，压扁，长5～8mm，具8～16花，小穗轴近于无翅；鳞片宽倒卵形，背面具绿色龙骨状突起，两侧呈黄色或麦秆黄色，长约1.5mm，先端微凹或钝圆，具不显著

的短尖，尖头不突出于鳞片的顶端，具3或5脉；雄蕊3，花药短，椭圆球形；花柱短，柱头3。小坚果倒卵球形或椭圆球形，三棱状，褐色，与鳞片近等长，具密的微突细点。花果期6—11月。

产于杭州、温州及湖州市区、嘉兴市区、桐乡、绍兴市区、宁波市区、奉化、定海、普陀、开化、江山、浦江、磐安、武义、台州市区、天台、临海、莲都、缙云、遂昌、松阳、龙泉。生于海拔1500m以下的路边草丛中、田边、山坡林缘、溪边或沙地上。除内蒙古、贵州、宁夏、青海外，全国广泛分布。东亚、东南亚、南亚、中亚、非洲热带地区、大洋洲、印度洋岛屿、太平洋岛屿也有。

图 10-65　碎米莎草

10. 具芒碎米莎草　（图10-66）

Cyperus microiria Steud.

一年生草本，具须根。秆丛生，高15～35cm，锐三棱形，平滑，下部具多数叶。叶片短于秆；叶片宽2.5～4mm，平展；叶鞘红棕色，表面稍带白色。苞片3或4，叶状，长于花序；聚伞花序复出或多次复出；穗状花序卵形或近于三角形，长2～4cm，宽1～3cm，具多数小穗；小穗排列稍稀疏，斜展，狭披针形，长8～13mm，宽约1.5mm，具10～20花，小穗轴直，具白色透明的狭边；鳞片排列疏松，宽倒卵形，麦秆黄色或白色，背面有龙骨状突起，长约1.5mm，先端圆，具明显的短尖，具3或5条绿色中脉；雄蕊3，花药长圆球形；花柱短，柱头3。小坚果倒卵球形，三棱状，深褐色，与鳞片近等长，具密微突细点。花果期5—11月。

产于杭州、温州及湖州市区、安吉、宁波市区、余姚、普陀、开化、义乌、磐安、武义、台州市区、莲都、缙云、遂昌、龙泉、庆元。生于海拔800m以下的路边草丛中、溪沟边、田边及沙滩、山坡湿地上或林下。分布于东北、华北、华东、华中、西南及广东、广西、陕西、甘肃。日本、朝鲜半岛、越南、泰国、印度也有。

图10-66　具芒碎米莎草

11. 香附子　莎草　（图10-67）
Cyperus rotundus L.

多年生草本。根状茎长，匍匐，具椭圆球形块根。秆稍细弱，高15～50cm，锐三棱形，平滑，下部具多数叶。叶短于秆；叶片扁平，宽3～4mm；叶鞘棕色，常撕裂成纤维状。苞片2～4，叶状，常长于花序；聚伞花序简单或复出，具3～8不等长辐射枝；穗状花序具4～10小穗；小穗开展，长披针形，长2~3cm，宽1.5~2mm，压扁，具15~30余花，小穗轴有白色透明较宽的翅；鳞片密覆瓦状排列，膜质，卵形或长圆状卵形，中间绿色，两侧紫红色或棕红色，长2~3mm，先端钝，具5或7脉；雄蕊3，花药细条形，暗红色；花柱细长，柱头3，稀2，伸出鳞片外。小坚果长圆状倒卵球形，三棱状，淡黄色，长约1mm。花果期5—11月。

产于杭州及平湖、桐乡、嵊州、绍兴市区、宁波市区、余姚、象山、普陀、嵊泗、开化、江山、浦江、台州市区、天台、龙泉、洞头、乐清、永嘉、瑞安、泰顺。生于路边草丛中、沙滩上、田边、水沟边、山坡林下或石缝中。除黑龙江、吉林、内蒙古、宁夏、青海、新疆外，全国广泛分布。东亚、东南亚、南亚、中亚，非洲、大洋洲、欧洲、美洲、印度洋岛屿、太平洋岛屿也有。

图10-67　香附子

12. 四棱穗莎草

Cyperus tenuiculmis Boeckeler

多年生草本。根状茎短，木质，有椭圆球形块茎。秆疏丛生，纤细，高达50cm，锐三棱形，无毛。叶基生，短于秆；叶片宽2～6mm，边缘外卷；叶鞘棕色。苞片通常3，稀2，叶状，最下面1苞片长于花序；聚伞花序简单，稀复出，具2～7辐射枝；小穗斜展，3～14个排成疏松的穗状花序，长披针形，长1～2cm，宽1.5～2mm，近四棱形，具6～12花，小穗轴曲折，具翅；鳞片排列疏松，膜质，椭圆形，背面具绿色龙骨状突起，两侧黄色或黄褐色，长约4mm，先端钝，具7或9脉；雄蕊3，花药狭长圆球形；花柱长，柱头3。小坚果椭圆球形或倒卵球形，三棱状，黑色，具密细点。花果期5—10月。

产于杭州及普陀、开化、武义、台州市区、缙云、遂昌、松阳、龙泉、永嘉、平阳、泰顺。生于海拔1300m以下的水沟边、田边、草丛中、山坡上、林下、沼泽或湿地中。分布于华南及福建、四川、云南。东亚、东南亚、南亚，非洲热带地区、大洋洲、太平洋岛屿也有。

13. 球形莎草 （图10-68）

Cyperus glomeratus L.

一年生草本，具须根。秆散生，粗壮，高50～95cm，钝三棱形，平滑，基部稍膨大，具少数叶。叶短于秆；叶片宽4～8mm，边缘不粗糙；叶鞘长，红棕色。苞片3或4，叶状，较花序长，边缘粗糙；长侧枝聚伞花序复出，具3～8辐射枝，辐射枝长短不等，最长达12cm；穗状花序无花序梗，近圆形、椭圆形或长圆形，长1～3cm，宽6～17mm，具极多数小穗；小穗排列极密，长披针形，

图10-68 球形莎草

稍扁平，长5～10mm，宽1.5～2mm，具8～16花，小穗轴具白色透明的翅；鳞片排列疏松，膜质，近长圆形，棕红色，背面无龙骨状突起，长约2mm，顶端钝，脉极不明显；雄蕊3，花药短，长圆球形，暗血红色，药隔突出于花药顶端；花柱长，柱头3，较短。小坚果长圆球形，三棱状，灰色，长为鳞片的1/2，具明显的网纹。花果期5—11月。

产于杭州市区、诸暨。生于路边草丛中、荒地上、田边或江边。分布于东北、华北、华东、华中、西北。东亚、中亚，欧洲也有。

14. 长穗高秆莎草 （图10-69）
Cyperus exaltatus Retz. var. **megalanthus** Kük.

多年生草本。根状茎短，具多数须根。秆粗壮，高1～1.5m，钝三棱形，基部具较多叶。叶几与秆等长；叶片宽6～10mm，边缘粗糙；叶鞘长，紫褐色。苞片3～6，叶状，下面几枚较花序长。长侧枝聚伞花序复出或多次复出，具5～10个第一次辐射枝，辐射枝长短不等；第二次辐射枝向外展开，长1～4cm；穗状花序具柄，圆柱形，长2～5cm，宽7～10mm，具多数小穗；小穗排列极紧密，长6～14mm，宽1～1.5mm，长圆状披针形，扁平，具12～25花，小穗轴具狭边，白色透明；鳞片稍密，呈覆瓦状排列，卵形，背面具龙骨状突起，长约1.5mm，顶端具直的短尖，具3或5脉；雄蕊3；花药狭长圆球形，药隔突出于花药顶端；花柱细长，柱头3。小坚果倒卵球形或椭圆球形，三棱状，长不及鳞片的1/2，光滑。花果期4—9月。

产于杭州市区、嘉兴市区。生于路边、溪边、水田或草丛中。分布于江苏、安徽、福建。

图10-69　长穗高秆莎草

15. 短叶茳芏　咸水草　（图10-70）

Cyperus malaccensis Lam. subsp. **monophyllus** (Vahl) T. Koyama —— *C. monophyllus* Vahl —— *C. malaccensis* var. *brevifolius* Bockler

多年生草本。根状茎木质，长而匍匐。秆高50～150cm，锐三棱形，基部具1或2叶。叶片极短，宽3～8mm，平张，基部叶鞘常无叶或具短叶；叶鞘长，棕色，包裹着秆的下部。苞片3，叶状，短于花序。长侧枝聚伞花序复出或多次复出，具6～10个第一次辐射枝；穗状花序松散，具5～10小穗，穗状花序轴上无毛。小穗极展开，长条形，长5～25mm，宽约1.5mm，具10～40余花，小穗轴具透明的狭边；鳞片排列稍松，厚纸质，椭圆形或长圆形，红棕色，稍带苍白色，边缘黄色或麦秆黄色，长2～2.5mm，顶端钝圆，边缘不内卷，背面无龙骨状突起，脉不明显；雄蕊3，花药狭长圆球形，药隔突出于花药顶端；花柱短，柱头3，细长。小坚果狭长圆球形，三棱状，成熟时呈黑褐色，与鳞片近等长。花果期4—12月。

产于临安、象山、永嘉、平阳。生于海拔300m以下的溪边、路边或草丛中。分布于华东、华南及四川。日本、越南、印度尼西亚也有。

图10-70　短叶茳芏

16. 毛轴莎草 （图10-71）
Cyperus pilosus Vahl

多年生草本。根状茎细长。秆散生，粗壮，高30~70cm，锐三棱形，上部粗糙，基部具叶。叶片宽6~8mm，边缘粗糙；叶鞘短，淡褐色。苞片3，叶状，长于花序；聚伞花序复出；穗状花序卵球形，长1.5~3cm，小穗多数，花序轴被淡黄色粗硬毛，无花序梗。小穗狭披针形，长5~10mm，具10~18花，小穗轴有白色狭翅；鳞片排列稍松，宽卵形，中间绿色，两侧黄褐色，边缘有白色透明的狭边，长约2mm，先端有短尖，具5或7中脉；雄蕊3，花药短，长圆球形；花柱细长，有棕色斑，柱头3。小坚果卵球形，三棱状，成熟时呈黑色，长约1mm，先端具短尖。花果期5—12月。

产于杭州市区、建德、淳安、宁波市区、普陀、开化、武义、台州市区、天台、临海、龙泉、云和、景宁、瑞安、苍南、泰顺。生于海拔100~460m的山坡灌丛中、水田边、水沟边、林下或路边草丛中。分布于华东、华中、华南、西南及山西。东亚、东南亚、南亚、大洋洲北部、太平洋岛屿也有。

图10-71 毛轴莎草

16a. 白花毛轴莎草
var. **albliquus** (Nees) C.B. Clarke

与毛轴莎草的区别为小穗短，长2.5~3mm，花少，通常仅具4~7花；鳞片两侧苍白色。花果期8月。

产于杭州市区。生于海拔约50m的湿地中。分布于福建、广东、四川、浙江。尼泊尔、印度、马来西亚、印度尼西亚、菲律宾也有。

本变种曾被并入模式变种,但其小穗明显短得多,鳞片两侧苍白色而显得色淡,花也少,通常4~7花。

17. 阿穆尔莎草 （图10-72）
Cyperus amuricus Maxim. — *C. amuricus* var. *subiroides* Kük.

一年生草本,具须根。秆丛生,稀单生,纤细,高20~30cm,扁三棱形,平滑,基部叶较多。叶短于秆;叶片长条形,扁平,宽2~3mm,边缘平滑。苞片3或4,叶状,长于花序;聚伞花序简单,具3~5辐射枝;穗状花序宽卵形,长15~25mm,具5至多数小穗;小穗排列疏松,斜展,后期平展,长披针形,长5~15mm,具10~16花,小穗轴具白色透明狭边;鳞片膜质,圆形或宽倒卵形,

图10-72 阿穆尔莎草

背部中脉具绿色龙骨状突起,两侧紫红色或褐色,稍具光泽,长约1mm,先端有稍长的短尖,具5脉;雄蕊3,花药椭圆球形,药隔突出,红色;花柱极短,柱头3。小坚果倒卵球形,三棱状,黑褐色,与鳞片近等长,具密微突细点,顶端具小短尖。花果期6—11月。

产于丽水及临安、淳安、普陀、嵊泗、开化、江山、浦江、武义、天台。生于海拔110~1200m的路边、溪沟边、山坡草丛湿地等潮湿处。分布于东北、华北、华东、华中、西南及台湾、广西、陕西。俄罗斯远东地区、日本、朝鲜半岛也有。

18. 直穗莎草 三轮草 （图10-73）
Cyperus orthostachys Franch. et Sav.

一年生草本,具多数须根。秆散生,高50~70cm,钝三棱形,基部稍膨大。叶短于秆;叶片宽4~8mm,边缘不粗糙;叶鞘长,红棕色。苞片3或4,叶状,最下面1或2长于花序。聚伞花序简单或复出;穗状花序卵状长圆形,长1~3cm,具多数小穗,花序轴具棱,棱上具白色短刺毛;小穗排列较疏松,开展,长披针形,扁平,长6~10mm,具8~16花,小穗轴具白色透明的狭翅;鳞片排列疏松,膜质,宽卵形或卵状长圆形,棕红色,稀为黄褐色,具白色透明的狭边,背部具

绿色龙骨状突起，长约2mm，先端圆钝或微凹，无短尖，具5或7脉；雄蕊3，花药椭圆球形；花柱长，柱头3，较短。小坚果倒卵球形，三棱状，灰褐色，长约1.5mm，顶端具小尖，表面密具细点。花果期9—11月。

产于安吉、临安、桐庐、开化、磐安、武义、缙云、龙泉、永嘉、文成、平阳、泰顺。生于海拔260～900m的水田边、溪沟边、山坡上、路边草丛中或林下。分布于东北、华东、华中及河北、山东、四川、贵州、陕西。俄罗斯、日本、朝鲜半岛、越南也有。

图10-73　直穗莎草

14 水莎草属　Juncellus C.B. Clarke

一年生或多年生草本，具根状茎或缺。秆散生或丛生，基部具叶。苞片叶状；聚伞花序简单或复出，疏展或密集排成头状；小穗排成穗状或头状；小穗轴延续，基部无关节，宿存；鳞片二列排列，最下面1或2鳞片内中空无花，其余均具1两性花；下位刚毛无；雄蕊3，稀1或2；花柱基部不增粗，柱头2，稀3，脱落。小坚果背腹压扁，面向小穗轴，双凸状、平凸状或凹凸状。

约18种，分布于全球各地。我国有3种，南北各地均有分布；浙江有1种。

水莎草　（图10-74）

Juncellus serotinus (Rottb.) C.B. Clarke — *Cyperus serotinus* Rottb.

多年生草本。根状茎长。秆散生，高35～100cm，粗壮，扁三棱形，平滑。叶片少，短于秆或有时长于秆，宽3～10mm，平滑，基部折合，上面平张，背面中肋呈龙骨状突起。苞片常3，稀4，叶状，较花序长一倍多，最宽达8mm；复出长侧枝聚伞花序具4~7第一次辐射枝；辐射枝向外展开，长短不等。每一辐射枝上具1~3穗状花序，每一穗状花序具5~17小穗；花序轴被疏的短硬毛；小穗排列稍松，近于平展，披针形或条状披针形，长8~20mm，宽约3mm，具10~34花；小穗轴具白色透明的翅；鳞片初期排列紧密，后期较松，纸质，宽卵形，两侧红褐色或暗红褐色，边缘黄白色透明，长约2.5mm，顶端钝或圆，有时微缺，背面具5~7绿色中脉；雄蕊3，药隔暗红色；花柱很短，柱头2，细长，具暗红色斑纹。小坚果椭圆球形或倒卵球形，平凸状，棕色，长约为鳞片的4/5，稍有光泽，具突起的细点。花果期7—11月。

产于湖州市区、安吉、嘉兴市区、杭州市区、临安、桐庐、诸暨、宁波市区、普陀、开化、东阳、天台、莲都、龙泉、庆元、乐清、文成。生于海拔800m以下的水田中、池塘边、溪边等潮湿处。除海南、西藏、青海外，全国广泛分布。东亚、东南亚、中亚、欧洲也有。

图10-74　水莎草

15 扁莎属 Pycreus Beauv.

一年生或多年生草本，具根状茎或无。秆多数，丛生，基部具叶。叶片条形。苞片叶状；聚伞花序简单或复出，开展或缩短成头状；小穗具多花，小穗轴宿存；鳞片二列排列，逐渐向顶端脱落，最下部1或2鳞片内中空无花，其余每1鳞片内均具1两性花；雄蕊1~3；花柱基部不膨大，柱头2，脱落。小坚果双凸状，两侧压扁，棱向小穗轴着生，表面有网纹和细点。

70余种，广泛分布于全球各地。我国有11种，遍布全国；浙江有4种。

分种检索表

1. 小穗长圆球形、椭圆球形或长圆状卵球形；雄蕊3。
   2. 鳞片两侧无宽槽，边缘麦秆黄色，长约4mm；秆高40～50cm ············ **1. 禾状扁莎 P. unioloides**
   2. 鳞片两侧具宽槽，边缘暗褐色或紫红色，长约2.5mm；秆高15～30cm ·· **2. 红鳞扁莎 P. sanguinolentus**
1. 小穗条形；雄蕊2。
   3. 聚伞花序辐射枝有时缩短，小穗密集向上斜升；小坚果长圆球形或卵状长圆球形 ·· **3. 多穗扁莎 P. polystachyus**
   3. 聚伞花序辐射枝伸长，小穗四面开展；小坚果倒卵球形 ············ **4. 球穗扁莎 P. flavidus**

1. 禾状扁莎

Pycreus unioloides (R. Br.) Urban — *P. chekiangensis* Tang et F.T. Wang

根状茎短。秆丛生，细长，坚挺，高40～50cm，三棱形，平滑，基部具少数叶。叶短于秆；叶片宽约3mm，折合或平张，较硬；叶鞘长，红棕色。苞片通常2，叶状，下面1苞片长于花序；聚伞花序简单，具3～5辐射枝，辐射枝有时缩短，有时可长达5cm；小穗4～9排成穗状，平展，长圆形或椭圆形，扁平，长8～12mm，宽3～4.5mm，具10～20余花，小穗轴多次回折，无翅；鳞片稍疏松地覆瓦状排列，近革质，卵形，两侧麦秆黄色，或有时为黄褐色，长约4mm，先端急尖，背面具绿色3脉；雄蕊3，花药红棕色，药隔稍突出；花柱长，柱头2。小坚果宽倒卵球形，扁双凸状，初时黄白色，后呈黑色，长约为鳞片的1/4～1/3，表面具密的突起细点。花果期4—9月。

产于湖州市区、杭州市区、临安、宁波市区、磐安、天台、云和。生于山坡路旁草丛中。分布于台湾、广东、云南。东亚、东南亚、非洲、大洋洲东部、美洲也有。

2. 红鳞扁莎 （图10-75）

Pycreus sanguinolentus (Vahl) Nees

一年生草本。秆密丛生，高15～30cm，扁三棱形，全体无毛。叶较秆短或与之等长；叶片长条形，宽2～3mm，上面边缘稍粗糙。苞片2～5，叶状，下部2或3苞片较花序长；聚伞花序简单，具2～5辐射枝，辐射枝长短不等，有时缩短成球状；小穗

图10-75 红鳞扁莎

长圆形或狭长圆形,扁平,长8~12mm,先端钝,小穗轴具狭翅;鳞片宽卵形,背面具黄色的龙骨状突起,两侧有淡黄色的宽槽,边缘暗褐色或紫红色,长约2.5mm,先端钝,具3或5脉;雄蕊3;花柱细长,柱头2,伸长。小坚果长圆状倒卵球形,扁双凸状,黑褐色,长约1.5mm,表面具灰色鱼鳞状小泡。花果期7—11月。

产于嘉兴市区、杭州市区、临安、新昌、定海、普陀、开化、义乌、磐安、武义、台州市区、莲都、缙云、遂昌、松阳、龙泉、文成、泰顺。生于海拔900m以下的水沟边、田埂潮湿草丛中。全国广泛分布。东亚、东南亚、南亚、中亚、非洲、大洋洲、太平洋岛屿也有。

3. 多穗扁莎 (图10-76)
Pycreus polystachyus (Rottb.) Beauv.

根状茎短,具许多须根。秆密丛生,坚挺,高15~60cm,扁三棱形,平滑。叶短于秆;叶片宽2~4mm,平张,稍硬。苞片4~6,叶状,长于花序;聚伞花序复出,具多数辐射枝,辐射枝有时缩短,有时长达4cm,具多数小穗;小穗排列极密,近于直立,长条形,扁平,长10~25mm,宽约1.5mm,具20~30余花;小穗轴多次回折,具狭翅;鳞片密覆瓦状排列,膜质,卵状长圆形,长约2mm,背面具绿色3脉,顶端有时具极短的短尖;雄蕊2,稀1,花药药隔突出;花柱长,柱头2,细长,伸出鳞片之外。小坚果长圆球形或卵状长圆球形,双凸状,褐色,长为鳞片的1/2,顶端具短尖,表面具微突的细点。花果期8—11月。

产于嵊州、普陀、台州市区、洞头、平阳、苍南。生于海拔50m以下的海滨沙滩草地中、田埂边。分布于福建、台湾、广东。日本、朝鲜半岛、越南也有。

图10-76 多穗扁莎

4. 球穗扁莎 (图10-77)
Pycreus flavidus (Retz.) T. Koyama — *Cyperus flavidus* Retz. — *C. globosus* All. — *Pycreus globosus* (All.) Reichb.

多年生草本。根状茎短,具须根。秆丛生,细弱,高10~60cm,钝三棱形,一面具沟,平滑,下部具少数叶。叶短于至稍长于秆;叶片长条形,宽约1.5mm,折合或平展;叶鞘长,下部红棕色,有时撕裂成纤维状。苞片2~4,叶状,细长,长于花序;聚伞花序简单,具3~5辐射枝,辐射枝长短不等,最长达7cm,有时极缩短成指状或头状,每个辐射枝具5~17小穗;小穗密聚于辐射枝上呈球形,辐射展开,狭长圆形或条形,压扁,长8~18mm,具12~30余花;小穗轴近四棱形,两侧具横隔的槽;鳞片膜质,长圆状卵形,背面具绿色龙骨状突起,两侧黄褐色、红褐色或暗紫红色,具白色透明的狭边,长1.5~2mm,先端钝,具3脉;雄蕊2,花药短,长圆球形;柱头2,细长。小坚果倒卵球形,双凸状,稍扁,褐色或暗褐色,长约2mm,顶端具短尖,具密的细点。花果期6—12月。

产于丽水及安吉、杭州市区、临安、桐庐、新昌、普陀、开化、江山、磐安、武义、台州市区、临海、永嘉、文成、平阳、泰顺。生于海拔1000m以下的溪沟草丛中、水田边、山坡湿地上。除青海外,全国广泛分布。东亚、东南亚、南亚、中亚,非洲西南部、大洋洲、欧洲南部、印度洋岛屿也有。

图 10-77　球穗扁莎

4a. 直球穗扁莎　(图10-78)

var. **strictus** C.Y. Wu ex Karthik. — *Cyperus strictus* Roxb. — *C. flavidus* Retz. var. *strictus* (Roxb.) X.F. Jin — *C. globosus* var. *strictus* C.B. Clarke — *Pycreus globosus* var. *strictus* C.B. Clarke

与球穗扁莎的区别在于叶常长于秆,小穗长6~8mm,宽1.5~2.5mm,具8~14花,较短。花果期7—11月。

产于临安、桐庐、建德、淳安、开化、江山、天台、缙云、遂昌、松阳、龙泉。生于海拔

200～1000m的溪边草丛、农田等潮湿处。分布于华北、华东、华中、华南、西南及辽宁、陕西、甘肃。东亚，大洋洲、印度洋岛屿、马达加斯加也有。

图 10-78　直球穗扁莎

4b. 小球穗扁莎 （图 10-79）

var. **nilagiricus** (Hochst. ex Steud.) C.Y. Wu ex Karthik. — *Cyperus nilagiricus* Hochst. ex Steud. — *C. globosus* All. var. *nilagiricus* (Hochst. ex Steud.) C.B. Clarke — *C. flavidus* Retz. var. *nilagiricus* (Hochst. ex Steud.) X.F. Jin — *Pycreus globosus* All. var. *nilagiricus* (Hochst. ex Steud.) C.B. Clarke — *P. flavidus* Retz. var. *nilagiricus* (Hochst. ex Steud.) Karthik.

与球穗扁莎的区别在于小穗长3～5mm，宽常不超过1.5mm，具6～10花。花果期8月。

产于临安、奉化。生于路边草丛中。分布于东北、华北、华东、华中、西南、西北及广东。东亚、东南亚、南亚、中亚，东非、马达加斯加也有。

图 10-79　小球穗扁莎

16 砖子苗属 Mariscus Vahl

一年生或多年生草本,具粗壮的根状茎或无。秆丛生,稀散生。叶基生。苞片叶状;聚伞花序简单或复出;小穗多数,密集排成穗状或头状;小穗轴在空的鳞片以上具关节,脱落后残留一结节于总轴上;鳞片二列排列,下面1或2鳞片内中空无花,其余均具1两性花;下位刚毛缺;雄蕊2或3;柱头3,稀2。小坚果三棱状,面向小穗轴。

约200种,分布于热带和亚热带地区。我国约10种,主要分布于南方各地;浙江有3种。

分种检索表

1. 秆粗短,常隐于叶丛中;小穗具10~12有花鳞片;鳞片疏松包裹小坚果 ···· **1. 辐射砖子苗 M. radians**
1. 秆细长而伸出叶丛;小穗具1~3有花鳞片;鳞片紧包小坚果。
   2. 穗状花序圆柱形;小穗排列近于稠密,后期微俯或平展;叶片边缘平滑···· **2. 砖子苗 M. umbellatus**
   2. 穗状花序短圆柱形;小穗排列非常稠密,后期直立或斜展;叶片边缘粗糙 ·· **3. 莎状砖子苗 M. cyperinus**

1. 辐射砖子苗 (图10-80)

Mariscus radians (Nees et Meyen ex Kunth) Tang et F.T. Wang — *Cyperus radians* Nees et Meyen ex Kunth

根状茎缩短。秆丛生,粗短,高2~6cm,常为丛生的狭叶所隐藏,钝三棱形,平滑。叶片厚而稍硬,宽2~3mm,常向内折合;叶鞘紫褐色。苞片3~7,叶状,等长或短于最长辐射枝;长侧枝聚伞花序简单,具2~7辐射枝,其最长达10cm,常较秆长;头状花序具5至多数小穗,球形,直径8~25mm;小穗卵球形或披针形,长5~12mm,宽2~5mm,具4~12花;小穗轴具狭的边;鳞片呈密覆瓦状排列,宽卵形,绿色,两侧苍白色,具紫红色条纹,长3.5~4mm,厚纸质,顶端具延伸出向外弯的硬尖,背面龙骨状突起,具11~13明显的脉;雄蕊3,花药条形;花柱长,

图10-80 辐射砖子苗

柱头3。小坚果长为鳞片的1/2，宽椭圆形，三棱状，侧面凹陷，黑褐色，具稍突起的细点。花果期8—10月。

产于普陀。生于海边沙滩上。分布于华南及山东、福建。东南亚、南亚也有。

2. 砖子苗 （图10-81）

Mariscus umbellatus Vahl — *Scirpus cyperoides* L. — *Cyperus cyperoides* (L.) Kuntze — *Mariscus cyperoides* (L.) Urb. non Dietr. — *C. cyperoides* var. *microstachys* Kük. — *M. umbellatus* var. *microstachys* (Kük.) Tang et F.T. Wang

根状茎短。秆疏丛生，高20～30cm，钝三棱形，基部膨大，具鞘。叶短于秆或与秆近等长；叶片长条形，宽3～4mm，下部常折合，向上渐成平展；叶鞘褐色或红棕色。苞片6～8，叶状，通常长于花序，斜展；聚伞花序简单；穗状花序圆柱形，长10～25mm，宽7～9mm，具多数密生的小穗；小穗平展或稍下垂，披针形，长3～5mm，宽不及1mm，具1或2花，小穗轴具宽翅；鳞片膜质，长圆状卵形，淡黄色或绿白色，长约3mm，先端钝，边缘内卷，背面具多数脉，中间具明显绿色3脉；雄蕊3；花柱短，柱头3，细长。小坚果狭长圆球形，三棱状，长约为鳞片的2/3，表面具微突起的细点。花果期5—11月。

产于杭州、温州及湖州市区、安吉、余姚、奉化、普陀、开化、金华市区、义乌、天台、临海、遂昌、松阳、龙泉、庆元、景宁。生于海拔1000m以下的山坡岩石上、路边潮湿草丛中、田边、溪沟边或沙滩上。分布于华东、华中、华南、西南及陕西、宁夏。东亚、东南亚、南亚，非洲热带地区、大洋洲、印度洋岛屿、太平洋岛屿也有。

图 10-81　砖子苗

3. 莎状砖子苗   莎草砖子苗
Mariscus cyperinus (Retz.) Vahl — *Kyllinga cyperinus* Retz.

根状茎短。秆散生，稍粗壮，高15～65cm，锐三棱形，平滑，基部具多数叶。叶短于秆；叶片宽5～7mm，下部常折合，向上渐成平张，边缘粗糙；叶鞘紫红色。苞片6～10，叶状，长于或稍短于花序，边缘粗糙；长侧枝聚伞花序简单，通常聚缩，具6～10辐射枝；辐射枝缩短或延长，最长达4.5cm；穗状花序短圆柱形，长12～18mm，宽8～12mm，具多数小穗；小穗排列紧密，近于直立或斜展，披针形，长4～6.5mm，宽约1mm，具2或3花；小穗轴具宽翅，翅披针形；鳞片椭圆形，灰绿色或麦秆黄色，具淡褐色短条纹，长约3.5mm，顶端钝或急尖，无短尖，背面具多脉，中间具明显绿色3脉；雄蕊3，药隔突出于顶端；花柱中等长，柱头3。小坚果狭长圆球形，三棱状，稍弯，栗色，长约为鳞片的2/3，具密的微突起细点。花果期5—9月。

产于杭州市区、象山、普陀、开化、仙居、遂昌、松阳、龙泉、洞头。生于海拔800m以下的山坡阴湿林下、沙地上、路边草丛中。分布于华东、华南、西南及湖南。东南亚、南亚，大洋洲东北部、印度洋岛屿、太平洋岛屿也有。

17 水蜈蚣属 Kyllinga Rottb.

多年生草本，稀为一年生，大多具匍匐的根状茎。秆丛生或散生，纤细，基部具叶。叶基生和秆生。苞片叶状，长于花序；穗状花序1～3个聚生成头状或球状，顶生，密生多数小穗；小穗压扁，基部具关节；鳞片4，二列排列，最下部2鳞片小，中空无花，膜质，常宿存于关节处，中间1鳞片内具1两性花，最上部1鳞片内无花或具1雄花；小穗轴脱落于最下部2无花鳞片上；下位刚毛或下位鳞片缺如；雄蕊1～3；花柱基部不增粗，柱头2。小坚果扁平，近双凸状，棱向小穗轴着生，与小穗轴同时脱落。

约60种，分布于热带至温带地区。我国6种，分布于东北、华北、华东、华中、华南与西南等地；浙江有1种。

短叶水蜈蚣   水蜈蚣 （图10-82）
Kyllinga brevifolia Rottb.

多年生草本，具匍匐根状茎。秆散生，高20～30cm，纤细，扁三棱形，下部具叶。叶长于秆或与秆等长；叶片宽1.5～2mm，先端和背面上部中脉上稍粗糙，最下部1或2为无叶片的鞘；叶鞘通常淡紫红色，鞘口斜形。苞片3，叶状，开展；穗状花序单一，近球形或卵状球形，淡绿色，直径5～7mm，密生多数小穗；小穗基部具关节，长椭圆形或长圆状披针形，长约3mm，宽约1mm，先端稍钝，具1两性花；鳞片卵形，膜质，在小穗下部的较短，淡绿色，具5～7脉，先端由中肋延伸成外弯的突尖，背面龙骨状突起上具数个白色透明的刺，两侧常具锈色斑点；雄蕊3；

花柱细长，柱头2。小坚果倒卵球形，褐色，扁双凸状，长约1mm，表面具微突起的细点。花果期5—11月。

产于杭州、丽水、温州及桐乡、上虞、宁波市区、鄞州、余姚、奉化、普陀、开化、磐安、武义、台州市区、天台。生于海拔1500m以下的山坡林下草丛、灌丛、溪沟沼泽、沙滩等潮湿处。分布于东北、华东、华中、华南、西南及山西、陕西、甘肃。东亚、东南亚、南亚，非洲热带地区、大洋洲、美洲、大西洋岛屿、印度洋岛屿、太平洋岛屿也有。

图10-82　短叶水蜈蚣

a. 光鳞水蜈蚣 （图10-83）

var. leiolepis (Franch. et Sav.) Hara

与短叶水蜈蚣的区别在鳞片背面的龙骨状突起上无刺，顶端无短尖或具直的短尖，小穗较宽，稍肿胀。花果期5—11月。

产于安吉、杭州市区、临安、建德、普陀、开化、江山、义乌、磐安、天台、临海、缙云、松阳、龙泉、永嘉、瑞安。生于海拔1000m以下的水田边、山坡路边林下、溪沟边或草丛中。分布于东北、华北、华东、华中及云南、陕西、甘肃。俄罗斯远东地区、日本、朝鲜半岛、尼泊尔也有。

图10-83　光鳞水蜈蚣

18 湖瓜草属 Lipocarpha R. Br.

一年生或多年生草本。秆基部具叶。叶片长条形。苞片叶状;穗状花序2～7簇生于秆顶,呈头状,少有单生,具多数小穗;小穗有2鳞片,下面1鳞片内无花,上面1鳞片紧包着1两性花;鳞片沿小穗轴背腹面排列,互生;雄蕊2;柱头3。小坚果三棱状、双凸状或平凸状,表面有皱纹和细点,为下位鳞片所包。

约35种,广泛分布于暖温带和亚热带地区。我国有4种,南北各地均有分布;浙江有2种。

1. 湖瓜草 （图10-84）

Lipocarpha microcephala (R. Br.) Kunth

一年生草本,具多数须根。秆丛生,高10～20cm,稍扁,纤细,具槽,被微柔毛。叶基生,最下部的叶鞘无叶片,上部的叶鞘具叶片;叶片宽约1mm,比秆短,先端尾状渐尖,两面无毛,边缘内卷;叶鞘管状,膜质,无毛。苞片2,叶状,长于花序,无鞘;小苞片刚毛状;穗状花序1～3,卵球形,长3～5mm,宽约3mm,具多数鳞片和小穗;鳞片倒披针形,长1～1.5mm;小穗具2小鳞片和1两性花,基部具关节;小鳞片长卵形,长约1mm,膜质,透明,具2或3粗脉;雄蕊2,花药条形;花柱细长,伸出小鳞片外,柱头3,被微柔毛。小坚果倒椭圆球形,三棱状,麦秆黄色,长约1mm,先端有短尖,表面具细皱纹。花果期7—10月。

产于杭州市区、临安、建德、宁波市区(鄞州、北仑)、宁海、普陀、新昌、开化、江山、磐安、莲都、缙云、遂昌、松阳、龙泉、永嘉、泰顺。生于海拔700m以下的溪沟边、田埂上、海滨沙地上或潮湿草丛中。分布于华东、华中、华南、西南及辽宁、河北、山东。东亚、东南亚、大洋洲、太平洋岛屿也有。

图10-84 湖瓜草

2. 毛毡细莞

Lipocarpha squarrosa (L.) Goetghebeur — *Scirpus squarrosus* L. — *S. neochinensis* Tang et F.T. Wang

一年生草本，无根状茎。秆纤细，高达12cm，近圆柱形，基部具1或2棕色的叶鞘，近上部叶鞘具叶片。叶片细，长5～20mm。苞片1，长于花序，长5～15mm；小穗单生，或2个簇生，椭圆球形或近圆球形，长1.5～4mm，密生多花；鳞片倒卵形，麦秆黄色，具绿色条纹，长约1mm，先端呈尾状渐尖，中间3脉绿色，侧脉金黄色；雄蕊1，稀2，花丝很短；花柱极短，柱头3。小坚果狭倒卵球形，三棱状，淡黄色，长0.5～0.6mm。花果期11月。

产于普陀。生于沙滩上。分布于广东、海南。东南亚、南亚也有。

与湖瓜草的区别在于本种花序下的苞片仅1枚，小坚果长0.5～0.6mm。

⑲ 裂颖茅属 Diplacrum R. Br.

一年生细弱草本，具较纤细的须根。叶秆生，长条形，具鞘。聚伞花序缩短成头状，从叶鞘中抽出；小穗单性，小；雌小穗生于分枝的顶端，具2鳞片和1雌花，鳞片对生，等大，先端通常3裂，中裂片较大，具硬尖；雄小穗侧生于雌小穗下面，具3鳞片和1或2雄花，鳞片质薄而狭；雄蕊1～3；柱头3。小坚果小，球形，表面具纵肋或网纹，基部具下位盘，为2枚对生的鳞片所包裹。

约6种，分布于热带地区。我国有2种，主要分布于华东和华南；浙江有1种。

裂颖茅 （图10-85）

Diplacrum caricinum R. Br.

根状茎无，具紫色纤细的须根。秆丛生，三棱形，高10～40cm，无毛。叶长条形；叶片顶端急尖或近渐尖，长1～4cm，宽1.5～3cm，柔弱，无毛；叶鞘三棱形，具狭翅，向上部渐宽大，长3～8mm，无毛，鞘口截形，无叶舌。秆的近基部至顶端每节有1或2个聚伞花序，缩短成小头状；聚伞花序直径3～5mm，着生于和鞘近等长的花序梗顶端；小苞片叶状至鳞片状；小穗单性，黄绿色；雄小穗生于分枝基部，窄长圆形，有3鳞片和1或2雄花，鳞片狭长圆形或宽披针形，白色，长约1.5mm，具1脉，顶端急尖；雌小穗生于分枝顶部，椭圆球形，有2鳞片和1雌花，鳞片近长圆形，长约1.8mm，具5～12脉，顶端3裂；雄花具1或2雄蕊；雌花子房球形，柱头3，被短柔毛。小坚果包于2鳞片之内，球形，直径约1mm，表面具3条隆起的纵肋和粗网纹，顶部具疏柔毛；下位盘碟状，紧贴小坚果基部。花果期10月。

产于武义（大溪口）、龙泉（凤阳山）、苍南（莒溪）。生于路边、沟边。分布于华南及江苏、福建。东亚、东南亚、大洋洲北部、印度洋岛屿、太平洋岛屿也有。

图10-85 裂颖茅

20 珍珠茅属 Scleria Berg.

一年生或多年生草本,具根状茎或无根状茎。秆常丛生,三棱形,具秆生叶,或同时具基生叶。叶片常具3条较明显的叶脉,具鞘,在秆中部的叶鞘有翅或无翅。苞片叶状,具鞘;小苞片常为刚毛状;圆锥花序由顶生或侧生的花序组成,有时退化为间断的穗状花序;花单性,有时雌、雄花生于同一小穗上;小穗最下面的2~4鳞片内中空无花;雄小穗常有数雄花;雌小穗仅有1雌花;两性小穗则下面1为雌花,上面数朵为雄花;雄蕊1~3;花柱基部不膨大,柱头3。小坚果球形或卵球形,常呈钝三棱状,骨质,白色,平滑或具各种网纹,常具光泽,基部3裂或有全缘的下位盘。

约200种,泛热带分布,并延伸到温带地区。我国有24种,主要分布于华东、华南至西南;浙江有5种。

分种检索表

1. 多年生草木,根状茎发达;植株高大,粗壮。
 2. 秆中部叶鞘无翅,或具极狭的翅;鳞片紫黑色··················**1. 黑鳞珍珠茅 S. hookeriana**
 2. 秆中部叶鞘具翅;鳞片黄褐色或淡褐色。
  3. 小坚果表面具网纹;下位盘裂片扁半圆形,先端圆钝··················**2. 高秆珍珠茅 S. terrestris**
  3. 小坚果具横皱纹;下位盘裂片披针状三角形,先端急尖··················**3. 毛果珍珠茅 S. levis**
1. 一年生草本,无根状茎;植株矮小,柔弱。

4. 秆高不及25cm；小坚果平滑，具光泽；下位盘裂片半圆形，先端圆钝 …… **4. 垂序珍珠茅 S. rugosa**

4. 秆高超过30cm；小坚果具网纹，稍具光泽；下位盘裂片卵状三角形，先端急尖 ………………………………………………………………………………………………… **5. 小型珍珠茅 S. parvula**

1. 黑鳞珍珠茅 （图10-86）

Scleria hookeriana Boeckeler

根状茎木质，匍匐，密被紫红色、长圆状卵形的鳞片。秆直立，高60～90cm，三棱形，有时被稀疏短柔毛，稍粗糙。叶片条形，宽4～8mm，纸质，无毛或多少被疏柔毛，稍粗糙；叶鞘纸质，长1～10cm，无翅，有时被疏柔毛；叶舌半圆形，被紫色髯毛。圆锥花序顶生，稀具1个稍疏远的侧生支圆锥花序；小苞片刚毛状，基部有耳，耳上具髯毛；小穗常2～4紧密排列，稀单生，长约3mm，多数为单性，极少两性；雄小穗长圆状卵球形，雄花鳞片卵状披针形或长圆状卵形，雄蕊3；雌小穗通常生于分枝的基部，披针形或狭卵球形，具较少鳞片，鳞片宽卵形、三角形或卵状披针形，紫黑色，子房被长柔毛，柱头3。小坚果卵球形，钝三棱状，白色，直径约2mm，表面有不明显的四至六角形网纹，部分横皱纹较明显，通常锈色，被微硬毛；下位盘直径稍小于小坚果，多少3裂，裂片半圆状三角形，先端圆钝，边缘反折，淡黄色。花果期5—8月。

产于龙泉、云和、景宁、平阳、泰顺。生于海拔950～1350m的山坡林下草丛中。分布于华中、西南及江西、福建、广东、广西。越南、印度也有。

图10-86 黑鳞珍珠茅

2. 高秆珍珠茅 （图10-87）

Scleria terrestris (L.) Fassett — *S. elata* Thwaites

根状茎木质，匍匐，被紫色鳞片。秆散生，高50～100cm，三棱形，无毛。叶片条形，长30～40cm，宽6～10mm，稍粗糙；叶鞘纸质，近秆基部的鞘紫红色，鞘端有裂齿3，无翅，在秆中部的鞘具宽1～3mm的狭翅；叶舌半圆形，短，被紫色髯毛。圆锥花序由顶生和1～3个稍疏远的侧生支圆锥花序组成；花序轴与分枝被疏柔毛；小苞片刚毛状；小穗多数，单生，稀2个聚生，长圆状卵球形或披针形，紫褐色，单性；雄小穗鳞片厚膜质，下部的几片具龙骨状突起，有锈色条纹，长2～3mm，雄蕊3；雌小穗常生于分枝基部，鳞片宽卵形或卵状披针形，背部具绿色龙骨状突起，长2～4mm，柱头3。小坚果球形或近卵球形，钝三棱状，先端微尖，白色或淡褐色，直径约2.5mm，表面具四至六角形的网纹，横纹上断续被微硬毛；下位盘3浅裂或不裂，裂片扁半圆形，先端圆钝，边缘反折，黄色。花果期4—10月。

产于温州及象山。生于海拔90～900m的山坡林下、路边草丛中。分布于华东、华南、西南及湖南。东南亚、南亚，大洋洲北部也有。

图10-87　高秆珍珠茅

3. 毛果珍珠茅 （图10-88）

Scleria levis Retz. — *S. herbecarpa* Nees — *S. pubescens* Steud. — *S. levis* var. *pubescens* (Steud.) C.Z. Zheng

根状茎木质，念珠状，匍匐，外被紫黑色鳞片。秆疏生或散生，粗壮，高60～80cm，直径3～5mm，三棱形，被微柔毛。叶片条形，宽7～10mm，秆近基部的鞘无翅，中部的鞘绿色，有宽1～3mm的翅；叶舌半圆形，被硬毛。圆锥花序由顶生和1或2个侧生支花序组成；花序轴略被微柔毛；小苞片刚毛状；小穗单性，单生或2个聚生，褐色，无柄，长约3mm；雄小穗长圆球形或披针形，雄花鳞片厚膜质，卵形或卵状披针形，具稀疏缘毛，雄蕊3；雌小穗生于分枝基部，狭长卵球状，雌花鳞片宽卵形或卵状，背面具龙骨状突起，有锈色短线，长2～3mm，边缘有缘毛，先端有芒或短尖，柱头3。小

图10-88 毛果珍珠茅

坚果近球形，白色或淡黄褐色，直径约2mm，先端具小短尖，表面有不明显的横皱纹，被微硬毛；下位盘略狭于小坚果，淡黄色，3深裂，裂片披针状三角形，先端急尖，边缘反折。花果期5—11月。

产于温州及临安、宁波市区（鄞州）、奉化、宁海、象山、普陀、开化、缙云、松阳、龙泉、庆元。生于海拔150～900m的山坡草丛、灌丛中及溪沟边、沼泽地或林下。分布于华东、华中、华南、西南。东亚、东南亚，大洋洲东北部、太平洋岛屿也有。

4. 垂序珍珠茅 （图10-89）

Scleria rugosa R. Br. — *S. onoei* Franch. et Sav.

一年生草本，具须根。秆丛生，高12～25cm，三棱形，无毛。叶秆生；叶片宽2.5～3.5mm，先端渐尖，边缘粗糙，两面被毛；叶鞘近无翅或具极狭的翅，被长柔毛；叶舌半圆形，边缘具睫毛。苞片短叶状，具鞘；小苞片小，无鞘。圆锥花序由3～5个顶生和侧生支花序组成，支花序互相疏远；小穗单性，单生或2个聚生；雄小穗卵球形，长2～4mm；雌小穗长卵球形，具3～5鳞片和1雌花，子房无毛。小坚果近球形，白色，直径约1.5mm，顶端具短尖，平滑，具光泽；下位盘黄白色，3浅裂，裂片半圆形，先端圆钝，边缘反折。花果期10月。

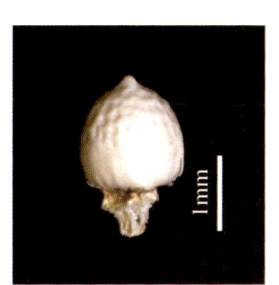

图10-89 垂序珍珠茅

产于永嘉（四海山）、瑞安。生于海拔约350m的潮湿草丛中。分布于华南及江苏、福建、云南。东亚、东南亚、大洋洲北部、印度洋岛屿、太平洋岛屿也有。

4a. 毛垂序珍珠茅 （图10-90）
var. pubigera Ohwi —— *S. pubigera* Makino

与垂序珍珠茅的区别主要在于植物体各部被开展的长柔毛，小坚果具明显的不规则网纹。

产于临海（白水洋、邵家渡）。生于海拔300m左右的山坡沼泽或草丛中。分布于福建、广东、台湾。日本也有。

*Flora of China*将本变种并入垂序珍珠茅，但其植物体各部被开展的长柔毛，小坚果具明显的网纹，可以区别。

图10-90　毛垂序珍珠茅

5. 小型珍珠茅 （图10-91）
Scleria parvula Steud.

一年生草本，具须根。秆丛生，细弱，高30～60cm，三棱形，无毛。叶秆生；叶片宽3.5～5.5mm，边缘粗糙，两面被毛或仅背面两侧的脉上被疏短硬毛；叶鞘在秆基部无翅，无叶片，在秆中部以上的具狭翅或近无翅，被长柔毛。苞片叶状，具鞘，较花序长；小苞片刚毛状，与小穗等长或稍长。圆锥花序由2～4个顶生和侧生支花序组成，支花序互相疏远；小穗单性；雄小穗披针形，具7～9或更多鳞片，鳞片卵形或披针形，深麦秆黄色或褐色，有时微带紫色，先端急尖，具短尖，背面具龙骨状突起，雄蕊2或3；雌小穗卵球形，具4或5鳞片和1雌花，鳞片卵形至宽卵形，膜质，子房无毛。小坚果近球形或倒卵状圆球形，白色或浅褐色，直径约2mm，顶端具短尖，被短柔毛，表面具方格状网纹；下位盘黄白色，3浅裂，裂片卵状三角形，先端急尖，边缘反折。花果期8—11月。

产于临安、宁波市区（北仑）、宁海、象山、武义、缙云、遂昌、松阳、云和、温州市区、永嘉、文成、泰顺。生于海拔230～1000m的沟谷林下、山坡草丛中、溪沟边。分布于华东、华南、西南及山东、湖南。东亚、东南亚、南亚及巴布亚新几内亚，非洲热带地区也有。

一八五　莎草科 Cyperaceae

图 10-91　小型珍珠茅

21 薹草属 Carex L.

多年生草本。根状茎伸长或缩短，有时具匍匐茎。秆丛生或单生，三棱形或钝三棱形，基部具老叶鞘。叶通常长条形，少数为狭长圆形至长圆状披针形；叶鞘具叶片或无叶片，常分裂成纤维状。苞片叶状、刚毛状或鳞片状，稀呈佛焰苞状，具鞘或无鞘；花单性，无花被，由1雌花或1雄花组成1支小穗，雌性支小穗外包有边缘完全合生、部分合生或分离的先出叶（合生者称为"果囊"），基部具1鳞片；鳞片螺旋状排列；小穗由多数支小穗组成，单生或组成穗状、总状，稀为圆锥状，单性或两性，两性者雄雌顺序或雌雄顺序，雌雄同株，稀异株，小穗基部具囊状或鞘状的枝先出叶，或无；雄蕊3，稀2，花丝分离，极少合生；雌花具1雌蕊，子房1室，具1倒生胚珠，花柱基部不膨大或有时膨大，柱头2或3。果囊平凸状、双凸状或三棱状，先端无喙至具中等长的喙。小坚果平凸状、双凸状或三棱状，具颈或否，有时先端扩大成环盘。

1800～2000种，全球广泛分布。我国有500余种，南北各地均产；浙江有126种。

分种检索表

1.小穗单一、少数至多数，单一者顶生，余者常排成总状或圆锥状，稀排成穗状，单性或两性，具柄，或少数近无柄；枝先出叶发育，成囊状或鞘状；柱头通常3，稀2。
　　2.小穗两性，雄雌顺序，极少单性，排成圆锥状；小穗基部枝先出叶囊状。
　　　3.秆侧生；基生叶狭长圆形至长圆状披针形；秆生叶退化成佛焰苞状；苞片佛焰苞状。

4. 圆锥花序复出，具数个圆锥状支花序；叶片边缘平展 ·················· 1. 花葶薹草 C. scaposa
　　4. 圆锥花序简单，具1或2圆锥状支花序；叶片边缘呈裙褶状 ············ 2. 林氏薹草 C. lingii
　3. 秆中生；基生叶长条形；秆生叶也为长条形；苞片叶状。
　　5. 小穗较大，长2～6cm，具多数雌花；雌花密生，果囊排列紧密。
　　　6. 果囊成熟时肿胀，近球形，近革质，鲜红色，先端急缩成极短的喙 ······ 3. 浆果薹草 C. baccans
　　　6. 果囊成熟时不肿胀，倒卵状披针形，纸质，淡绿色，上端骤缩成短喙 ······················
　　　　　··· 4. 鼠尾薹草 C. myosurus
　　5. 小穗较小，长不及2cm，具少数雌花；雌花疏生，果囊排列疏松。
　　　7. 圆锥花序粗壮；雌花鳞片先端具短尖；果囊上部疏生短粗毛 ········ 5. 十字薹草 C. cruciata
　　　7. 圆锥花序细弱；雌花鳞片先端渐尖或急尖；果囊无毛 ·············· 6. 蕨状薹草 C. filicina
2. 小穗单性，或单性和两性兼有，稀为两性，单个或几个生于同一苞鞘内溪边萱草（溪边薹草Carex rivulorum在侧生小穗的每个果囊中伸出一段具数雄花的雄小穗而呈复穗状）；小穗基部枝先出叶鞘状。
　8. 小穗单一，顶生。
　　9. 小穗长圆柱形；果囊长5～5.5mm，先端渐缩成长约1.5mm的喙；叶片宽2～3mm ·················
　　　　·· 7. 根足薹草 C. rhizopoda
　　9. 小穗短圆柱形；果囊长1.5～3mm，先端缩成短喙，喙长不及1mm；叶片宽1～1.5mm。
　　　10. 小穗顶端雄花部分显著；果囊略鼓胀；秆钝三棱形 ················ 8. 松叶薹草 C. rara
　　　10. 小穗顶端雄花部分不显著；果囊不鼓胀；秆锐三棱形 ············· 9. 针叶薹草 C. onoei
　8. 小穗2至多枚，常1至几枚生于同一苞鞘，极少数排成圆锥状。
　　11. 果囊和小坚果均为三棱状，柱头3。
　　　12. 小穗多数，在秆顶和苞鞘均排成圆锥状；花柱具小刺毛 ········· 10. 霹雳薹草 C. perakensis
　　　12. 小穗2至数枚，总状排列。
　　　　13. 果囊具短喙或近无喙，少数种具中等长的喙，喙口斜截、微凹或具2小齿。
　　　　　14. 果囊密生紫红色乳头状突起；雌小穗密生多花 ············· 11. 斑点果薹草 C. maculata
　　　　　14. 果囊无乳头状突起；雌小穗具疏生或稍密生的花。
　　　　　　15. 果囊无毛或少数被短柔毛；小穗两性，雄雌顺序，或少数顶生者为雄性；雌花鳞片常具锈色点线。
　　　　　　　16. 营养茎的叶片长圆状披针形，宽8mm以上；果囊先端近无喙。
　　　　　　　　17. 叶片上面无毛或近无毛，下面沿脉疏被柔毛，边缘无毛；顶生小穗两性；果囊无毛 ··· 12. 宽叶薹草 C. siderosticta
　　　　　　　　17. 叶片两面疏生柔毛，边缘具纤毛；顶生小穗雄性；果囊被短柔毛 ···················
　　　　　　　　　　··· 13. 毛崖棕 C. ciliatomarginata
　　　　　　　16. 营养茎的叶片宽条形或长条形，宽2～6mm，有时可达2cm；果囊先端具明显的短喙。
　　　　　　　　18. 小穗狭圆柱形或圆柱形，长1cm以上。
　　　　　　　　　19. 叶片宽1～2cm；小穗雄花部分短于雌花部分；苞叶明显短于苞鞘 ···············
　　　　　　　　　　·· 14. 长梗薹草 C. glossostigma
　　　　　　　　　19. 叶片宽2.5～4mm；小穗雄花部分与雌花部分近等长；苞叶长于苞鞘 ············
　　　　　　　　　　·· 15. 大舌薹草 C. grandiligulata
　　　　　　　　18. 小穗长圆状卵球形或宽卵球形，长不及1cm。

20.叶片两面无毛；小穗宽卵球形，长5~7mm，下部具4~7雌花；雌花鳞片卵形或宽卵形 ……………………………………………………………………………………………… 16.近头状薹草　C. subcapitata
20.叶片两面疏生短柔毛；小穗长圆状卵球形，长8~10mm，下部具2~4雌花；雌花鳞片狭卵形 ……………………………………………………………………………………………… 17.锈红穗薹草　C. ferruspiculata
15.果囊多少被短毛，少数无毛；小穗常单性，顶生者雄性，侧生者雌性；雌花鳞片无锈色点线。
　21.苞片佛焰苞状；果囊密被短硬毛；小坚果顶端急缩成小尖，不扩大。
　　22.侧生小穗具5~10余花；苞鞘淡褐色；雄小穗与其下小穗接近… 18.大披针薹草　C. lanceolata
　　22.侧生小穗密生花；苞鞘紫黑色；雄小穗远高于其下小穗………… 19.眉县薹草　C. meihsienica
　21.苞片叶状或短叶状；果囊被短毛或无毛；小坚果顶端常扩大成环盘，或具明显的喙。
　　23.小坚果顶端具短圆柱状或圆柱状的喙；花柱基部不增粗或稍增粗。
　　　24.小坚果顶端具圆柱形粗壮的喙，喙长1~1.5mm；果囊长4~6mm………………………
　　　　……………………………………………………………………… 20.截鳞薹草　C. truncatigluma
　　　24.小坚果顶端具短圆柱状的喙，喙长不及0.5mm；果囊长不及4mm。
　　　　25.叶片、苞片均被短柔毛；雌花鳞片先端截形或圆钝 …… 21.金华薹草　C. densipilosa
　　　　25.叶片、苞片均无毛；雌花鳞片先端急尖、渐尖或具短芒。
　　　　　26.侧生雌小穗长5~8cm，顶端多少下垂；果囊长不及2mm，先端具极短的喙…………
　　　　　　………………………………………………………………… 22.穿孔薹草　C. foraminata
　　　　　26.侧生雌小穗长1~4cm，直立；果囊长3~4mm，先端具短而明显的喙。
　　　　　　27.雌花鳞片先端急尖或具短芒；雄花鳞片先端圆钝；果囊长3~3.5mm……………
　　　　　　　……………………………………………………………… 23.玄界萌黄薹草　C. genkaiensis
　　　　　　27.雌花鳞片先端具短芒至长芒；雄花鳞片先端具芒；果囊长3.5~4mm……………
　　　　　　　……………………………………………………………… 24.宜昌薹草　C. ascotreta
　　23.小坚果顶端常扩大成环盘；花柱基部扩大成僧帽状。
　　　28.小坚果的棱上缢缩。
　　　　29.侧生雌小穗长不及2.5cm，宽不及3mm；顶生雄小穗长不及2.5cm。
　　　　　30.雌花鳞片两侧苍白色或淡黄色；果囊疏被短毛。
　　　　　　31.最下部小穗从秆近基部伸出；苞鞘长2~8mm；雌花鳞片先端微凹，无芒…………
　　　　　　　……………………………………………………………… 25.截喙薹草　C. truncatirostris
　　　　　　31.最下部小穗从秆近中部伸出；苞鞘长5~25mm；雌花鳞片先端具粗糙长芒………
　　　　　　　……………………………………………………………… 26.仲氏薹草　C. chungii
　　　　　30.雌花鳞片红褐色；果囊无毛 ………………………… 27.大盘山薹草　C. dapanshanica
　　　　29.侧生雌小穗粗壮，长在3cm以上，宽4~6mm；顶生雄小穗长3cm以上。
　　　　　32.果囊长4~5mm；雌小穗具较疏生的花；叶片宽4~7mm，具横隔脉。
　　　　　　33.雌小穗长3~5cm，花稍稀疏；秆高30~50cm………… 28.天目山薹草　C. tianmushanica
　　　　　　33.雌小穗长6~8cm，花稍密；秆高达80cm………… 29.东方薹草　C. tungfangensis
　　　　　32.果囊长约3mm；雌小穗具较密生的花；叶片宽2~5.5mm，无横隔脉…………………
　　　　　　………………………………………………………………… 30.崖壁薹草　C. scopulus
　　　28.小坚果的棱上不缢缩。

34. 雄小穗狭棍棒状圆柱形，其雄花鳞片边缘合拢，在基部或基部以上边缘合生。
　　35. 果囊长4.5～5mm；侧生小穗顶端常具一段雄花 ················ **31. 拟三穗薹草 C. pseudotristachya**
　　35. 果囊长2.5～3.5mm；侧生小穗顶端无雄花 ······················· **32. 三穗薹草 C. tristachya**
34. 雄小穗长圆柱形、圆柱形或长圆状圆柱形，雄花鳞片边缘不合生。
　　36. 叶鞘、叶片、苞片均具短柔毛 ··· **33. 三阳薹草 C. duvaliana**
　　36. 叶鞘、叶片、苞片均无毛。
　　　　37. 小坚果在棱面中部形成1肋凹陷 ·· **34. 横纹薹草 C. rugata**
　　　　37. 小坚果在棱面中部无肋状凹陷。
　　　　　　38. 雄小穗宽约1mm；叶片宽1.5～2（3）mm ························· **35. 灰帽薹草 C. mitrata**
　　　　　　38. 雄小穗宽2～4.5mm；叶片宽2～7mm。
　　　　　　　　39. 雌花鳞片先端具粗糙的长芒，有时具短芒。
　　　　　　　　　　40. 果囊长2～3mm；叶片宽2～4mm ·················· **36. 青绿薹草 C. breviculmis**
　　　　　　　　　　40. 果囊长约3mm；叶片宽3～8mm。
　　　　　　　　　　　　41. 果囊先端近无喙，口部截形 ·················· **37. 无喙囊薹草 C. davidii**
　　　　　　　　　　　　41. 果囊先端具中等长的喙，喙口2裂 ·················· **38. 中华薹草 C. chinensis**
　　　　　　　　39. 雌花鳞片先端无芒或具短尖，有时具短芒。
　　　　　　　　　　42. 小坚果上下棱面均具凹陷。
　　　　　　　　　　　　43. 雌花鳞片先端具短芒；雄小穗具短柄，与其下小穗接近 ························
　　　　　　　　　　　　　　·· **39. 伴生薹草 C. sociata**
　　　　　　　　　　　　43. 雌花鳞片具芒；雄小穗具长柄 ·················· **40. 对马薹草 C. tsushimensis**
　　　　　　　　　　42. 小坚果棱面不具凹陷。
　　　　　　　　　　　　44. 雄小穗具短柄或近无柄，与其下的雌小穗接近；雌小穗卵球形或短圆柱形，长
　　　　　　　　　　　　　　1～1.3cm；雌花鳞片淡褐色或黄褐色 ·················· **41. 褐穗薹草 C. sabynensis**
　　　　　　　　　　　　44. 雄小穗具长柄，小穗彼此远离；雄小穗圆柱形或狭圆柱形，长1～5.5cm；雌花鳞
　　　　　　　　　　　　　　片苍白色或黄绿色、淡褐色。
　　　　　　　　　　　　　　45. 雌小穗狭圆柱形，宽2～3mm；叶片宽2～4mm ························
　　　　　　　　　　　　　　　　·· **42. 豌豆型薹草 C. pisiformis**
　　　　　　　　　　　　　　45. 雌小穗圆柱形，宽2～4mm；叶片宽3～10mm。
　　　　　　　　　　　　　　　　46. 果囊密被短硬毛；雄小穗黄白色或黄绿色 ··· **43. 短芒薹草 C. breviaristata**
　　　　　　　　　　　　　　　　46. 果囊疏被短毛或近无毛；雄小穗褐色或深褐色 ························
　　　　　　　　　　　　　　　　　　·· **44. 长穗薹草 C. dolichostachya**
13. 果囊具长喙或中等长的喙，喙口常具明显的2齿，稀为斜截或2小齿。
　　47. 果囊常密被白色短硬毛，稀为仅在边缘密被白色短硬毛。
　　　　48. 顶生雄小穗2或3；雌花鳞片先端常具芒；果囊稍鼓胀 ··················· **45. 南亚薹草 C. fedia**
　　　　48. 顶生雄小穗1；雌花鳞片先端具短尖；果囊不鼓胀。
　　　　　　49. 雌小穗疏生花；果囊仅边缘被短硬毛，背面具多条细脉 ···· **46. 杯鳞薹草 C. poculisquama**
　　　　　　49. 雌小穗密生多花，有时疏生；果囊密被短硬毛，背面仅具2脉。
　　　　　　　　50. 果囊近二列，长约4mm ·· **47. 疏果薹草 C. hebecarpa**
　　　　　　　　50. 果囊密而螺旋状排列；果囊长3～5mm。

51. 秆锐三棱形，其上叶鞘上下不互相套叠；果囊长约4mm ················· **48. 舌叶薹草 C. ligulata**
51. 秆钝三棱形，其上叶鞘上下互相套叠；果囊长约3mm ················· **49. 套鞘薹草 C. maubertiana**
47. 果囊无毛，或常在中部以上被短毛。
52. 顶生雄小穗1～3；果囊薄革质、革质或木栓质，稀为膜质，通常鼓胀呈花瓶状；叶常具小横隔脉。
53. 雄小穗1；雌小穗近球形，排列紧密；果囊长约10mm ············· **50. 朝鲜薹草 C. dickinsii**
53. 雄小穗1～3；雌小穗圆柱形或长圆形，彼此疏远；果囊长4～8.5mm。
54. 果囊薄革质，长4～4.5mm ······························· **51. 天台薹草 C. cercidascus**
54. 果囊革质或木栓质，长5～8.5mm。
55. 雌小穗圆柱形；果囊革质，具暗血红色斑块，脉不明显 ········· **52. 阿齐薹草 C. argyi**
55. 雌小穗长圆形；果囊木栓质，具明显微凹的细脉。
56. 果囊卵球形，长6～6.5mm；小坚果倒卵球形；叶长于秆 ····· **53. 矮生薹草 C. pumila**
56. 果囊长圆球形，长6～8.5mm；小坚果长圆球形；叶短于秆 ·················
  ·· **54. 糙叶薹草 C. scabrifolia**
52. 顶生雄小穗1，有时具雌花；果囊膜质，不鼓胀或稍鼓胀；叶无小横隔脉。
57. 雌小穗仅具数花，排列稀疏，其下小穗柄丝状，常下垂。
58. 秆中生。
59. 雌小穗花极稀疏，彼此间断；果囊先端急尖缩成长喙 ··· **55. 丝柄薹草 C. filipes var. rouyana**
59. 雌小穗花稀疏但不间断；果囊先端渐狭成圆锥状的喙。
60. 叶片宽2.5～3.5mm；秆丛生 ·························· **56. 显舌薹草 C. macroglossa**
60. 叶片宽5～7mm；秆散生 ···························· **57. 浙江薹草 C. zhejiangensis**
58. 秆侧生。
61. 雄小穗与其下的雌小穗疏远；苞片叶状 ···················· **58. 少囊薹草 C. egena**
61. 雄小穗与其下的雌小穗极接近；苞片短叶状 ············ **59. 阿里山薹草 C. arisanensis**
57. 雌小穗具多数密生的花，少数种花排列较疏，其下小穗柄直立，包藏于苞鞘或伸出。
62. 果囊披针形，压扁状三棱形；柱头较果囊长很多 ······ **60. 卷柱头薹草 C. bostrychostigma**
62. 果囊椭圆球形、椭圆球状卵球形、菱状卵球形、卵球形、倒卵球形至卵圆球形，三棱形或鼓胀三棱形；柱头早落或比果囊短很多。
63. 侧生小穗常1～3个生于同一苞鞘；果囊具光泽。
64. 顶生雄小穗常具雌花；果囊无斑点；雌花鳞片易落 ······ **61. 福建薹草 C. fokienensis**
64. 顶生雄小穗无雌花；果囊具褐色斑点；雌花鳞片宿存 ······ **62. 锈果薹草 C. metallica**
63. 侧生小穗单生于每苞鞘，果囊大多无光泽，或稍具光泽。
65. 小坚果卵球形或倒卵球形，通常长不及2mm（少数达3mm）；下部苞片叶状；秆中生。
66. 果囊成熟时常斜展，黄绿色或麦秆色；雌花鳞片先端具短尖。
67. 小穗间距短，集生状；雄小穗长1～2cm。
68. 果囊长约5mm，具明显的脉；叶片宽2～4mm ·················
  ·· **63. 似柔果薹草 C. submollicula**
68. 果囊长3～4mm，脉稍明显；叶片宽4～8mm ···· **64. 柔果薹草 C. mollicula**
67. 小穗间距较长，至少下部者疏远；雄小穗长2～7cm。
69. 雌小穗长圆形，长1～2cm。

　　　　70.最下部雌小穗具明显的柄；果囊稍鼓胀而雌花鳞片外露············ **65.日本薹草 C. japonica**
　　　　70.最下部雌小穗近无柄；果囊鼓胀而雌花鳞片不露············ **66.匿鳞薹草 C. aphanolepis**
　　69.雌小穗长圆柱形，长2～6cm。
　　　　71.叶片宽7～10mm；柱头与果囊近等长，果期不落············ **67.签草 C. doniana**
　　　　71.叶片宽2～5mm；柱头果期脱落，稀不落者远比果囊短。
　　　　　　72.果囊椭圆球形，其喙长约为果囊的1/2；秆高25～40cm············
　　　　　　　　··· **68.似横果薹草 C. subtransversa**
　　　　　　72.果囊椭圆球状卵球形或卵球形，喙长约为果囊的1/3；秆高30～60cm。
　　　　　　　　73.雄小穗近无柄，与其下雌小穗接近；柱头脱落············ **69.禾状薹草 C. alopecuroides**
　　　　　　　　73.雄小穗具长柄，与雌小穗疏远；柱头不落············ **70.远穗薹草 C. remotistachya**
66.果囊成熟时常近水平开展，有时反折，褐绿色或橄榄色；雌花鳞片大多具长芒。
　　74.果囊被短硬毛。
　　　　75.雌花鳞片先端具芒；果囊褐绿色，长2～2.5mm，密被短粗毛，细脉不明显············
　　　　　　··· **71.硬果薹草 C. sclerocarpa**
　　　　75.雌花鳞片先端具粗糙长芒；果囊褐色或暗褐色，长2.5～3 mm，上部疏被短硬毛，细脉明显。
　　　　　　76.雌小穗长4～12cm，直立；果囊上部疏被短硬毛；花果期9—12月············
　　　　　　　　··· **72.条穗薹草 C. nemostachys**
　　　　　　76.雌小穗长7～13cm，下垂；果囊上部被极稀疏的短硬毛；花果期5月············
　　　　　　　　··· **73.无毛条穗薹草 C. subglabra**
　　74.果囊无毛。
　　　　77.秆侧生；基部叶鞘紫黑色或紫褐色。
　　　　　　78.果囊成熟时向下反折；雌花鳞片先端具粗糙长芒············ **74.反折果薹草 C. retrofracta**
　　　　　　78.果囊成熟时直立或近直立；雌花鳞片先端钝············ **75.斜果薹草 C. obliquicarpa**
　　　　77.秆中生；基部叶鞘淡褐色、褐色或灰褐色。
　　　　　　79.果囊成熟时鼓胀，先端具短喙，细脉常不明显。
　　　　　　　　80.雌小穗宽3～3.5mm；小坚果顶端急缩成细长的喙··· **76.细喙薹草 C. tenuirostrata**
　　　　　　　　80.雌小穗宽8～10mm；小坚果顶端无喙············ **77.橄绿果薹草 C. olivacea**
　　　　　　79.果囊成熟时稍鼓胀，先端常具中等长的喙或长喙，细脉明显。
　　　　　　　　81.雌花鳞片卵形，先端渐尖或急尖，无短尖。
　　　　　　　　　　82.果囊成熟时近于直立，长3～5mm；雄花具3雄蕊············
　　　　　　　　　　　　··· **78.狭穗薹草 C. ischnostachya**
　　　　　　　　　　82.果囊成熟时近水平开展，长3.2～3.5mm；雄花仅具1雄蕊············
　　　　　　　　　　　　··· **79.肿胀果薹草 C. subtumida**
　　　　　　　　81.雌花鳞片卵状披针形，先端延伸成短尖或长芒。
　　　　　　　　　　83.雌小穗长4～7cm，圆柱形或长圆柱形；雌花鳞片先端具短尖；苞片无鞘············
　　　　　　　　　　　　··· **80.洪林薹草 C. honglinii**
　　　　　　　　　　83.雌小穗长1.5～3cm，短圆柱形；下部苞片具鞘。
　　　　　　　　　　　　84.果囊长3.5～4.5mm，先端具短喙············ **81.亚澳薹草 C. brownii**
　　　　　　　　　　　　84.果囊长5～6mm，先端具长喙············ **82.横果薹草 C. transversa**

65. 小坚果菱状卵球形或倒卵球形；下部苞片短叶状，秆侧生，少数中生。
　　85. 小坚果先端无喙；果囊先端的喙长约为果囊长度的1/3。
　　　　86. 秆侧生，高不及15cm；苞片具短鞘；小穗集生 ················· **83. 百里薹草 C. blinii**
　　　　86. 秆中生，高20～40cm；苞片具明显的鞘；下部小穗彼此疏远 ······· **84. 尖叶薹草 C. oxyphylla**
　　85. 小坚果先端具明显的长喙；果囊先端喙长约为果囊长度的1/2或更长。
　　　　87. 小坚果倒卵球形，棱上不缢缩也无刀刻痕状。
　　　　　　88. 侧生小穗的果囊中伸出一段具数朵雄花的雄小穗，而使每个果囊成为1两性小穗 ············
　　　　　　　　·· **85. 溪边薹草 C. rivulorum**
　　　　　　88. 侧生小穗的果囊中仅具1发育的雌花。
　　　　　　　　89. 侧生小穗长圆形或长卵球形，长1～1.7cm，具6～10花；果囊上部疏被柔毛 ············
　　　　　　　　　　·· **86. 长嘴薹草 C. longerostrata**
　　　　　　　　89. 侧生小穗圆柱形，长2～4.5cm，密生多花；果囊无毛。
　　　　　　　　　　90. 叶片宽7～12mm；顶生雄小穗长1～2cm ······ **87. 浙南薹草 C. austrozhejiangensis**
　　　　　　　　　　90. 叶片宽4～5mm；顶生雄小穗长3～4cm ················ **88. 相仿薹草 C. simulans**
　　　　87. 小坚果菱状卵球形，在棱上缢缩或具刀刻痕状。
　　　　　　91. 果囊密被短毛；秆、叶片、苞片、苞鞘和雌花鳞片均被短毛 ····· **89. 弯喙薹草 C. laticeps**
　　　　　　91. 果囊疏被短毛或无毛；秆、叶片、苞片、苞鞘和雌花鳞片无毛。
　　　　　　　　92. 小坚果先端具扭转的喙，喙顶端不扩大。
　　　　　　　　　　93. 雌花鳞片先端具粗糙的长芒；果囊短于雌花鳞片。
　　　　　　　　　　　　94. 果囊无毛；秆丛生；叶片无白粉 ········ **90. 健壮薹草 C. wahuensis subsp. robusta**
　　　　　　　　　　　　94. 果囊疏被短毛；秆散生；叶片具白粉 ················ **91. 陈诗薹草 C. cheniana**
　　　　　　　　　　93. 雌花鳞片先端渐尖或具短芒；果囊长于雌花鳞片。
　　　　　　　　　　　　95. 侧生小穗先端具1～3cm长的一段雄花 ················ **92. 藏薹草 C. thibetica**
　　　　　　　　　　　　95. 侧生小穗先端几无雄花或仅具数朵雄花。
　　　　　　　　　　　　　　96. 小坚果仅在1条棱上缢缩；叶片宽2～3mm ······ **93. 九华薹草 C. jiuhuaensis**
　　　　　　　　　　　　　　96. 小坚果所有棱上均缢缩；叶片宽6～10mm ············ **94. 弯柄薹草 C. manca**
　　　　　　　　92. 小坚果先端具直或稍弯的喙，喙顶端扩大成环。
　　　　　　　　　　97. 秆中生。
　　　　　　　　　　　　98. 秆显露，高于30cm；小穗自秆近中部发出。
　　　　　　　　　　　　　　99. 小坚果棱上缢缩；侧生小穗先端仅具数朵雄花或无雄花。
　　　　　　　　　　　　　　　　100. 果囊无毛；雌花鳞片先端具粗糙的长芒；小坚果的喙直 ················
　　　　　　　　　　　　　　　　　　·· **95. 凤凰薹草 C. phoenicis**
　　　　　　　　　　　　　　　　100. 果囊疏被短毛；雌花鳞片先端具芒尖；小坚果的喙稍弯 ················
　　　　　　　　　　　　　　　　　　·· **96. 短尖薹草 C. brevicuspis**
　　　　　　　　　　　　　　99. 小坚果棱上具刀刻痕；侧生小穗先端具1～2cm长的一段雄花 ················
　　　　　　　　　　　　　　　　·· **97. 长颈坚果薹草 C. rhynchophora**
　　　　　　　　　　　　98. 秆极短，高不及10cm；小穗近基生 ················ **98. 遵义薹草 C. zunyiensis**
　　　　　　　　　　97. 秆侧生。
　　　　　　　　　　　　101. 秆显露，高于15cm，长于或短于叶。

102. 果囊无毛或近无毛；叶片具横隔脉；根状茎长而匍匐············ **99. 雁荡山薹草 C. yandangshanica**
102. 果囊无毛；叶片无横隔脉；根状茎缩短。
　　103. 侧生小穗圆柱形，长4.5～9cm，密生多花················ **100. 长囊薹草 C. harlandii**
　　103. 侧生小穗长卵球形，长1～1.5cm，具5～8花。
　　　　104. 叶片宽3～5mm；秆稍短于叶····················· **101. 戟叶薹草 C. canina**
　　　　104. 叶片宽10～15mm；秆远短于叶····················· **102. 高氏薹草 C. kaoi**
101. 秆极短，高不及10cm，远短于叶························· **103. 根花薹草 C. radiciflora**
11. 果囊平凸状或双凸状；小坚果平凸状或双凸状，柱头2。
　105. 苞片无鞘；侧生雌小穗较大，长于2cm，密生多花；果囊脉大多不明显，先端大多具极短的喙。
　　106. 小穗具柄，多少下垂；果囊常密生乳头状突起。
　　　　107. 雄小穗与其下雌小穗接近；果囊密具斑点；雌花鳞片先端近圆钝·················
　　　　　　·· **104. 等高薹草 C. aequialta**
　　　　107. 雄小穗与其下雌小穗疏远；果囊密具乳头状突起；雌花鳞片先端具短尖或芒。
　　　　　　108. 雌花鳞片先端渐尖或圆形，具短尖。
　　　　　　　　109. 雌小穗长2.5～3cm，宽7～8mm············· **105. 乳突薹草 C. maximowiczii**
　　　　　　　　109. 雌小穗长3～6cm，宽3～6mm。
　　　　　　　　　　110. 雌花鳞片长圆状披针形，先端渐尖············ **106. 粉被薹草 C. pruinosa**
　　　　　　　　　　110. 雌花鳞片长卵形，先端具短芒················ **107. 武义薹草 C. subcernua**
　　　　　　108. 雌花鳞片先端微凹或平截，具粗糙的芒。
　　　　　　　　111. 顶生小穗雄性；侧生雌小穗宽3～4mm············ **108. 镜子薹草 C. phacota**
　　　　　　　　111. 顶生小穗具雌花；侧生雌小穗宽5～6mm······ **109. 二型鳞薹草 C. dimorpholepis**
　　106. 上部小穗无柄；果囊具锈色的树脂状点线。
　　　　112. 果囊具短喙，喙口微凹······························· **110. 灰化薹草 C. cinerascens**
　　　　112. 果囊具明显的喙，喙口具2小齿。
　　　　　　113. 柱头宿存；果囊稍短于雌花鳞片，或近等长······ **111. 点囊薹草 C. rubrobrunnea**
　　　　　　113. 柱头早落；果囊长于雌花鳞片···················· **112. 鹞落薹草 C. otaruensis**
　105. 苞片具鞘；侧生小穗长2～3cm，花较疏；果囊具明显的脉，喙也明显。
　　114. 果囊长约4mm；柱头长于果囊························· **113. 长柱头薹草 C. teinogyna**
　　114. 果囊长4mm以下；柱头短于果囊。
　　　　115. 所有小穗雄雌顺序。
　　　　　　116. 果囊无毛，仅喙缘粗糙；小穗排成圆锥花序。
　　　　　　　　117. 果囊长约3mm；小穗排成稀疏的圆锥花序············ **114. 湖北薹草 C. henryi**
　　　　　　　　117. 果囊长3.5～4mm；小穗排成紧缩的狭圆锥花序······ **115. 日南薹草 C. nachiana**
　　　　　　116. 果囊多少被毛；小穗单生或几个生于同一苞鞘，但不分枝。
　　　　　　　　118. 小穗1～5个出自同一苞鞘；果囊边缘和脉上均被白色短硬毛·················
　　　　　　　　　　·· **116. 褐果薹草 C. brunnea**
　　　　　　　　118. 小穗单生于或1～3个生于每一苞鞘内；果囊仅边缘被白色短硬毛。
　　　　　　　　　　119. 植株较矮小，秆高10～35cm；具匍匐茎······ **117. 仙台薹草 C. sendaica**
　　　　　　　　　　119. 植株较高大，秆高35～100cm；无匍匐茎······ **118. 滨海薹草 C. bodinieri**

115. 顶生小穗雄性，侧生小穗雄雌顺序。
　　　120. 顶生小穗长2.5～3.5cm；果囊稍密生 ··· **119. 柄果薹草 C. stipitinux**
　　　120. 顶生小穗长2～3cm；果囊疏生 ·· **120. 秋生薹草 C. autumnalis**
1. 小穗多数，全部为两性，少有单性异株，无柄，常排成穗状；枝先出叶不发育；柱头2，稀为3。
　　121. 雌雄同株。
　　　　122. 小穗雄雌顺序；穗状花序紧密 ··· **121. 翼果薹草 C. neurocarpa**
　　　　122. 小穗雌雄顺序；穗状花序间断。
　　　　　　123. 苞片叶状，下部者长于花序。
　　　　　　　　124. 柱头3；果囊宽卵球形，具宽翅，无脉 ································· **122. 穹隆薹草 C. gibba**
　　　　　　　　124. 柱头2；果囊卵球状披针形，具狭翅，背面脉稍明显 ··· **123. 书带薹草 C. rochebrunii**
　　　　　　123. 苞片刚毛状，短于花序 ·· **124. 卵果薹草 C. maackii**
　　121. 雌雄异株。
　　　　125. 雌穗状花序圆柱形；果囊长于雌花鳞片 ·· **125. 单性薹草 C. unisexualis**
　　　　125. 雌穗状花序卵球形；果囊稍短于雌花鳞片 ··· **126. 筛草 C. kobomugi**

1. 花葶薹草 （图10-92）
Carex scaposa C.B. Clarke

根状茎匍匐，木质。秆侧生，高20～80cm，三棱形，幼时多少被短柔毛，基部具无叶的鞘。基生叶丛生，长于或短于秆，下面粗糙，有时具隔节；秆生叶呈佛焰苞状。苞片与秆生叶同形，常短于支花序。圆锥花序具3至数个支花序；支花序圆锥状，单生或双生，支花序柄三棱形，密被短柔毛，支花序轴锐三棱形，密被短柔毛和褐色斑点；小苞片鳞片状，披针形；小穗10～20余个，两性，雄雌顺序，长圆柱形，长5～14mm；雄花部分短于雌花部分；雌花部分具2～7花。雌花鳞片卵形，中间黄绿色，有褐色斑点，两侧褐色，长2～2.5mm，顶端渐尖，具3脉。果囊椭圆

图10-92　花葶薹草

球形，钝三棱形，纸质，淡黄绿色，密生褐色斑点，长3～4mm，腹面具2侧脉，无毛，顶端渐缩成中等长的喙，喙口微凹。小坚果椭圆球形，三棱状，成熟时呈褐色，长1.5～2.2mm；花柱基部不增粗或稍增粗，柱头3。花果期4—11月。

产于淳安、衢州市区、开化、江山、武义、仙居、三门、缙云、遂昌、松阳、龙泉、庆元、景宁、永嘉、瑞安、文成、平阳、苍南、泰顺。生于海拔180～1200m的林下潮湿处、林缘石缝间、溪沟边、路边草丛中。分布于西南及江西、福建、湖南、广东、广西。越南也有。

2. 林氏薹草 （图10-93）
Carex lingii F.T. Wang et Tang

根状茎木质。秆丛生，侧生，较柔弱，高15～40cm，粗约1mm，三棱形，疏被倒生的短粗毛，后变无毛，基部具淡褐色叶鞘；基生叶数枚丛生，短于或长于秆，叶片狭椭圆形至狭椭圆状带形，长12～30cm，宽2～2.5cm，两面光滑或下面的脉上粗糙，基部渐狭，常下延至叶柄，边缘呈密的裙褶状；秆生叶呈佛焰苞状，淡绿白色，有时具褐色的斑点和短线，疏被短柔毛。苞片与秆生叶同形。圆锥花序简单，通常仅有1个顶生的支花序，偶有1个侧生者，具10余小穗，花序柄纤细，密被贴生的短粗毛；小苞片鳞片状，无毛；小穗两性，雄雌顺序，狭圆柱形，长4～10mm；雄花部分与雌花部分近等长；雌花部分具3～10花。雌花鳞片长圆状披针形，膜质，淡褐白色，密生褐色的斑点和短线，长2.2～2.5mm，顶端钝，有1中脉。果囊斜展至横展，卵状椭圆球形，钝三棱形，膜质，褐白色，密生褐色斑点和短线，长约3.5mm，腹面具2侧脉，基部几无柄，顶端渐缩成长喙，喙口斜截形。小坚果卵球形，三棱状，成熟时呈褐色，长1.5～1.8mm；花柱基部增粗，柱头3。花果期4—6月。

图10-93 林氏薹草

杭州植物园等地有栽培，可能自浙江南部引种。分布于福建。

可作地被观赏植物。

3. 浆果薹草 （图10-94）
Carex baccans Nees

根状茎木质。秆密丛生，粗壮，高80～150cm，三棱形。叶长于秆；叶片宽8～12mm，下面光滑，上面粗糙，基部具红褐色网状的叶鞘。苞片叶状，长于花序，基部具长鞘。圆锥花序复出；支圆锥花序3～8个，下部1～3个疏远；支花序柄坚挺，常不伸出苞鞘之外；花序轴几无毛；小苞片鳞片状，披针形；小穗多数，圆柱形，长3～6cm，雄雌顺序；雄花部分纤细，具少数花；雌花部分具多数密生的花。雌花鳞片宽卵形，淡黄褐色，边缘具白色膜质的狭边，长2～2.5mm，顶端具长芒，具1绿色中脉。果囊倒卵状球形，肿胀，近革质，成熟时呈鲜红色或紫红色，长3.5～4.5mm，具多数纵脉，上部边缘与喙的两侧被短粗毛，基部具短柄，先端骤缩成短喙，喙口具2小齿。小坚果椭圆球形，三棱状，成熟时呈褐色，长3～3.5mm，基部具短柄，顶端具短尖；花柱基部不增粗，柱头3。花果期4—12月。

产于温州市区、瑞安、平阳、苍南、泰顺。生于海拔120～860m的山沟林下、路边灌丛或草丛中。分布于华南、西南及福建。东亚、东南亚也有。

图10-94　浆果薹草

4. 鼠尾薹草 （图10-95）

Carex myosurus Nees —— *C. emineus* Nees

图10-95　鼠尾薹草

根状茎木质。秆丛生，粗壮，高80～120cm，粗约3mm，三棱形，稍粗糙，中部以下生叶。叶基生和秆生，上部的长于秆；叶片宽5～7mm，平张，稍坚挺，下面光滑，上面粗糙，边缘具刺状细齿，基部具暗褐色纤维状的叶鞘。苞片叶状，长于花序，基部具长鞘。圆锥花序复出，长20～30cm，有3～6支花序；支花序总状，单生，有时顶端的双生，具2～4小穗；支花序柄纤细，长3～11cm；支花序轴锐三棱形，粗糙；小苞片鳞片状；小穗单生，圆柱形，长2～6cm，粗3.5～4.5mm，雄雌顺序；雄花部分长约为雌花部分的1/4～1/2；雌花部分具多数密生的花。雌花鳞片长圆形，纸质，淡绿色或两侧淡褐色，长2.5～3mm，顶端渐尖，具短芒，具1中脉。果囊倒卵球状披针形，钝三棱形，纸质，淡绿色，长4～4.5mm，有数条细脉，两侧脊上被短粗毛，基部渐狭，上部骤缩成短喙，喙口具2小齿。小坚果紧包于果囊中，椭圆球形，三棱状，成熟时呈暗褐色，基部具短柄，顶端几无短尖；花柱基部稍增粗，柱头3。花果期12月。

产于泰顺（洋溪）。分布于云南、西藏。越南、缅甸、印度、尼泊尔也有。

5. 十字薹草 （图10-96）

Carex cruciata Wahlenb.

根状茎粗壮，木质，具匍匐枝。秆丛生，高40～90cm，三棱形。叶长于秆；叶片宽

图10-96　十字薹草

4~13mm，下面粗糙，边缘具短刺毛。苞片叶状，长于支花序，基部具长鞘。圆锥花序长20~40cm；支圆锥花序数个，常单生；支花序柄坚挺，钝三棱形；支花序轴锐三棱形，密生短粗毛；小苞片鳞片状，长约1.5mm，背面被短粗毛；小穗极多数，两性，雄雌顺序；雄花部分与雌花部分近等长。雌花鳞片卵形，淡褐色，密生褐色斑点和短线，长约2mm，顶端钝，具短尖，具3脉。果囊椭圆球形，肿胀三棱状，淡褐白色，具棕色斑点和短线，长3~3.2mm，平滑或上部疏生短粗毛，有数条细脉，上部渐狭成中等长的喙，喙两侧疏生短刺或无，喙口斜截形。小坚果卵状椭圆球形，三棱状，成熟时呈暗褐色，长约1.5mm；花柱基部增粗，柱头3。花果期5—11月。

产于温州及松阳、遂昌、龙泉、庆元、景宁。生于海拔150~650m的山坡林下、山沟草丛中、溪沟边、路边。分布于华南、西南及江西、福建、湖北。东亚、东南亚、马达加斯加也有。

6. 蕨状薹草 （图10-97）
Carex filicina Nees

根状茎粗壮，木质。秆丛生，高40~90cm，锐三棱形，无毛。叶长于秆；叶片宽5~14mm，下面粗糙，边缘密生短刺毛，基部具宿存叶鞘。苞片叶状，长于支花序，具长鞘。圆锥花序长20~50cm；支圆锥花序4~8个，单生，稀双生；支花序柄纤细，三棱形，棱上疏被短粗毛；支花序轴锐三棱形，被短粗毛；小苞片鳞片状，顶端具长芒；小穗多数，长圆柱形，两性，雄雌顺序，雄花部分短于雌花部分。雌花鳞片卵形或披针形，有红褐色的斑点和短线，长1.5~2mm，先端渐尖或急尖，无毛，具1中脉。果囊椭圆球形，钝三棱状，有红褐色的斑点和短线，长约3mm，

图10-97 蕨状薹草

无毛，腹面具2侧脉及数条细脉，基部几无柄，上部收缩成稍外弯至微下弯的长喙，喙口斜截形。小坚果椭圆球形，三棱状，成熟时呈黄褐色，长约1.5mm；花柱基部不增粗，柱头3。花果期4—11月。

产于丽水及开化、江山、武义、瑞安、文成、泰顺。生于海拔210～1200m的沟谷林下、溪沟边、灌草丛中、田边、路边。分布于华南、西南及江西、福建、湖北。东亚、东南亚也有。

7. 根足薹草 （图10-98）
Carex rhizopoda Maxim. —— *C. yunyiana* X.F. Jin et C.Z. Zheng

根状茎木质，伸长。秆密丛生，高20～40cm，纤细，三棱形，粗糙，基部具褐色而无叶的鞘。叶短于至稍长于秆；叶片宽2～3mm，平张，边缘粗糙。苞片无。小穗单生于秆顶，雄雌顺序，长圆柱形，长2～2.5cm，宽约5mm，雄花部分稍短于雌花部分，雌花部分具9～14密生的花。雌花鳞片倒卵形，淡绿色，长4～4.5mm，先端渐尖或具短芒，背面具3绿色中脉。果囊直立，后期斜展，倒卵球形，扁三棱状，淡绿色，膜质，长5～5.5mm，无毛，具多条细脉，基部渐狭，先端渐缩成长约1.5mm的喙，喙口具2小齿。小坚果宽倒卵球形，三棱状，黄色，长约2.5mm，顶端截形，棱面稍凹陷，基部具短柄；花柱基部不增粗，柱头3。花果期4—5月。

产于天台华顶山。生于海拔约1000m的沟边潮湿地带。分布于安徽、江西、广西。日本也有。

图10-98　根足薹草

天台华顶山的标本雌花部分比雄花部分长，具稍密生的花，果囊倒卵球形，与安徽金寨产的根足薹草明显不同，后者雄花部分远长于雌花部分，果囊椭圆球状披针形，较疏生，因此曾根据天台的标本发表了云亿薹草 Carex yunyiana X.F. Jin et C.Z. Zheng。与日本产根足薹草及其模式相比，浙江的标本更为一致，而安徽产的是否是同一种，值得进一步研究。

8. 松叶薹草 （图10-99）

Carex rara Boott — *C. capillacea* Boott

根状茎短。秆丛生，高20～35cm，纤细，直立，基部具叶鞘。叶短于秆；叶片丝状，宽1～1.5mm。苞片缺。小穗单一，顶生，长圆状披针形，长8～18mm，雄雌顺序，雄花部分披针形，长5～10mm，雌花部分短圆柱形，长5～8mm，具8～16花。雄花鳞片长椭圆形，中间黄褐色，两侧锈色，边缘白色，长约2.5mm，顶端圆钝，具3中脉。雌花鳞片卵形，中间淡褐色，两侧锈色，边缘白色，长约2mm，顶端圆钝，具3中脉。果囊水平开展，宽卵球形，略鼓胀，钝三棱状，淡黄褐色，具锈色点线，长1.5～2.5mm，无毛，脉不明显，先端渐狭成短喙，喙口微凹。小坚果卵球形，钝三棱状，长1～2mm；花柱基部不膨大，柱头3。花果期4—5月。

产于安吉、临安、诸暨、磐安、天台、龙泉、乐清、文成、永嘉。生于海拔400～1700m的沼泽地、路边湿地、山坡林下、溪沟草丛中、岩石上。分布于东北、华东、西南及湖南、广东。朝鲜半岛、印度、尼泊尔、不丹也有。

图10-99　松叶薹草

9. 针叶薹草 （图10-100）
Carex onoei Franch. et Sav.

根状茎短。秆丛生，高20~40cm，柔软，棱上稍粗糙，基部叶鞘淡褐色。叶稍短于秆；叶片宽1~1.5mm，平张，柔软。苞片无。小穗单一，顶生，宽卵球形至球形，长5~7mm，雄雌顺序，雄花部分不显著，具2或3花，雌花部分显著而占小穗的极大部分，通常具几花。雄花鳞片椭圆状卵形，淡棕色，长约2.5mm，具1中脉。雌花鳞片宽卵形，膜质，两侧淡棕色，长约2.5mm，中间部分色淡而具3中脉。果囊成熟后水平开展，卵状长圆球形，钝三棱状，长2.5~3mm，膜质，侧脉明显，尤以背面为甚，基部近圆形，先端急缩成短喙，喙口有2微齿。小坚果倒卵状长圆球形至椭圆球形，三棱状，长约2mm；花柱基部不膨大，宿存，柱头3。花果期5—7月。

产于龙泉、庆元。生于海拔300~1200m的路边、林下。分布于东北及河北、陕西、甘肃。俄罗斯远东地区、日本、朝鲜半岛也有。

图10-100　针叶薹草

10. 霹雳薹草　黄穗薹草 （图10-101）
Carex perakensis C.B. Clarke

根状茎粗壮，木质。秆中生，高30~100cm，三棱形，基部具短叶或无叶片的暗紫红色叶鞘。叶基生或秆生；叶片宽8~12mm，秆生叶具长鞘。苞片叶状，下部的长于花序，向上渐短，具长鞘。圆锥花序长30~40cm；支花序单生或孪生，具多数小穗；小穗两性，雄雌顺序，狭圆柱形，长1.5~3cm，雄花部分占小穗长的1/3~1/2。雌花鳞片宽卵形，黄褐色，边缘具白色膜质，长2.2~4.5mm，顶端具短尖。果囊倒卵状椭圆球形或卵状菱形，钝三棱状，黄绿色，长

一八五　莎草科 Cyperaceae

图 10-101　霹雳薹草

4.5～6mm，细脉明显，密被白色短糙毛，或后变无毛，顶端渐狭成中等长的喙，喙口具2齿。小坚果椭圆状倒卵球形，三棱状，暗褐色，长2.5～3mm，棱面凹；花柱直立，基部稍增粗，疏被小刺毛，柱头3。花果期4—11月。

产于武义、遂昌、松阳、龙泉、庆元、永嘉、文成、泰顺。生于海拔200～1500m的山坡林下、路边、溪沟边、草丛中。分布于华南、西南及福建。越南、泰国、马来西亚、印度尼西亚也有。

11. 斑点果薹草　斑点薹草（图10-102）

Carex maculata Boott — *C. maculata* Boott. form. *viridans* Kük.

根状茎缩短。秆丛生，高30～50cm，纤细，三棱形，基部具淡褐色老叶鞘。叶近等长于秆；叶片长条形，宽3～5mm，下面密生粉白色乳头状突起；叶鞘腹面膜质，具深棕色斑点。苞片叶状，长于花序，具苞鞘。小穗3或4，疏生，顶生者雄性，棍棒状，长1～2cm，无柄或有极短的柄，侧生者雌性，圆柱形，长1～3cm，基部小穗柄长4～6cm，余者较短。雌花鳞片长圆状披针形，两侧膜

图 10-102　斑点果薹草

质,密生锈色斑点,长约2mm,先端渐尖,具3绿色中脉。果囊宽椭圆球形或宽卵球形,红褐色,稍长于鳞片,长约2.5mm,密生紫红色乳头状突起,顶端骤尖成短喙,喙口微凹。小坚果宽倒卵球形,长约1.5mm,三棱状;柱头3,短。花果期4—11月。

产于安吉、富阳、临安、桐庐、建德、宁波市区、衢州市区、开化、金华市区、天台、临海、缙云、遂昌、松阳、龙泉、乐清、永嘉、文成、苍南、泰顺。生于海拔200~880m的溪沟边、路边草丛、田边等潮湿处。分布于华东及湖南、台湾、广东、四川。印度尼西亚、印度、斯里兰卡也有。

12. 宽叶薹草 崖棕 (图10-103)
Carex siderosticta Hance

根状茎匍匐。秆侧生,高25~40cm,花葶状,基部以上生小穗,基部叶鞘无叶片,淡褐色。叶片长圆状披针形至披针形,短于秆,宽1~3cm,先端渐尖,前缘粗糙,上面无毛或近无毛,下面中肋突起,脉上具疏柔毛。苞片佛焰苞状,长1.5~2cm,淡绿色,口部斜向。小穗4~8,疏远,雄雌顺序,短圆柱形,长1~2cm,小穗柄扁,基部的长3~6cm,向上则渐短。雄花鳞片长圆状披针形,长5~6mm,先端尖,具3绿色中脉。雌花鳞片长圆状卵形至长圆状披针形,两侧白色透明,有褐色点线,长3~4mm,先端渐尖,具3绿色中脉。果囊倒卵状椭圆球形,钝三棱状,黄绿色,有锈点,长约3mm,具多条细脉,上部急缩成短喙,喙口平截。小坚果椭圆球形,三棱状,淡褐色,长约2mm,具乳头状小突起;花柱基部稍增粗,宿存,柱头3,细长。花果期4—8月。

产于安吉、临安、淳安、江山、临海、遂昌、龙泉。生于海拔650~1500m的路边草丛中、山坡林下、灌丛中、岩石缝间。分布于东北、华北、华东及陕西。俄罗斯远东地区、日本、朝鲜半岛也有。

图10-103 宽叶薹草

13. 毛崖棕 （图10-104）

Carex ciliatomarginata Nakai — *C. siderosticta* Hance var. *pilosa* H. Lév. ex Nakai

根状茎细长，匍匐。秆侧生，高8~20cm，花葶状，基部具淡褐色无叶片的叶鞘，分裂成纤维状。叶片狭披针形、长圆形至狭椭圆形，短于秆，宽0.7~1.5cm，先端渐尖，两面疏生柔毛，边缘具纤毛。苞片佛焰苞状，淡绿色，疏生柔毛，口部斜向。小穗3~5，疏远，顶生者雄性，棍棒状长圆形，长0.7~1cm，侧生者雄雌顺序，短圆柱形，长1~1.5cm。雄花鳞片长圆状披针形，长4~4.5mm，先端急尖，具3绿色中脉。雌花鳞片长圆状卵形至长圆状，两侧白色透明，有红褐色点线，长3~3.5mm，先端渐尖，具3绿色中脉。果囊倒卵状椭圆球形，钝三棱状，黄绿色，有锈点，长约3mm，被短柔毛，具多条细脉，上部急缩成短喙，喙口平截。小坚果椭圆球形，三棱状，黄褐色，长约1.5mm；花柱基部稍增粗，柱头3。花果期4—5月。

产于临安、天台、磐安。生于海拔850~1000m的山坡路旁或岩石上。分布于东北、华北及安徽、江西、河南。日本、朝鲜半岛也有。

图10-104 毛崖棕

14. 长梗薹草 （图10-105）

Carex glossostigma Hand.-Mazz. — *C. exerta* Chü

根状茎较粗壮而长，花茎和营养茎有间距。花茎近基部的叶鞘无叶片，营养茎的叶片革质至厚纸质，宽条形，两面无毛，或在两面或下面的脉上被柔毛。花茎高30~40cm，上部2/3各节具小穗；苞鞘上部稍膨大成佛焰苞状，无毛或被短柔毛，苞叶甚短至等长于苞鞘的1/2。小穗雄雌顺序，1~5生于各节，圆柱形，长2~3cm，雄花部分大多短于雌花部分；雌花部分具

8～15雌花。雌花鳞片卵状椭圆形，淡棕色，具锈点，长约2.5mm，先端钝，具3褐绿色中脉。果囊卵状椭圆球形，钝三棱状，淡棕色，具锈点，长约3mm，具多条细脉，先端突狭成向下弯的短喙，喙口近平截。小坚果椭圆球形，三棱状，黄色，长约2.5mm；花柱基部不膨大，柱头3。花果期4—5月。

产于江山、遂昌、龙泉、庆元、景宁、瑞安、泰顺。生于海拔350～1200m的溪边草丛中、山坡林下、路边阴湿处。分布于华东及湖南、广东、广西。

图10-105 长梗薹草

15. 大舌薹草 （图10-106）
Carex grandiligulata Kük.

根状茎细长并延伸，花茎和营养茎有间距。花茎近基部的叶鞘具叶片，营养茎的叶片长条形，长20～40cm，宽2.5～4mm，中脉和2侧脉隆起无毛。花茎高20～30cm，中部以上各节具小穗，苞鞘上部不显著膨大，苞叶等长至稍长于苞鞘，具长达2mm的叶舌，基生苞鞘密生微毛。小穗雄雌顺序，1～2个生于各节，狭圆柱形，长1～2cm；雄花部分通常近等长于雌花部分，具较密集的雄花；雌花部分具2或3雌花；小穗柄长1～5cm，稍伸出苞鞘之外。雄花鳞片卵状椭圆形，边缘透明膜质带淡棕色，长约3mm，先端钝，具3绿色中脉。雌花鳞片卵状长圆形，两侧透明膜质,带淡棕色并具锈点,长约4mm,先端钝,具3绿色中脉。果囊椭圆球形,具锈点,长约4～5mm,脉不明显,先端渐狭成短喙,喙长0.5～1mm,喙口近平截。小坚果椭圆球形,三棱状,淡黄色或黄色,长约2.5mm;花柱基部不膨大,柱头3。花果期4—5月。

产于临安、磐安、遂昌、龙泉。生于海拔1000～1200m的路边岩石缝、沟边荒地中。分布于河北、四川、陕西。

图10-106　大舌薹草

16. 近头状薹草 （图10-107）

Carex subcapitata X.F. Jin, C.Z. Zheng et B.Y. Ding

根状茎木质,念珠状。花茎侧生,高20～30cm,扁三棱形,无毛,从中部至基部具无叶的红褐色的叶鞘。叶较花茎长;叶片宽3～5mm,两面无毛,先端渐尖。苞片短叶状,具长鞘或上部的无鞘,无毛。小穗5或6,雄雌顺序,1或2个生于各节,宽卵球形,长5～7mm;雄花部分与雌花部分近等长或比雌花稍长,具密集的雄花;雌花部分有4～7雌花,小穗梗伸出苞鞘。雌花鳞片卵形或宽卵形,膜质,红棕色并具锈点,长约2.5mm,先端圆形,背面具3褐绿色中脉。果囊宽椭圆球形,钝三棱状,暗褐色,膜质,长约4mm,无毛,具多数细脉,基部渐狭,先端渐狭成长1.5～2mm的直喙,喙口具2齿。小坚果卵球形,三棱状,棱面微凹,浅黄色,长约2mm;花柱无毛,基部略增粗,柱头3。花果期4—5月。

产于遂昌、松阳、龙泉、文成。生于海拔500～1400m的路边林下、草丛中。模式标本采自松阳玉岩。

图10-107 近头状薹草

17. 锈红穗薹草（图10-108）
Carex ferruspiculata Chü

根状茎木质，匍匐。花茎侧生，高25～35cm，三棱形，无毛，从中部以下具无叶的红褐色叶鞘。叶较花茎长或近等长；叶片宽4～7mm，平张，两面疏生短柔毛，先端渐尖。苞片佛焰苞状，具鞘，无毛，苞叶部分短于苞鞘。小穗10余个或更多，雄雌顺序，2～4个生于各节，长圆状卵球形，长8～10mm；雄花部分长于雌花部分，具密集的雄花；雌花部分有2～4雌花，小穗梗伸出苞鞘。雌花鳞片狭卵形，膜质，红棕色并具锈点，长2～2.5mm，先端圆形，背面具3褐绿色中脉。果囊宽椭圆球形，钝三棱状，暗褐色，膜质，长约3mm，无毛，具多数细脉，基部渐狭，先端渐狭成短喙，喙口微凹。小坚果卵球形，三棱状，棱面微凹，浅黄色，长约2mm；花柱无毛，基部略增粗，柱头3。花果期4—5月。

图10-108 锈红穗薹草

产于开化、龙游、云和、遂昌。生于海拔250～410m的溪边岩石上或竹林下。合模式标本采自遂昌白马山和云和。

本种以往一直作为长梗薹草的异名，但其小穗较短，雌花部分仅2～4花，明显不同。

18. 大披针薹草（图10-109）
Carex lanceolata Boott

根状茎短，粗壮，斜升。秆丛生，高10～30cm，纤弱，扁三棱形，上部粗糙，绿白色，基部叶鞘紫褐色，细裂成纤维状。叶与秆等长或稍长于秆；叶片扁平，宽1～2mm，边缘稍粗糙。苞片佛焰苞状，有紫红色脉纹。小穗3～6，顶生者雄性，棍棒状，长8～10mm，侧生者雌性，长圆柱形，长1～1.3cm，花疏生，最上部的雌小穗与雄性小穗接近，最下部的雌小穗疏远，小穗柄露出鞘外，小穗轴曲折。雄花鳞片长圆状披针形，褐色，具白色的膜质边缘，长约8mm，先端急尖，具1绿色中脉。雌花鳞片卵状长圆形，有紫褐色脉纹，具膜质白色狭边，长4～6mm，先端急尖或呈芒状，具2绿色中脉。果囊倒卵球形，钝三棱状，淡绿色，后淡灰黄色，长约3.5mm，密被短柔毛，通常具多数细脉，至少下部脉明显，顶端有极短的喙，喙口背侧凹陷。小坚果倒卵球形，三棱状，深褐色，棱面凹，长约2.5mm，平滑，顶端具喙；花柱短，基部增大，柱头3。花果期4—7月。

图10-109　大披针薹草

产于安吉、杭州市区、临安、建德、淳安、开化、磐安、临海、庆元、永嘉、泰顺。生于海拔300~1200m的路边、山坡林下及阴湿草丛、沼泽。除华南外，全国广泛分布。东亚也有。

茎叶富含纤维，可作造纸原料，嫩叶可作饲料。

19. 眉县薹草　（图10-110）

Carex meihsienica K.T. Fu

根状茎木质，匍匐。秆直立，坚挺，高30~50cm，钝三棱形，光滑，基部具深褐色的宿存叶鞘。叶长于秆；叶片平张，宽3~4mm，质稍硬，边缘内卷。苞片佛焰苞状，下部绿色，上部白色，边缘棕褐色，顶端具短苞叶。小穗3~5，彼此疏远；顶生小穗雄性，棒状圆柱形，长5~6.5cm；侧生小穗雌性，长圆柱形，长3~4cm，宽约4mm，具多数密生的花；小穗柄纤细，最下部小穗柄长7~8cm，向上渐短，很长地伸出苞鞘外。雄花鳞片卵状长圆形，长约3mm，顶端渐尖。雌花鳞片卵状长圆形，两侧淡褐色，有白色薄膜质边缘，中间绿色，长3~3.5mm，膜质，顶端渐尖，具短尖，具3脉。果囊倒卵状长圆球形，钝三棱状，淡褐色，长2.5~3mm，膜质，疏被短柔毛，除具2侧脉外，尚有若干细脉，基部渐狭，几无柄，顶端急缩成短喙，喙口具2小齿。小坚果椭球形，三棱状，成熟时呈淡褐色，长1.5~1.8mm，基部几无柄，顶端具短喙；花柱基部稍增粗，柱头3。花果期4—5月。

产于桐庐（白云源）。生于海拔约450m的山坡林下岩石上。分布于安徽、陕西、四川。

图10-110　眉县薹草

20. 截鳞薹草 （图10-111）
Carex truncatigluma C.B. Clarke

根状茎斜升。秆侧生，高10～30cm，三棱形，稍粗糙。叶长于秆；叶片宽6～10mm，草质，两面均粗糙。苞片短叶状，具鞘。小穗4～6，顶生小穗雄性，狭圆柱形，侧生小穗雌性，长圆柱形，花稍疏，最上部的1个雌小穗长于雄小穗，其小穗柄包藏于苞鞘内。雌花鳞片宽倒卵形，深黄色，具宽的白色膜质边缘，顶端截形，具3绿色中脉。果囊纺锤形，钝三棱状，褐绿色，长4～6mm，被短柔毛，具多条细脉，基部渐狭成楔形，具短柄，先端渐狭成喙，喙口具2短齿。小坚果纺锤形，三棱状，长2.5～3.5mm，顶端具一个显著粗壮的圆柱形喙，喙长1～1.5mm，顶面平截或稍凹陷，棱面中部突出成腰状，上下凹入，基部具柄，柄长0.5～0.7mm；花柱基部稍膨大而宿存，柱头3。花果期4—7月。

产于安吉、杭州市区、临安、桐庐、建德、宁波市区、开化、天台、武义、遂昌、永嘉、泰顺。生于海拔100～900m的路边草丛中、水沟边、山谷林下、湿地。分布于华东、华南、西南及湖南。越南、马来西亚、菲律宾也有。模式标本采自宁波。

图10-111　截鳞薹草

21. 金华薹草　密毛薹草 （图10-112）
Carex densipilosa C.Z. Zheng et X.F. Jin

根状茎斜升。秆侧生，高15～45cm，纤细，钝三棱形，疏被短柔毛。叶短于秆；叶片宽

图10-112 金华薹草

4～12mm，平张，两面密被短柔毛，草质。苞片短叶状，或上部的刚毛状，短于花序，具短鞘，被短柔毛。小穗2～4，顶生小穗雄性，狭圆柱形，长1～1.5cm，侧生小穗雌性，圆柱形，长1～2cm，宽2～2.5mm，具10余花，最上部1个雌小穗与雄小穗等长或稍短，小穗包藏在苞鞘内，下部疏远，小穗柄伸出苞鞘外。雄花鳞片倒宽卵形，淡黄褐色，长2～2.5mm，顶端圆截形。雌花鳞片倒宽卵形，淡黄色，长2～2.5mm，先端截形或圆钝，具3绿色中脉。果囊纺锤形，钝三棱状，褐绿色，长3～3.5mm，膜质，被短柔毛，具多条细脉，基部渐狭成楔形，具短柄，上部渐狭成圆锥形的短喙，喙口具2小齿。小坚果菱卵球形，三棱状，黄褐色，长约2.5mm，先端具短喙，顶面平凹，棱中部缢缩，棱面上下凹陷，中部偏下突出成腰凸，基部具短柄；花柱基部稍膨大，柱头3。花果期4—6月。

产于金华市区、磐安、松阳。生于林下。模式标本采自金华外畈。

22. 穿孔薹草 （图10-113）
Carex foraminata C.B. Clarke

根状茎粗壮。秆侧生，高40～60cm，纤细，三棱形，基部通常具黑褐色纤维状的叶鞘。叶长于或短于秆；叶片长条形，革质，宽4～5mm。苞片短叶状，具长苞鞘。小穗4～6，疏离，顶生者雄性，圆柱形，长4～6cm，小穗柄长3.5～4.5cm，侧生者雌性，狭圆柱形，长5～8cm，具稍密生的花，基部小穗柄长4～8cm，上部者较短。雄花鳞片倒披针形，长6～7mm，背面中部具1绿白色中脉。雌花鳞片卵状披针形或长椭圆形，中间绿色，两侧栗色，长3～3.5mm，先端长渐尖，有短尖，具3绿色中脉。果囊斜展，卵球形，钝三棱状，淡褐色或黄绿色，长不及2mm，微被柔毛，具多数细脉，有短柄，顶端近无缘。小坚果倒卵球形或菱卵球形，三棱状，黄褐色，长约1.5mm，棱中部缢缩；花柱短，柱头3。花果期3—5月。

产于长兴、安吉、杭州市区、临安、桐庐、建德、淳安、鄞州、开化、江山、武义、遂昌、龙泉、永嘉、文成、泰顺。生于海拔850m以下的路边林下、溪沟边、草丛中、山坡上。分布于华东及贵州。模式标本采自宁波。

图10-113 穿孔薹草

23.玄界萌黄薹草
Carex genkaiensis Ohwi

根状茎短,木质。秆丛生,三棱形,高25～35cm,平滑,基部具灰褐色分裂成纤维状的老叶鞘。叶短于秆;叶片宽2～3mm,平张,上部边缘粗糙。苞片下部的叶状,上部者短叶状或刚毛状,具鞘。小穗4或5,顶生者雄性,狭圆柱形,长5～15mm,宽1～2mm,具极短的柄,与其下的雌小穗接近,侧生小穗雌性,圆柱形,长1～2cm,宽2～3.5mm,具稍密的花,小穗柄包藏于苞鞘中。雄花鳞片倒狭卵状椭圆形,淡褐色,长约5mm,先端圆钝,背面具1褐色中脉。雌花鳞片卵形或宽卵形,淡黄褐色,长2～2.5mm,先端急尖或具短芒,背面具3绿色中脉。果囊卵球形,钝三棱状,长3～3.5mm,具多条细脉,疏被短毛,基部渐狭,顶端收缩成短喙,喙口微凹。小坚果菱状卵球形,三棱状,成熟时呈栗色,长约2mm,基部具柄,顶端具长约0.2mm的短圆柱状喙,棱中部缢缩,棱面上下凹陷;花柱基部稍增粗,柱头3。花果期4月。

产于宁波(镇海)。生于林下。日本也有。

24. 宜昌薹草 （图10-114）

Carex ascotreta C.B. Clarke ex Franch. — *C. ichangensis* C.B. Clarke — *C. formosensis* H. Lév. et Vaniot

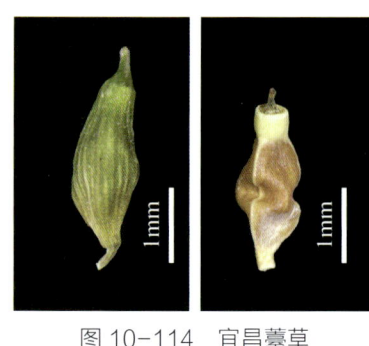

图10-114　宜昌薹草

根状茎粗壮。秆高10～45cm，三棱形，基部具深棕色分裂成纤维状的叶鞘。叶短于或长于秆；叶片宽2～4mm，边缘粗糙。苞片叶状，短于花序，具长5～18mm的鞘。小穗4～6，顶生小穗雄性，棍棒状，具小穗柄，侧生小穗雌性，圆柱形，长1.2～4cm，宽2～4mm，上部小穗接近，最下面者远离，小穗柄几乎全包藏于苞鞘中。雌花鳞片椭圆形，淡黄绿色，长2.5～3mm，顶端微凹或急尖，具3绿色中脉，顶端延伸成粗糙的芒，芒长2～4mm。果囊卵球形，三棱状，绿色，长3.5～4mm，具多条细脉，被短毛，下部渐狭成短柄，上部渐狭成喙，喙口斜截形。小坚果近菱状卵球形，三棱状，黄褐色，长约2.5mm，先端具短圆柱形的喙，顶面微凹，淡黄色，长0.4～0.5mm，棱中部缢缩，棱面上下凹入，基部具柄；花柱基部增粗，柱头3。花果期4—6月。

产于杭州市区、鄞州、磐安、遂昌、庆元、乐清。生于海拔175～700m的山坡林下、路边草丛中或沟边。分布于湖北、湖南、台湾、四川、贵州、陕西。日本、朝鲜半岛也有。

25. 截喙薹草 （图10-115）

Carex truncatirostris S.W. Su et S.M. Xu

根状茎短，木质。秆丛生，高10～40cm，三棱形，纤细，平滑，基部具褐色纤维状的叶鞘。叶长于或等长于秆；叶片宽1.5～2.5mm，平张，上部边缘粗糙。苞片刚毛状，具短鞘；鞘长2～8mm。小穗3～5，上部2或3个接近，顶生者雄性，狭长条形，长1～2cm，宽0.6～1mm，侧生者雌性，最下部者常自秆基部伸出，狭圆柱形，长1～2cm，宽2～2.5mm，具稍疏的花。雄花鳞片卵状长圆形至椭圆状长圆形，淡褐色，长3.5～4mm，先端钝或具短尖，背面具3绿褐色中脉。雌花鳞片卵形或卵状长圆形，淡褐色或黄褐色，长2～2.5mm，先端钝或微凹，背面具3绿色中脉并延伸成短尖。果囊菱状卵球形，三棱状，绿色或黄绿色，长3～3.5mm，疏被短毛，具多条细脉，先端渐缩成0.5～0.7mm的短喙，喙口具2小齿。小坚果菱状卵球形，三棱状，栗色，长约2mm，顶端具环盘，棱中部缢缩，棱面上下凹入；花柱基部增粗，柱头3。花果期3—5月。

产于长兴、杭州市区、临安、淳安、磐安、遂昌、龙泉。生于路边、山坡草丛中、林下。分布于江苏、安徽、湖南。

本种曾被处理为仲氏薹草 *Carex chungii* Z.P. Wang 的异名，但其最下部的侧生雌小穗近从秆基部伸出，雄小穗宽不及1mm，雌花鳞片先端具短尖，区别明显。

图 10-115 截喙薹草

26. 仲氏薹草 皱苞薹草 （图 10-116）
Carex chungii Z.P. Wang

根状茎短，木质。秆丛生，高 25～30 cm，三棱形，微粗糙，基部通常具纤维状叶鞘。叶长于或短于秆；叶片宽 2～3 mm，边缘微粗糙。苞片下部者短于或近等长于花序，短叶状，上部苞片刚毛状，具长 5～25 mm 的苞鞘。小穗 3 或 4，顶生者雄性，条状长圆形，长 1.5～2 cm，宽 2～3 mm，有短柄，侧生者雌性，狭圆柱形，长 1～1.5 cm，宽 2.5～3 mm，有柄或上部的近于无柄。雄花鳞片倒卵状长圆形，绿白色，长 4～5 mm，背面具 3 绿色中脉。雌花鳞片倒卵形或长圆形，绿白色，长 2～3 mm，先端截形，微凹，具粗糙长芒，背面具 3 绿色中脉。果囊菱状卵球形，钝三棱状，绿色，长约 3 mm，疏生短柔毛，不规则下陷，具多条细脉，基部渐狭成柄，顶端渐缩成圆锥形短喙，喙口具 2 小齿。小坚果菱状卵球形，三棱状，栗色，长约 2 mm，顶端有环盘，棱中部缢缩，棱面上下凹入；花柱基部增粗，柱头 3。花果期 4—5 月。

产于杭州市区、临安、淳安、开化、磐安、天台、遂昌、泰顺。生于海拔 200～1700 m 的路边、灌丛、草丛、山坡林下阴湿处。分布于江苏、安徽、河南、湖南、四川、陕西。日本、朝鲜半岛也有。

图 10-116　钟氏薹草

27. 大盘山薹草（图 10-117）
Carex dapanshanica X.F. Jin, Y.J. Zhao et Zi L. Chen

根状茎短，木质，斜升。秆丛生，高 25~40cm，钝三棱形，细弱，平滑，基部具灰褐色纤维状叶鞘。叶短于秆或近等长；叶片宽 1~2mm，边缘反卷，上部粗糙。苞片叶状至刚毛状，具鞘。小穗 2~4，顶生者雄性，有时基部具雌花，棍棒状圆柱形，长 1~5cm，宽 2~3mm，具柄，侧生者雌性，圆柱形，长 1~2.5cm，宽 3~4mm，密生花。雄花鳞片椭圆状披针形，褐色或紫褐色，长 4.5~6mm，背面具 1 黄褐色中脉。雌花鳞片卵形或狭卵形，红褐色，长 2~2.5mm，先端渐尖，具短芒，背面具 3 绿色中脉。果囊椭圆状倒卵球形，钝三棱状，绿色，长约 2.5mm，无毛，具多条细脉，基部渐狭成柄，顶端渐缩成长约 1mm 的喙，喙口

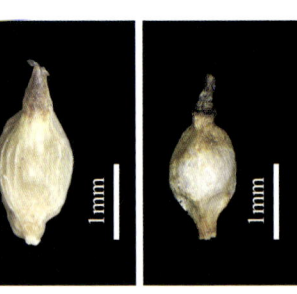

图 10-117　大盘山薹草

具2小齿。小坚果卵球形，三棱状，黄色，长约1.5mm，顶端有环盘，棱中部缢缩，稀不缢缩，棱面上下凹入；花柱基部增粗，柱头3。花果期4—5月。

产于磐安。生于海拔300～400m的路边或岩石上。模式标本采自磐安大盘山。

28. 天目山薹草 （图10-118）
Carex tianmushanica Z.C. Zheng et X.F. Jin

根状茎短。秆丛生，高30～50cm，钝三棱形，纤细，挺直，基部具暗褐色的宿存叶鞘。叶长于或短于秆；叶片宽4～7mm，具小横隔，边缘平滑。苞片短叶状，上部的刚毛状，短于小穗，具鞘。小穗4，顶生小穗雄性，棍棒状圆柱形，长3～6cm，小穗柄长3～6cm，侧生小穗雌性，长圆柱形，长3～5cm，直立，小穗柄长2～5.5cm，伸出苞鞘。雄花鳞片狭倒披针形，淡黄色，长8～8.5mm，顶端钝，背面具3黄褐色中脉。雌花鳞片长圆状卵形，淡褐色，长3.5～4mm，顶端渐尖，背面具3黄褐色中脉。果囊椭圆球形，钝三棱状，淡黄绿色，长5～6mm，具多条细脉，疏被微毛或近无毛，基部渐狭，先端收缩成短喙，喙长约1.5mm，喙口具2小齿。小坚果椭圆球形，三棱状，灰褐色，长约4mm，顶端缩成环盘，棱中部缢缩，基部具短柄；花柱基部增粗，宿存，柱头3。花果期3—6月。

产于安吉、临安、淳安、开化、磐安、龙泉、苍南。生于海拔320～1700m的路边草丛里、山谷林下、阴湿岩上、溪沟边、灌丛中。分布于安徽、福建、广西。

图10-118　天目山薹草

29. 东方薹草 （图10-119）
Carex tungfangensis L.K. Dai et S.M. Hwang

图10-119 东方薹草

根状茎稍短。秆高达80cm，扁三棱形，纤细而挺直，基部叶鞘无叶片，褐色而有光泽。叶长于秆；叶片宽6～8mm，中脉明显，具小横脉，边缘粗糙。苞片下部2或3枚叶状，上部的短叶状，具鞘。小穗4或5，顶生小穗雄性，长圆柱形，长7～10cm，宽约4mm，具短柄，侧生小穗雌性，长圆柱形，长6～8cm，宽约4mm，花稍密；小穗柄大部分包藏于苞鞘内。雄花鳞片狭长圆形，淡黄白色，长7～7.5mm，膜质，顶端钝，背面具3绿色中脉。雌花鳞片长圆形，淡黄色，长约3mm，膜质，顶端急尖，背面具3绿色中脉，向顶端延伸成短芒尖。果囊卵球形或卵球状披针形，钝三棱状，绿黄色，长约3.5mm，具数条细脉，被短毛或近无毛，基部渐狭，上部渐狭成短喙，喙长约1mm，喙口斜截形，具2小齿。小坚果椭圆状卵球形，三棱状，褐黄色，长约2mm，顶端具环盘，棱中部缢缩，棱面上下凹陷，基部急狭成短柄；花柱基部增粗，柱头3。花果期5月。

产于泰顺（乌岩岭）。生于海拔450m左右的林下溪沟边。分布于海南。

30. 崖壁薹草 （图10-120）
Carex scopulus X.F. Jin et W.J. Chen

根状茎短，木质，坚硬。秆丛生，高30～60cm，钝三棱形，无毛，上部粗糙，基部具多数灰褐色的叶鞘。叶长于秆或近等长于秆；叶片宽2～5.5mm，稍内卷，背面粗糙。苞片下部者叶状，上部者刚毛状，具鞘；鞘长1～4cm。小穗3或4，顶生者雄性，棍棒状，长5～6cm，宽3～6mm，基部具长柄，侧生者雌性，圆柱形，长2.5～4.5cm，宽4～5.5mm，密生花，基部有时具分枝的

图10-120 崖壁薹草

小穗,顶端稀具长4～7mm的雄花序。雄花鳞片披针形,黄褐色,长8～8.5mm,先端急尖,背面具3绿色中脉。雌花鳞片卵形,两侧褐色,长2.5～3mm,先端渐尖,背面具3绿色中脉。果囊倒卵球形,钝三棱状,绿色,长约3mm,膜质,无毛,具多条细脉,基部渐狭成短柄,上部渐狭成短喙;喙口具2小齿。小坚果倒卵球形,三棱状,黄褐色,长2～2.5mm,顶端缩成环盘,棱中部缢缩,棱面上下凹陷;花柱基部稍增粗,柱头3。花果期4～5月。

产于文成(铜铃山)。生于海拔680～950m的路边岩石上。模式标本采自文成铜铃山。

30a. 具芒崖壁薹草 （图10-121）
subsp. aristata Y.F. Lu et X.F. Jin

与崖壁薹草的区别在于雌花鳞片先端具长1～4mm的粗糙长芒,叶片宽1.5～2.5mm。花果期4—5月。

产于桐庐、诸暨、庆元。生于海拔100～400m的路边草丛中或山坡上。分布于福建北部。模式标本采自桐庐白云源。

图10-121 具芒崖壁薹草

31. 拟三穗薹草 （图10-122）
Carex pseudotristachya X.F. Jin et C.Z. Zheng

根状茎短。秆丛生,高15～20cm,纤细,三棱形,平滑,基部叶鞘淡褐色,裂成纤维状。叶稍长于秆;叶片宽3～5mm,平张,边缘粗糙并微卷,上面有小突起,粗糙。苞片短叶状,具短鞘;鞘长5～10mm。小穗通常4,上部的排成总状,最下部1个远离,顶生小穗雄性,狭长条形,长1～2.5cm,宽不及1mm,近无柄,侧生小穗雌性,圆柱形,

图10-122 拟三穗薹草

长1.5~2.5cm,宽约3mm,花较疏,顶端常有一段雄花序,上部的小穗柄包藏于苞鞘内,最下部的柄伸出。雄花鳞片长卵形,淡褐色,长2.5~3mm,两侧边缘合生;花丝扁化,不合生。雌花鳞片宽卵形,淡褐色,长约1.5mm,先端渐尖。果囊卵状长圆球形,钝三棱状,绿黄色,长4.5~5mm,具多条细脉,疏被短柔毛,先端具短喙,喙口具2短齿,基部渐狭成短柄。小坚果长卵球形,三棱状,淡黄色,长约3mm,棱面微凹,顶端急缩成环盘,基部渐狭成0.5mm长的柄;花柱基部圆锥状,柱头3。花果期4—5月。

产于遂昌、庆元、文成、泰顺。生于海拔约1200m的路边。分布于福建、广东。模式标本采自庆元百山祖。

32. 三穗薹草 （图10-123）
Carex tristachya Franch.

根状茎短。秆中生,高15~30cm,纤细,基部具深褐色、纤维状细裂的叶鞘。叶长于或短于秆;叶片宽2~3mm,上部稍粗糙。苞片叶状,近等长于花序,具长苞鞘。小穗3~5,上部的密集生于顶端,帚状排列,无柄,下部的有间隔,具柄,顶生者雄性,棒状,侧生者雌性,长圆柱形,长1~2cm,疏生花,基部的柄长3~5cm,上部的渐短。雄花鳞片宽卵形,绿白色,长2~3mm,先端平截,花丝短、扁。雌花鳞片宽椭圆形,淡黄色,长约2.5mm,先端圆形、截形或微凹,具短尖。

图10-123 三穗薹草

果囊卵状纺锤形，钝三棱状，淡褐绿色，长2.5～3.5mm，有短毛，具多条细脉，顶端渐狭，喙极短，喙口具2小齿。小坚果椭圆球形，三棱状，黄色，长约2mm，顶端有环盘；花柱基部圆锥形，柱头3。花果期3—8月。

产于杭州及长兴、安吉、诸暨、普陀、岱山、开化、龙游、磐安、武义、天台、临海、玉环、缙云、遂昌、龙泉、庆元、洞头、乐清、永嘉、文成、泰顺。生于海拔1700m以下的路边林下、田边、溪沟边、石滩上及山坡草丛、灌丛、沼泽中。分布于华东、华南及湖南、四川。日本、朝鲜半岛也有。

32a. 合鳞薹草 （图10-124）

var. **pocilliformis** (Boott) Kük. — *C. pocilliformis* Boott

与三穗薹草的区别在于雄花鳞片两侧边缘合生，自基部达中部以上。花果期4—5月。

产于磐安、武义、天台、遂昌、乐清。生于海拔150～950m的路边旷野上、沟谷边。分布于华东、华南及湖南、四川。日本、朝鲜半岛也有。

以往记载此变种的雄蕊花丝扁化且合生，浙江的标本花丝虽扁化，但均不合生。

图 10-124　合鳞薹草

33. 三阳薹草 (图10-125)

Carex duvaliana Franch. et Sav. — *C. pilosa* Scop. var. *auriculata* auct. non Kük.

根状茎短,具细匍匐茎。秆疏丛生,高20~35cm,纤细,钝三棱形,被短柔毛。叶稍短于秆;叶片宽1.5~3mm,平张,淡绿色,被短柔毛,基部叶鞘淡黄色至淡褐色,密被短柔毛。苞片下部的叶状,长于小穗,具长鞘,上部的刚毛状,具短鞘,均被短柔毛。小穗3~5,远离,有时上部稍接近,顶生小穗雄性,圆柱形,长1.5~2.2cm,宽2~3mm,小穗柄长1.5~2cm,侧生小穗

图10-125　三阳薹草

雌性，圆柱形，长1～2cm，宽2～3mm，花疏生；小穗柄包藏于苞鞘内或稍伸出。雄花鳞片倒卵状披针形，淡褐色，长约5mm，先端具短尖。雌花鳞片倒卵形，黄白色，长约3mm，背面具3绿色中脉，向顶端延伸成短芒。果囊卵球状纺锤形，钝三棱状，淡绿色，长3.5～4mm，膜质，具多条细脉，被疏柔毛，基部渐狭成柄，上部急缩成中等长的喙，喙长约1mm，喙口具2小齿。小坚果卵球形，三棱状，黄色，长1.5～2mm，基部具稍弯的短柄，顶端急缩成环盘；花柱短，基部膨大成圆锥状，柱头3。花果期5月。

产于临安、淳安、龙泉。生于海拔1300～1400m的山坡路边草丛中。分布于安徽。日本也有。淳安的标本曾被误定为刺毛缘薹草 Carex pilosa var. auriculata Kük.。

34. 横纹薹草（图10-126）
Carex rugata Ohwi

根状茎短，具匍匐茎。秆侧生，高20～50cm，纤细，钝三棱形，平滑，基部叶鞘稍分裂成纤维状。叶与秆近等长或稍短于秆；叶片宽2～4mm，平张，边缘粗糙，无毛。苞片叶状，长于小穗，具鞘；鞘长0.5～2.5cm。小穗4或5，上部的接近，下部的远离，顶生小穗雄性，狭圆柱形，长1～2cm，宽1.5～2mm，小穗无柄或具短柄，侧生小穗雌性，长圆柱形，长1.5～2.8cm，

图10-126 横纹薹草

宽2～2.5mm，花较密，小穗柄包藏于苞鞘内或稍伸出。雄花鳞片椭圆形，黄白色或淡黄色，长3.5～4mm，顶端钝或具小短尖，背面具3绿色中脉。雌花鳞片长圆形，黄白色，长2.5～3mm，顶端楔形，具小短尖，背面具3绿色中脉。果囊菱状长圆球形，钝三棱状，淡绿色，长约3mm，薄膜质，无毛，具多条细脉，先端渐狭成0.5mm长的喙，喙口具2小齿。小坚果长圆球形，三棱状，长约2mm，基部具短柄，顶端收缩成环盘，棱面上下凹陷，并在中间形成1肋，棱上不凹陷；花柱短，基部稍增粗，柱头3。花果期5月。

产于磐安、遂昌、庆元、文成。生于海拔400～1200m的路边、林下。分布于安徽、福建。日本也有。

35. 灰帽薹草 （图10-127）
Carex mitrata Franch.

图10-127　灰帽薹草

根状茎短。秆高10～30cm，纤细，钝三棱形，平滑，基部具褐色叶鞘。叶长于秆；叶片宽1.5～2（3）mm，平张，粗糙。苞片基部的刚毛状，短于花序，具短鞘；鞘长3～4mm。小穗3或4，上部的接近，最下部的1个稍远离，顶生小穗雄性，狭棍棒状，长1～1.7cm，宽约1mm，无柄或具短柄，侧生小穗雌性，狭圆柱形，长0.5～1.5cm，宽2～3mm，花稍密。雄花鳞片倒卵状长圆形，淡黄褐色，长约3mm，顶端圆，背面具1绿色中脉。雌花鳞片倒卵状长圆形，淡褐色，长约2mm，顶端急尖，具短尖，背面具1绿色中脉。果囊卵状纺锤形，钝三棱状，淡黄绿色，长2～2.5mm，膜质，具多条细脉，疏被微柔毛或近无毛，基部渐狭，具短柄，上部收缩成圆锥状的喙，喙口近全缘或微凹。小坚果卵球形，三棱状，褐色，长1.5～2mm，基部具短柄，顶端具环盘；花柱基部膨大成圆锥状，柱头3。花果期3—5月。

产于杭州市区、定海。生于路边林下。分布于江苏、安徽、湖北、台湾、四川。日本、朝鲜半岛也有。

35a. 具芒灰帽薹草 （图10-128）
var. **aristata** Ohwi — *C. mitrata* Franch. subsp. *aristata* (Ohwi) T. Koyama

与灰帽薹草的区别仅在于雌花鳞片先端具明显而粗糙的长芒。花果期4—5月。

产于杭州市区、桐庐、建德、磐安。生于林下、路边草丛中。分布于江苏、安徽、湖北、台湾、四川。日本也有。

一八五　莎草科 Cyperaceae

图 10-128　具芒灰帽薹草

36. 青绿薹草　（图 10-129）

Carex breviculmis R. Br. — *C. leucochlora* Bunge.

根状茎缩短，木质化。秆丛生，高 10～30cm，中生，纤细或稍粗壮，三棱形，棱上粗糙，基部有纤维状细裂的褐色叶鞘。叶较秆短；叶片扁平，宽 2～4mm，质硬，边缘粗糙。苞片最下的叶状，较花序长，其余的刚毛状。小穗 2～5，直立，顶生者雄性，苍白色，棍棒状，长 1～2cm，侧生者雌性，短圆柱形，长 1～1.5cm，上部的接近雄小穗，最下方的疏远，具短柄。雄花鳞片倒卵状长圆形，黄白色，先端渐尖，具短尖，背面中间绿色。雌花鳞片长圆形、长圆状倒卵形或卵形，绿白色至黄白色，长 2～2.5mm，先端截形或微凹，具粗糙长芒，背面具 3 绿色中脉。果囊长卵球形，钝三棱状，黄绿色，长 2～3mm，上部疏被短柔毛，具多条细脉，顶端骤尖成短喙，喙口微凹。小坚果倒卵球形，三棱状，长约 1.7mm，顶端具环盘；花柱基部增粗，柱头 3。花果期 4—6 月。

产于长兴、安吉、杭州市区、临安、建德、淳安、开化、磐安、临海、遂昌、松阳、龙泉、庆元、乐清、永嘉、瑞安、文成、苍南。生于海拔 1400m 以下的山坡路边、草丛中、林下或空地上。分布于华北、华东、华中、西南及台湾、广东、陕西、甘肃。俄罗斯远东地区、日本、朝鲜半岛、缅甸、印度也有。

图10-129 青绿薹草

36a. 纤维青菅 （图 10-130）

var. **fibrillosa** (Franch. et Sav.) Kük. ex Matsum. et Hayata —— *C. fibrillosa* Franch. et Sav. —— *C. breviculmis* R. Br. form. *fibrillosa* (Franch. et Sav.) Kük. —— *C. breviculmis* subsp. *fibrillosa* (Franch. et Sav.) T. Koyama

与青绿薹草的区别在于植株具匍匐茎，果囊上部密被短毛，细脉显著隆起。花果期5—6月。

产于定海、普陀。生于海边沙滩、沙丘。分布于安徽、台湾。日本、朝鲜半岛也有。

图 10-130　纤维青菅

37. 无喙囊薹草 （图 10-131）
Carex davidii Franch.

根状茎木质，斜升。秆中生，丛生，高30~40cm，细瘦，三棱形，基部具暗棕色呈纤维状的老叶鞘。叶长于秆；叶片长条形，平张，宽3~5mm，苍绿色，坚硬。苞片短叶状，淡绿色，具长苞鞘。小穗3或4，疏离，顶生者雄性，棒状圆柱形，长3~4cm，黄白色，柄长6~8cm，侧生者雌性，圆柱形，长3~5cm，小穗柄藏于苞鞘内或最下的外露。雄花鳞片披针形，淡黄色，长约7mm，顶端具短芒，背面具1黄绿色中脉。雌花鳞片倒卵状长圆形，绿白色至黄白色，长约2.5mm，膜质，先端截形或凹，具粗糙的长芒，背面具3绿色中脉。果囊倒卵状椭圆球形，钝三棱状，苍绿色，长约3mm，具多条细脉，微被柔毛，基部渐狭，顶端渐狭成圆锥状外弯的极短的喙，喙口斜裂。小坚果椭圆球形或倒卵状椭圆球形，三棱状，淡黄色，长约2.5mm，顶端具环盘；花柱基部增粗，柱头3。花果期4—5月。

产于磐安（墨林）。生于山坡林缘。分布于安徽、湖北、四川、陕西、甘肃。

图 10-131　无喙囊薹草

38. 中华薹草 （图 10-132）
Carex chinensis Retz.

根状茎缩短斜升，粗大，木质。秆中生，高30~50cm，钝三棱形，基部具褐棕色呈纤维状细裂的叶鞘。叶长于秆；叶片长条形，宽3~5（8）mm，质硬，边缘外卷，上面粗糙。苞片叶状，上部者有时短叶状，苞鞘长。小穗4或5，顶生者雄性，圆柱形，长2~3cm，侧生者雌性，圆柱形，长2~5cm，密生花，有时基部有少数雄花，基部小穗柄长3~5cm，向上渐短。雄花鳞片披针形，淡棕色，长7~8mm，顶端具短芒。雌花鳞片长椭圆形，绿白色，长约3mm（芒除外），先端截形，有时微2裂或渐尖，具粗糙长芒，背面具3绿色中脉。果囊倒卵球形，成熟后开展，微向外弯曲，黄绿色，长3~3.5mm，膜质，具多条细脉，被短柔毛，上部收缩成中等长的喙，喙口2裂。小坚果菱状卵球形，三棱状，黄褐色或黄色，长约2mm，棱面凹，顶端具短喙，有环盘；花柱短，基部呈圆锥状，柱头3。花果期3—5月。

产于安吉、杭州市区、临安、建德、淳安、鄞州、开化、磐安、遂昌、松阳、龙泉、景宁、永嘉、文成、泰顺。生于海拔1000m以下的路边、溪边、山坡林下及空地、岩石上。分布于西南及江西、福建、湖南、广东、陕西。

图10-132　中华薹草

39. 伴生薹草 （图10-133）

Carex sociata Boott

根状茎短。秆数个丛生成簇，高20～50cm，纤细，平滑，基部具灰褐色或黄褐色分裂成纤维状的鞘。叶长于秆；叶片宽3～6mm，平张，略坚硬或草质，上部边缘和背面粗糙。苞片短叶状，几等长于花序，最下一个具较长的鞘。小穗4～8，顶生小穗为雄性，短圆柱形，长1.5～3cm，侧生小穗为雌性，稀为雄雌顺序或个别小穗基部具数朵雄花，圆柱形或短圆柱形，长1.5～4cm，宽3～4mm，具密生的花；小穗柄稍伸出至被包于苞鞘内。雌花鳞片长圆形，黄绿色或绿白色，长约3mm，膜质，先端具短芒，背面具3绿色中脉。果囊椭圆状棱形，钝三棱状，黄绿色，长约2.5mm，具多条细脉，疏被短毛，顶端急缩成短喙，喙口有2短齿。小坚果菱状卵球形，三棱状，黄色或淡黄色，长约1.5mm，基部具短柄，顶端具环盘，棱面上下凹陷；花柱基部膨大，柱头3。花果期4—5月。

产于杭州市区、临安、遂昌、庆元、乐清、文成。生于海拔150～1050m的溪沟边、林下路边和杂草丛中。分布于台湾。日本也有。

图10-133 伴生薹草

40. 对马薹草 (图10-134)

Carex tsushimensis (Ohwi) Ohwi

根状茎短。秆数个丛生成簇，高35~45cm，纤细，平滑，基部具灰褐色或黄褐色分裂成纤维状的鞘。叶短于秆或与秆近等长；叶片宽2~3mm，平张，草质，上部边缘和背面粗糙。苞片叶状，长于花序，具长3~14mm的鞘。小穗4或5，顶生小穗雄性，短圆柱形，长1.3~1.6cm，侧生小穗雌性，圆柱形或短圆柱形，长2.3~3cm，宽3~4mm，具密生的花；小穗柄伸出苞鞘。雌花鳞片长条状披针形，黄绿色或绿白色，长约6mm，膜质，先端截形，具长3mm的长芒，背面具3绿色中脉。果囊菱状卵球形，钝三棱状，绿色，长2.8~3mm，具多条细脉，被极稀疏的短毛，顶端急缩成短喙，喙口有2短齿。小坚果菱状卵球形，三棱状，褐色，长约1.8mm，基部具短柄，顶端具环盘，棱面上下凹陷；花柱基部膨大，柱头3。花果期5月。

产于遂昌(西坑)。生于海拔约850m的林下、溪沟边。日本南部也有。为中国分布新记录。

本种遂昌的标本较日本的叶片稍狭。

图10-134　对马薹草

41. 褐穗薹草 （图10-135）

Carex sabynensis Less. ex Kunth

根状茎短，斜升。秆丛生，高20～35cm，钝三棱形，平滑，基部具灰褐色分裂成纤维状的鞘。叶长于秆或与之近等长；叶片宽2～3.5mm，平张，上部边缘和背面粗糙。苞片下部的短叶状，上部的刚毛状，具鞘。小穗2～4，顶生小穗雄性，长圆状卵球形，长0.8～1.5cm，侧生小穗雌性，卵球形或短圆柱形，长1～1.3cm，宽3～4mm，具密生的花；小穗柄稍伸出或包于苞鞘内。雄花鳞片长圆状倒卵形，淡褐色，长约4mm，先端急尖，具短尖，背面具1褐色中脉。雌花鳞片椭圆状卵形，淡褐色或黄褐色，长约2.5mm，膜质，先端具短芒，背面具3褐色中脉。果囊椭圆状卵球形，钝三棱状，黄绿色，长约2.5mm，具多条细脉，疏被短毛，顶端急缩成短喙，喙口有2短齿。小坚果卵球形，三棱状，淡黄色，长约1.5mm，基部具短柄，顶端具环盘；花柱基部膨大，柱头3。花果期4—6月。

产于临安、建德。生于海拔1200～1500m的路边、林下和草丛中。分布于吉林。俄罗斯也有。

图10-135 褐穗薹草

42. 豌豆型薹草 （图10-136）
Carex pisiformis Boott

根状茎短，具匍匐茎。秆丛生，高15～50cm，扁三棱形，基部具锈褐色叶鞘，分裂成纤维状。叶短于或长于秆；叶片宽2～4mm，边缘粗糙。苞片下部的叶状，上部的刚毛状，具鞘。小穗2～4，顶生小穗雄性，狭圆柱形，长1.5～2cm，侧生小穗雌性，有的顶端具少数雄花，狭圆柱形，长1～3.5cm，宽2～3mm，花稍疏生；小穗柄包藏于苞鞘或稍伸出。雌花鳞片倒卵形，苍白色或淡褐色，长约2.5mm，顶端截形，背面具3绿色中脉，向顶端延伸成芒尖。果囊卵状椭圆球形，钝三棱状，淡黄绿色，长约3mm，具多条细脉，疏被短柔毛，上部渐狭成圆锥状的喙，喙口具2小齿。小坚果卵球形，三棱状，成熟时呈灰黑色，长约1.5mm，基部具短柄，顶端缢缩成环盘；花柱基部增粗，柱头3。花果期4—6月。

产于临安、磐安、天台、临海、遂昌、龙泉、乐清。生于海拔900～1300m的路边林下、水沟边及山坡、岩石上。分布于辽宁、河北、山东、安徽。日本也有。

图10-136 豌豆型薹草

43. 短芒薹草 （图10-137）
Carex breviaristata K.T. Fu

根状茎斜升。秆丛生，侧生，高15～35cm，扁三棱形，基部叶鞘暗褐色，分裂成纤维状。叶长于或短于秆；叶片宽4～8mm，平张，边缘粗糙。苞片短叶状，短于花序，具长鞘。小穗3或4，远离，顶生小穗雄性，棒状圆柱形，侧生的雌性，圆柱形，长1.7～3cm，宽3～4mm，花稍密生；小穗柄常包藏于苞鞘内。雄花鳞片倒披针形，淡黄绿色，长约5mm，先端具短尖。雌花鳞片倒卵状长圆形，苍白色，长约3mm，先端钝或圆形，背面具3绿色中脉，向顶端延伸成粗糙的短芒。果囊椭圆球形或倒卵球形，淡绿色，长4～4.5mm，具多条细脉，密被短硬毛，基部渐狭成柄，上部渐狭成圆锥状的中等长喙,喙口具2齿。小坚果倒卵球形,三棱状,淡褐色,长约1.8mm,基部具短柄,先端具环盘;花柱基部增粗,柱头3。花果期4—9月。

产于安吉、临安、磐安、遂昌、永嘉。生于海拔290～720m的林下草丛、溪沟边或阴湿岩石边。分布于安徽、湖南、陕西、甘肃。

图 10-137 短芒薹草

44. 长穗薹草 （图 10-138）

Carex dolichostachya Hayata — *C. qingliangensis* D.M. Weng et al.

根状茎粗壮。秆丛生,高30～60cm,基部叶鞘紫褐色至暗褐色,多分裂成纤维状。叶短于或长于秆;叶片宽5～10mm,平张,边缘粗糙,具较短的鞘,有时具横隔脉。苞片短叶状,上部的刚毛状,短于或近等长于小穗,具鞘。小穗4或5,顶生小穗雄性,狭圆柱形,侧生小穗雌性,长圆柱形至圆柱形,长2～4cm,宽1.5～3mm,具稍密的花;小穗柄细,直立。雄花鳞片狭长圆形,淡褐色或褐色,长5～6mm,先端钝或渐尖。雌花鳞片倒卵状长圆形,淡黄白色或绿白色,长2.5～3.5mm,膜质,先端圆钝,背面具3绿色中脉,延伸成短尖。果囊菱状卵球形或卵球形,淡绿色或淡黄绿色,长3.5～4mm,具多条细脉,疏被短毛或近无毛,基部渐狭成短柄,上部渐狭成短喙或中等长喙,喙口有2短齿。小坚果卵球形,三棱状,淡黄色,长2～2.5mm,顶端具环盘,棱面上下不凹陷;花柱基部增粗,宿存,柱头3。花果期3—5月。

产于临安、鄞州、开化、磐安、遂昌、龙泉、永嘉、瑞安、泰顺。生于海拔200～1300m的溪沟边草丛中、山沟林下、路边。分布于安徽、台湾、四川、陕西。

以往我国部分具菱状卵球形小坚果，棱面上下均凹陷，其果囊先端呈短喙的标本也鉴定为本种。长穗薹草的原始文献描述、插图和后选模式均显示了其小坚果为卵球形，棱面不凹陷，果囊先端呈中等长的喙。这些小坚果棱面上下凹陷的标本应为伴生薹草。

图 10-138　长穗薹草

45. 南亚薹草　（图 10-139）

Carex fedia Nees ex Wight

图 10-139　南亚薹草

根状茎短，具地下匍匐茎。秆丛生，高 30～75cm，三棱形，较粗壮，下部平滑，上部稍粗糙，基部具锈褐色无叶片的鞘，常细裂成网状。叶长于秆；叶片宽 3～4mm，平张，坚挺，具叶鞘。苞片叶状，长于花序，最下面的苞片具短鞘，上面的近于无鞘。小穗 5～7，顶部的 2 或 3 个小穗为雄小穗，狭圆柱形，长 2～3cm，近于无柄，其余的小穗为雌小穗，间距较长，密生多花；最下面的具较长的柄，上面的柄较短。雌花鳞片披针形，两侧红褐色，长 3～3.5mm，先端渐尖成粗糙的芒，小穗基部的鳞片芒长可达 3mm，向顶端芒渐短，膜质，具 3 黄绿色中脉。果囊斜展，后期近水平展开，长卵球形，钝三棱状，褐色，长 4～5mm，革质，密被短硬毛，背面具 5 脉，基部急缩成短柄，顶端渐狭成粗而短的喙，喙口具 2 深裂齿。小坚果倒卵球形或近椭圆球形，三棱状，麦秆黄色，长约 2mm，基部渐狭成短柄，顶端具小短尖；花柱基部不增粗，柱头 3。花果期 4—5 月。

产于临安、淳安。生于溪边湿地、山坡农垦地。分布于湖南、云南。越南、泰国、缅甸、印度、巴基斯坦、尼泊尔、阿富汗也有。

46. 杯鳞薹草 杯颖薹草 （图10-140）
Carex poculisquama Kük.

根状茎短。秆密丛生，高30～50cm，三棱形，较细，坚挺，上部微粗糙，基部为无叶片或具短叶片的叶鞘所包。叶上部的长于秆，下部的短于秆；叶片宽3～4mm，边缘稍外卷，边缘及背面粗糙，具较长的叶鞘。苞片叶状，近等长或长于花序，具很短的苞鞘。小穗3或4，上面的小穗间距短，下面的稍长，顶生小穗为雄小穗，狭长条形，长1～2cm，具短柄，侧生小穗为雌小穗，狭圆柱形，长1～3cm，具疏生的10余花。雌花鳞片宽卵形，淡黄色，具锈褐色斑点，长约4mm，顶端急尖，具短芒，基部连合且抱小穗轴，具1中脉。果囊斜展，菱状椭圆球形，钝三棱状，灰绿色，长约5mm，纸质，背面具多条细脉，边缘被短硬毛，基部渐狭成短柄，顶端渐狭成宽而短的喙，喙口具2齿。小坚果椭圆球形，三棱状，长约3mm，基部无柄，顶端具长尖头；花柱短，基部稍增粗，柱头3。花果期5—6月。

图10-140 杯鳞薹草

产于建德。生于山坡。分布于江苏、安徽。

47. 疏果薹草 （图10-141）
Carex hebecarpa C.A. Mey.

根状茎具地下匍匐茎。秆高35～50cm，三棱形，较细，上端稍粗糙，基部具红褐色无叶片的鞘。叶上面的长于秆，宽4～6mm，平张，上面脉上粗糙，具较长的叶鞘，上下叶鞘常套叠，外被疏柔毛。苞片叶状，长于花序，具较长的鞘，鞘外面被疏柔毛。小穗5或6个，上面的间距短，下面的间距较长，顶生小穗为雄小穗，棍棒状，长约2cm，具较短的柄，其余小穗为雌小穗，狭圆柱形，长1.5～4cm，疏生多花，下面的小穗具较细长的柄，上面的柄较短，小穗柄粗糙。雄花鳞片倒卵形，膜质。雌花鳞片宽卵形，长约1.8～2mm，先端急尖，具短尖，膜质，淡苍白色，具锈褐色短条纹，

图10-141 疏果薹草

具3脉。果囊斜展，近二列，成熟时易脱落，长于鳞片，倒卵状椭圆形，钝三棱状，长约4mm，近膜质，红棕色，被较密的白色短硬毛，具2条明显的侧脉，基部渐狭成楔形，顶端急缩成中等长的喙，喙口具两短齿。小坚果紧包于果囊内，椭圆形，三棱状，长约2mm；花柱较短，早期脱落，柱头3。花果期4月。

产于临安、淳安。生于溪边草丛中或山坡路边。分布于福建、湖南、台湾、广东。印度、尼泊尔、不丹也有。

浙江的本种标本叶片宽4～6mm，果囊长约4mm，与疏果薹草模式标本及湖南等地的标本略有不同。

48. 舌叶薹草　（图10-142）

Carex ligulata Nees ex Wight —— *C. hebecarpa* C.A. Mey. var. *ligulata* (Nees ex Wright) Kük.

根状茎短，木质。秆丛生，高30～60cm，直立，粗壮，锐三棱形，棱上粗糙，上部生叶，下部具紫红色无叶的鞘。叶排列较疏松，上部的较花序长；叶片长条形，宽5～11mm，质较软，边缘粗糙；叶鞘不互相套叠，较疏松地包着秆，鞘口有明显的锈色叶舌。苞片叶状，长于花序。小穗5～7，顶生者雄性，长条形，长1～2cm，淡锈色，侧生者雌性，圆柱形，直立，长1.5～4cm，密生多花，有短柄。雄花鳞片狭卵形，淡锈色，先端渐尖。雌花鳞片卵状三角形，两侧淡锈色，边缘膜质，长约2.5mm，先端钝而具芒尖，背面具3绿色中脉。果囊直立，倒卵状椭圆球形，钝三棱状，锈褐色，长约4mm，密被灰白色短硬毛，上部急狭成中等长的喙，喙口2齿裂。小坚果椭圆球形，三棱状，褐色，长约2.5mm；花柱基部稍增粗，柱头3。花果期4—11月。

产于杭州及安吉、鄞州、余姚、普陀、开化、江山、金华市区、浦江、磐安、武义、天台、临海、仙居、遂昌、松阳、龙泉、庆元、景宁、乐清、永嘉、瑞安、文成、泰顺。生于海拔1240m以下的路边林下、山谷溪边及路旁草丛、荒地、岩石缝、灌丛中。分布于华中、西南及山西、江苏、福建、台湾、陕西。日本、印度、尼泊尔、斯里兰卡也有。

图10-142　舌叶薹草

49. 套鞘薹草 密叶薹草 （图10-143）
Carex maubertiana Boott

根状茎粗短，木质。秆丛生，高60～80cm，钝三棱形，基部具褐色无叶片的鞘。叶较密生；叶片宽4～6mm，边缘稍外卷，背面有小横隔脉；叶鞘常上下互相套叠而紧包着秆，鞘口具紫红色叶舌。苞片叶状，长于花序，具鞘。小穗6～9，顶生小穗为雄小穗，狭圆柱形，长2～3cm，具短柄，其余为雌小穗，圆柱形，长2～3cm，密生多花，具短柄。雌花鳞片宽卵形，淡黄色，具锈色短条纹，长约1.8mm，顶端急尖，具短尖，背面具1淡绿色中脉。果囊近直立，宽倒卵球形，钝三棱状，黄绿色，长约3mm，密被白色短硬毛，背面具2明显的侧脉，基部急狭成短柄，顶端急狭成较短的喙，喙口具2短齿。小坚果宽椭圆球形，三棱状，褐色，长约2mm，基部急狭成短柄，顶端急尖；花柱短，基部稍增粗，柱头3。花果期3—11月。

产于杭州市区、临安、建德、普陀、开化、金华市区、磐安、武义、缙云、遂昌、龙泉、庆元、景宁、泰顺。生于海拔850m以下的路边、溪边、沟边林下、山坡草丛中。分布于福建、湖北、四川、云南。日本、越南、印度、尼泊尔也有。

图10-143　套鞘薹草

50. 朝鲜薹草 （图10-144）
Carex dickinsii Franch. et Sav.

根状茎具细长的地下匍匐茎。秆散生，高20~70cm，稍粗壮，钝三棱形，下部平滑，近上端稍粗糙，基部具黄褐色的叶鞘。叶长于或等长于秆；叶片宽4~8mm，平张，较坚挺，脉间具小横隔节，具叶鞘。苞片叶状，长于花序，通常不具苞鞘。小穗通常3，稀2或4，顶生小穗为雄小穗，棍棒形，长1.5~2cm，具短柄，侧生小穗为雌小穗，间距很短，近球形或长圆状卵圆球形，长1.5~2cm，宽约1.5cm，具多数密生的花，近无柄或具短柄。雄花鳞片椭圆形，麦秆黄色，先端具短尖，背面具3绿色中脉。雌花鳞片卵状披针形，脉间淡黄褐色，两侧淡黄色，长约5.5mm，顶端渐尖，有时具小短尖，背面具3中脉。果囊斜展，后期水平展开或向下反折，宽卵形或卵形，鼓胀三棱状，麦秆黄色或淡黄褐色，长约10mm，薄革质，具光泽，无毛，背面具5明显的细脉，基部近圆形，顶端渐狭成坚挺的喙，喙口具两尖齿。小坚果宽卵球形，三棱状，栗褐色，长约3mm，基部具短柄；花柱基部稍增粗，上部常扭曲，宿存，柱头3。花果期7—8月。

产于临安、庆元、青田。生于海拔1000~1480m的路边湿地、沟边、高山草地。分布于福建。日本、朝鲜半岛也有。

图10-144 朝鲜薹草

51. 天台薹草 （图10-145）
Carex cercidascus C.B. Clarke — *C. dabieensis* S.W. Su

根状茎具细的匍匐茎。秆高30~40cm，三棱形，平滑，基部具无叶淡褐色的鞘。叶近等长于秆；叶片宽3～5.5mm，平张，柔软，边缘平滑。苞片叶状，最下面的苞片近等长于花序，具短鞘，上面的苞片渐短，近无鞘。小穗3～5，顶生1个雄小穗，长圆柱形，长2～3cm，具柄，侧生者为雌小穗，间距长，雌小穗圆柱形，长2.5～3.5cm，宽约3mm，密生多花，顶端有时具少数雄花，下部的具短柄，上部的近无柄。雄花鳞片长圆状披针形，两侧淡锈色，长4～4.5mm，先端急尖，具短尖，背面具1绿色的中脉。雌花鳞片卵状椭圆形，淡绿色，长2.5～3mm，膜质，先端急尖，具短尖，背面具3中脉。果囊斜展，卵状长圆球形，钝三棱状，淡绿色，长4～4.5mm，薄草质，无毛，脉不明显，基部钝圆，顶端急缩为短喙，喙口微凹，具2钝齿。小坚果倒卵球形，三棱状，长约2mm，基部具短柄；花柱长约2.5mm，直立，基部不增粗，柱头3。花果期4—7月。

图10-145　天台薹草

产于临安、淳安、天台。生于海拔450～900m的水沟边、坑边石缝中。分布于安徽。模式标本采自天台天台山。

52. 阿齐薹草　红穗薹草　（图10-146）
Carex argyi H. Lév. et Vaniot

根状茎具粗的地下匍匐茎分枝。秆高30～60cm，较坚挺，三棱形，平滑，基部包以暗血红色或红褐色的叶鞘，老叶鞘常撕裂成纤细的网状。叶短于秆；叶片宽3～4mm，平张，坚挺，小横隔节明显，具

图10-146　阿齐薹草

鞘。苞片叶状，下面的长于花序，上面的近无鞘，最下面的具短鞘。小穗5～7，上面的2～4为雄小穗，间距短，狭圆柱形，长2～5cm，基部苞片短于小穗，近于无柄，其余为雌小穗，间距长，长圆柱形，长2.5～5cm，宽8～10mm，密生多花，上部的具短柄，下部的具较长的柄。雌花鳞片披针形，苍白色，长约5mm，膜质，先端渐尖，具短芒，背面具3中脉。果囊斜展，长圆状卵球形，鼓胀三棱状，淡褐黄色并部分带有暗血红色，长5～6.5mm，革质，无毛，具多条细脉，基部钝圆，顶端渐狭成中等长而稍宽的喙，喙口2深裂。小坚果倒卵球形或卵球形，三棱状，长约3mm，基部具柄；花柱直立，基部不增粗，柱头3。花果期4—5月。

产于杭州市区、临安。生于路边、草丛、塘边等潮湿处。分布于江苏、安徽、湖北。

53. 矮生薹草 （图10-147）

Carex pumila Thunb.

根状茎具细长的、发达的地下匍匐茎。秆疏丛生，高10～30cm，三棱形，几全为叶鞘所包裹，下部为多枚淡红褐色的无叶片的鞘所包裹，鞘的一侧常细裂成网状。叶长于或近等长于秆；叶片宽3～4mm，平张或有时对折，质坚挺，脉上和边缘粗糙，具鞘。苞片下面的叶状，长于秆，在雄小穗基部为芒状或鳞片状，下面的苞片具短鞘。小穗3～6，间距较短，上端2或3为雄小穗，棍棒形或狭圆柱形，长1.5～3.5cm，具短柄，其余2或3为雌小

图10-147　矮生薹草

穗，短圆柱形，长1.5~2.5cm，宽约8mm，具稍疏生的花，通常具短柄。雄花鳞片狭披针形，淡黄褐色，顶端渐尖。雌花鳞片宽卵形，淡褐色或带锈色短线点，中间绿色，边缘白色透明，长约5.5mm，膜质，先端渐尖，具短尖或短芒，背面具3中脉。果囊斜展，卵球形，鼓胀三棱状，淡黄色或淡黄褐色，长6~6.5mm，木栓质，无毛，具多条明显的细脉，基部急狭成宽楔形，顶端渐狭为宽而较短的喙，喙口带血红色，具两齿。小坚果宽倒卵球形或近椭球形，三棱状，长约3mm，基部具短柄；花柱基部稍增粗，通常宿存，柱头3。花果期5—6月。

产于象山、普陀、岱山、苍南。生于海边沙滩。分布于辽宁、河北、山东、江苏、福建、台湾。俄罗斯远东地区、日本、朝鲜半岛也有。

54. 糙叶薹草 （图10-148）
Carex scabrifolia Steud.

根状茎具地下匍匐茎。秆常2或3簇生于匍匐茎节上，高30~60cm，三棱形，上端稍粗糙，基部具红褐色无叶片的鞘。叶短于秆或上面的稍长于秆；叶片宽2~3mm，中间具沟或边缘稍内卷，边缘粗糙，具较长的叶鞘。苞片下面的叶状，长于花序，无苞鞘，上面的近鳞片状。小穗3~5，上端的2或3为雄小穗，狭圆柱形，近于无柄，其余为雌小穗，短圆柱形，具较密生的花，具短柄或上面的近无柄。雌花鳞片宽卵形，棕色，中间色淡，长5~6mm，先端渐尖成短尖，背面具3中脉。果囊长圆状椭圆球形，鼓胀三棱状，棕色，长6~8.5mm，近木栓质，无毛，具微凹的多条细脉，顶端急狭成短而稍宽的喙，喙口呈半月形微凹，具两短齿。小坚果长圆球形或狭长圆球形，钝三棱状，棕色，长4~5.5mm；花柱短，基部稍增粗，柱头3。花果期4—6月。

产于宁波及杭州市区、普陀、岱山、温

图10-148　糙叶薹草

州市区、平阳、苍南。生于海边草地、沙滩、河边。分布于辽宁、河北、山东、江苏、福建、台湾。俄罗斯远东地区、日本、朝鲜半岛也有。

55. 丝柄薹草 （图10-149）

Carex filipes Franch. et Sav. var. **rouyana** (Franch.) Kük. — *C. rouyana* Franch. — *C. filipes* Franch. et Sav. var. *sparsinux* (C.B. Clarke) Kük.

根状茎短。秆丛生，高40～50cm，锐三棱形。叶基生与秆生，与秆近等长；叶片宽3～6mm，先端短渐尖。苞片叶状，短于花序，具长苞鞘。小穗3或4，疏离，顶生者雄性，棍棒

图10-149　丝柄薹草

状，长约2cm，直立，具长柄，远超出雌小穗，侧生者雌性，狭圆柱形，疏离，长3～4cm，具2～6（11）花，小穗柄纤细，很长地伸出苞鞘外。雄花鳞片长圆状披针形，淡褐色，长6～6.5mm。雌花鳞片卵形或卵状披针形，黄褐色或黄白色，两侧锈红色，长5～6mm，背面具3绿色中脉，先端锐尖。果囊卵球形或长卵球形，黄绿色，长6～7mm，钝三棱状，具多条不明显的细脉，先端急尖缩成长喙，喙口2齿裂。小坚果卵球形，三棱状，禾秆色，长约3mm；花柱基部不膨大，柱头3。花果期4—6月。

产于临安、淳安、临海、遂昌、龙泉。生于海拔700～1400m的山坡林下、草丛、石缝或路边湿地。分布于江苏、安徽、福建、湖北。日本也有。

56. 显舌薹草 （图10-150）
Carex macroglossa Franch. et Sav.

根状茎短。秆丛生，高15～30cm，三棱形，平滑，基部具绿白色无叶片的叶鞘。叶稍短于秆或与之近等长；叶片宽2.5～3.5mm，平张，较软。苞片短叶状，长于小穗，具鞘。小穗3或4，顶生者雄性，狭长圆形，长0.8～1.3cm，具短柄，与其下的雌小穗接近，侧生者雌性，短圆柱形，长0.7～1.5cm，花稀疏，具6～10余花，小穗柄纤细，很长地伸出苞鞘外。雄花鳞片倒披针形，黄绿色，长约5mm，背面具1中脉。雌花鳞片狭卵形，淡黄绿色或绿白色，长3.5～4mm，先端急尖至渐尖，背面具3绿色的中脉。果囊卵球形，钝三棱状，淡绿色，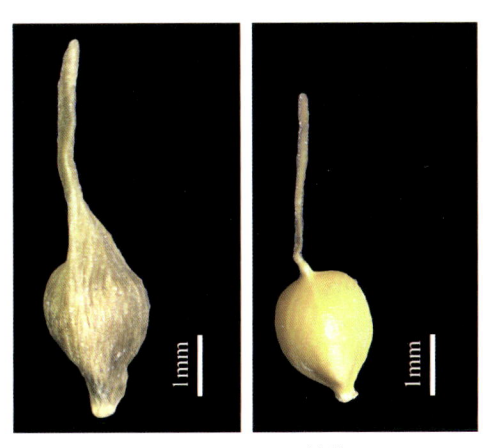

图10-150　显舌薹草

后变淡黄色，长5～6mm，具多条明显的细脉，基部近圆形，先端渐狭成圆锥状的喙，喙口斜截形。小坚果倒卵球形，三棱状，长约2.5mm；花柱基部不膨大，柱头3。花果期5—6月。

产于长兴、安吉、青田。生于山坡路旁草丛中。分布于贵州。日本也有。

57. 浙江薹草 （图10-151）
Carex zhejiangensis X.F. Jin et al.

根状茎木质，伸长。秆散生，高35～80cm，锐三棱形，平滑，基部具褐色的叶鞘。叶短于秆；叶片宽5～7mm，平张，柔软，上部边缘粗糙。苞片叶状，短于花序，具长鞘。小穗3，远离，顶生者雄性，有时具少数雌花，棍棒状圆柱形，长2～3cm，具长柄，侧生者雌性，圆柱形，长1.5～3cm，具7～10花，小穗柄纤细，下垂，很长地伸出苞鞘外。雄花鳞片长圆状披针形，黄褐色，长6～7mm，先端渐尖或具短尖，背面具3绿色中脉。雌花鳞片宽卵形，淡黄色或黄色，长3.5～4mm，先端渐尖，背面具3绿色中脉，并延伸成长芒。果囊卵球形，钝三棱状，淡绿色，长6～7mm，具多条明显的细脉，基部近圆形并具短柄，先端渐狭成漏斗状喙，喙口斜截形。小坚果卵球形，三棱状，黄褐色，长2.5~3mm，基部具短柄；花柱基部不膨大，柱头3。花果期5—6月。

产于临安（千顷塘）。生于山顶沼泽中。模式标本采自临安昌化千顷塘。

图10-151　浙江薹草

58. 少囊薹草 （图10-152）
Carex egena H. Lév. et Vaniot

根状茎短。秆丛生，高40~70cm，扁三棱形，平滑，先端下垂，基部叶鞘无叶片，紫红色，边缘细裂成网状。叶稍短于秆；叶片宽4~8mm，平张，较软。苞片叶状，长于小穗，具鞘；鞘长1~2cm。小穗3或4，远离，顶生者雄性，长圆状披针形，长1.2~2cm，具长柄，侧生者雌性，短圆柱形，长1~2cm，花稀疏，具4~10花，小穗柄纤细，很长地伸出苞鞘外。雄花鳞片狭倒披针形，淡锈色，长5~5.5mm，背面具1中脉。雌花鳞片狭卵形，淡锈色，长约4mm，先端急尖至渐尖，背面具3绿色的中脉。果囊长圆状卵球形或狭卵球形，钝三棱状，淡绿色，后变淡黄色，长5.5~7mm，具多条明显的细脉，基部近圆形，先端渐狭成喙，喙圆锥状，喙口斜截形或微缺。小坚果倒卵球形或椭圆状倒卵球形，三棱状，长2.5~3mm；花柱基部不膨大，柱头3。花果期5月。

产于遂昌。生于海拔约1000m的林下、沟边草丛中。分布于黑龙江、辽宁、河北。

图 10-152　少囊薹草

59. 阿里山薹草 （图10-153）
Carex arisanensis Hayata

根状茎短。秆侧生，高15～40cm，细弱，平滑，基部具淡褐色或紫红色叶鞘。叶短于或长于秆；叶片宽4～8mm，平张，柔软，先端渐尖。苞片短叶状；鞘长2～4cm。小穗3或4，顶生者

图 10-153　阿里山薹草

雄性，披针状长圆形，长5~8mm，与最上的1个雌小穗极接近，其余小穗雌性，短圆柱形，长7~10mm，具2或3花；小穗柄纤细，伸出苞鞘外。雌花鳞片卵状长圆形，苍白色，少有褐色，中脉绿色，长3.5~4.5mm，先端急尖。果囊卵状纺锤形，钝三棱状，棕绿色，长5.5~6.5mm，草质，无毛，具多条细脉，基部楔形，上部渐狭成长喙，喙口膜质，具2齿。小坚果倒卵状椭圆球形，三棱状，淡褐色，长3mm；花柱基部不膨大，柱头3。花果期4月。

产于龙泉、文成、泰顺。生于海拔200~1400m的山谷林下。分布于湖南、台湾、广西。日本也有。

59a. 瑞安薹草 （图10-154）
subsp. **ruianensis** H. Wang et al.

与阿里山薹草的区别在于叶片宽12~18mm，苞片无鞘或近无鞘，小穗3，最下的1个雌小穗几无柄。

见于瑞安（新建）。生于路边。模式标本采自瑞安红双林场新建林区。

图10-154　瑞安薹草

60. 卷柱头薹草　柔薹草 （图10-155）
Carex bostrychostigma Maxim.

根状茎短。秆丛生，高15~25cm，细弱，三棱形，疏生叶，基部具黄褐色或紫褐色纤维状分裂的老叶鞘。叶短于秆；叶片宽2~3mm，质软，边缘略粗糙，具长鞘。苞片叶状，上部刚毛状或颖状，具短苞鞘。小穗5~7，顶生者雄性，狭条形，长1~2cm，具短柄，侧生者雌性，狭圆柱形，长2~3.5cm，上部的靠近，下部2或3个较疏离，具内藏的柄。雄花鳞片披针状长圆形，淡黄色，具白色的边，长约5mm，先端圆钝或急尖，背面具1脉。雌花鳞片卵状披针形，背部绿色，边缘膜质，白色，长约5mm，先端渐尖。果囊压扁，长圆状披针形，具不明显3棱，淡绿色，长约7mm，薄膜质，具多条细脉，基部楔形，顶端渐尖成长喙，喙口膜质，斜2裂。小坚果狭长圆球形，三棱状，红褐色，长3~3.5mm，基部具短柄，顶端急狭为喙状；花柱基部不膨大，柱头3，细长，宿存。花果期4—5月。

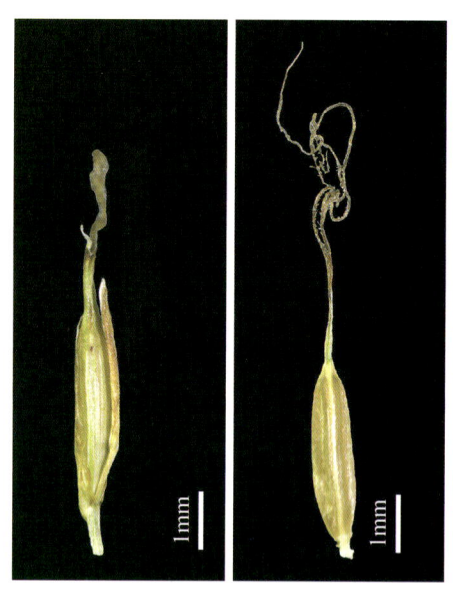

图10-155　卷柱头薹草

产于安吉、临安、桐庐。生于山坡路边、溪边、林下或草丛中。分布于吉林、辽宁、陕西。俄罗斯远东地区、日本、朝鲜半岛也有。

61. 福建薹草 苍绿薹草 （图10-156）

Carex fokienensis Dunn — *C. pallideviridis* Chü — *C. jiuxianshanensis* L.K. Dai et Y.Z. Huang — *C. minquinensis* Z.P. Wang

根状茎粗短。秆丛生，高30～50cm，粗壮，直立，三棱形，无毛，基部具淡褐色的纤维状老叶鞘。叶短于秆；叶片宽5～7mm，边缘略粗糙。苞片叶状，长于秆，具苞鞘。小穗每苞腋有2或3，顶生者雄性，棍棒状，长约2cm，具柄，侧生者雌性，圆柱形，长3～7cm，基部有时具少数雄花，具长柄。雌花鳞片长圆形或椭圆形，淡绿色或苍绿色，长约3mm，膜质，先端急尖，背面具1中脉。果囊长水平开展，卵球形，淡绿色，长5mm，具多条细脉，基部圆形或斜形，顶端渐尖成喙，喙口斜2裂。小坚果菱状卵球形，三棱状，褐黑色，长1.5～2mm；花柱细长，基部不增大，弯曲，柱头3。花果期4—8月。

产于丽水及江山、磐安、永嘉、瑞安、文成、苍南、泰顺。生于海拔350～1870m的路边草丛、山坡灌丛中及溪沟边、林下岩石边、湿地上。分布于福建、贵州。

图10-156 福建薹草

62. 锈果薹草 金穗薹草 （图10-157）
Carex metallica H. Lév.

图10-157 锈果薹草

根状茎短。秆丛生，高15～50cm，三棱形，平滑，基部具分裂成纤维状的残存老叶鞘。叶稍长于秆或有时稍短于秆；叶片宽3～5mm，平张，边缘粗糙，叶鞘膜质部分常开裂。苞片下面的叶状，具鞘，上面的呈刚毛状，无鞘。小穗5～8，顶生小穗雌雄顺序，极少为雄小穗，棒状圆柱形，其余者为雌小穗，雌小穗常1或2个出自同一苞鞘，基部有的具少数雄花，圆柱形，长2.5～4.5cm，具多数密生的花，具细长的小穗柄，上面的柄渐短。雄花鳞片长圆状披针形，淡黄白色，膜质，先端具短尖，背面具1中脉。雌花鳞片卵状披针形，淡黄白色，长约4.8mm，膜质，先端具短尖，背面具1中脉。果囊近于直立，椭球形，平凸状，麦秆黄色，具光泽及红褐色斑点，长约7mm，膜质，背面具5条不很明显的细脉，上部渐狭成长喙，上部至喙的边缘均粗糙，喙口浅裂成二短齿。小坚果椭球形，三棱状，麦秆黄色，长约2mm，基部具短柄；花柱细长，柱头3。花果期5—6月。

产于临安、建德。生于路边草丛中。分布于江苏、福建、台湾。日本、朝鲜半岛也有。

63. 似柔果薹草 （图10-158）
Carex submollicula Tang et F.T. Wang ex L.K. Dai

根状茎短，具长的地下匍匐茎。秆密丛生，高15～20cm，锐三棱形，棱上粗糙，基部具无叶片的鞘。叶较秆稍长；叶片宽2～4mm，上面两侧脉明显，侧脉和边缘粗糙，干时边缘稍内卷，叶鞘膜质部分常开裂。苞片叶状，长于花序，无苞鞘。小穗3或4，常集中生于秆的上端，间距短，顶生者雄性，棍棒状，长1.5~2cm，具很短的柄，侧生者雌性，短圆柱形，长1.2~2.5cm，密生多花，下面的具短柄，上面的近于无柄。雄花鳞片披针形，麦秆黄色，长约4mm，膜质，先端急尖，背面具1中脉。雌花鳞片卵形，麦秆黄色，有时具锈点，长2.5~3mm，膜质，先端急尖，具短尖，背面具1中脉。果囊斜展，后期水平展开，卵圆球形，鼓胀三棱状，褐黄色，长约5mm，膜质，无毛，具多条明显的细脉，基部钝圆，顶端急狭成短喙，喙常外弯，喙口斜截形，有时微凹。小坚果倒卵球形，三棱状，棱面稍凹，长约1.5mm，基部急尖，顶端具小短尖；花柱中等长，柱头3。花果期4—7月。

产于临安、莲都、遂昌、龙泉、庆元、景宁、泰顺。生于海拔1000~1850m的路边草丛中、沼泽地、林下阴湿处。分布于江西、福建、广东。

图10-158　似柔果薹草

64. 柔果薹草　翼秆薹草　（图10-159）
Carex mollicula Boott

根状茎粗短，具长匍匐枝。秆高15~30cm，直立，扁三棱形，棱上具狭翅，粗糙，中部通常单生1叶，基部具多叶，无毛。叶长于秆；叶片宽4~8mm，扁平，具3~5明显突起的脉，基部叶鞘麦秆色或淡褐色。苞片叶状，下部的长于花序，无苞鞘。小穗3~6，上部接近生，直立，无柄，下部1

个远离生，具短柄，顶生者雄性，狭圆柱形，淡绿色，长1~1.5cm，无柄，侧生者雌性，短圆柱形，长1~2cm，密生多花。雄花鳞片狭长圆形，苍白色，长约4mm，先端具短尖，背面具1中脉。雌花鳞片长圆状卵形，长2.5~3mm，淡绿色，先端渐尖，具短尖，背面具1中脉。果囊水平张开或斜向开展，圆状卵球形，稍鼓胀三棱状，苍绿色，长3~4mm，无毛，脉稍明显，有光泽，基部圆形，顶端渐狭成长喙，喙口2齿裂。小坚果宽卵形，三棱状，淡褐色，长1.5~2mm；花柱细长，基部稍增大，柱头3。花果期5—8月。

产于临安、江山、天台、遂昌、龙泉、景宁、瑞安、文成。生于海拔900~1400m的路边、溪沟边、林下、草丛等潮湿地带。分布于台湾、广西。日本、朝鲜半岛也有。

图10-159　柔果薹草

65. 日本薹草（图10-160）

Carex japonica Thunb.

根状茎具长匍匐枝。秆高30~50cm，稍细弱，扁三棱形，稍具翼，基部具淡褐色呈网状的叶鞘。叶长于秆；叶片宽3~5mm，质稍硬，具3脉。苞片叶状，长于花序，无苞鞘。小穗3或4，疏离或上部者聚生，顶生者雄性，棍棒状，淡锈色，长2~4cm，具长柄，侧生者雌性，长圆状卵球形或圆柱形，淡绿色，长1~2cm，花密生，上部者无柄或具极短柄，下部者具柄。雄花鳞片披针形，苍白色，长约5mm，先端渐尖，背面具3中脉，脉间淡绿色。雌花鳞片狭卵形，中间淡绿色，两侧苍白色，长2~2.5mm，先端渐尖，背面具3中脉。果囊斜展，狭卵球形，稍鼓胀三棱状，黄绿色，长约4mm，膜质，具多数细脉，有光泽，基部收缩，顶端渐狭成长喙，喙圆锥状，喙口膜质，2齿裂。小坚果倒卵球形，三棱状，长1.5~2mm，棱面微凹；花柱基部稍增大，柱头3，长为花柱的4~5倍。花果期5—6月。

产于临安、磐安、文成。生于海拔约1100m的沟边草丛中、路边潮湿处。分布于华北、华中及辽宁、江苏、四川、云南、陕西。日本、朝鲜半岛也有。

图10-160 日本薹草

66. 匿鳞薹草（图10-161）
Carex aphanolepis Franch. et Sav.

根状茎具细长的地下匍匐茎。秆高15~30cm，稍细，三棱形，微粗糙，基部叶鞘淡褐色。叶通常长于秆或几等长于秆；叶片宽3~8mm，平张，质软，边缘粗糙，具中等长的鞘，老叶鞘稍撕裂成纤维状。苞片叶状，长于花序，无鞘。小穗3或4，上部的间距短，下部的间距稍长，顶生者雄性，棍棒状，长1~3cm，具短柄或近于无柄，侧生者雌性，短圆柱形，长0.8~1.7cm，宽约5mm，密生多

图10-161 匿鳞薹草

花，上面的无柄，下面的近无柄。雄花鳞片披针状长圆形，中间褐色，长约4mm，膜质，先端渐尖，背面具1中脉。雌花鳞片卵形或狭卵形，中间绿色，两侧苍白色，长2.5~3mm，膜质，先端急狭成短尖，背面具3中脉。果囊斜展，椭球形，鼓胀三棱状，淡黄绿色，长约4mm，厚纸质，脉不明显，稍具光泽，基部急缩，宽楔形或钝圆，顶端急缩成短喙，喙口具2短齿。小坚果椭球形或倒卵状椭球形，三棱状，褐色，长约2mm，顶端无短尖；花柱基部稍增粗，柱头3。花果期5月。

产于仙居（俞坑）。生于海拔约400m的溪沟边、林下。分布于安徽、江苏。日本、朝鲜半岛也有。

67. 签草 芒尖薹草 （图10-162）
Carex doniana Spreng.

根状茎具细长匍匐枝。秆高30~50cm，直立，粗壮扁三棱形，粗糙，基部具淡褐色叶鞘，或有鳞片状的叶。叶稍长或近等长于秆；叶片宽7~10mm，边缘粗糙，具显著3脉，下面密布灰白绿色小点。苞片叶状，无苞鞘，最下部1片较花序长，边缘及中脉粗糙。小穗4~6，近生，顶生者雄性，狭圆柱形，淡褐色，长3~5.5cm，有短柄，侧生者雌性，圆柱形，长2~6cm，密生多花，略叉开，靠近雄小穗的近无柄，下部的具短柄。雄花鳞片卵状披针形，淡黄色，长3~3.5mm，先端渐尖成短尖，背面具1绿色的中脉。雌花鳞片披针形或椭圆状披针形，背面中肋绿色，两侧苍白色，长约4mm，先端渐尖，具芒尖，背面具3中脉。果囊斜展或下弯，椭球形，钝三棱状，淡绿色，有褐色斑点，长3~3.5mm，细脉明显，顶端渐狭成喙，喙口2齿裂，透明。小坚果倒卵球形，三棱状，褐色，长约2mm；花柱基部稍增粗，柱头3。花果期4—9月。

产于杭州及长兴、安吉、开化、江山、磐安、武义、天台、临海、仙居、缙云、遂昌、松阳、龙泉、庆元、乐清、永嘉、文成、泰顺。生于海拔200~1300m的路边、溪沟边、林下草丛中及溪滩、岩石上或沼泽地。分布于华南及江苏、福建、湖北、四川、云南、陕西。日本、朝鲜半岛、菲律宾、尼泊尔也有。

图10-162 签草

68. 似横果薹草　山薹草（图10-163）
Carex subtransversa C.B. Clarke

根状茎细。秆高25～40cm，直立，三棱形，粗糙，基部具淡黄褐色叶鞘，或有鳞片状的叶。叶短于秆；叶片宽2.5～4mm，质柔弱，扁平，边缘粗糙或柔软。苞片叶状，最下1片长于花序，无苞鞘。小穗3～5，近生，排列成扫帚状，直立，顶生者雄性，狭长圆柱形，禾秆色，长1.5～4cm，具短柄，侧生者雌性，圆柱形或短圆柱形，长1～4cm，密生多花，最上者无柄，下部者具柄。雄花鳞片卵状披针形，淡棕色，先端急尖，具短尖，背面具1中脉。雌花鳞片披针状卵形，淡绿色，长2～2.5mm，先端具短尖，背面具1中脉。果囊近直立或斜展，卵球形，钝三棱状，淡绿色，长3～4mm，膜质，有光泽，无毛，具细脉，基部紧缩，顶端渐狭成稍长的喙，喙口2齿裂。小坚果宽卵球形，三棱状，长1～1.5mm；花柱细，基部不增大，柱头3。花果期4—6月。

图10-163　似横果薹草

产于临安、磐安、遂昌、龙泉、庆元、泰顺。生于海拔1120～1400m的水沟边、路边、山坡草地上。分布于台湾。日本、菲律宾也有。

以往报道浙江还有台中薹草 *Carex liui* T. Koyama et Chuang 分布，与本种的区别是台中薹草植株矮小，高10～15cm，果囊长4～5mm，但至今为止我们未采集到或发现与此相符的标本。以往浙江鉴定为台中薹草的标本为禾状薹草 *Carex alopecuroides* D. Don ex Tilloch et Taylor 或签草的误定，台中薹草浙江不产。

69. 禾状薹草（图10-164）
Carex alopecuroides D. Don ex Tilloch et Taylor

根状茎短，具细长的地下匍匐茎。秆丛生，高30～60cm，三棱形，上部稍粗糙，基部具少数淡棕色的无叶片的鞘。叶近等长或稍长于秆；叶片宽2～4mm，平张，稍坚挺，脉上和上端边缘常粗糙，干时边缘稍内卷，具较长的鞘。苞片叶状，下面的长于花序，上面的1或2等长或短于花序，无鞘。小穗通常3～5，常集中生于秆的上端，顶生者雄性，有时上部具雌花，近棍棒状，长2～3cm，具很短的柄或近无柄，侧生者雌性，长圆柱形，长2～3cm，密生多花，最下面1或2个小穗具短柄，上面的近无柄。雄花鳞片披针形，淡黄褐色，长约3mm，膜质，先端急尖或渐尖，具短尖，背面具1绿色中脉。雌花鳞片长圆状卵形或披针状卵形，淡麦秆黄色，长2～3mm，膜质，先端渐尖或有时近钝形，具短尖或无短尖，具1中脉。果囊初期斜展，成熟后近水平展开，卵球形，不明显三棱形，稍鼓胀，初期绿色，成熟时呈麦秆黄色，长约3mm，膜质，无毛，背面具5条细脉，基部急缩，顶端渐狭成中等长的喙，喙口微凹或具2短齿。小坚果宽卵球形或近椭球形，三棱状，棕色，长约1.5mm，基部无柄，顶端具小短尖；花柱基部不增粗，柱头3。花果期

4—7月。

产于长兴、杭州市区、临安、开化、天台、龙泉、庆元。生于海拔270～1420m的山坡路边、沟边草丛中或林下。分布于湖北、湖南、台湾、四川、云南。日本、印度尼西亚、菲律宾、印度、尼泊尔、不丹、巴布亚新几内亚也有。

签草与本种的区别很小，常根据叶片的宽窄程度来区分。

图10-164　禾状薹草

70. 远穗薹草 （图10-165）

Carex remotistachya Y.Y. Zhou et X.F. Jin

根状茎短，木质，具细长的匍匐茎。秆高40～60cm，锐三棱形，上部稍粗糙，基部具褐色的无叶片的鞘。叶近等长或短于秆；叶片宽3～6mm，平张，稍坚挺，上部边缘常粗糙。苞片叶状，向上渐变短，无鞘。小穗3或4，彼此疏远，顶生者雄性，棍棒状，长3～4.5cm，具长柄，侧生者雌性，圆柱形，长2.5～5cm，密生多花，最下面1个小穗具长柄，向上渐变短。雄花鳞片长圆状倒披针形，淡褐色，长4～4.5mm，膜质，先端急尖，背面具1绿色中脉。雌花鳞片长圆状卵形，淡绿色或绿白色，长2～2.5mm，膜质，先端渐尖，具短尖，具1绿色中脉。果囊成熟后近水平开展, 卵球形, 三棱状, 稍鼓胀, 黄绿色, 长3.5～4mm, 膜质, 无毛, 具多条细脉, 顶端渐狭成中等长的喙, 喙口具2短齿。小坚果倒卵状椭球形, 三棱状, 棕色, 长约1.5mm, 基部无柄; 花柱基部不增粗, 柱头3, 细长, 宿存。果期4—6月。

产于长兴、杭州市区、富阳、临安、磐安、天台。生于海拔200～900m的路边、林下、沟谷阴湿处。分布于安徽。模式标本采自磐安。

图10-165 远穗薹草

71. 硬果薹草（图10–166）

Carex sclerocarpa Franch.

根状茎短。秆丛生, 高20～40cm, 坚硬, 三棱形。叶生至秆的中部, 短于秆; 叶片宽3～4mm, 具3主脉, 基部具紫褐色叶鞘。苞片叶状, 短于花序, 具长苞鞘。小穗6或7, 上部的帚状排列, 近无柄, 下部的1或2枚疏远, 具3～4cm的柄, 顶生者雄性, 狭长圆柱形, 长2～5cm, 侧生者雌性, 狭长圆柱形, 长3～6cm, 密生多花。雄花鳞片狭披针形, 苍白色, 长约4mm, 先端具芒, 背面具淡绿色中脉。雌花鳞片卵状披针形, 苍白色, 长约2.5mm, 膜质, 先端急尖, 背面具3中脉。果囊成熟后斜展, 椭球形至卵状椭球形, 钝三棱状, 褐绿色, 长2～2.5mm, 密生短粗毛, 具多数细脉, 上部急缩成长喙, 喙口斜2裂。小坚果卵状椭球形, 三棱状, 棱面微凹, 长约1.5mm; 花柱基部稍增粗, 柱头3。花果期4—6月。

产于杭州市区、临安、建德、宁波市区、临海、遂昌。生于海拔400m以下的山坡林中、路边、溪边、坑边。分布于安徽、湖南、四川。

图 10-166 硬果薹草

72. 条穗薹草 线穗薹草 （图 10-167）

Carex nemostachys Steud.

根状茎粗短，具地下匍匐茎。秆高 40～90cm，三棱形，上部粗糙，基部具黄褐色撕裂成纤维状的老叶鞘。叶长于秆；叶片宽 6～8mm，较坚挺，两侧脉明显，脉和边缘均粗糙。苞片下面的叶状，上面的刚毛状，无鞘。小穗 5～8，常聚生于秆的顶部，顶生者雄性，狭圆柱形，长 5～10cm，近于无柄，侧生者雌性，长圆柱形，长 4～12cm，密生多花。雌花鳞片狭披针形，苍白色，长 3～4mm，先端具粗糙的芒，背面具 1～3 脉。果囊后期向外张开，卵球形或宽卵球形，褐色，钝三棱状，长约 3mm，具少数细脉，疏被短硬毛，基部宽楔形，顶端急缩成长喙，喙向外弯，喙口斜截形。小坚果宽倒卵球形或近椭球形，三棱状，淡棕黄色，长约 1.8mm；花柱基部不增粗，柱头 3。花果期 9—12 月。

产于杭州市区、临安、建德、淳安、诸暨、开化、常山、江山、磐安、天台、缙云、遂昌、龙泉、庆元、景宁、乐清、永嘉、文成、泰顺。生于海拔750m以下的林下、溪沟边、湿地、山坡灌丛中、阴湿石壁上。分布于华东、华中及广东、贵州、云南。日本、越南、泰国、缅甸、柬埔寨、印度、孟加拉国也有。

图10-167 条穗薹草

73. 无毛条穗薹草 （图10-168）

Carex subglabra (X.F. Jin et C.Z. Zheng) X.F. Jin et Y.F. Lu —— *C. nemostachys* Steud. var. *subglabra* X.F. Jin et C.Z. Zheng

根状茎短。秆丛生，高50～75cm，锐三棱形，粗壮，下部光滑，上部稍粗糙，基部具黄褐色分裂成纤维状的老叶鞘。叶短于或与秆近等长；叶片宽3～5mm，平张，较坚挺，下部常折合，先端渐尖。苞片下部的叶状，长于花序，上部为很短的叶状至刚毛状，短于花序，无鞘。小穗4～6，常聚生于秆的顶部；顶生者雄性，长圆柱形，长5.5～12.5cm，宽2～3mm，具长0.5～2cm的柄；侧生者雌性，有时在小穗的顶端或者中部有数朵雄花，下部的1或2个小穗有时具1个分支小穗，长圆柱形，长7～13cm，宽5～6mm，下部小穗具柄，柄长0.8～2cm，上部小穗无柄或近无柄。雄花鳞片披针形,淡黄褐色,长3~4mm,先端渐尖,有时具小短尖,背面具1绿色中脉。雌花鳞片卵形,淡黄褐色,长2.5~3mm,背面具3绿色或黄褐色中脉,先端渐尖或具长约1mm的粗糙的芒。果囊斜展,卵球形或倒卵球形,钝三棱状,黄褐色,长2.5~3mm,膜质,具明显的9~12脉,喙被极稀疏的短硬毛,基部楔形,上部急缩成长约1mm的喙,喙口具2个短小齿或微凹。小坚果卵球形或倒卵球形,三棱状,淡黄褐色,长1.4~1.6mm,顶端具很短的喙;花柱基部稍增粗,柱头3。花果期5月。

产于遂昌(垵口)。生于海拔300m的路边、溪沟边。模式标本采自遂昌垵口根竹口。

图 10-168　无毛条穗薹草

74. 反折果薹草　(图10-169)

Carex retrofracta Kük. — *C. purpureotincta* Ohwi — *C. haematorrhyncha* Ohwi et T. Koyama — *C. purpureotincta* Ohwi var. *sphaerocarpa* Ohwi ex T. Koyama

根状茎粗壮,长而匍匐。秆侧生,高60~100cm,较粗壮,扁三棱形,平滑,下部生叶,基部具紫褐色或紫黑色无叶片的鞘。叶短于秆;叶片宽1~1.8cm,平张,叶片上面平滑,下面常被疏的短硬毛,具较长的叶鞘。苞片叶状,长于花序,下部苞片具较长的苞鞘,上部的鞘很短。小穗4

或5，下面2个间距较长，上面的间距短，顶生者雄性，长圆柱形，长3~6cm，具短柄，侧生者雌性，长圆柱形，长4~10cm，疏生多花，下面2个小穗具较长的柄，上面的具很短的柄或近于无柄。雄花鳞片披针形，暗紫褐色，长约7.5mm，膜质，先端渐尖，有的具短尖，背面具1暗绿色中脉。雌花鳞片卵形，两侧褐色，中间暗绿色，长约5mm（包括芒长），先端具长芒，芒边缘粗糙，背面具3中脉。果囊斜展，后期水平张开或向下反折，卵球形或倒卵球形，稍鼓胀三棱状，暗褐绿色，长4~5mm，膜质，背面具不很明显的3~5条细脉，成熟时稍具光泽，基部钝圆，顶端急缩成长喙，喙口斜截形。小坚果椭球形，三棱状，淡黄色，长约2mm，顶端具短尖；花柱基部微增粗，柱头3。花果期3—6月。

产于长兴、安吉、杭州市区、鄞州、开化。生于海拔400m以下的路边林下、沟谷湿地、溪边石隙中。分布于湖南、台湾、贵州、四川。模式标本采自杭州。

本种的标本以往曾被误定为皱果薹草 *Carex dispalata* Boott。

图10-169 反折果薹草

75. 斜果薹草（图10-170）

Carex obliquicarpa X.F. Jin, C.Z. Zheng et B.Y. Ding

根状茎木质，粗壮。秆侧生，高50～70cm，粗壮，三棱形，平滑，下部生叶，基部具紫黑色无叶片的鞘。叶短于秆或与之近等长；叶片宽0.8～2cm，平张，两面无毛，边缘粗糙。苞片叶状，上部者与花序近等长，下部者具较长的苞鞘，上部的鞘很短。小穗4或5，下面2个间距较长，上面的间距短，顶生者雄性，狭圆柱形，长3～4cm，具短柄，侧生者雌性，长圆柱形，长3～6cm，密生多花，下部2个小穗具长柄，上面的缩短近于无柄。雄花鳞片长椭圆形，两侧紫色，长4～4.5mm，膜质，先端钝，背面具1绿色中脉。雌花鳞片狭倒卵形，两侧红褐色，长2～2.5mm，顶端平截，背面具3绿色中脉。果囊成熟时斜展或近直立，倒卵球形，钝三棱状，暗褐绿色，长3.5～4mm，膜质，具多条细脉，基部宽楔形，顶端急缩成长喙，喙口具2微齿。小坚果倒卵球形，三棱状，淡黄色，长约2mm，顶端微凹；花柱基部稍增粗，柱头3。花果期4—5月。

产于龙泉、景宁。生于海拔1200～1500m的溪沟边林下。分布于福建、广东、广西。

图10-170　斜果薹草

76. 细喙薹草 （图10-171）
Carex tenuirostrata X.F. Jin, S.H. Jin et D.F. Wu

根状茎短。秆丛生，高45～80cm，三棱形，基部具紫褐色的叶鞘。叶长于秆；叶片宽5～8mm，两面光滑，下半部横隔明显。苞片叶状，短于花序或与之近等长，下部者具长鞘，上部者近无鞘。小穗5～7，顶生者雄性，圆柱形，基部具1～2cm长的柄；侧生者雄雌顺序，长圆柱形，密生花，雌花部分长于雄花部分。雌花鳞片卵形，长约2mm，先端钝而具小尖，边缘紫褐色，背面中脉绿色，具3脉。果囊稍长于雌花鳞片，椭圆球状倒卵球形，钝三棱状，长约2.5mm，纸质，褐绿色，上半部具紫红色的斑点，细脉明显，先端渐狭成短喙，喙口截形。小坚果疏松地包于果囊中，椭圆球状倒卵球形，三棱状，长约1.5mm，先端急缩成纤细的喙，基部具短柄；花柱基部不增粗，柱头3。花果期3—5月。

产于平阳、普陀。生于路边草丛中。模式标本采自平阳顺溪。

图10-171 细喙薹草

77. 榄绿果薹草 （图10-172）
Carex olivacea Boott

根状茎粗短，具长而粗的地下匍匐茎。秆疏丛生，高45～95cm，锐三棱形，棱上稍粗糙，基部密生多数叶，具少数秆生叶。叶长于秆；叶片宽8～18mm，平张，上面两条侧脉明显，两面平滑，边缘粗糙，基部的叶鞘常开裂。苞片叶状，长于花序，具很短的鞘或近于无鞘。小穗5～7，常集中于上端，顶端1或2个为雄小穗，圆柱形或狭圆柱形，长3～7cm，几无柄，其余小穗为雌小穗，有时顶端具少数雄花，圆柱形，长5～10cm，仅最下部的小穗有时具较长的小穗柄。雄花鳞片倒披针形或长圆形，黄褐色或红褐色，长5～7mm，膜质，先端急尖或钝，有的具小短尖，背

图10-172 榄绿果薹草

面具1～3中脉。雌花鳞片基部的近卵形，具长芒，全长约8.5mm，芒长约5mm，上部的长圆状披针形，长4～5mm，先端渐尖或呈截形，具短芒或短尖，锈褐色，膜质，背面具1～3中脉。果囊成熟时近水平开展，卵球形、宽卵球形或近倒卵球形，鼓胀三棱状，暗褐绿色，长约4mm，膜质，无毛，具多条细脉，脉间具不规则的皱纹和少数微突起，基部宽楔形，顶端急缩成中等长或稍短的喙，喙向一侧弯，喙口微凹或具2短齿。小坚果椭球形或近倒卵球形，三棱状，淡黄褐色，长约2mm，密生微突起，基部具极短的柄，顶端具弯的小短尖；柱头3。花果期3—5月。

产于杭州市区、临安、永嘉。生于海拔250～1200m的山坡沼泽地、湿地、溪沟边、路边草丛中。分布于四川、云南。日本、印度、不丹也有。

78. 狭穗薹草　珠穗薹草　（图10-173）
Carex ischnostachya Steud.

根状茎短，具短匍匐茎。秆丛生，高30～50cm，三棱形，基部具紫褐色或黑褐色无叶的叶鞘。叶长于秆；叶片宽3～5mm，扁平。苞片叶状，长于花序，具长苞鞘。小穗4或5，上部的接近，基部1或2疏离，顶生者雄性，狭圆柱形，长2～4cm，侧生者雌性，狭圆柱形，长3～6cm，直立，疏生多花。雄花鳞片披针形，淡黄褐色，长约3mm，先端渐尖，背面具1中脉。雌花鳞片宽卵形，淡褐色，长1～2mm，先端钝或急尖。果囊成熟时直立，卵状椭球形，钝三棱状，绿褐色，长3～5mm，具多数隆起的细脉，无毛，顶端渐狭成长喙，喙口2裂。小坚果宽椭球形，三棱状，长1.5～2mm，顶端具弯曲的短喙；花柱基部增大，柱头3。花果期4—6月。

产于杭州及长兴、安吉、临海、缙云、遂昌、松阳、景宁、乐清、文成、平阳、泰顺。生于海拔260～400m的路边湿地、山坡草丛中及林下、溪沟边。分布于华东及湖南、广东、广西、四川、贵州。日本、朝鲜半岛也有。

图10-173　狭穗薹草

79. 肿胀果薹草 （图 10-174）

Carex subtumida (Kük.) Ohwi — *C. ischnostachya* Steud. var. *subtumida* Kük.

根状茎短或稍延长，具长的匍匐地下茎。秆丛生，高 45～75cm，稍粗，三棱形，平滑，基部具少数紫褐色无叶片的鞘。叶稍短于秆；叶片宽 6～7mm，平张，稍坚挺，上面两条侧脉明显，两面脉上和边缘粗糙，具长鞘。苞片叶状，长于花序，具鞘，向上鞘渐短，最上面的近于无鞘。小穗 4～6，最下面的 1 或 2 个疏远，上面的 3 或 4 个密集于秆的顶端，顶生者雄性，狭圆柱形，长 2.5～3cm，近于无柄，侧生者雌性，长圆柱形，长 3.5～7cm，具密生的花，最下面的 1 或 2 个具长的小穗柄，上面的近于无柄。雄花鳞片内有 1 枚雄蕊，狭披针形，淡褐黄色，长约 2mm，先端渐尖，背面具 1 中脉。雌花鳞片卵形，淡黄色或稍带淡褐色，长约 1mm，膜质，先端渐尖，背面具 1 中脉。果囊成熟时水平开展，椭圆状倒卵球形，不明显的三棱状，褐绿色，长 3.2～3.5mm，膜质，具多条细脉，基部近圆形，顶端急狭成较短的喙，喙口微凹，具 2 短齿。小坚果椭球形，三棱状，麦秆黄色，长约 1.5mm，基部无柄，顶端具小短尖；花柱基部不增粗，柱头 3。花果期 4—10 月。

产于杭州及长兴、开化、金华市区、磐安、天台、临海、遂昌、龙泉、庆元、文成。生于海拔 250～1300m 的路边林下、溪沟边、阴湿草丛中。分布于江苏、安徽、江西。

图 10-174　肿胀果薹草

80. 洪林薹草 （图 10-175）

Carex honglinii Y.F. Lu et X.F. Jin

根状茎匍匐伸长或缩短，木质，坚硬。秆高 45～60cm，锐三棱形，光滑或上部粗糙，基部具灰褐色老叶鞘。叶基生与秆生，长于秆；叶片长条形，宽 4～9mm，平张，上部背面和边缘粗糙。苞片下部者叶状，远长于花序，上部者不明显，无鞘。小穗 4～6，顶生者雄性，棍棒状，长 3.5～7cm，宽 2.5～3mm，密生花，基部具短柄或近无柄，余者雌性，常在顶端具一段雄花，圆柱形或长圆柱形，长 4～7cm，宽约 4mm，密生花，基部具柄，向上渐变为无柄。雄花鳞片椭圆状披针形，淡黄褐色，长3.2~3.5mm，先端渐尖，背面具3绿褐色脉。雌花鳞片卵形或长卵形，苍白色，长2~2.5mm，先端渐尖，背面具3绿色脉，延伸成短尖。果囊宽倒卵球形，鼓胀钝三棱状，淡褐绿色，长3~3.5mm，长于雌花鳞片，斜展，膜质，具4或5细脉和紫红色点线，基部渐狭成短柄，先端渐缩成长0.5~0.7mm直的喙，喙口截形。小坚果疏松包于果囊中，倒卵球形，三棱状，褐色，长1.2~1.5mm，基部具弯的短柄，先端微凹；花柱基部不增粗，柱头3。花果期5月。

产于开化。生于海拔约200m的草丛中。模式标本采自开化桐村。

图10-175　洪林薹草

81. 亚澳薹草 布朗薹草 （图10-176）
Carex brownii Tuckerm.

根状茎短。秆丛生，高30～60cm，近坚硬，三棱形，基部具褐色叶鞘。叶短于秆；叶片宽3～5mm，边缘略粗糙。苞片叶状，长于花序，具短苞鞘。小穗3或4，稀5，上部2或3接近，基部1枚疏离，顶生者雄性，狭圆柱形，长1～3cm，直立，具短柄，侧生者雌性，短圆柱形，长1.5～3cm，直立，密生多花，基部具长8～20mm的小穗柄，其余近无柄。雌花鳞片卵形或椭圆形，中间绿色，两侧苍白色，长约2mm，膜质，先端急尖，具长芒，背面具3中脉。果囊开展，椭球形或椭圆状卵球形，鼓胀三棱状，长3.5～4.5mm，膜质，暗灰褐色，有多数隆起细脉，顶端骤狭为短喙，喙口白色，有2小齿。小坚果宽倒卵球形，三棱状，长约2.5mm；花柱基部弯，柱头3。花果期5—7月。

产于临安、建德、磐安、遂昌。生于海拔430～1100m的路边、山坡草地、灌丛等潮湿处。分布于华东及山西、河南、台湾、四川、甘肃。日本、朝鲜半岛、印度尼西亚、大洋洲、太平洋岛屿也有。

图10-176 亚澳薹草

82. 横果薹草 柔菅 （图10-177）
Carex transversa Boott

根状茎短。秆丛生，较短，高30～60cm，近坚硬，细弱，三棱形，上部棱上稍粗糙，基部具褐色叶鞘。叶短于秆；叶片宽3～4mm，质地柔软。苞片叶状，较花序长，具短苞鞘。小穗3或4，上部2或3枚近生，基部1枚疏离，顶生者雄性，狭圆柱形，长1～2cm，直立，具短柄，侧生者雌性，短圆柱形，长1.5～3cm，直立，密生花。雄花鳞片披针形，淡黄色，长3～5mm，先端具长3～4mm的长芒，膜质，背面具1中脉。雌花鳞片卵球形，中间绿色，两侧苍白色，长约3mm，膜

质,先端急尖,背面具3中脉。果囊开展,卵球形,鼓胀三棱状,暗灰褐色,长5~6mm,膜质,有多数隆起的细脉,顶端骤狭为长喙,喙口具2小齿或斜截。小坚果倒卵球形,三棱状,长约2.5mm;花柱基部弯,柱头3。花果期4—7月。

产于长兴、安吉、杭州市区、临安、建德、诸暨、宁波市区、鄞州、开化、磐安。生于海拔1100m以下的路边草丛中、沼泽地、溪沟边、湿地及山坡林下。分布于华东及湖南、广东。日本、朝鲜半岛也有。

图10-177 横果薹草

83. 百里薹草 (图10-178)

Carex blinii H. Lév. et Vaniot — *C. minuticulmis* S.W. Su et S.M. Xu — *C. shanghaiensis* S.X. Qian et Y.Q. Liu

根状茎短。秆高不及15cm,纤细,三棱形,基部具无叶片或短叶片的鞘,鞘黑紫色,老叶鞘有时撕裂成纤维状。叶短于秆;叶片宽2.5~3mm,质软,两面或仅背面粗糙。苞片叶状,长于花序，具短鞘。小穗3或4，顶生雄小穗与最上面的雌小穗间距短且低于雌小穗，下面的小穗较远离，雄小穗狭倒卵球形或狭圆柱形，长约5mm，具短柄，其余为雌小穗，短圆柱形，长0.8~2cm，疏生3或4花，少数可有5或6花，具稍长的小穗柄。雄花鳞片宽卵形或三角状卵形，淡褐色或麦秆黄色，脊部绿色，长4~4.5mm，先端钝或微急尖。雌花鳞片长圆形或长圆状卵形，黄白色，中间淡绿色，长约3.5mm，膜质，顶端具小短尖或短芒，背面具3中脉。果囊近于直立，椭球形或倒卵状椭球形，钝三棱状，灰绿色，具褐色斑点，长5~6mm，疏被短毛，具两条明显的侧脉和多条不很明显的细脉，基部骤缩成短柄，顶端急缩成短喙，喙口具2短齿。小坚果宽椭球形，三棱状，长约3.5mm，基部具扭曲的柄，顶部下凹；花柱短，基部稍增粗，柱头3。花果期4—6月。

产于杭州市区、临安、乐清。生于海拔约150m的山坡林下或草丛中。分布于江苏、安徽、广西、贵州。越南、泰国也有。

图10-178　百里薹草

84. 尖叶薹草（图10-179）

Carex oxyphylla Franch. — *C. jackiana* Boott form. *oxyphylla* (Franch.) Kük — *C. infossa* Z.P. Wang — *C. longerostrata* C.A. Mey. var. *exaristata* X.F. Jin et C.Z. Zheng — *C. longerostrata* C.A. Mey. var. *hoi* Chü ex S.Yun Liang

根状茎短。秆高20~40cm，平滑。叶长于秆；叶片宽2~4mm，平张，边缘粗糙，先端长渐尖。苞片叶状，下部的具鞘，上部的具极短的鞘或无鞘。小穗3~5，最下部的远离，上部的接近，顶生者雄性，长圆柱形，先端稍尖，长2cm，具短柄，侧生者雌性，顶端常具雄花，短圆柱形或圆柱形，具短柄。雄花鳞片卵形或卵状披针形，淡锈色，边缘白色膜质，长5~5.5mm，先端具短尖，背面中脉绿色。雌花鳞片卵状披针形或卵形，淡白色，先端具芒，背面中脉绿色。果囊近于直立，卵球形，钝三棱状，绿褐色，长约3mm，顶端急缩成短喙，喙口具明显2齿。小坚果倒卵球形或宽卵球形，三棱状，长约1.2mm，顶端圆形，成熟时表面有透明的颗粒状突起；花柱基部不增粗，柱头3。花果期4—5月。

产于杭州市区、临安、桐庐、普陀、磐安、乐清。生于海拔约350m的林下、路边草丛中、崖上。分布于四川、云南。

以往报道的浙江新记录种宝华山薹草 Carex baohuashanica Tang et F.T. Wang ex L.K. Dai 为本种的误定。

图10-179　尖叶薹草

85. 溪边薹草 （图10-180）

Carex rivulorum Dunn — *C. hangzhouensis* C.Z. Zheng, X.F. Jin et B.Y. Ding

根状茎短。秆密丛生，高30～60cm，三棱形，无毛。叶长于秆；叶片宽2.5～4mm，平张，边缘微卷，无毛，基部具光滑叶鞘。苞片叶状，短于花序；苞鞘长1～2.5mm。顶生小穗雄性，长4～5cm，下部者可达8cm，侧生小穗两性，分枝，其雄性的分枝部分从具1雌花的果囊中伸出，长棍棒状，长1.5～2cm，小穗裸露，椭圆形，侧生小穗下部为雌性，顶端具4～6雄花。雄花鳞片长椭圆形，淡黄色至淡褐色，长约8mm，膜质，顶端圆钝。雌花鳞片宽卵形，绿色，长约8mm，近革质，中脉延伸成长约3mm的芒，先端渐尖。果囊斜展，倒卵球形，钝三棱状，成熟时呈黄褐色，长6～7mm，膜质，光滑，具2条突起的中脉和数条侧脉，基部楔形，顶端渐狭成弯曲的喙，喙口具2齿。小坚果球形或倒卵球形，三棱状，栗色，长3～4mm，棱面微凹，基部几无柄，先端微凹；花柱基部增大，宿存，柱头3。花果期4—10月。

产于长兴、杭州市区、桐庐、诸暨、磐安。生于海拔500m以下的路边林下、溪边。分布于安徽、福建。

图10-180 溪边薹草

86. 长嘴薹草 （图10-181）

Carex longerostrata C.A. Mey.

根状茎短。秆丛生，高15～50cm，扁三棱形，上部微粗糙，基部叶鞘最初淡绿色，后分裂成深棕色纤维状。苞片短叶状，短于花序，具鞘。小穗2，稀3，顶生者雄性，棍棒状，长1～2.5cm，花密生，侧生者雌性，长圆形或长卵球形，长1～1.7cm，具6～10花。雌花鳞片狭椭圆形或披针形，淡锈色，长约6.5mm，先端截形或钝，向顶延伸成粗糙的芒，背面具3绿色的中脉。果囊斜展，倒卵球形，钝三棱状，绿色或淡棕色，长7～8mm

图10-181 长嘴薹草

（连喙），膜质，被疏柔毛，具多条细脉，中部以下渐狭，先端急缩成长喙，喙口具2长齿。小坚果倒卵球形，三棱状，长约3mm，下部棱面凹，具短柄；花柱基部稍膨大，扭转，宿存，柱头3。花果期4—6月。

产于临安、瑞安。生于海拔约920m的山坡林下。分布于东北及河北、山西、陕西。俄罗斯、日本、朝鲜半岛也有。

87. 浙南薹草 （图10-182）
Carex austrozhejiangensis C.Z. Zheng et X.F. Jin

根状茎短。秆侧生，高15～40cm，钝三棱形，基部具深褐色的鞘。叶长于秆；叶片宽7～12mm，扁平，先端尾状渐尖。苞片短叶状，具鞘；鞘长6～12mm。小穗3或4，远离，顶生者雄性，圆柱形，长1～2cm，侧生者雌性，圆柱形，长2～3.5cm，密生花，小穗柄直立。雌花鳞片宽卵形，红棕色，长3～3.5mm，先端延伸成粗糙的长约为1mm的芒，背面具3绿色中脉。果囊卵状椭球形，钝三棱状，

图10-182 浙南薹草

绿色，长6.5～7mm，无毛，具多条细脉，顶端渐收缩成长1.5～2mm的喙，具不明显2齿。小坚果宽倒卵球形，三棱状，长约5mm，基部具短柄；花柱基部膨大，柱头3。花果期4—7月。

产于开化、江山、缙云、遂昌、松阳、龙泉、青田、永嘉、泰顺。生于海拔280～1500m的山沟林下、溪沟边。模式标本采自龙泉凤阳山。

88. 相仿薹草 （图10-183）
Carex simulans C.B. Clarke

根状茎粗短。秆侧生，高40～50cm，三棱形，坚硬，基部具深褐色纤维状叶鞘。叶短于或近等长于秆；叶片宽4～5mm，边缘外卷，下面密生乳头状突起。苞片短叶状，短于花序，具长苞鞘。小穗3或4，顶生者雄性，棍棒状，长3～4cm，侧生者雌性，圆柱形，长3～4cm，花稍密，顶端多少带雄花，具直立小穗柄。雄花鳞片披针形，淡锈色。雌花鳞片披针状卵形或长卵圆形，中间绿色，两侧苍白色带锈色，长约5mm，先端渐尖或截形微凹，具粗糙的芒，背面具3中脉。果囊斜展，卵球形，钝三棱状，褐绿色，长5～7mm，具多条细脉，上部渐狭成长喙，喙口2深裂。小坚果椭球形，三棱状，长约4mm，棱面下部凹入，上部急狭成一短颈，顶端环状；花柱基部增粗，柱头3。花果期3—10月。

产于长兴、杭州市区、临安、桐庐、建德、定海、开化、磐安、龙泉、泰顺。生于海拔1000m以下的路边林下、岩上、山坡灌丛中、溪沟边。分布于江苏、安徽、湖北、四川、贵州。模式标本采自宁波。

图10-183　相仿薹草

89. 弯喙薹草 （图 10-184）

Carex laticeps C.B. Carke ex Franch. — *C. hancei* C.B. Clarke

全株有白色短毛。根状茎粗短。秆高 30～50cm，纤细，三棱形。叶短于秆；叶片宽 3～4mm，边缘外卷，先端尖，疏被白色短毛。苞片短叶状，短于花序，具长鞘。小穗 2 或 3，疏离，顶生者雄性，棍棒状，长 2～3cm，直立，有柄，侧生者雌性，圆柱形，长 2～3cm，宽 4～8mm，密生花，柄直立。雄花鳞片卵状椭圆形，苍白色，长约 6mm，先端渐尖，中部以上疏被短毛。雌花鳞片长圆状披针形，苍白色，长 5～6mm，背面具 3 绿色的脉，先端具短尖，中部以上疏被短毛。果囊成熟后开展，长圆状卵球形，钝三棱状，褐绿色，长 5～7mm，厚膜质，微呈镰状弯曲，被短柔毛，具多脉，顶端急缩成长喙，喙口 2 深裂。小坚果宽卵球形，三棱状，长约 4mm，每棱的中部缢缩，顶端具弯曲的短喙；花柱基部歪斜而弯曲，柱头 3。花果期 3—5 月。

产于杭州市区、临安、桐庐、建德、武义。生于溪沟边、路边草丛中、山坡上、林下。分布于华东及湖北、湖南。日本、朝鲜半岛也有。

图 10-184　弯喙薹草

90. 健壮薹草　滨海薹草　(图 10-185)

Carex wahuensis C.A. Mey. subsp. **robusta** (Franch. et Sav.) T. Koyama — *C. boottiana* Hook. et Arn. — *C. robusta* Franch. et Sav. — *C. putuoensis* S.Yun Liang — *C. qingdaoensis* F.Z. Li et S.J. Fan — *C. wilfordii* C.B. Clarke

根状茎短。秆中生，高20～60cm，三棱形，基部具深褐色纤维状的鞘。叶短于或长于秆；叶片宽3～10mm，先端渐尖，边缘粗糙，内卷。苞片短叶状，短于花序，具鞘。小穗2～5，彼此远离，顶生者雄性，圆柱形，侧生者雌性，圆柱形，密生多花，小穗柄包藏于鞘中，或伸出苞鞘。雌花鳞片卵形，褐色，长3～3.5mm，先端微凹，延伸成粗糙的长芒，背面具3绿色中脉。果囊斜展，卵球形，钝三棱状，长5～7mm，无毛，具多条细脉，顶端渐缩成喙，喙口具2齿。小坚果菱状卵球形，三棱状，长约4mm，中部不缢缩或有时缢缩，基部具短柄，先端具扭转的喙；花柱基部膨大，柱头3。花果期4—5月。

产于普陀、岱山、苍南。生于海边岩缝、海滨山地。分布于山东、台湾。日本、朝鲜半岛也有。

图 10-185　健壮薹草

91. 陈诗薹草 陈氏薹草 （图10-186）

Carex cheniana Tang et F.T. Wang ex S.Yun Liang

根状茎短。秆高40～57cm，三棱形，平滑。叶长于秆；叶片宽5～9mm，平张，边缘反卷，上部边缘粗糙，先端渐狭。苞片短叶状，长于或短于花序，具长鞘。小穗4或5，顶生者雄性，棍棒状，长1～2.7cm，侧生者雌性，顶端有少数的雄花，圆柱形，长3.5～6cm，宽5～8mm，花密生。雌花鳞片椭圆状披针形，苍白色，长6～6.5mm，光亮，无毛，先端延伸成长芒，背面具3绿色中脉。果囊斜展，菱状椭球形，钝三棱状，黄褐色，长7～7.5mm，革质，疏被短毛，具多条细脉，下部狭窄，上部急缩成长喙，喙扁，长约4mm，喙口具2长齿。小坚果卵状椭球形，三棱状，长约3mm，中部棱上缢缩，棱面上下凹陷，基部具短柄，弯曲，顶端急缩成短喙，喙扭转；花柱基部稍膨大，柱头3。花果期4—6月。

产于安吉、临安、淳安、开化、缙云、遂昌、龙泉、庆元、景宁、永嘉、文成、泰顺。生于海拔290～1320m的路边草丛中、林下阴湿处、溪沟边、石隙间。分布于江西、福建、湖南。模式标本采自龙泉。

图 10-186　陈诗薹草

92. 藏薹草 西藏薹草 （图10-187）

Carex thibetica Franch.

根状茎粗短。秆侧生，高40～60cm，钝三棱形。叶长于秆；叶片宽8～12mm，平展，边缘粗糙，中脉下陷，有2侧脉突起而粗糙。苞片短叶状，短于花序，具长鞘。小穗3～6，疏远，顶生者雄性，狭圆柱形，长3～5cm，具柄，侧生者雄雌顺序，雄雌部分近等长，直立，圆柱形，长4～7cm。雄花鳞片椭圆状披针形，淡褐色，背面具1中脉。雌花鳞片卵状披针形，淡绿色带锈色，长约4mm，先端渐尖，具芒尖，背面具3条绿色中脉。果囊成熟时斜展，倒卵球形或卵球形，肿胀三棱形，褐绿色，长约6mm，被稀疏的短硬毛，具多数细脉，上部渐狭成微下弯的长喙，喙圆锥形，喙口2深裂。小坚果倒卵球形，三棱状，黑褐色，长约2.5mm，棱中部缢缩，基部有弯曲的短柄，顶端具扭曲的短喙；花柱宿存，柱头3。花果期4—6月。

产于安吉、临安、临海、龙泉、庆元、乐清。生于海拔800~1600m的林下路边、水沟边、坑边、草地上。分布于华中、西南及广西、陕西。

图10-187 藏薹草

93. 九华薹草（图10-188）

Carex jiuhuaensis S.W. Su — *C. manca* Boott subsp. *jiuhuaensis* (S.W. Su) S.Yun Liang

根状茎粗短。秆侧生，高15~20cm，三棱形，纤细，叶鞘淡黄至褐黄色。叶长于秆；叶片宽2~3mm，质硬，边缘外卷，下面密被乳头状突起。苞片短叶状，短于花序，具鞘。小穗3~5，疏远，顶生者雄性，棍棒状，长1~2.2cm，具柄，侧生者雌性，长卵球形，长1~1.5cm，宽约3mm，密生少数花，上部的1或2个小穗具藏于苞鞘内的柄，最下1或2小穗近根生，具长柄。雄

花鳞片披针形，淡黄褐色，长5～6mm。雌花鳞片长圆状倒卵形，淡黄色至禾秆色，长约5mm，先端渐尖，具短尖，背面具3中脉。果囊斜展，卵球形，鼓胀三棱状，长6～7mm，被微柔毛，具多数明显的细脉，基部渐狭，上部收缩成圆柱形长喙，喙口具2齿。小坚果倒卵球形，长约3mm，基部具略弯的短柄，中部1条棱上有时略缢缩；花柱基部增粗，弯曲，柱头3。花果期5月。

产于淳安（金紫尖）。生于山坡草丛中。分布于安徽。

图 10-188　九华薹草

94. 弯柄薹草 （图10-189）

Carex manca Boott

根状茎粗短。秆侧生，高30～70cm，三棱形，纤细，平滑，基部具无叶片的鞘。叶长于秆；叶片宽6～10mm，平张，基部对折，上部边缘粗糙，先端渐尖。苞片短叶状，短于花序，具长鞘。小穗2或3，彼此远离，顶生者雄性，狭圆柱形，长4～5cm，具长柄，侧生者雌性，长圆状圆柱形，长2～3cm，花稍密生，小穗柄短。雌花鳞片长圆状披针形或卵状披针形，黄白色，具短尖，背面具3绿色中脉。果囊斜展，菱状椭圆球形，钝三棱状，黄绿色，长6～7mm，被稀疏柔毛，具多数细脉，上部急缩成长喙，喙口具2齿。小坚果菱卵球形，三棱状，长约3.5mm，棱中部缢缩，棱面上下凹陷，上部急缩成喙，喙圆柱形，扭

图 10-189　弯柄薹草

转；花柱基部增粗，柱头3。花果期4—5月。

产于杭州市区、乐清。生于林下、岩石缝中。分布于安徽、湖北、台湾、广东。

94a. 梦佳薹草 （图10-190）
subsp. takasagoana (Akiyama) T. Koyama

与弯柄薹草的区别在于小坚果顶端的喙短而直，叶片具白粉。花果期5月。

产于磐安、遂昌。生于海拔300~600m的溪边灌丛。分布于福建、台湾。

图10-190 梦佳薹草

95. 凤凰薹草　朝芳薹草 （图10-191）
Carex phoenicis Dunn —— *C. chaofangii* C.Z. Zheng et X.F. Jin

根状茎粗短。秆中生，高25~35cm，三棱形。叶长于秆；叶片宽6~10mm，边缘粗糙。苞片短叶状，短于花序，具鞘。小穗3，顶生者雄性，圆柱形，长2~3cm，具柄，侧生雌小穗2个，长3~3.5cm，宽约1cm，花密生。雌花鳞片卵状椭圆形，淡绿色，长约3mm，先端具3.5mm长的芒。果囊椭圆球形或倒卵状椭圆球形，钝三棱状，淡绿色，长约7mm，脉不明显，基部楔形，先端渐狭成长喙，近圆筒形，喙口具2短齿。小坚果宽倒卵状椭圆球形，三棱状，长约6mm，棱中部缢缩，棱面下部凹陷，先端收缩成直喙，喙长约1mm，顶端稍膨大；花柱基部增粗，柱头3。花果期4—7月。

产于仙居、龙泉、庆元、文成、泰顺。生于海拔370～700m的山谷林下、岩石上。分布于福建、广东。

图10-191 凤凰薹草

96. 短尖薹草 （图10-192）

Carex brevicuspis C.B. Clarke

根状茎长，木质，竹节状。秆丛生，高40～50cm，三棱形，坚硬，基部具褐色呈纤维状分裂的枯死老叶鞘。叶长于秆；叶片宽10～13mm，扁平。苞片长鞘状，短于花序。小穗3～5，疏远，直立，顶生者雄性，狭圆柱形，长2.5～3.5cm，小穗柄细长，侧生者雌性，顶端常具少数雄花，狭圆柱形，长4～5cm，宽8～9mm，柄包于包鞘内，直立。雄花鳞片狭披针形，淡黄褐色，先端具短尖，背面具3绿色中脉。雌花鳞片椭圆状披针形，淡黄褐色，长约6mm，膜质，先端具芒尖，背面具3中脉。果囊斜展，卵球形，鼓胀钝三棱形，褐绿色，长约6.5mm，微呈镰形弯曲，具多脉，无毛或有时上部疏被短毛，顶端急缩成长喙，喙口具2小齿。小坚果卵菱形，三棱状，长约3.5mm，棱中部缢缩，上部具短而微弯的喙；花柱短，基部扩大，柱头3。花果期4—6月。

产于杭州及安吉、宁波市区、鄞州、开化、江山、浦江、磐安、天台、仙居、缙云、遂昌、龙泉、庆元、永嘉、瑞安、文成、泰顺。生于海拔200～1000m的山坡林下、溪边草丛中、沟谷边。分布于安徽、江西、福建、湖南、台湾。后选模式标本采自宁波。

一八五　莎草科 Cyperaceae

图 10-192　短尖薹草

97. 长颈坚果薹草　长颈薹草　（图 10-193）
Carex rhynchophora Franch.

根状茎斜升，木质。秆高 30~60cm，纤细，坚硬，三棱形，上部粗糙，基部具暗褐色分裂成纤维状的老叶鞘。叶长于秆；叶片宽 2~5mm，坚硬，边缘反卷，上部边缘粗糙，先端渐狭。苞片短叶状，具长鞘。小穗 3 或 4，顶生者雄性，圆柱形，长 2.2~6cm，具长柄，侧生者雄雌顺序，雄花部分长为雌花部分的 1/3~1/2，圆柱形，长 2.5~4cm，花稍密生，具短柄。雌花鳞片长圆状椭圆形，锈色，先端具粗糙的芒，背面具 3 绿色中脉。果囊斜展，卵球形，钝三棱状，绿色，长 6~7mm，无毛，具多条细脉，中部以下渐狭，上部渐狭成长 2.5~3mm 的喙，喙口深裂成 2 长齿。小坚果卵状椭圆球形，三棱状，长 3.5~4mm，基部具短柄，弯曲，中部棱上具刀刻痕迹，上部急缩成直而长的喙，喙长 0.5~0.8mm，顶端膨大成环状；花柱基部几不膨大，柱头 3。花果期

图 10-193 长颈坚果薹草

4—5月。

产于杭州市区、富阳、桐庐、临安、建德、磐安。生于海拔100～500m的路边、山沟阴湿处、林下、草丛中。分布于江苏、四川、贵州。

98. 遵义薹草（图10-194）
Carex zunyiensis Tang et F.T. Wang

根状茎短。秆极短。叶远长于秆；叶片长25～70cm，宽1～1.5cm，平张，深绿色，上部边缘微粗糙，基部具暗棕色分裂成纤维状的老叶鞘。苞片短叶状，无鞘。小穗4～6，近基生，彼此极靠近，顶生者雄

图 10-194 遵义薹草

性，狭圆柱形，长3.5~5cm，侧生者雌性，长圆状圆柱形，长3~5cm，花密生，具小穗柄。雄花鳞片披针形，淡黄褐色，长约6.5mm。雌花鳞片披针形，绿黄色，长约4mm，先端锐尖，边缘粗糙，背面具3中脉。果囊斜展，椭圆球形，钝三棱状，橄榄绿色，长4~5mm，膜质，被稀疏的短毛，具多条细脉，中部以下渐狭，上部收缩成喙，喙近圆筒形，喙口具明显2齿。小坚果菱状卵球形，三棱状，未成熟时呈黄色，中部棱上缢缩，下部棱面凹陷，先端急缩成短喙，喙弯曲，顶端膨大成碗状；花柱基部不膨大，柱头3。花果期4—5月。

产于桐庐（茆坪）。生于山坡林下。分布于安徽、湖南、广东、广西、四川、贵州。

99. 雁荡山薹草 （图10-195）
Carex yandangshanica C.Z. Zheng et X.F. Jin

根状茎粗壮，长，木质，坚硬。秆侧生，高45~55cm，三棱形。叶短于秆，宽6~11mm。苞片短叶状，上部的刚毛状，短于花序，具鞘。小穗3，顶生者雄性，棍棒状，长3~4cm，具柄，侧生者雌性，圆柱形，长2~3cm，花密生，顶端常具少数雄花；小穗柄包藏于苞鞘内。雌花鳞片椭圆形，棕红色，长约5.5mm，先端渐尖，具短芒，背面具3绿色中脉。果囊斜展，圆卵球形，钝三棱状，长约8mm，无毛或近无毛，具多条细脉，基部渐狭，顶端急缩成直的长喙，喙口具2齿。小坚果菱卵球形，三棱状，禾秆色，长约3mm，棱中部缢缩，棱面上下凹陷，先端急缩成弯曲短喙，基部具短柄；花柱基部膨大，柱头3。花果期4—5月。

产于杭州市区、临安、乐清。生于海拔200~1050m的山坡林下、岩上、沟边。模式标本采自乐清雁荡山。

图10-195 雁荡山薹草

100. 长囊薹草 （图10-196）

Carex harlandii Boott

根状茎粗短，木质。秆侧生，高30～90cm，三棱形。叶长于秆；叶片宽10～22mm，平展，基部对折，上部边缘粗糙。苞片叶状或短叶状，长于花序，具鞘。小穗3或4，彼此远离，顶生者雄性，棍棒状圆柱形，长4.5～8cm，具小穗柄，侧生小穗雌性，顶端有少数雄花，圆柱形，长4.5～9cm，宽8～13mm，花密生，小穗柄短。雌花鳞片卵状长圆形或长圆形，淡绿色，长3～3.5mm，先端渐尖，背面具3绿色中脉，向顶端延伸成粗糙的芒。果囊斜展，椭圆状菱形，钝三棱状，黄绿色或绿色，长9～10mm，无毛，具多条细脉，上部渐狭成长喙，喙口具2齿。小坚果菱状椭圆球形，三棱状，黄褐色，长约7mm，中部棱上缢缩，下部棱面凹陷，基部具柄，弯曲，上部急缩成直喙，喙顶端膨大成环状；花柱基部膨大成圆锥状，柱头3。花果期3—10月。

产于开化、仙居、缙云、遂昌、松阳、龙泉、乐清、瑞安、文成、泰顺。生于海拔300～1350m的山谷溪边、山坡林下、路边。分布于华东、华南及湖北。越南、泰国、缅甸、印度尼西亚也有。

图10-196　长囊薹草

101. 戟叶薹草 （图10-197）

Carex canina Dunn — *C. hastata* Kük.

根状茎短，木质。秆侧生，高25～40cm，纤细，三棱形，上部粗糙，基部具暗褐色分裂成纤维状的老叶鞘。叶长于秆；叶片宽3～5mm，平张，坚硬，先端渐狭，边缘粗糙，灰绿色。苞片短叶状，边缘粗糙，具鞘。小穗2或3，彼此靠近，顶生1个雄性，狭长条形，长约10mm，侧生小穗雌性，长圆状卵球形，长达12mm，宽5～7mm，有6或7花，最上部1个雌小穗与雄小穗近等高；小穗柄短。雌花鳞片卵形，黄白色，先端急尖，背面具3绿色中脉。果囊斜展，菱状卵球形，钝三棱状，黄绿色，长约7.5mm，膜质，无毛，具多条细脉，中部以下渐狭，上部急缩成喙，喙口具2短齿。小坚果菱状椭圆球形，三棱状，黄褐色，长达5mm，基部具柄，棱上缢缩，先端急缩成喙，喙长约1mm，顶端稍膨大；花柱基部膨大，柱头3。花果期4—5月。

产于杭州市区。生于路边、林下。分布于江西、湖南、广西。

图10-197　戟叶薹草

102. 高氏薹草 （图10-198）

Carex kaoi Tang et F.T. Wang ex S.Yun Liang

根状茎短，木质。秆侧生，高7～13cm，扁三棱形，弯曲，基部具数枚无叶片的叶鞘。叶长于秆；叶片宽10～15mm，基部对折，边缘粗糙，先端渐狭。苞片短叶状，具鞘。小穗3或4，彼此靠近，具小穗柄，顶生1个雄性，棍棒状，长5～7mm，侧生小穗2或3，雌性，卵球形，长约10mm，宽约7mm，花稀疏。雌花鳞片披针状宽卵形，黄白色，长约4mm，背面具3绿色中脉，延伸成芒尖。果囊菱状卵球形，钝三棱状，黄绿色，长7～8mm，无毛，具多条细脉，上部渐狭成长喙，喙口具2齿。小坚果菱状椭圆球形，三棱状，栗色，长约5mm，基部渐狭成稍弯的柄，中部棱上缢缩，下部棱面凹陷，先端急缩成直喙，顶端稍膨大；花柱基部稍增粗，柱头3。花果期4—7月。

产于武义、庆元、景宁、永嘉、文成、泰顺。生于海拔400～1080m的路边、草丛、溪沟边、岩石上或林下。分布于广东。

图10-198　高氏薹草

103. 根花薹草 （图10-199）

Carex radiciflora Dunn

根状茎短，木质，坚硬。秆极短。叶片宽1.4～2cm，上部边缘微粗糙，基部具紫褐色分裂成纤维状的老叶鞘。苞片鞘状，其下有3枚将小穗包裹成束。小穗3～6，彼此极靠近，顶生1个雄性，棍棒状圆柱形，长1.8～2cm，其余小穗雌性，圆柱形，长1.8～3cm，花密生，具小穗柄。雌花鳞片卵形，淡绿褐色，两侧近白色膜质，长约3mm，顶端钝，具短尖，背面具3褐色中脉。果囊斜展，卵球形，稍膨胀三棱状，褐色，长6～6.5mm，微被毛，具多条隆起的细脉，基部收缩成短柄，先端渐缩成喙，喙缘有细锯齿，喙口具2齿。小坚果椭圆球形，三棱状，深紫黑色，长

3.5mm，中部棱上缢缩，先端急缩成喙，喙顶端膨大成碗状；花柱基部膨大，柱头3。花果期4—10月。

产于遂昌、龙泉、文成、泰顺。生于海拔400～760m的山坡林下、草丛中、路边。分布于福建、湖南、广东、广西、云南。

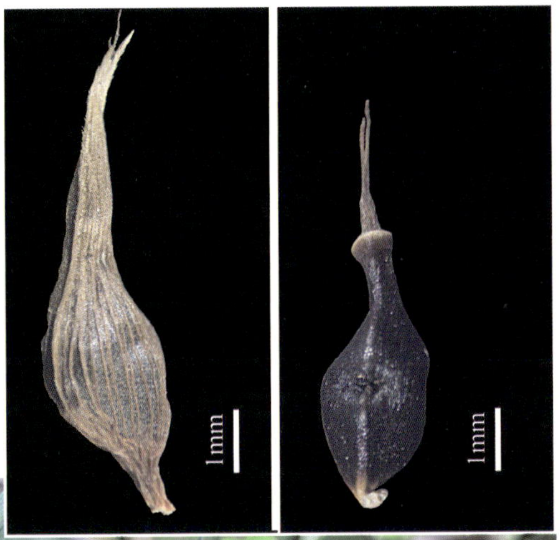

图10-199 根花薹草

104. 等高薹草 （图10-200）
Carex aequialta Kük.

根状茎短。秆丛生，高30～60cm，三棱形，平滑，基部叶鞘无叶片，暗棕色，分裂成网状。叶与秆近等长；叶片宽3～4mm，平张，坚挺。苞片叶状，长于花序，无鞘。小穗3或4，几乎等高，顶生1个小穗雄性，棍棒状，长2～3cm，近无柄，侧生小穗雌性，圆柱形，长3～5cm，花稍

密生，具直立的短柄。雌花鳞片长圆状卵形，锈色，长约2.5mm，先端近圆钝，有时具极短短尖，背面具3绿色中脉。果囊开展，圆卵球形，极膨胀，锈色，具密的斑点，长2.5~3mm，膜质，具多条细脉，顶端急缩成极短的喙，喙口全缘。小坚果疏松地包于果囊中，圆形或倒卵形，双凸状，褐色，长约2mm；花柱基部不膨大，柱头2。花果期5月。

产于临安（昌化千顷塘）。生于海拔约1200m的路边、山坡林下。分布于江苏、安徽。日本也有。

图10-200　等高薹草

105. 乳突薹草 （图10-201）
Carex maximowiczii Miq.

根状茎短，稀匍匐。秆丛生，高30~75cm，锐三棱形，稍坚硬，基部具褐色或红褐色无叶片的叶鞘，常细裂成纤维状。叶短于或近等长于秆；叶片宽3~4mm，平张或边缘反卷。苞片基部叶状，长于花序，上部的刚毛状或鳞片状，无鞘。小穗2或3，顶生1个雄性，狭圆柱形，长2~4cm，具柄，侧生小穗雌性，圆柱形或短圆形，长2.5~3cm，宽7~8mm；小穗柄纤细，基部的长1.5~2cm，下垂，上部的柄较短，直立或下垂。雌花鳞片长圆状披针形，红褐色，具锈色点线，长4~4.5mm，顶端渐尖或近圆形，

图10-201　乳突薹草

具短芒尖，具3绿色中脉。果囊宽倒卵形或宽卵形，双凸状，红褐色，密生乳头状突起和红棕色树脂状小突起，长4～4.2mm，宽3～3.5mm，近无脉，基部宽楔形，顶端急尖成短喙，喙口全缘。小坚果扁圆形，褐色，长2～2.2mm；花柱长，基部不膨大，柱头2。花果期4—6月。

产于长兴、安吉、杭州市区、临安、建德、宁波市区、天台、缙云、景宁。生于海拔400～1100m的路边草丛潮湿处、水沟边、湿地中。分布于辽宁、山东。日本、朝鲜半岛也有。

106. 粉被薹草（图10-202）
Carex pruinosa Boott

根状茎短。秆丛生，高40～55cm，稍坚硬，基部具褐色叶鞘。叶与秆等长；叶片宽3～5mm，下面密生乳头状突起，边缘外卷。苞片叶状，长于花序，具苞鞘。小穗4～6，顶生者雄性，狭圆柱形，长2.5～3.5cm，侧生者雌性，或上部有时带雄花，长3～6cm，宽3～5mm；小穗柄纤细，长1.5～3cm，下垂。雌花鳞片长圆状披针形，淡黄色，密生锈色点线，长3～3.5mm，先端渐尖而具短尖，具3绿色中脉。果囊长圆状卵球形，双凸状，密生乳

图10-202　粉被薹草

头状突起和红棕色树脂状小突起，长2.5～3mm，稍具细脉，顶端具喙，喙口微凹。小坚果宽卵球形，双凸状，黄色，长约2mm；花柱基部不增粗，柱头2。花果期4—8月。

产于杭州市区、富阳、临安、鄞州、开化、磐安、天台、临海、缙云、遂昌、松阳、龙泉、景宁、乐清、永嘉、文成、苍南、泰顺。生于海拔200～1350m的山坡草丛、路边沼泽、水塘边、溪沟边、岩石缝。分布于华东、华中及山东、广东、广西、四川、云南。泰国、印度尼西亚、印度、不丹也有。

107. 武义薹草 （图10-203）
Carex subcernua Ohwi

根状茎短。秆丛生，高40～55cm，锐三棱形，平滑，上部粗糙，基部具淡褐色的无叶片的叶鞘，有时丝裂状。叶长于秆或有时近等长；叶片宽3～4mm，平张，上部边缘粗糙。苞片叶状，最下部的1枚长于花序，其余的与花序近等长，无鞘。小穗3或4，顶生小穗雄性，狭圆柱形，长3～5cm，小穗柄长1.5～2cm，侧生小穗雌性，圆柱形，长4～5cm，宽3.5～5mm，直立，小穗柄长1～2.5cm。雄花鳞片长圆状披针形，淡黄色，长约5mm，顶端锐尖。雌花鳞片长卵形，两侧锈色，长约3mm，先端渐尖并具短芒，背面具3绿色中脉。果囊椭圆球形，双凸状，长3～3.5mm，密生乳头状突起，细脉明显，基部宽楔形，先端收缩成短喙，喙口全缘。小坚果倒卵球形，双凸状，褐色，长约2mm；花柱基部不增粗，柱头2。花果期5月。

产于临安、宁波市区、武义、龙泉。生于路边林下。日本也有。

图10-203　武义薹草

108. 镜子薹草 （图10-204）
Carex phacota Spreng.

根状茎短。秆丛生，高20～75cm，锐三棱形，基部具淡黄褐色或深黄褐色的叶鞘。叶与秆近等长，宽3～5mm，边缘反卷。苞片下部的叶状，无鞘，上部的刚毛状。小穗3～5，接近，顶端1个雄性，稀顶部有少数雌花，狭圆柱形，具柄，侧生小穗雌性，稀顶部有少数雄花，圆柱形，长2.5～6.5cm，密生花；小穗柄纤细，最下部的1枚长2～3cm，向上渐短。雌花鳞片长圆形，两侧苍白色，具锈色点线，长约2mm，顶端截形或凹，具粗糙芒尖，背面具3绿色中脉。果囊宽卵球形或椭圆球形，双凸状，暗棕色，长2.5～3mm，宽约1.8mm，密生乳头状突起，无脉，基部宽楔形，顶端急尖成短喙，喙口全缘或微凹。小坚果近圆球形或宽卵球形，双凸状，褐色，长约1.5mm，密生小乳头状突起；花柱长，基部不增粗，柱头2。花果期4—6月。

产于安吉、杭州市区、富阳、临安、建德、宁波市区、开化、江山、磐安、天台、遂昌、松阳、龙泉、乐清、瑞安、文成、泰顺。生于海拔1200m以下的溪沟边、草丛中、田边潮湿处、山沟林下。分布于华东、华南、西南及山东、湖南。东南亚及日本、印度、尼泊尔、斯里兰卡也有。

图10-204　镜子薹草

109. 二型鳞薹草　垂穗薹草 （图10-205）
Carex dimorpholepis Steud.

根状茎缩短。秆丛生，高40～60cm，粗壮，锐三棱形，基部具褐色叶鞘。叶短于或等长于秆；叶片扁平，宽4～7mm，边缘及背面中脉粗糙，黄绿色，具明显3脉。苞片下部的叶状，长于花序，上部的刚毛状，无鞘。小穗4～6，圆柱形，长2.5～5cm，有长柄而下垂，顶生者雌雄顺序，雄性较雌性部分长，常在小穗两端或中部也有生雄花者，侧生小穗通常为雌性。雄花鳞片长圆状披针形，先端渐尖，具短芒。雌花鳞片长圆形或长圆状披针形，两侧白色，疏生锈色短线，长2～2.5mm，膜质，先端截形或凹头，具粗糙长芒，芒长1.5～3mm，背面具3绿色中脉。果囊扁凸状宽卵球形，长2.5～3.5mm，直立，膜质，有红褐色斑点，无脉，具短柄，顶端急尖成短喙，喙口截形。小坚果宽卵球形，平凸状，长1.5～2mm，栗色；花柱基部增粗，柱头2。花果期4—6月。

产于长兴、杭州市区、临安、建德、诸暨、瑞安、文成。生于海拔200～860m的溪沟边、水塘边、山沟林下、路边草丛中。分布于华东、华中及辽宁、山东、广东、四川、陕西、甘肃。东亚、东南亚地区也有。

图10-205　二型鳞薹草

110. 灰化薹草（图10-206）

Carex cinerascens Kük.

图10-206　灰化薹草

根状茎短。秆丛生，纤细，高20～40cm，三棱形，基部具褐色老叶鞘。叶短于秆；叶片宽3～4mm，扁平，上部边缘粗糙。苞片叶状，基部1片近等长于花序，上部渐短，具苞鞘。小穗4或5，彼此接近，顶生者雄性，狭圆柱形，长2.5～4cm，侧生者雌性，短圆柱形至圆柱形，长2～4cm，基部小穗柄长5～20mm，其余近无柄。雌花鳞片长圆状披针形，淡褐色，两侧棕色，具狭的白色膜质边缘，长约2.5mm，先端急尖，具小尖头，背面具3淡褐色中脉。果囊椭圆球形，平凸状，淡绿色，长约3mm，表面具疣状突起，脉不明显，基部具短柄，顶端急缩成短喙，喙口微凹。小坚果倒卵状长圆球形，平凸状，黄色，长约1.5mm；花柱基部稍增粗，柱头2。花果期5月。

产于天台。分布于东北、华中及内蒙古、江苏、安徽、陕西。日本也有。

111. 点囊薹草 大理薹草 （图10-207）

Carex rubrobrunnea C.B. Clarke — *C. taliensis* Franch. — *C. rubrobrunnea* var. *taliensis* (Franch.) Kük.

根状茎缩短，具褐色须根。秆高40～60cm，三棱形，基部具褐色老叶鞘。叶长于秆；叶片宽3～5mm，边缘粗糙。苞片叶状，长于秆，无苞鞘。小穗4～6，排列成帚状，顶生者雄性或雌雄顺序，狭圆柱形，长4～5cm，侧生者雌性，长圆柱形，长5～10cm，花密生，直立，最下1个具短柄。雄花鳞片披针形，黄褐色，先端急尖。雌花鳞片狭披针形，两侧紫红色，长约4～5mm，先端渐尖，具芒尖，背面具1黄绿色中脉。果囊长圆形，双凸状，淡绿色，长3～4mm，密生褐色

图10-207 点囊薹草

微突起的点和线,脉不显,顶端骤尖成长喙,喙口具2小齿。小坚果卵形,双凸状,褐色,长约1.5mm,光滑;花柱短,基部稍增粗,柱头2,宿存,长约为果囊的2倍。花果期3—7月。

产于临安、桐庐、淳安、诸暨、开化、磐安、临海、缙云、遂昌、龙泉、庆元、景宁、乐清、瑞安、文成、泰顺。生于海拔180~1500m的林下路边、溪沟边及沟谷湿地、坑边草丛、溪滩浅水石隙中。分布于华东及湖北、广东、广西、四川、云南、陕西、甘肃。

112. 鹅落薹草 (图10-208)

Carex otaruensis Franch.

根状茎下延,具匍匐茎。秆丛生,高30~60cm,锐三棱形,粗糙,基部叶鞘无叶片,红褐色,具光泽,呈网状细裂。叶与秆等长;叶片宽3~5mm,平张,质硬,边缘反卷,下面灰绿色。苞片最下部的叶状,上部的刚毛状,无鞘。小穗4或5,顶生1个雄性,狭棍棒状,长3~8cm,宽约2.5mm,侧生小穗雌性,稀顶端生有雄花,长圆柱形,长3~8cm,宽约3mm,花密生;小穗柄丝状,极粗糙,直立。雌花鳞片卵状披针形,苍白色,长2~2.5mm,顶端锐尖或具稍粗糙的尖头,

图10-208 鹅落薹草

背面具1或3绿色中脉。果囊卵形或椭圆形，双凸状，淡绿色，常具褐紫色点线，长2.5～3mm，膜质，无脉，具边缘，基部截形，具极短的柄，顶端收缩成短柱状的喙，喙缘稍粗糙，喙口白色，微缺。小坚果狭倒卵形，双凸状，长1.5～2mm；花柱基部稍增粗，柱头2。花果期5月。

产于临安（昌化千顷塘）、天台（华顶山）。生于海拔900～1200m的沼泽湿地或沟边。分布于安徽。日本也有。

113. 长柱头薹草　细梗薹草　（图10-209）
Carex teinogyna Boott

根状茎短。秆丛生，高40～60cm，细弱，三棱形，基部具叶鞘，灰褐色或黄褐色，分裂成纤维状。叶与秆近等长；叶片宽2.5～4mm，上面具沟，边缘及中脉粗糙。下部苞片叶状，与花序近等长，具长苞鞘，上部者刚毛状。小穗多数，单生，或2、3枚并生，雄雌顺序，狭圆柱形，长2～3cm，疏生花，小穗柄纤细。雄花鳞片椭圆形，长约4mm；雌花鳞片长圆状披针形，锈色，长约4.5mm，先端急尖，具长芒，背面中脉粗糙。果囊椭圆球形，平凸状，栗褐色，长约4mm，膜质，具多条细脉，边缘及脉上被短粗毛，上部渐狭成长喙，喙口具2齿裂。小坚果长圆球形，平凸状，褐色，长约2mm；花柱基部略增粗，柱头2，比小坚果长3～4倍。花果期4—11月。

产于杭州市区、临安、建德、淳安、诸暨、开化、磐安、武义、仙居、缙云、遂昌、龙泉、庆元、永嘉、文成、泰顺。生于海拔860m以下

图10-209　长柱头薹草

的山谷溪沟边、河边、石滩上、路边林下。分布于华中及安徽、广东、广西、四川、云南。日本、朝鲜半岛、越南、缅甸、印度也有。

114. 湖北薹草 （图10-210）
Carex henryi (C.B. Clarke) T. Koyama

图10-210　湖北薹草

根状茎短，木质，无匍匐茎。秆密丛生，高80～100cm，稍粗壮，钝三棱形，平滑，具基生叶和秆生叶。叶短于秆；叶片宽3～4mm，基部常对折，向上渐平展，两面及边缘均粗糙，具长鞘，靠近秆基部的鞘呈黑褐色。苞片下部的呈叶状，上部的呈刚毛状，具鞘；鞘长0.5～6cm。小穗多数，排成稀疏的圆锥花序，雄雌顺序，顶端具少数雄花，其余为疏生的雌花，雄花部分短于雌花部分，狭圆柱形，长10～25mm，具细而稍长的柄。雄花鳞片狭卵形或卵形，褐黄色，顶端渐尖，背面具1中脉。雌花鳞片卵形，褐黄色，长约2mm，顶端急尖，无短尖，背面具1绿色中脉。果囊近于直立，椭圆球形，平凸状，黄绿色，长约3mm，背面具5或7脉，基部急缩成短柄，上部渐狭成喙，边缘被疏缘毛，喙长约为果囊全长的1/3，顶端具2短齿。小坚果椭圆形，扁双凸状，长约1.7mm；花柱等长或长于果囊，基部稍增粗，柱头2。花果期10月。

产于浙江东部（宁波或天台），具体产地不详。分布于西南及安徽、湖北、陕西。

115. 日南薹草 （图10-211）
Carex nachiana Ohwi

根状茎短，无匍匐茎。秆稍疏丛生，高60～70cm，坚挺，锐三棱形，上部稍粗糙或平滑，具1或2枚叶。叶较坚挺；叶片宽2.5～4mm，平张，基部的叶鞘棕褐色，不开裂。苞片下面的叶状，具长鞘。小穗多数，2或3个，或单生于分枝上，花序柄露出或包于苞鞘内，全部小穗均为雄雌顺序，圆柱形，长1.5～3cm，具多数疏生的花。雌花鳞片卵状长圆形，淡褐色，长约3.5mm，顶端急尖，无短尖，背面具1褐色中脉。果囊近于直立，宽卵形或椭圆形，扁双凸状，褐色，长3.5～4mm，膜质，具多脉，边缘粗糙，其余部分无毛，基部急缩成很短的柄，顶端渐狭成中等长的喙，喙口具2齿。小坚果圆卵形，扁双凸状，黄色或黄褐色，长约2mm；花柱直而短，基部增粗，柱头2，中等长。花果期9月。

产于临安（昌化）。生于林下、路边、溪边、墙头。分布于江苏、台湾。日本也有。

图 10-211 日南薹草

116. 褐果薹草 栗褐薹草 （图 10-212）
Carex brunnea Thunb.

根状茎缩短。秆丛生，高 35~60cm，纤细，三棱形，上部粗糙，下部生叶，基部具栗褐色呈纤维状的枯叶鞘。叶较秆短或长；叶片条形，宽 2~3mm，粗糙。下部苞片叶状，具长苞鞘，上部的刚毛状。小穗多数，疏离，单生，或 2~5 个并生，雄雌顺序，狭圆柱形，长 2~3cm，密生花；小穗柄细长，下垂。雄花鳞片狭卵形，黄褐色，长约 3mm，先端急尖，背面具 1 脉。雌花鳞片长圆状卵形，两侧锈褐色，长约 2.5mm，先端渐尖或急尖，具 1 绿色中脉。果囊卵圆球形或宽卵球形，平凸状，栗褐色，长 2.5~3mm，具多条细脉，上部被短硬毛，顶端紧缩成中等长的喙，喙口具 2 小齿。小坚果卵圆球形，平凸状，长 1.5~2mm；花柱基部略增粗，柱头 2，稍长。花果期 7—12 月。

产于杭州及宁波市区、定海、普陀、开化、磐安、缙云、遂昌、永嘉、文成、苍南、泰顺。

生于海拔1100m以下的山坡林下、草丛中、沟谷溪边、岩石下。分布于华东、华中、华南、西南及陕西、甘肃。东亚、东南亚，大洋洲也有。

图 10-212　褐果薹草

117. 仙台薹草（图10-213）
Carex sendaica Franch.

根状茎细长，具地下匍匐茎。秆丛生，高10～35cm，细弱，三棱形，平滑，向顶端稍粗糙。叶基生，短于或等长于秆；叶片宽2～3mm，平展或有的折合，边缘粗糙，具鞘。苞片下部的叶状，上部的呈刚毛状，具鞘。小穗3或4个，单生于苞鞘内，雄雌顺序，顶生小穗雄花部分较雌花部分长，侧生小穗常雌花部分长于雄花部分，小穗圆柱形，长8～15mm，具数朵至10余朵较密生的雌花；具细的小穗柄。雄花鳞片卵状披针形，褐色，长约3.5mm，顶端急尖或钝，背面具1中脉。雌花鳞片卵形，红棕色，长2～2.5mm，顶端急尖，无短尖，背面具3中脉。果囊近于直立，宽椭圆球形或宽卵球形，平凸状，红棕色，长3～3.5mm，膜质，背面具多条细脉，边缘具短硬毛，基部具短柄，上部急狭成短喙，喙长不及1mm，具2短齿。小坚果近圆形，扁平凸状，淡黄色，长约2mm，无柄；花柱基部稍增粗，柱头2。花果期9—11月。

产于杭州市区、临安、建德、淳安、开化。生于海拔90～380m的山坡、草丛中、墙上。分布于华中及江苏、四川、贵州、陕西。日本也有。

图10-213　仙台薹草

118. 滨海薹草　锈点薹草　（图10-214）
Carex bodinieri Franch.

根状茎短，木质。秆较细，高35～100cm，三棱形，基部常具撕裂成纤维状的叶鞘。叶短于秆；叶片宽2～4mm，平张，两面和边缘均粗糙。苞片下部的叶状，上部的渐变短，具鞘。小穗多数，常1～3个出自同一苞鞘内，排列疏松，全部小穗均为雄雌顺序，雄花部分较雌花部分短，狭圆柱形，长1.5～3.5cm，具柄。雌花鳞片宽卵形，棕色，长约3mm，顶端急尖，无短尖，膜质，背面具3绿色中脉。果囊近于直立，宽椭圆球形，扁平凸状，红棕色，长约4mm，膜质，背面具9细脉，中部以上边缘具疏缘毛，基部急缩成短柄，顶端急缩成中等长的喙，喙口具2齿。小坚果椭圆球形，扁平凸状，淡黄色，长约2mm；花柱基部稍增粗，柱头2，常短于果囊。花果期7—11月。

图10-214　滨海薹草

产于杭州市区、临安、淳安、开化、江山、武义、天台、仙居、遂昌、松阳、龙泉、永嘉、文成、泰顺。生于海拔120～1200m的山沟路边林下、岩石上、灌丛或阴湿草丛中。分布于华东及湖南、广东。日本也有。

119. 柄果薹草　褐绿薹草　（图10-215）
Carex stipitinux C.B. Clarke —— *C. brunnea* Thunb. var. *stipitinux* (C.B. Clarke) Kük.

根状茎缩短。秆丛生，高60～80cm，粗壮，三棱形，基部具褐色呈纤维状分裂的叶鞘。叶生于秆的中部或上部；叶片宽3～4mm，近革质，粗糙。苞片短叶状或刚毛状，具苞鞘。小穗多数，单生，或2～5枚排成侧生的支总状花序，顶生者雄性，狭圆柱形，长2.5～3.5cm，余者雄雌顺序，圆柱形，长1～3cm，小穗柄纤细，直立。雄花鳞片卵状披针形，黄褐色，长约4.5mm，先端急尖，背面具1中脉。雌花鳞片卵形，两侧锈褐色，有狭的白色膜质边缘，长约2mm，先端钝尖或急尖，具1绿色中脉。果囊宽椭圆球形，平凸状，褐绿色，长约3mm，具多条细脉，顶端具长喙，喙被毛，喙口具2小齿。小坚果椭圆球形，平凸状，长约2mm；花柱基部稍增大，柱头2。花果期4—12月。

产于临安、建德、淳安、鄞州、开化、江山、缙云、遂昌、松阳、龙泉、庆元、永嘉、文成、泰顺。生于海拔250～1350m的山坡林下、灌丛、路边草丛中及溪沟边、坑边。分布于华中及安徽、江西、广西、四川、贵州、陕西、甘肃。

本种发表时作者所列的标本有两个类型，尚需进一步研究。

图10-215　柄果薹草

120. 秋生薹草 （图10-216）
Carex autumnalis Ohwi

根状茎短。秆丛生，高40～70cm，三棱形，平滑。叶基生，多数，短于秆；叶片宽2～3mm，质地坚挺，下部折合，上部平张，边缘粗糙，具鞘；鞘长4～5cm，常无叶片，深栗色。苞片下部短叶状或刚毛状，上部的近于鞘状。小穗多数，顶生小穗雄性，狭圆柱形，长2～3cm，侧生小穗雄雌顺序，圆柱形，长1～2cm，雄性部分很短，直立，小穗柄细。雄花鳞片披针形，黄褐色，长约2mm，顶端钝或急尖，有时具短尖，具1中脉。雌花鳞片长卵形，黄褐色，长约2.5mm，顶端钝或急尖，有时具短尖，背面具1中脉。果囊斜展，宽椭圆球形，平凸状，栗褐色，长约3.5mm，膜质，具多条细脉，脉上被稀疏的短硬毛，基部楔形，具短柄，先端渐缩成中等长的喙，喙口微缺。小坚果椭圆球形，长约2mm；花柱短，基部膨大，柱头2。花果期8—10月。

产于临安、遂昌、庆元、文成。生于海拔400～1100m的山坡林下、岩石上或路边草丛中。分布于福建。日本也有。

图10-216 秋生薹草

121. 翼果薹草 （图10-217）
Carex neurocarpa Maxim.

根状茎短，木质。秆丛生，全株密生锈色点线，高15～100cm，宽约2mm，粗壮，扁钝三棱形，平滑，基部叶鞘无叶片，淡黄锈色。叶短于或长于秆；叶片宽2～3mm，平张，边缘粗糙，先端渐尖，基部具鞘。苞片下部的叶状，显著长于花序，无鞘，上部的刚毛状。小穗多数，雄雌顺序，长卵球形，长5～8mm；穗状花序紧密，呈尖塔状圆柱形，长2.5～8cm，宽1～1.8cm。雌花

鳞片卵形至长圆状椭圆形，锈黄色，密生锈色点线，长2～4mm，宽约1.5mm，顶端急尖，具芒尖。果囊卵球形或宽卵球形，稍扁，锈黄色，密生锈色点线，长2.5～4mm，膜质，两面具多条细脉，无毛，中部以上边缘具宽而微波状不整齐的翅，基部近圆形，具海绵状组织，有短柄，顶端急缩成喙，喙口2齿裂。小坚果卵形或椭圆形，平凸状，淡棕色，长约1mm，平滑，有光泽，顶端具小尖头；花柱基部不增粗，柱头2。花果期4—7月。

产于杭州市区、临安、淳安、余姚、象山。生于草坪上、沟边、池塘边。分布于东北、华北及江苏、安徽、河南、陕西、甘肃。俄罗斯远东地区、日本、朝鲜半岛也有。

图10-217 翼果薹草

122. 穹隆薹草（图10-218）
Carex gibba Wahlenb.

根状茎短，木质。秆丛生，直立，高30～50cm，三棱形，基部具褐色纤维状分裂的叶鞘。叶长于秆或与之近等长；叶片宽2～3mm，柔软，平张。苞片叶状，长于花序。小穗5～9，长卵形或长圆形，长5～10mm，宽4～5mm，雌雄顺序，花密生。雄花鳞片长卵形，两侧白色，长约1.5mm，具3绿色中脉。雌花鳞片卵圆形，两侧白色，长约2mm，膜质，具3绿色中脉，顶端延伸成芒。果囊宽卵球形，平凸状，淡绿色，长3～3.5mm，无毛，无脉，边缘具不规则细齿，先端急狭成短喙，喙边缘粗糙，喙口具2小齿。小坚果卵球形，淡黄色，长约2.5mm，顶端近圆形，基部收缩成短柄；花柱基部不增粗，柱头3。花果期4—7月。

产于长兴、安吉、杭州市区、临安、建德、淳安、鄞州、开化、浦江、磐安、天台、临海、仙居、遂昌、松阳、龙泉、庆元、景宁、乐清、永嘉、瑞安、文成、泰顺。生于海拔250～1200m的路边草丛中、山坡林下、石隙间、田边及荒草地、沼泽中。分布于华东、华中及辽宁、山西、广东、广西、四川、贵州、陕西、甘肃。日本、朝鲜半岛也有。

一八五　莎草科 Cyperaceae

图 10-218　穹隆薹草

123. 书带薹草（图10-219）
Carex rochebrunii Franch. et Sav.

根状茎短，粗壮，木质。秆丛生，高35～50cm，纤细，三棱形，平滑，中部以下具叶，基部具无叶片的叶鞘。叶短于或长于秆；叶片宽1.5～2mm，平张。苞片下部的2或3枚叶状，长于花序，上部的刚毛状。小穗6～10个，长圆形，长5～12mm，雌雄顺序。雄花鳞片长卵形，两侧白色，长约2mm，具3绿色中脉。雌花鳞片长圆形，两侧白色，长2.5～3mm，膜质，具3绿色中脉，顶端锐尖并具粗糙短芒。果囊卵球状披针形，平凸状，淡绿色，长约

图 10-219　书带薹草

3.5mm，无毛，背面具细脉，边缘中部以上具狭翅，翅缘粗糙，先端渐狭成长喙，喙口具2小齿，基部渐狭成楔形。小坚果长圆球形，长约2mm，顶端近圆形，基部渐狭；花柱基部略增粗，柱头2。花果期4—6月。

产于长兴、安吉、杭州市区、萧山、临安、鄞州。生于海拔360~1200m的林下、路边草丛中。分布于华中、西南及山西、江苏、安徽、台湾、广西、陕西、甘肃。东亚、东南亚也有。

124. 卵果薹草 （图10-220）
Carex maackii Maxim.

图10-220　卵果薹草

根状茎短，木质。秆丛生，高20~70cm，宽1.5~2mm，直立，近三棱形，上部粗糙，中下部具叶，基部具褐色无叶片的叶鞘。叶短于或近等长于秆；叶片宽2~4mm，平张，柔软，边缘具细锯齿。苞片基部的刚毛状，其余的鳞片状。小穗10~14，卵球形，长5~10mm，宽4~6mm，雌雄顺序，花密生；穗状花序长圆柱形，长2.5~6cm，先端紧密，下部稍远离。雌花鳞片卵形，淡褐色，长2.2~2.8mm，顶端急尖，具1绿色中脉。果囊卵形或卵状披针形，平凸状，长3~3.2mm，膜质，背面具5~7脉，腹面4或5脉，边缘内面具海绵状组织，外面具狭翅，上部具稀疏锯齿，基部近圆形，先端渐狭成中等长的喙，喙口2齿裂。小坚果长圆形或长圆状卵形，微双凸状，淡棕色，长约1.5mm，基部楔形，具短柄；花柱基部不增粗，柱头2。花果期4—6月。

产于杭州市区。生于溪沟边、水边草地上、山坡林下。分布于东北及江苏、安徽、河南。俄罗斯远东地区、日本、朝鲜半岛也有。

125. 单性薹草 （图10-221）
Carex unisexualis C.B. Clarke —— *C. fluviatilis* Boott var. *unisexualis* (C.B. Clarke) Kük.

根状茎匍匐，细长，具褐色叶鞘，鞘常细裂成纤维状。秆高15~30cm，扁三棱形，基部叶鞘淡褐色。叶短于秆；叶片宽1.5~2.5mm，平张，微弯曲，先端渐细尖。苞片刚毛状或鳞片状。小穗15个以上，单性，稀雄雌顺序，雄小穗短圆柱形，长约6mm，宽2~3mm，雌小穗长圆状卵球形，长5~8mm，宽约4mm；雌雄异株，稀同株。雄花鳞片卵形，苍白绿色，长3~3.5mm，顶端急尖。雌花鳞片卵形，苍白绿色，具锈点，长2~3mm，顶端锐尖，具芒尖。果囊卵球形，平凸状，淡绿色或苍白色，有锈点，长2~3mm，两面具多条细脉，边缘具狭翅，翅中部以上具细锯齿，基部近圆形，具海绵状组织，有短柄，先端渐狭成喙，喙边缘微粗糙，喙口深裂成2齿。小坚果卵形或椭圆形，平凸状，深褐色，长约1.2mm，有光泽，顶端圆形，具小尖头；花柱基部不增粗，柱头2。花果期4—5月。

一八五　莎草科 Cyperaceae

产于长兴、湖州市区(吴兴)、杭州市区、临安。生于山脚下溪沟边。分布于华东、华中及云南。日本也有。

图 10-221　单性薹草

126. 筛草　砂砧薹草（图 10-222）
Carex kobomugi Ohwi

根状茎长而匍匐或斜向地下，外被黑褐色分裂成纤维状的叶鞘。秆高 10~20cm，宽 3~4mm，极粗壮，钝三棱形，平滑，基部具细裂成纤维状的老叶鞘。叶长于秆；叶片宽 3~8mm，平张，革质，边缘锯齿状。苞片短叶状；小穗多数，卵球形，长 10~15mm；穗状花序圆柱形；雌雄异株，稀同株，雄花序长圆形，长 4~5cm，宽 1.2~1.3cm；雌花序卵球形，长 4~6cm，宽约 3cm。雄花鳞片披针形至狭披针形，长 5~10mm，顶端渐狭成粗糙短尖。雌花鳞片卵形，黄绿色带栗色，长 1.2~1.6cm，顶端渐狭成芒尖，具多脉。果囊披针形或卵球状披针形，平凸状，栗色，长 10~15mm，宽约 4mm，弯曲，厚革质，无毛，有光泽，两面具多条细脉，上部边缘具齿状狭翅，基部近圆形，具短柄，先端渐狭成长喙，稍弯，喙口具 2 尖齿。小坚果长圆状倒卵形或长圆形，橄榄色，长 5~5.5mm；花柱下部微有毛，基部稍膨大，柱头 2。花果期

4—8月。

产于杭州市区、象山、普陀、岱山。生于滨海沙滩上。分布于东北及河北、山东、江苏、安徽、台湾、青海。俄罗斯远东地区、日本、朝鲜半岛也有。

图 10-222　筛草

一八六　黑三棱科 Sparganiaceae

多年生草本，沼生或生于浅水中，具根状茎。茎单一或分枝。叶互生，二列排列，挺水或浮水；叶片条形，扁平或在中下部背面有龙骨状突起，或呈三棱形，基部扩大成鞘状抱茎。花单性同株，密集成球形的头状花序，再排成穗状花序或圆锥花序，下部1至数个为雌花序，上部为雄花序，花序侧枝常与主轴或多或少贴生；花被片3~6，退化为细小膜质的鳞片；雄花具3或6雄蕊，花丝分离或基部合生，花药基着；雌花具膜质苞片，雌蕊1，子房上位，1室，稀为2室，每室1胚珠，下垂，花柱或长或短，单一或分叉，柱头偏向一侧。果为坚果状，具棱或否，外果皮海绵质，内果皮骨质，无毛。种子有圆柱形直胚和粉质胚乳。

仅1属，约19种，主要分布于北半球温带至寒带地区。我国有11种，分布于东北至西南地区，但主产于东北和华北；浙江有2种。

黑三棱属 Sparganium L.

属的特征、分布与科同。

1. 黑三棱（图10-223）

Sparganium stoloniferum (Buch.-Ham. ex Graebn.) Buch.-Ham. ex Juz.

沼生草本。根状茎横走，具圆锥形或近卵球形的块茎。茎直立，圆柱形，挺出水面，高70~100cm。叶片条形，长40~90cm，宽7~16mm，先端稍钝，上部扁平，基部扁三棱形，抱茎。圆锥花序长25~50cm，分枝3~5个；雄头状花序2~10，生于花序总轴或分枝上部，球形，

图10-223　黑三棱

直径约1cm；雌头状花序1~3，生于分枝下部，球形，直径1~1.6cm；雄花花被片3或4，膜质，倒披针状匙形，长1~2mm，雄蕊3，花丝长2~3mm，花药长约1mm；雌花花被片倒卵状楔形，长3~5mm，子房无柄，花柱长2~3mm，柱头长2~4mm。果实倒圆锥状，四棱形，长6~10mm，宽4~8mm，顶端具喙。花果期6—8月。

产于临安、宁海、义乌、东阳、磐安、武义、莲都，常为栽培。生于池塘、水田或湖泊沼泽中。分布于东北、华北、华东、西南和西北。日本、朝鲜半岛及南亚、中亚等也有。

2. 曲轴黑三棱 （图10-224）
Sparganium fallax Graebn.

挺水草本。茎直立，高50~70cm。叶片条形，扁平，下面近基部龙骨状突起，长40~55cm，宽4~10mm，先端稍钝，基部鞘状抱茎，平行脉直出，具小横脉。穗状花序长20~40cm，花序轴略呈"S"形曲折；雄头状花序4~7，排列于花序总轴上部；雌头状花序3~5，生于花序总轴下部，直径约1cm，无柄或最下部者具柄；雄花花被片4~6，膜质，倒披针形，长1.5~2mm，雄蕊4~6，花丝长约3mm，伸出花被外，花药长约1mm；雌花花被片4~6，绿色，倒卵形或倒宽卵形，长2.5~3mm，子房无柄，花柱长约2mm，单一，柱头喙状。果实长圆球状圆锥形，长4~5mm，宽1.5~2mm。花果期6—10月。

产于湖州市区（吴兴）、杭州市区、临安（大明山）、宁波市区、余姚、开化、天台、磐安、浦江、武义、缙云、庆元、景宁（望东垟）。生于海拔250~1130m的池塘、沼泽或溪沟中。分布于福建、台湾、贵州、云南。日本也有。

与黑三棱的主要区别在于头状花序排成穗形，不分枝，果实长4~5mm，较小而无棱。

图10-224　曲轴黑三棱

一八七 香蒲科 Typhaceae

多年生草本,沼生,具根状茎。茎圆柱形,实心,挺出水面。叶二列排列;叶片条形,扁平,无柄,基部扩大成开裂的鞘,常有膜质的叶耳。花小,无花被,单性同株,雄雌顺序,排成稠密的圆柱形穗状花序;小苞片狭长匙形,或缺;雄花通常具2~5雄蕊,稀为1,或6或7,花丝分离或合生,花药条形,基着,药隔常延伸;雌花具柄,柄上有白色长柔毛,子房1室,内有1胚珠,花柱细长,柱头匙形或鸡冠状。果为小坚果。种子胚直立,富含胚乳。

仅1属,约16种,分布于全球热带和温带地区。我国有12种,大多分布于东北和华北;浙江现知有2种。

香蒲属 Typha L.

属的特征、分布与科同。

1. 香蒲 东方香蒲 (图10-225)
Typha orientalis C. Presl — *T. latifolia* L. var. *orientalis* (C. Presl) Rohrb.

根状茎粗壮。茎高1~2m。叶片条形,扁平,长35~70cm,宽5~8mm,先端渐尖,或稍钝,基部扩大成开裂的鞘,鞘口边缘膜质,平行脉多而密,直出。穗状花序圆柱状,雄花部分与雌花部分紧密相接,雄花部分长3~6cm,雌花部分长5.5~12cm,果时直径达2cm;雄花具雄蕊2~4,基部具柄,花药长约2mm;雌花无小苞片,长7~8mm,基部柄上有多数白色长柔毛,较柱头稍短,柱头匙形,不育雄蕊呈棍棒状。小坚果长约1mm,表面具1纵沟。花果期6—9月。

图10-225 香蒲

产于宁波及长兴、杭州市区、临安（天目山）、富阳、诸暨、兰溪、天台。生于池塘或浅水中。分布于东北、华北、华东、华中和西北。日本、俄罗斯和菲律宾也有。

茎叶为造纸原料；花粉可供药用，称"蒲黄"。

《中国植物志·第八卷》和《浙江种子植物检索鉴定手册》记载浙江还有宽叶香蒲 Typha latifolia L. 的分布，凭证标本为采自杭州的748号（采集人不详）和采自天目山的628号（采集人不详），均为香蒲的误定，宽叶香蒲浙江可能不产。

2. 水烛　狭叶香蒲　（图10-226）

Typha angustifolia L.

茎高 1～2 m。叶片条形，扁平，长30～90 cm，宽5～8 mm，先端急尖，基部扩大成抱茎的鞘，鞘口两侧具膜质的叶耳，平行脉多而密，直出。穗状花序圆柱状，雄花部分与雌花部分不相连接，中间间隔长2～9 cm，雄花部分长18～25 cm，雌花部分长6～20 cm，果时直径1.5～2 cm；雄花具雄蕊2或3，稀可达7，花药长约2 mm；雌花长3～3.5 mm，近基部具小苞片，基部柄上有多数白色长柔毛，较柱头短或果时伸长，不育花子房倒圆锥形。小坚果长1～1.5 mm，表面无纵沟。花果期6—9月。

几乎遍及全省，也常见栽培。生于池塘、浅水中或河道边。分布于东北、华北、华东。

为常见的挺水观赏植物。

以往记载浙江还有达香蒲 Typha davidiana (Kromb.) Hand.-Mazz. 的分布，凭证标本采自普陀（浙江植物资源普查队28712号），为本种的误定，达香蒲浙江可能也不产。

与香蒲的主要区别在于本种穗状花序雄花部分和雌花部分间断而不相连接，雌花具小苞片，小坚果无纵沟。

图 10-226　水烛

一八八　芭蕉科 Musaceae

多年生草本，常有由叶鞘重叠而成的树干状假茎。叶螺旋状排列或二列排列；叶片全缘，大多具羽状平行脉。花单性或两性，两侧对称，在螺旋状排列或二列排列的大型佛焰苞状的苞片内排成聚伞花序，再排成顶生或腋生的穗状花序，稀花单生或数花组成的聚伞花序直接自根状茎生出。花被片6，2轮，分离或有合生花被片和离生花被片之分；雄蕊6，常5枚发育，1枚退化；子房下位，3室，每室具多数胚珠，中轴胎座，或胚珠单个基生，花柱1，柱头3~6裂。果为浆果或蒴果。种子具或无假种皮，胚直，有丰富的胚乳。

3属，约40种，分布于热带、亚热带地区。我国有3属，14种，主要分布于华南和西南各地；浙江有2属，3种。

1 芭蕉属 Musa L.

多年生草本，具根状茎。假茎全由叶鞘紧密层层重叠而成，基部不膨大或稍膨大，但绝不十分膨大成坛状。叶大型，长圆形，叶柄伸长，且在下部增大成1抱茎的叶鞘。穗状花序直立，下垂或近下垂，但不直接生于假茎上，密集如球穗状；苞片扁平或具槽，芽时旋转或多少覆瓦状排列，绿色、褐色、红色或暗紫色，但绝不为黄色，通常脱落，每1苞片内有花1或2列，下部苞片内的花在功能上为雌花，偶有两性花上部苞片内的花为雄花，但有时在栽培的类型中，其各苞片上的花均为不孕。合生花被片管状，先端具5（3+2）齿，2侧齿先端具钩、角或其他附属物，或无任何附属物；离生花被片与合生花被片对生；雄蕊5；子房下位，3室。浆果伸长，肉质，有多数种子。种子近球形、双凸镜状或形状不规则。

约30种，主要分布在亚洲东南部。我国有11种，主要分布于华南和西南各地；浙江有2种。

1. 芭蕉 （图10-227）
Musa basjoo Siebold et Zucc.

植株高2.5~4m。叶片长圆形，长2~3m，宽25~30cm，先端钝，基部圆形或不对称，上面鲜绿色，有光泽；叶柄粗壮，长达30cm。花序顶生，下垂；苞片红褐色或紫色；雄花生于花序上部，雌花生于花序下部，雌花在每1苞片内有10~16朵，排成二列；合生花被片长4~4.5cm，具5齿裂，离生花被片几与合生花被片等长，先端具小尖头。浆果三棱状长圆形，长5~7cm，具3~5棱，近无柄，肉质，内具多数种子。种子黑色，具疣突及不规则棱角，宽6~8mm。花期夏季至秋季。

原产于日本和朝鲜半岛。华东、华南、西南等地有栽培。全省常见栽培，局部地区有逸生。

图 10-227　芭蕉

2. 大蕉 （图 10-228）
Musa × paradisiaca L.

植株丛生，高 3～7m，具匍匐茎，假茎厚而粗重，多少被白粉。叶片长圆形，长 1.5～3m，宽 40～60cm，上面深绿色，下面淡绿色，被明显的白粉，先端锐尖或尖，基部近心形或耳形，近对称，叶柄甚伸长，长可达 30cm，被白粉。穗状花序顶生，下垂；苞片卵形或卵状披针形，长 15～30cm，脱落，外面紫红色，内面深红色；雄花连同苞片易脱落，雌花在每 1 苞片内排成二列；合生花被片长 4～6.5cm，离生花被片长约为合生花被片长的一半，为透明蜡质，具光泽，长圆形或近圆形，先端具小突尖、锥尖或卷曲成一囊。浆果长圆形，长 10～20cm，果柄通常伸长，内无种子或具少数种子。

原产于马来西亚、印度等地,广泛栽培于热带地区。福建、台湾、广东、海南、广西、云南有栽培。温州有栽培。

与芭蕉的主要区别在于叶片宽,先端尖,基部近心形或耳形,近对称,下面有白粉,浆果长10～20cm,具明显的柄,内常无种子。

图10-228 大蕉

❷ 地涌金莲属 Musella (Franch.) C.Y. Wu ex H.W. Li

多年生草本,丛生,具根状茎,多次结实;假茎矮小,高不及60cm,基部不膨大;真茎在开花前短小。叶大型,长椭圆形,叶柄下部增大成一抱茎的叶鞘。花序直立,直接生于假茎上,密集如球穗状;苞片淡黄色或黄色,干膜质,宿存,每1苞片内有花二列,下部苞片内的花为两性花或雌花,上部苞片内的花为雄花;合生花被片先端具5齿,离生花被片先端微凹,凹陷处有短尖头;雄蕊5;子房3室,胚珠多数。浆果三棱状卵球形,被极密的硬毛。种子较大,扁球形,光滑,腹面有大而明显的种脐。

1种,为我国特有,主要分布于贵州南部和云南中西部;浙江有栽培。

与芭蕉属的主要区别在于花序直立,直接生于假茎上,密集如球穗状,花及苞片宿存。

地涌金莲 （图10-229）

Musella lasiocarpa (Franch.) C.Y. Wu ex H.W. Li

多年生草本，植株丛生，具水平向根状茎。假茎矮小，高不及60cm，基径约15cm，基部有宿存的叶鞘。叶片长椭圆形，长约50cm，宽约20cm，先端锐尖，基部近圆形，两侧对称，有白粉。花序直立，直接生于假茎上，密集如球穗状，长20～25cm；苞片干膜质，黄色或淡黄色，有花二列，每列4或5花；合生花被片卵状长圆形，先端具5（3+2）齿裂，离生花被片先端微凹，凹陷处具短尖头。浆果三棱状卵球形，长约3cm，直径约2.5cm，外面密被硬毛，果内具多数种子。种子大，扁球形，宽6～7mm，黑褐色或褐色，光滑，腹面有大而白色的种脐。

本省公园、湿地有栽培。分布于贵州南部和云南中西部，华东、华南、西南各地有栽培。

花色艳丽，常作为观赏植物；花还可入药，有收敛止血的功效。

图 10-229　地涌金莲

一八九　姜科 Zingiberaceae

多年生草本，稀为一年生，通常具有芳香、横走或块状的根状茎。茎直立，稀无，基部通常具鞘。叶基生或茎生，通常二列排列，少数螺旋状排列；叶片较大，常为披针形或椭圆形；叶鞘闭合或不闭合，顶端有明显的叶舌。花单生，或组成穗状、总状或圆锥花序，生于具叶的茎上或单独由根状茎发出；花常为两性，两侧对称，具苞片；花被片6，2轮，外轮萼状，常合生成管状，内轮花冠状，基部合生成管状，上部具3裂片，通常位于后方的1花被裂片较两侧的大；退化雄蕊2或4，外轮的2枚为侧生退化雄蕊，呈花瓣状，内轮的2枚连合成一唇瓣，极稀无；发育雄蕊1，花丝具槽，花药2室；子房下位，胚珠通常多数，倒生或弯生，花柱1，丝状，柱头漏斗状，具缘毛；子房顶部有2形状各式的蜜腺，或为陷入子房的隔膜腺。蒴果室背开裂或不规则开裂，或肉质不开裂呈浆果状。种子球形，或有棱角，有假种皮，胚直，胚乳丰富。

约50属，1300余种，分布于全球热带、亚热带地区，主产于亚洲热带地区。我国有20属，216种，主要分布于西南和东部各地；浙江有5属，8种。

分属检索表

1. 花序生于有叶的茎顶。
    2. 侧生退化雄蕊小，齿状或钻状，或缺 ·· 1. 山姜属 Alpinia
    2. 侧生退化雄蕊大，花瓣状，与唇瓣分离。
        3. 子房1室，侧膜胎座；唇瓣基部与花丝连合，位于花冠裂片及侧生退化雄蕊之上一段距离 ········
        ··· 2. 舞花姜属 Globba
        3. 子房3室，中轴胎座；唇瓣基部不与花丝连合 ·································· 3. 姜花属 Hedychium
1. 花序生于由根状茎或叶鞘发出的花序梗上。
    4. 侧生退化雄蕊花瓣状，与唇瓣基部离生 ··· 4. 姜黄属 Curcuma
    4. 侧生退化雄蕊较小，与唇瓣合生，似唇瓣的侧裂片状，或缺 ······················ 5. 姜属 Zingiber

1 山姜属 Alpinia Roxb.

多年生草本。根状茎横生。叶片长圆形或披针形。花序通常为顶生的圆锥花序、总状花序或穗状花序；总苞片早落；苞片及小苞片有或无；小苞片扁平、管状，或有时包围着花蕾；花萼陀螺状或管状，常3浅裂，复又一侧开裂；花冠管与花萼等长或较长，裂片长圆形，通常后方的1裂片较大，兜状，两侧的较狭；侧生退化雄蕊缺或极小，呈齿状或钻状，且常与唇瓣的基部合生；唇瓣比花冠裂片大，显著，常有美丽的色彩，有时顶端2裂；花丝扁平，药室平行,纵裂,药隔有时具附属体;子房3室,胚珠多数。蒴果干燥或肉质,通常不开裂或不规则开裂,或3裂。种子多数,有假种皮。

约230种,主要分布在亚热带地区。我国有51种,主要分布于东南部至西南部;浙江有3种。

分种检索表

1. 圆锥花序;小苞片花时脱落 ·· 1.华山姜 A. oblongifolia
1. 总状花序或穗状花序;苞片或小苞片通常宿存。
　　2. 小苞片通常漏斗状,宿存;花较小,唇瓣长0.5~1.5cm ··················· 2.山姜 A. japonica
　　2. 小苞片通常壳状,包裹花蕾,开花后脱落;花通常较大,唇瓣长2cm以上 ··· 3.艳山姜 A. zerumbet

1. 华山姜 (图10-230)

Alpinia oblongifolia Hayata

植株体高约1m。叶片披针形或卵状披针形,长20~30cm,宽3~10cm,顶端渐尖,基部渐狭,两面均无毛;叶柄长约5mm;叶舌膜质,长4~10mm,2裂,具缘毛。圆锥花序狭,长15~30cm,分枝短,长3~10mm,其上具2~4花;小苞片长1~3mm,花时脱落;花白色;花萼管状,长约5mm,顶端具3齿;花冠裂片长圆形,长约6mm,后方的1裂片稍较大,兜状;唇瓣卵形,长6~7mm,顶端微凹,侧生退化雄蕊2,钻状,长约1mm,花丝长约5mm,花药长约3mm;子房无毛。果球形,直径5~8mm,红色,无毛。花期5—7月,果期6—12月。

产于瑞安(红双林场)、文成(百丈漈)、平阳(顺溪)、苍南(桥墩、莒溪)、泰顺(黄桥、雅阳)。生于海拔800m以下的林荫下。分布于华东、华南及云南。老挝、越南也有。

图10-230 华山姜

2. 山姜 福建土砂仁 （图10-231）
Alpinia japonica (Thunb.) Miq.

多年生草本。株高35～70cm，根状茎横走，分枝，有节，节上具鳞片状叶。叶通常2～5；叶片披针形、倒披针形或狭长椭圆形，长16～29cm，宽4～7cm，先端渐尖，顶端具小尖头，两面（尤其在叶背）被短柔毛；叶柄近无或长达2cm；叶舌2裂，长约2mm，被短柔毛。总状花序顶生，长15～30cm，花序梗密生绒毛；总苞片披针形，长约9cm，花时脱落；小苞片极小，早落；通常2花聚生，在2花之间常有退化的小花残迹可见；小花梗长约2mm；花萼棒状，长1～1.2cm，被短柔毛，顶端3齿裂；花冠管长约1cm，被小疏柔毛，花冠裂片长圆形，长约1cm，外被绒毛，后方的裂片兜状；侧生退化雄蕊狭条形，长约5mm；唇瓣卵形，宽约6mm，白色而具红色脉纹，顶端2裂，边缘具不整齐缺刻；雄蕊长1.2～1.4cm；子房密被绒毛。果球形或椭圆球形，直径1～1.5cm，被短柔毛，成熟时呈橙红色，顶端有宿存的萼筒。种子多角形，长约5mm，有樟脑味。花期5—6月，果期10—12月。

产于宁波及临安（板桥）、建德、淳安、衢州市区、开化、江山、武义、天台、三门、仙居、温岭、龙泉、庆元、云和、景宁、乐清、瑞安、文成、平阳、苍南、泰顺。生于海拔800m以下的林下阴湿地、山谷溪旁草丛或灌丛中。分布于华东、华南、西南各地。日本也有。

图10-231 山姜

3. 艳山姜 （图10-232）

Alpinia zerumbet (Per.) B.L. Burtt et R.M. Sm.

多年生草本。茎高2～3m。叶片披针形，长30～60cm，宽5～10cm；叶舌长5～10mm，外面被毛。圆锥花序下垂，长达30cm；花序轴紫红色，被绒毛，具短分枝，在每一分枝上具1～3花；小苞片椭圆形，壳状，长3～3.5cm，白色，先端粉红色，无毛，包裹住花蕾；花梗极短；花萼近钟状，长约2cm，白色，先端粉红色，齿裂，一侧开裂；花冠筒较花萼短，裂片长圆形，后方1裂片较大，乳白色，先端粉红色；侧生退化雄蕊钻形，长2mm，唇瓣匙状宽卵形，长4～6cm，先端皱波状，黄色而有紫红色条纹；发育雄蕊长约2.5cm；子房被金黄色粗毛，腺体长约2.5mm。蒴果卵球形，疏被粗毛，具显著的条纹，先端具宿存的花萼，成熟时呈朱红色。种子具棱角。花期4—6月，果期7—10月。

产于洞头、平阳、苍南。生于滨海山坡林下或海岛的石坑灌丛中。分布于华东、华南。亚洲热带地区广泛分布。

花极美丽，可用于庭园栽培观赏。

图10-232 艳山姜

2 舞花姜属 Globba L.

多年生草本。根状茎纤细，匍匐；根稍粗；茎直立，常不超过1m。叶片披针形或长圆形，无柄或柄极短；叶舌不裂。圆锥花序或总状花序，顶生，稀生于单独由根状茎发出的花葶上；苞片通常脱落，稀宿存，下部苞片的腋间常有珠芽；花萼陀螺状或钟状，裂片或裂齿中前方的1裂片较长，稀又2裂；花冠管纤细，远较花萼长，裂片3，卵形或长圆形，后方的1裂片常较大，内凹，通常具小尖头；侧生退化雄蕊花瓣状，有时较花冠裂片大；唇瓣常位于侧生退化雄蕊和花冠裂片之上，反折，全缘、微凹或深2裂，基部和花丝相连成管状；花丝很长，弯曲，花药2室，药隔无附属体或每边有1或2个翼状的附属体；花柱丝状，柱头陀螺形，子房1室；胚珠多数，生于3侧膜胎座上。果球形或椭圆球形，果皮薄，不整齐开裂。种子小，具白色撕裂状假的种皮。

约100种，分布于亚洲热带地区。我国有6种，分布于华南、西南各地；浙江有1种。

舞花姜（图10-233）

Globba racemosa Smith — *G. chekiangensis* G.Y. Li, Z.H. Chen et G.H. Xia, syn. nov.

多年生草本，植株体高50～120cm。叶片7～12，叶鞘短，被短而稀疏的柔毛；叶舌长1～2mm，被柔毛；叶片长圆状椭圆形，长15～20cm，宽2～6cm，先端尾尖，基部楔形，上面叶脉被短柔毛，下面叶脉密被短柔毛。聚伞圆锥花序生于顶端，无毛或稍被短柔毛，长25～40cm；苞片淡黄色，条形，长约1cm，纸质；花黄色，每一分枝上具1～3花；花萼管状，长4～5mm，具3近等长的裂片；花冠管长约12mm，具柔毛，花冠黄色，弯曲；侧生退化雄蕊披针形，长约6mm，宽约2mm，先端渐尖；唇瓣长圆形，顶端微凹，稍反折，黄色不带深红色斑点；花丝长约8.1cm，黄色至白色；花药长椭圆形至卵形，长3～4mm，橙色至黄色，无附属物。果椭圆球形，长约8cm，具皱纹，紫褐色。种子球状，具假种皮。花期7—9月，果期8—10月。

产于衢州市区（衢江）。生长在海拔400～600m的林中。分布于江西。模式标本采自衢江。

浙赣舞花姜 *Globba chekiangensis* 发表时与峨眉舞花姜 *G. emeiensis* Z.Y. Zhu 进行了比较，其实与舞花姜更为接近，后者分布于我国华南、西南及江西等地，也具珠芽且果实具皱纹，这些特征均与浙赣舞花姜发表时的描述一致，故将浙赣舞花姜作异名处理。

图10-233 舞花姜

3 姜花属 Hedychium J. Koenig

多年生草本，具块状的根状茎。茎直立。叶片通常长圆形或披针形，无柄或具短柄。穗状花序顶生；苞片卵圆形至披针形，覆瓦状排列或稍疏离，宿存；1至数花生于苞片内；小苞片管状；萼筒圆筒状，顶端3齿或平截；花冠筒纤细，远长于花萼，稀与花萼近等长，裂片条形；侧生退化雄蕊花瓣状，与唇瓣基部离生，唇瓣常2裂；发育雄蕊的花丝通常较长，稀极短，药室基部无距，药隔顶端无附属物；子房3室，每室具多数胚珠。蒴果扁球形，近卵球形或长圆球形，室背开裂。种子有撕裂状的假种皮。

约50种，分布于亚洲热带地区和非洲（马达加斯加）。我国有28种，主要分布于南部和西南部；浙江栽培有1种。

姜花（图10-234）

Hedychium coronarium J. Koenig

多年生草本，具块状的根状茎。茎高1～2m。叶片长圆状披针形或披针形，长20～37cm，宽4.5～5.5（8）cm，先端长渐尖，基部急尖，上面光滑，下面被疏长柔毛；叶柄无；叶舌薄膜质，长2～3cm。穗状花序椭圆形，长9～14cm，宽4～6cm；苞片卵圆形，长4.5～5cm，宽2.5～4cm，先端圆或短尖，边缘膜质，被柔毛，呈覆瓦状排列，每1苞片内具2或3花；萼筒长约4cm，无毛，先端一侧开裂；花冠白色，芳香，花冠筒纤细，长约8cm，裂片披针形，长约5cm，后方1裂片兜状，先端具小尖头；侧生退化雄蕊白色，长圆状披针形，长约5cm；唇瓣圆心形，白色，基部稍黄，先端2裂；发育雄蕊花丝长2～3cm，药室长约1.5cm；子房被绢毛。花期8—12月。

图10-234　姜花

一八九　姜科 Zingiberaceae

安吉、磐安、武义、温岭、瑞安、文成、泰顺、平阳等地常有栽培。分布于湖南、台湾、广东、广西和四川。印度、越南、马来西亚至澳大利亚有栽培。我国华东、华中、华南和西南等地区有栽培。

❹ 姜黄属 Curcuma L.

多年生草本。根状茎肉质，块状，根末端膨大成块状。茎花后伸长，直立。叶片椭圆形至披针形，有柄。穗状花序球果状，先于叶或与叶同出，生于由根状茎或叶鞘内抽出的花序梗上；总苞片多数，鞘状；苞片大，覆瓦状排列，宿存，先端通常带淡红色或紫红色，基部边缘合生成囊状；2至数花排成蝎尾状聚伞花序，生于中下部的苞片内；小苞片佛焰苞状；萼筒短，顶端具2或3齿；花冠筒漏斗状，裂片卵形至长圆形，近等长或后方1裂片较长；侧生退化雄蕊花瓣状，与唇瓣基部离生；唇瓣先端微凹或2裂；发育雄蕊的花丝宽短，药室紧贴，基部有距，稀无距，药隔顶端无附属物，果皮膜质，室背开裂。种子小，有假种皮。

约50种，分布于东南亚，1种延伸至澳大利亚。我国有12种，主要分布于南部至西南部；浙江栽培有1种。

郁金 （图10-235）
Curcuma aromatica Salisb

多年生草本。根状茎多分枝，粗大，肉质，芳香；根细长，先端膨大成纺锤状的块根。茎高约1m，叶具鞘，花期尚幼小；叶片椭圆形或长圆形，长30～65cm，宽14～22cm，先端短渐尖或短尾状，基

图10-235　郁金

部楔形或渐狭，背面具短柔毛；上部的叶柄长达30cm。穗状花序由根状茎处生出，花序圆柱形，长15～30cm，花稠密；花序梗长15～20cm；下部的苞片绿色，舟状宽卵形，长3～5cm，先端钝圆或微尖，外折，上部的苞片长圆形，长5～8cm，先端钝尖；小苞片椭圆形或长圆形，白色，长1～2.5cm；2或3花生于下苞片内，通常1花能育；花萼白色，具不规则3齿，微被短柔毛；花冠白色，花冠筒喉部密被柔毛，裂片3，后方1裂片较大，兜状；侧生退化雄蕊花瓣状，黄色；唇瓣宽卵形，黄色，反折，基部有2棒状附属体，花药淡紫色，基部有距；花柱细长，子房外面被柔毛。花期4—6月。

温岭（洪武尖）、玉环（鸡山岛）、缙云（大洋山）、景宁（大仰湖、炉西峡、大均）、文成（周壤镇大坑村）、泰顺（龟湖、竹里）等地有栽培，有时逸生。我国华南及湖南、四川等地有栽培。东南亚、南亚，澳大利亚有栽培。

a. 温郁金 （图10-236）

'Wenyujin' — *C. wenyujin* Y.H. Chen et C. Ling

与郁金的主要区别在于叶背无毛；花冠裂片纯白色而不染红。

杭州（杭州植物园）、丽水市区、瑞安有栽培。福建、广西也有栽培。模式标本采自浙江南部。

块根有疏肝解郁、行气祛瘀、利胆退黄的功效，侧根茎有行气破血、消积止痛的功效，主根茎有破血行气、通经止痛的功效，为著名的"浙八味"之一。

图10-236　温郁金

5 姜属 Zingiber Boehm.

多年生草本。根状茎肉质，块状，有辛辣味。茎直立。叶片披针形或椭圆形，无柄。穗状花序球果状，后叶而出，生于由根状茎抽出的花序梗上；总苞片多数，鳞片状；苞片卵形至披针形，覆瓦状排列，宿存；花通常单生于苞片内；小苞片佛焰苞状；萼筒圆筒状，顶端3裂；花冠筒长于苞片，裂片披针形，后方1裂片常较大；侧生退化雄蕊较小，与唇瓣合生，似唇瓣的侧裂片状，稀缺，唇瓣先端微凹或2裂；发育雄蕊的花丝极短，药室基部无距，药隔顶端具长喙状的附属物；子房3室，每室具多数胚珠。蒴果卵球形至长圆球形，室背开裂或不规则开裂。种子黑色，有假种皮。

100～150种，分布于亚洲热带和亚热带地区。我国有42种，主要分布于西南；浙江有2种。

1. 姜 （图10-237）
Zingiber officinale Roscoe

多年生草本。根状茎肉质，块状，稍扁平，淡黄色，有短指状分枝，具芳香及辛辣味。茎直立，高40～100cm，由根状茎结节或分枝顶端生出。叶片披针形，长15～20cm，宽1.5～2cm，先端渐尖，基部狭，无毛；叶柄无，有长鞘；叶舌膜质，不裂，长2～4mm。穗状花序长4～5cm；花序梗直立，粗壮，长10～30cm；苞片卵形，长约2.5cm，淡绿色或边缘淡黄色，先端有小尖头；萼筒长约1cm；花冠筒黄绿色，长2～2.5cm，裂片披针形，长不及2cm；侧生退化雄蕊较小，与唇瓣合生，卵形，长约6mm；唇瓣长圆状倒卵形，短于花冠裂片，有紫色条纹及淡黄色斑点，发育雄蕊暗紫色，花丝极短，花药长圆形，长约9mm；子房无毛，花柱淡紫色，由药隔处纵贯而出，柱头呈放射状。蒴果长圆形。花果期夏秋季。

原产地不明，在热带和亚热带地区广泛栽培。我国中部、东南部至西南部广泛栽培。全省广泛栽培。

根状茎作蔬菜和调味品，也可供药用，能发表散寒、止呕解毒。

图10-237 姜

2. 蘘荷 (图 10-238)

Zingiber mioga (Thunb.) Rosc.

多年生草本。根状茎不明显，根末端膨大成块状。茎高 60～120cm。叶片披针形或披针状椭圆形，长 16～35cm，宽 3～6cm，先端尾尖，基部楔形，两面无毛，或下面中脉基部被稀疏的长柔毛；叶柄长 0.5～1.7cm，或无柄；叶舌膜质，2 裂，下部的长约 1.2cm，上部的长约 1cm。穗状花序椭圆形，长 5～7cm；花序梗无或明显；苞片椭圆形，红色，具紫色脉纹；花萼长 2.5～3cm，一侧开裂；花冠筒较萼长，裂片披针形，后方 1 裂片稍宽，长约 2.5cm，宽约 7mm，淡黄色；侧生退化雄蕊较小，与唇瓣合生，侧裂片长约 1.3cm；唇瓣卵形，中部黄色，边缘白色；花药、药隔附属物均长约 1cm。蒴果倒卵球形，成熟时 3 瓣裂，内果皮鲜红色。种子椭圆球形，黑色，被白色假种皮。花期 7—8 月，果期 9—11 月。

产于杭州、绍兴、宁波、衢州、金华、台州、丽水、温州及德清，也有少数地区栽培。生于林缘或草丛中。分布于华东及湖南、广东、广西、贵州、云南。日本也有。

根状茎可入药，有温中理气、活血止痛、化痰、解毒的功效。花可作蔬菜食用。

与姜的主要区别在于无花序梗，或长不超过 10cm，如较长，则较柔软。

在调查过程中发现浙江还有一个类群，与蘘荷的主要区别在于苞片绿色，叶舌长不超过 0.8cm，地下茎节间短，蘘荷苞片淡紫色，叶舌上部长 1cm 以上，地下茎节间长。其主要产于临安、嵊州、衢州、新昌、北仑、宁海、磐安、莲都、遂昌、庆元、景宁、文成，生于低山林缘或草丛中，是否是新的类群，有待进一步研究。

图 10-238 蘘荷

一九〇　美人蕉科 Cannaceae

多年生直立草本，具块状的根状茎。叶大，互生；叶片常宽椭圆形至长圆形，有明显的羽状平行脉，具叶鞘和叶柄，无叶舌。花两性，大而美丽，不对称，排成顶生的穗状花序、总状花序或狭圆锥花序；总苞片佛焰苞状，每1苞片内通常具2花，或每1苞片内含1花而下部的花退化殆尽；萼片3，绿色，宿存；花瓣3，萼状，通常披针形，下部合生成管状；退化雄蕊3或4，花瓣状，下部与花冠筒合生，外轮的3（有时2或无）雄蕊较大，内轮的1雄蕊较狭，外反，称为唇瓣；发育雄蕊的花丝也增大成花瓣状，多少旋卷，一侧边缘有1仅1室的花药；子房下位，3室，每室具多数胚珠；花柱扁平或棒状。果为蒴果，3瓣裂，多少具3棱，有小疣体或柔刺。种子球形。

1属，55种，分布于美洲热带和亚热带地区。我国常见引入栽培的约8种；浙江有7种。

美人蕉属 Canna L.

属的特征、分布与科同。

分种检索表

1. 退化雄蕊较宽大，长5~10cm，宽2~5cm。
    2. 花冠裂片于花后反折；花冠筒长于花萼。
        3. 退化雄蕊黄色；花冠筒长达花萼的1.5~2倍 ················· **1.柔瓣美人蕉 C. flaccida**
        3. 退化雄蕊柠檬黄色，具红色条纹或斑点；花冠筒长约为花萼的1.5倍 ················· **2.斑花美人蕉 C. orchioides**
    2. 花冠裂片花时直立或斜举；花冠筒长不超过花萼。
        4. 叶片披针形；花排列疏松，黄色；外轮退化雄蕊宽2~3cm ················· **3.粉美人蕉 C. glauca**
        4. 叶片椭圆形；花排列紧密，黄色、红色、白色等；外轮退化雄蕊宽3~5cm ················· **4.大花美人蕉 C. ×generalis**
1. 退化雄蕊较狭小，长3.5~5.5cm，宽不超过1.5cm。
    5. 茎、叶全部绿色，不被粉霜 ················· **5.美人蕉 C. indica**
    5. 茎、叶片边缘或叶背染紫色或古铜色。
        6. 茎、叶不被蜡质粉霜；叶片边缘或叶背紫色；花冠裂片杏黄色，先端染紫色；外轮退化雄蕊红色，基部杏黄色；子房绿色 ················· **6.蕉芋 C. edulis**
        6. 茎、叶被蜡质粉霜；叶片两面均为暗紫色或古铜色；花冠裂片橘黄色稍带淡紫色；外轮退化雄蕊橙红色；子房深红色 ················· **7.紫叶美人蕉 C. warszewiczii**

1. 柔瓣美人蕉 （图10-239）

Canna flaccida Salisb.

图10-239　柔瓣美人蕉

植株高1～2m。茎、叶绿色。叶片椭圆形至椭圆状披针形，长20～40cm，宽10～16cm，先端急尖或渐尖，基部宽楔形。总状花序单一；总苞片极小，绿色，半圆形，远短于子房；花通常孪生于苞片内；小苞片与子房近等长或稍长；萼片长圆形，绿白色，长约2cm；花冠筒长为花萼的1.5～2倍，裂片披针形，黄色，长约5cm，花后反折；退化雄蕊薄而柔软，黄色，仅唇瓣和发育的雄蕊下部及花柱散生红色小斑点，外轮退化雄蕊3，近等长，倒卵状匙形，长7～10cm，宽3～4cm；唇瓣与外轮退化雄蕊同形，近等大，先端2浅裂；发育雄蕊半倒卵状匙形，花药长约1.5cm；子房椭球形，绿色，密被小疣状突起，花柱黄色，短于雄蕊。花期夏、秋季。

原产于南美洲。我国各地均有栽培。全省各地庭园、公园常见栽培。

2. 斑花美人蕉　兰花美人蕉 （图10-240）

Canna orchioides L.H. Bailey

植株高1～1.5m。茎、叶绿色。叶片椭圆形至椭圆状披针形，长20～40cm，宽8～18cm，先端急尖或渐尖，基部宽楔形。总状花序通常单一，长度略超出叶片；总苞片绿色，长10～15cm；苞片绿色，边缘带紫色，长约2cm；花单生或孪生于苞片内；小苞片长度不超过子房；萼片披针形，略带紫色，长约5cm；花冠筒长约为花萼的1.5倍，裂片披针形，带紫色，长约5cm，花后反折；外轮退化雄蕊3，

图10-240　斑花美人蕉

质薄而柔软，柠檬黄色，具红色条纹或斑点，长10～12cm，宽3～5cm；唇瓣与外轮退化雄蕊同形，近等大，先端2浅裂或微凹；发育雄蕊半倒卵状匙形，花药长约1.5cm；子房椭球形，绿色，密生小疣状突起，花柱黄色，远短于发育雄蕊。花期夏、秋季。

原产于欧洲。我国各地公园均有栽培。全省各地公园、庭园常见栽培。

3. 粉美人蕉　水生美人蕉　兰花美人蕉　（图10-241）
Canna glauca L.

根状茎延长。株高1.5～2m。茎绿色。叶片披针形，长45～50cm，宽10～15cm，顶端急尖，基部渐狭，绿色，被白粉，边缘白色，透明；总状花序疏花，单生或分叉，稍高出叶；小苞片圆形，褐色；花黄色，无斑点；萼片卵形，绿色，长1.2cm；花冠管长1～2cm；花冠裂片条状披针形，长2.5～5cm，宽约1cm，直立；外轮退化雄蕊3，倒卵状长圆形，长6～7.5cm，宽2～3cm，全缘；唇瓣狭，倒卵状长圆形，顶端2裂，中部卷曲，淡黄色；发育雄蕊倒卵状近镰形，顶端急尖，内卷；花柱狭披针形。蒴果长圆球形，长约3.5cm。花期夏、秋季。

原产于南美洲及西印度群岛。我国各地均有栽培。全省各湿地、公园常见栽培。

图10-241　粉美人蕉

4. 大花美人蕉 （图10-242）
Canna × generalis L.H. Bailey

植株高0.5～2m。茎、叶被蜡质白粉，节部通常带紫色。叶片椭圆形至长圆形，长20～50cm，宽10～20cm，先端急尖或渐尖，基部宽楔形。总状花序或圆锥花序，略超出或远超出叶片；总苞片绿色或带紫色，长10～20cm；苞片绿白色或带紫色，宽卵形，长2～4cm；花孪生或单生于苞片内；小苞片稍长于子房；花冠筒与花萼近等长，裂片稍带红色，披针形，长4.5～6cm；外轮退化雄蕊3，倒卵状匙形，长5～12cm，宽3～5cm，颜色种种：红、橘红、淡黄、白色等均有；唇瓣与外轮退化雄蕊同形，稍小或近等大，先端2浅裂或微凹；发育雄蕊半倒披针形至半倒卵状匙形，花药长1～1.5cm；子房圆球形，绿色或紫色，密生小疣状突起，花柱黄色或橘黄色，远短于发育雄蕊。花期夏、秋季。

原产于美洲热带地区。我国各地常见栽培。全省普遍栽培。

植株体大小、花色、叶色以及发育雄蕊的形状均有较大的变异。

花大而美丽，为常见庭园观赏植物，常用的品种有金线美人蕉和花叶美人蕉。

图10-242 大花美人蕉

5. 美人蕉 （图10-243）
Canna indica L.

植株高1～2m。茎、叶绿色。叶片长圆形，长10～40cm，宽5～15cm，先端渐尖，基部渐狭。总状花序，略超出叶片；总苞片绿色，长10～15cm，苞绿白色，宽卵形，长1～2cm，花单生或孪生于苞片内；小苞片稍长于子房；萼片披针形，长1～1.5cm；花冠筒稍短于花萼，裂片稍带红色，披针形，长3～4cm；外轮退化雄蕊3或2，鲜红色，其中2枚倒披针形，长3.5～4cm，宽5～7mm，另1枚如存在，则特别小，长约1.5mm，宽约1mm；唇瓣倒披针形，较狭，先端钝或微凹；发育雄蕊半倒披针形，花药长6～10mm；子房卵球形，绿色，密生小疣状突起，花柱稍高出发育雄蕊。花期夏、秋季。

原产于印度。我国南北各地均有栽培。全省各地公园、庭园及农家常见栽培。

图 10-243　美人蕉

5a. 黄花美人蕉
var. **flava** Roxb.

与美人蕉的区别在于花黄色；叶片先端渐尖；退化雄蕊杏黄色。

原产于印度。我国南北各地均有栽培。松阳、景宁、泰顺等地有栽培。

6. 蕉芋
Canna edulis Ker Gawl.

植株高可达3m。茎干粗壮，染紫色。叶片椭圆状卵形或长圆形，长30~60cm，宽10~25cm，先端急尖，基部宽楔形，仅边缘和脉上或下面染紫色。总状花序，超出叶片；总苞片紫红色，长10~20cm；苞片倒卵状椭圆形，带紫红色，长1~1.2cm；花常单生于苞片内；小苞片短于子房；萼片长圆状披针形，带紫红色，长1~1.5cm；花冠筒稍短于花萼，裂片披针形，杏黄色，先端染紫色，长3~3.5cm；退化雄蕊红色，基部杏黄色，外轮退化雄蕊2，倒披针形，长约6cm，宽约1cm，先端微凹；唇瓣与外轮退化雄蕊同形，稍小，先端2浅裂；发育雄蕊长条形，花药长约5mm；子房圆球形，绿色或稍带紫色，密生小疣状突起，花柱杏黄色，长约6cm。花期9—10月。

原产于西印度群岛和南美洲。我国南部及西南部有栽培。本省公园、庭园常见栽培。

花大而艳丽，常作为观赏植物。

*Flora of China*将本种归并入美人蕉，但本种与美人蕉的主要区别在于茎、叶边缘乃至两面都染紫色，总苞片及苞片紫红色，而美人蕉均为绿色，在此仍作为独立的种处理。

7. 紫叶美人蕉 （图10-244）
Canna warszewiczii A. Dietr.

植株高1.5～2m。茎、叶被蜡质粉霜，全部染紫色或古铜色。叶片椭圆状卵形或长圆形，长25～60cm，宽15～30cm，先端渐尖，基部圆钝或宽楔形。总状花序，超出叶片；总苞片紫色，长10～15cm，苞片卵形至长圆形，带紫色，长2～2.5cm；花常孪生于苞片内；小苞片长于子房；萼片长圆状披针形，带紫色，长1.2～1.8cm；花冠筒稍短于花萼，裂片披针形，橘黄色稍带淡紫色，长4～5cm；外轮退化雄蕊3，倒披针形，近等大或后方1枚稍小，橙红色，长7～8cm，宽1～1.5cm；唇瓣与外轮退化雄蕊同形，稍小，先端2浅裂；发育雄蕊半倒披针形，花药长约1.2cm；子房圆球形，深红色，密生小疣状突起，花柱带橙红色，与发育雄蕊近等长。花期夏、秋季。

原产于南美洲。我国各地常见栽培。全省各地湿地、公园有栽培。

图10-244 紫叶美人蕉

一九一　竹芋科 Marantaceae

多年生草本，具根状茎或块茎，地上茎有或无。叶常大型，通常二列，具羽状平行脉，具柄，柄的顶部增厚，具叶鞘。花两性，不对称，常成对生于苞片中，组成顶生的穗状、总状或疏散的圆锥花序，或花序单独由根状茎抽出；萼片3，分离；花冠管短或长，裂片3，外方的1裂片通常大而多少呈风帽状；退化雄蕊2～4，外轮的1或2枚（有时无）花瓣状，较大，内轮的2雄蕊中1枚为兜状，包围花柱，另1枚为硬革质；发育雄蕊1，花瓣状，花药1室，生于一侧；子房下位，1～3室，每室具1胚珠；花柱偏斜、弯曲、变宽，柱头3裂。果为蒴果，或浆果状。种子1～3，坚硬，有胚乳和假种皮。

31属，约525种，分布于热带地区，以美洲热带地区最多。我国连同引入栽培有5属，10余种，主要分布在南方地区；浙江有2属，2种。

❶ 竹芋属 Maranta L.

直立或匍匐状草本，有茎或无茎；地下茎块状。叶基生或茎生，柄基部鞘状。花少数，成对，排成总状花序或二歧状的圆锥花序；苞片少数，迟落；萼片3，披针形；花冠管圆柱形，基部常肿胀，裂片3，近相等；雄蕊管通常短，外轮的2退化雄蕊花瓣状，倒卵形，长于花瓣，内轮中呈风帽状的1雄蕊边缘具外折的附属体，硬革质的1雄蕊倒卵形；发育雄蕊1，花药1室；子房1室，具1胚珠；花柱粗。果倒卵球形或长圆球形，不开裂。种子1。

约32种，主要分布于美洲热带地区。我国常见栽培1种；浙江也有。

竹芋（图10-245）
Maranta arundinacea L.

根状茎肉质，纺锤形。茎柔弱，二歧分枝，高0.4～1m。叶片卵形或卵状披针形，长10～20cm，宽4～10cm，绿色，顶端渐尖，基部圆形，背面无毛或薄被长柔毛；叶枕长5～10mm，上面被长柔毛；无柄或具短柄；叶舌圆形。总状花序顶生，长15～20cm，疏散，具数花；苞片条状披针形，内卷，长3～4cm；花小，白色，小花梗长约1cm；萼片狭披针形，长1.2～1.4cm；花冠管长1.3cm，基部扩大；裂片长8～10mm；外轮的2退化雄蕊倒卵形，长约1mm，先端凹入，内轮的长仅及外轮的一半；子房无毛或稍被长柔毛。果长圆球形，长约7mm。花期夏、秋季。

原产于美洲。我国南方地区常见栽培，本省也常见栽培。

根状茎富含淀粉，可煮食或提取淀粉供食用；块根药用，有清肺、利水的功效。

图 10-245 竹芋

❷ 再力花属 Thalia L.

直立水生草本。根状茎不明显扩大或增大。茎在花序下面不分枝。叶全部基生或在节间有少量茎生叶；叶片绿色，卵形至椭圆形。花序分枝，分枝短而直立或长而弯曲；花序轴节间显著曲折成"之"字形；苞片膜质，具不明显的龙骨状突起，随花脱落，每个苞片内含 1 对小花，草质或革质。花浅紫色至深紫色；萼片在果期宿存，膜质；花冠裂片近等长或显著不等长；外轮退化雄蕊 1，花瓣状，艳丽；侧生退化雄蕊肉质，花瓣状；兜状的退化雄蕊有 2 附属物，近顶生，指状；花柱 1，螺旋状，有 1 细长的带状附属物。果实近球形至椭圆球形，含 1 种子。种子暗褐色，近球形或椭圆球形，光滑。

6 种，分布于暖温带至热带地区。我国常见栽培 1 种；浙江也有。

与竹芋属的主要区别在于其为水生植物，苞片脱落，花为紫红色，萼片长不超过 3mm。

再力花（图 10-246）
Thalia dealbata Fraser

直立水生植物，高 0.7～2.5m。叶 2～5，基生；叶片卵形，偶有狭椭圆形，长 17～55cm，宽 7～22cm，硬纸质，先端渐尖，基部圆形，很少钝，上面具柔毛，下面具白粉，无毛；叶鞘具粉，无毛；叶枕黄棕色至红色或紫褐色，长 0.6～2.5cm，无毛。复穗状花序直立，排列紧密，长 9～31cm，宽 7～18cm；花葶高 0.5～1.9m；苞片显著具白粉，红褐色至红紫色，圆形，革质，无毛；花冠筒短柱状，淡紫色，唇瓣兜形，上部暗紫色，下部淡紫色；侧生退化雄蕊呈花瓣状，基

一九一　竹芋科 Marantaceae

部白色至淡紫色，先端及边缘暗紫色，长1.2～1.5cm，宽约6mm。蒴果近圆球形或倒卵状球形，长0.9～1.2cm，宽0.8～1.1cm，果皮浅绿色，成熟时顶端开裂。成熟种子棕褐色，表面粗糙，具假种皮，种脐较明显。花期5—9月，果期7—10月。

原产于美洲热带地区。我国南方地区常见栽培；全省湿地、公园常见栽培。

图10-246　再力花

一九二　田葱科 Philydraceae

多年生草本，直立，根状茎短。叶基生和茎生；茎生叶互生；基生叶二列，条形或剑形，扁平，平行脉，基部鞘状，或扁形，单面和剑形。气孔为平列型。花序穗状，常分枝；苞片佛焰苞状。花两性，无柄，两侧对称；花被片4，花瓣状，排成2轮，黄色或白色，外轮2片大，形似上、下唇；内轮2片较小；雄蕊1，着生于离轴的花被片的基部；花丝扁平无毛；花药盾状，药隔宽，2室，在开花期，花药从内向转变为外向，通常呈螺旋状拳卷，纵裂；花粉粒具沟或有3个萌发孔；雌蕊由3心皮组成；子房上位，3室，中轴胎座，或1室，侧膜胎座；花柱单一；柱头头状至3裂；胚珠多数，倒生。蒴果室背开裂，稀不整齐开裂。种子狭卵球形和圆柱状，有螺旋状条纹，胚乳丰富。

4属，5种，主要分布在澳大利亚。我国有1属，1种，主要分布于华东和华南；浙江有1属，1种。

田葱属 Philydrum Banks ex Gaertn.

多年生粗壮草本。茎直立，多少被白色蛛丝状毛。叶剑形，二列。穗状花序顶生，具短柔毛；花被片黄色，外轮的离生，内轮的在基部多少连合；雄蕊1；花药通常螺旋状扭曲；花粉粒为四分体；子房上位，1室，侧膜胎座；胚珠多数。蒴果室背开裂。种子狭卵球形，呈花瓶状，种皮上有螺旋状条纹。

1种，分布于东南亚及澳大利亚。我国有1种，主要分布于华东和华南；浙江也有。

田葱（图10-247）
Philydrum lanuginosum Gaertn.

多年生草本。叶片剑形，顶端渐狭，绿色，无毛，海绵质柔软，具7~9脉，连叶鞘长30~80cm；叶鞘长14~30cm。穗状花序单一，有时分枝；花序梗长达1m，细长圆柱状，密被白色绵毛，下部脱落，常有2或3叶；苞片卵形，长2~7cm，宽7~10mm，顶端具尾状渐尖，背面有绵毛；花两性，黄色，无梗；花被薄，外轮2片大，近卵形，长8~10mm，顶端锐尖，边缘波状，具2脉，背面有长毛；内轮2片较小，近基部1~2mm处与花丝基部连合，匙形，顶端锐尖，膜质，具3脉；雄蕊无毛，长6~9mm；花药近球形，2室，药室旋卷，花丝扁平；子房长6~7mm，密被长毛；花柱长3~4mm，无毛；柱头头状，具长乳突。蒴果三角状长圆球形，长8~10mm，近轴面扁平，密被白色绵毛。种子多数，花瓶状，暗红色。花期6—7月，果期9—10月。

产于象山（松兰山）。生于沿海地区山边滩涂上及山塘中。分布于福建、台湾、广东、广西。日本、越南、泰国、缅甸、马来西亚、印度、澳大利亚也有。

一九二　田葱科 Philydraceae

图 10-247　田葱

一九三　雨久花科 Pontederiaceae

一年生或多年生水生草本，具根状茎或匍匐茎，通常有分枝。叶通常二列，具平行脉或弧状脉；叶柄基本膨大成鞘；常具托叶。花序为顶生的总状、穗状或聚伞状圆锥花序，生于佛焰苞状叶鞘的腋部；花大至小型，两性，辐射对称或两侧对称；花被片6，排成2轮，花瓣状，蓝色、淡紫色、白色，很少黄色，分离或下部连合成筒，花后脱落或宿存；雄蕊常为6枚，2轮，稀为3或1，1雄蕊者则位于内轮的近轴面，且伴有2退化雄蕊；花丝细长，分离，贴生于花被筒上，有时具腺毛；花药内向，2室，纵裂，稀为顶孔开裂；花粉粒具2(或3)核，1或2(稀3)沟；雌蕊由3心皮组成；子房上位，3室，中轴胎座；花柱1，细长；胚珠少数或多数，倒生。蒴果，室背开裂，或为胞果、小坚果。种子卵球形，具纵肋，胚乳含丰富淀粉粒，胚为狭条形直胚。

6属，约40种，广泛分布于热带和亚热带地区。我国有3属，6种，几乎遍布全国，以南方为多；浙江有3属，3种。

分属检索表

1. 花序通常具50花以上；胞果，具1种子 ·················· **1.梭鱼草属 Pontederia**
1. 花序少于50花；蒴果，种子多数。
   2. 花被片离生；叶柄无气囊 ·················· **2.雨久花属 Monochoria**
   2. 花被片基部合生成管状；叶柄具气囊 ·················· **3.凤眼莲属 Eichhornia**

1 梭鱼草属 Pontederia L.

一年生或多年生草本，根生于泥中。营养茎沉水并伸至水面，或为根状茎；花茎沉水并延伸至水面，或挺水且在基部节处稍收缩。基部叶片呈莲座状；叶片心形至纺锤形，先端圆钝至渐尖。穗状花序具50花以上，花期持续伸长；佛焰苞先端渐尖；花梗具腺毛或柔毛，先端圆钝至渐尖；雄蕊6，3长3短，花丝紫色，具腺毛，花药黄色，卵球形至长圆球形；子房3室，仅1室发育，1胚珠，柱头1或多数。胞果卵球形，具齿状或光滑的纵脊。种子1，卵球形，光滑。

6种，多产于西半球。我国引种栽培1种；浙江也有。

梭鱼草（图10-248）

Pontederia cordata L. — *P. lanceolata* Nutt.

多年生草本，根生于泥中。营养茎收缩成根状茎；花茎直立，高可达1.2m。无柄叶基生莲座状；有柄叶伸出水面；托叶长7～29cm；叶柄在叶片下方显著收缩，叶片披针形至心形，长6～22cm，宽7～12cm。穗状花序长2～15cm，花极多数；佛焰苞长5～17cm；花被片淡紫色，花被管长3～9mm，裂片倒披针形，长5～8cm，中间1裂片上有2黄斑；柱头3裂。胞果具齿状脊，长4～6mm，宽2～3mm。花果期5—10月。

原产于美洲。全国各地广泛栽培；本省常见栽培。

花色鲜艳，花期较长，常作为水生观赏花卉。

本种品种很多，常见栽培的还有白花梭鱼草 'Alba'。

图 10-248　梭鱼草

❷ 雨久花属 Monochoria C. Presl

多年生沼泽或水生草本。茎直立或斜升，从根状茎发出。叶基生或单生于茎枝上，具长柄；叶片形状多变，具弧状脉。花排成总状花序或近伞形花序，从最上部的叶鞘内抽出，基部托以鞘状总苞片；花近无梗或具短梗；花被片6，深裂几达基部，白色、淡紫色或蓝色，中脉绿色，花时展开，后来螺旋状扭曲，内轮3枚较宽；雄蕊6，着生于花被片的基部，较花被片短，其中1雄蕊较大，其花丝的一侧具斜升的裂齿，花药较大，蓝色，其余5枚相等，具较小的黄色花药；花药基部着生，顶孔开裂，最后裂缝延长；子房3室，每室有胚珠多颗；花柱条形；柱头近全缘或微3裂。蒴果室背开裂成3瓣。种子小，多数。

8种，分布于热带和亚热带的非洲、亚洲及澳大利亚。我国有4种，全国各地均有分布；浙江有1种。

鸭舌草 （图10-249）

Monochoria vaginalis (Burm. f.) C. Presl ex Kunth

水生草本；根状茎极短，具柔软须根。茎直立或斜升，高（6）12～35cm，或可更高，全株光滑无毛。叶基生和茎生；叶片形状和大小变化较大，心状宽卵形、长卵形至披针形，长2～7cm，宽0.8～5cm，顶端短突尖或渐尖，基部圆形或浅心形，全缘，具弧状脉；叶柄长10～20cm，基部扩大成开裂的鞘，鞘长2～4cm，顶端有舌状体，长约7～10mm。总状花序从叶柄中部抽出，在花期直立，果期下弯，该处叶柄扩大成鞘状；花序梗短，长1～1.5cm，基部具1披针形苞片；通常3～5花，蓝色；花被片卵状披针形或长圆形，长10～15mm；花梗长不及1cm；雄蕊6，花药长圆形，1枚大而5枚较小，花丝丝状。蒴果卵球形至长圆球形，长约1cm。种子多数，椭圆球形，灰褐色，具8～12纵条纹。花期6—9月，果期7—10月。

产于全省各地。生于水田、水沟及沼泽地中。全国广泛分布。日本、马来西亚、菲律宾、印度、尼泊尔、不丹等也有。

全草民间可入药，有清热解毒、止痛、止血的功效。

图10-249　鸭舌草

3 凤眼莲属　Eichhornia Kunth

一年生或多年生浮水草本，节上生根。叶基生，莲座状或互生；叶片宽卵状菱形或线状披针形，通常具长柄；叶柄常膨大，基部具鞘。花序顶生，由2至多花组成穗状；花两侧对称或近辐射对称；花被漏斗状，中、下部连合成或长或短的花被筒，裂片6，淡紫蓝色，有的裂片常具1黄色斑点，花后凋存；雄蕊6，着生于花被筒上，常3长3短，长者伸出筒外，短的藏于筒内；花丝丝状或基部扩大，常有毛；花药长圆形；子房无柄，3室，胚珠多数；花柱条形，弯曲；柱头稍扩大，或3～6浅裂。蒴果卵球形、长圆球形至长圆柱形，包藏于凋存的花被筒内，室背开裂；果皮膜质。种子多数，卵球形，有棱。

7种，分布于美洲和非洲的热带和暖温带地区。我国有1种，栽培或逸生；浙江也有。

凤眼蓝　凤眼莲　水葫芦　（图10-250）
Eichhornia crassipes (Mart.) Solms

浮水草本，高30～60cm。须根发达，棕黑色；茎极短，具长匍匐枝。叶丛生，莲座状排列；叶片圆形、宽卵形或宽菱形，长4.5～14.5cm，宽5～14cm；叶柄长短不等，中部膨大成囊状或纺锤形；叶柄基部有鞘状苞片，长8～11cm，薄而半透明。花葶从叶柄基部的鞘状苞片腋内伸出，长34～46cm，多棱；穗状花序长17～20cm，通常具9～12花；花被裂片6，花瓣状，花冠略两侧对称，直径4～6cm，上方1裂片较大，下方1裂片较狭，花被片基部合生成筒，外面近基部有腺毛；雄蕊6，贴生于花被筒上，花丝具腺毛，顶端膨大，花药箭形，2室，纵裂；子房长梨形，长约6mm；花柱1，伸出花被筒的部分有腺毛；柱头上密生腺毛。蒴果未见。花期7—10月。

原产于美洲热带、亚洲热带地区，因逸生而广泛分布。我国广泛分布，浙江各地均可见。

繁殖速度快，在我国已成为恶性水生入侵植物。

图10-250　凤眼蓝

一九四 百合科 Liliaceae

多年生草本，大多具根状茎、块茎或鳞茎，稀为亚灌木、灌木或乔木状。叶基生或茎生，后者多为互生，少为对生或轮生，稀退化成鳞片状，通常具弧状平行脉，稀具网状脉。花两性，稀单性异株或杂性，辐射对称，稀稍两侧对称；花被片6，稀2、3或多数，通常排成2轮，离生或不同程度地合生；雄蕊通常与花被片同数，花丝离生或贴生于花被筒上，花药基着、背着或"丁"字形着生，药室2，纵裂，少汇合成1室而横裂；心皮3，合生，子房上位或下位，稀半下位，3室，稀2、4、5室，中轴胎座，稀为1室而成侧膜胎座，每室具1至多数倒生胚珠。果为蒴果或浆果，稀为坚果。种子具丰富的胚乳，胚小。

约230属，3500种，广泛分布于全球特别是温带及亚热带地区。我国有60属，约560种，遍及全国；浙江有45属，115种。

分属检索表

1. 子房上位，稀半下位。
  2. 植株具或长或短的根状茎，绝不具鳞茎。
    3. 叶3至数枚轮生，生于茎端；单花顶生，外轮花被片叶状，绿色。
      4.3叶轮生；花3基数，内轮花被片比外轮花被片稍狭 ·················· **1.延龄草属 Trillium**
      4.叶常4或更多轮生；花4基数或更多，内轮花被片远比外轮花被片狭·········· **2.重楼属 Paris**
    3.叶非轮生；花数朵排成花序，或单生，但花被片非叶状。
      5.叶退化为鳞片状；枝条变为绿色叶状枝。
        6.叶状枝大而扁平；花单生或簇生于叶状枝上·························· **3.假叶树属 Ruscus**
        6.叶状枝小而狭长，刚毛状、近圆柱状、条状或镰刀状；花或花序生于叶状枝腋内 ············
        ·· **4.天门冬属 Asparagus**
      5.叶不退化为鳞片状；枝条不变为绿色叶状枝。
        7.果实在未成熟前不整齐开裂，露出幼嫩的种子，成熟种子为小核果状。
          8.花梗劲直，子房上位 ·· **5.山麦冬属 Liriope**
          8.花梗弯垂，子房半下位 ·· **6.沿阶草属 Ophiopogon**
        7.浆果或蒴果，成熟前不开裂，成熟种子也不为核果状。
          9.蒴果。
            10.伞形花序，外包有大型苞片（总苞片）2枚，常早落 ·········· **7.百子莲属 Agapanthus**
            10.花单生或数朵排成二歧聚伞花序、总状花序、圆锥花序或穗状花序，无大型苞片。
              11.穗状花序。
                12.花被钟形或坛状，黄绿色或白色，长1cm以下 ·············· **8.肺筋草属 Aletris**
                12.花被连合成筒状，红色、橘红色或黄色，长1cm以上 ··· **9.火把莲属 Kniphofia**
              11.花单生或数朵排成二歧聚伞花序、总状花序或圆锥花序。

一九四　百合科 Liliaceae

13. 茎生叶发达；外轮花被片基部具囊 …… **10. 油点草属 Tricyrtis**
13. 叶基生，茎生叶常退化；外轮花被片基部不具囊 …… **11. 萱草属 Hemerocallis**
9. 浆果或浆果状。
 14. 茎生叶不发达，叶多基生或近基生。
  15. 花被片离生 …… **12. 白穗花属 Speirantha**
  15. 花被片合生。
   16. 花单生，钟状或坛状，直接从根状茎抽出，花梗或花序梗很短，花接近地面 …… **13. 蜘蛛抱蛋属 Aspidistra**
   16. 花排成总状花序或穗状花序，通常从叶丛抽出。
    17. 总状花序较稀疏，花梗下弯，花俯垂 …… **14. 铃兰属 Convallaria**
    17. 穗状花序，花向上。
     18. 花被片仅基部合生；花柱明显 …… **15. 吉祥草属 Reineckia**
     18. 花被片下部合生甚高；花柱近于无。
      19. 花被裂片明显；苞片常长于花 …… **16. 开口箭属 Campylandra**
      19. 花被裂片不明显；苞片短于花 …… **17. 万年青属 Rohdea**
 14. 茎生叶发达。
  20. 叶条状披针形，禾叶状，半革质，常绿，边缘和叶下面中肋具锯齿 …… **18. 山菅属 Dianella**
  20. 叶较宽，不为禾叶状，纸质。
   21. 花或花序腋生。
    22. 花被没有副花冠；雄蕊贴生于花被筒上 …… **19. 黄精属 Polygonatum**
    22. 花被有副花冠；雄蕊生于花被筒的喉部 …… **20. 竹根七属 Disporopsis**
   21. 花或花序生于茎端或枝端。
    23. 茎常分枝；花被片基部多少具囊或具距 …… **21. 万寿竹属 Disporum**
    23. 茎不分枝；花被片基部不具囊或距 …… **22. 舞鹤草属 Maianthemum**
2. 植株具鳞茎，鳞茎膨大成球形，或不显著膨大。
 24. 花序为典型的伞形花序；植物大多有葱蒜味。
  25. 叶鞘一般很长；花被片离生或基部合生 …… **23. 葱属 Allium**
  25. 叶鞘较短；花被片明显合生成长筒状 …… **24. 紫娇花属 Tulbaghia**
 24. 花序不为典型的伞形花序；植物无葱蒜味。
  26. 花序为圆锥花序；鳞茎近圆柱状 …… **25. 藜芦属 Veratrum**
  26. 花单生茎顶或数朵排成伞房状聚伞花序或总状花序；鳞茎圆球形或卵形。
   27. 花药"丁"字形着生。
    28. 叶片心形或卵状心形，具网状脉 …… **26. 大百合属 Cardiocrinum**
    28. 叶片披针形至椭圆形，具平行脉 …… **27. 百合属 Lilium**
   27. 花药基部着生。
    29. 花较大，花被片长2cm以上。
     30. 花俯垂或下垂，花被片基部有腺穴，有小方格彩色斑纹 …… **28. 贝母属 Fritillaria**
     30. 花仰立，花被片无腺穴，也无小方格彩色斑纹。
      31. 花葶上部有2~4枚对生或轮生的苞片；花柱与子房近等长 …… **29. 老鸦瓣属 Amana**

　　　　31. 花葶上部无苞片；花柱不明显 …………………………………………………… 30. 郁金香属 Tulipa
　　29. 花较小，花被片长1.5cm以下。
　　　　32. 花被片分离或基部稍合生。
　　　　　　33. 花序具1~4花；花被片离生 ……………………………………………………… 31. 顶冰花属 Gagea
　　　　　　33. 花序具数十花；花被片分离或基部稍合生。
　　　　　　　　34. 花被片长5~10mm，蓝色 …………………………………………………… 32. 蓝瑰花属 Scilla
　　　　　　　　34. 花被片长2.5~3mm，粉红色 ……………………………………………… 33. 绵枣儿属 Barnardia
　　　　32. 花被片合生。
　　　　　　35. 花被筒呈坛状，颈部紧缩 ……………………………………………………… 34. 蓝壶花属 Muscari
　　　　　　35. 花被筒呈窄钟状或漏斗状，口部张开 ……………………………………… 35. 风信子属 Hyacinthus
1. 子房下位。
　　36. 植株具鳞茎；单花或伞形花序，下有佛焰苞状总苞。
　　　　37. 副花冠明显，长管状或浅杯状，似花被 …………………………………………… 36. 水仙属 Narcissus
　　　　37. 副花冠不存在。
　　　　　　38. 花丝完全分离。
　　　　　　　　39. 胚珠少数；浆果 ……………………………………………………………… 37. 君子兰属 Clivia
　　　　　　　　39. 胚珠多数；蒴果。
　　　　　　　　　　40. 花单生于花茎顶端 ……………………………………………………… 38. 葱莲属 Zephyranthes
　　　　　　　　　　40. 花数朵着生于花茎顶端，花通常大而美丽 ………………………………… 39. 文殊兰属 Crinum
　　　　　　38. 花丝基部合生成一杯状体（雄蕊杯）或至少花丝间有离生的鳞片。
　　　　　　　　41. 花丝基部合生成一杯状体（雄蕊杯） ………………………………… 40. 水鬼蕉属 Hymenocallis
　　　　　　　　41. 花丝间有离生的鳞片。
　　　　　　　　　　42. 开花时无叶；胚珠少数，每室仅有几枚 ………………………………… 41. 石蒜属 Lycoris
　　　　　　　　　　42. 开花时有叶；胚珠多数 ………………………………………………… 42. 朱顶红属 Hippeastrum
　　36. 植株具块茎、根状茎或球茎；无佛焰苞状总苞。
　　　　43. 植株具块茎；花稍两侧对称 …………………………………………………… 43. 六出花属 Alstroemeria
　　　　43. 植株具根状茎或球茎；花辐射对称。
　　　　　　44. 浆果，先端具长喙 ……………………………………………………………… 44. 仙茅属 Curculigo
　　　　　　44. 蒴果，先端无长喙 …………………………………………………………… 45. 小金梅草属 Hypoxis

1 延龄草属 Trillium L.

　　多年生直立草本。根状茎粗短。叶3枚轮生于茎顶。花单生于茎顶；花被片6，离生，外轮3花被片叶状，绿色，宿存，内轮花被片花瓣状，白色或紫红色，花后凋落；雄蕊基部稍合生，花药长圆形，基着，2室；子房上位，3室，每室具数颗胚珠，花柱顶端具3分枝。浆果。

　　约46种，分布于东亚和北美洲。我国有4种，分布于东北至西部，东至浙江、台湾；浙江有1种。

延龄草 （图10-251）
Trillium tschonoskii Maxim.

根状茎粗短。茎丛生，连同花梗高20～40cm，基部有1～2褐色的膜质鞘。叶3轮生于茎顶，无柄；叶片菱状圆形，长宽几相等，直径7～17cm，先端急尖至短尾尖，基部宽楔形。花单生于茎顶；花梗长1.5～4cm；外轮花被片绿色，卵状披针形，长1.5～2.5cm，宽0.5～1cm，内轮花被片白色，较外轮的稍狭而长；雄蕊基部稍合生，花丝长3～8mm，下部稍扁平，花药长圆形，长3～6mm，药隔在花药顶端微突出；子房圆锥状卵形，花柱顶端具3分枝。浆果圆球形，直径1～1.5cm，成熟时呈黑紫色。花期4—6月，果期7—8月。

产于安吉、临安、淳安。生于山坡林下阴湿处或沟边。分布于安徽、四川、云南、西藏、陕西、甘肃。日本、朝鲜半岛、不丹及印度也有。

根状茎可入药。为浙江省重点保护野生植物。

图10-251 延龄草

② 重楼属 Paris L.

多年生直立草本。根状茎圆柱形，横生。叶多枚轮生于茎顶。花单生于茎顶；花被片离生，每轮4～6，外轮花被片通常叶状，内轮花被片长条形；雄蕊基部稍合生，花药长圆形至宽长条形，基着，2室；子房上位，4～10室，每室具数颗胚珠，花柱不同程度合生，顶端具4～10分枝。蒴果或浆果状蒴果，光滑或具棱。

约33种，分布于欧洲和亚洲的温带、亚热带地区。我国有30种，主要分布于西南；浙江有2种。

1. 七叶一枝花
Paris polyphylla Sm.

根状茎粗壮，稍扁，不等粗，密生环节，直径10～30mm。茎连同花梗高100～150cm，基部有膜质鞘。叶通常5～10轮生于茎顶；叶片长圆形、倒卵状长圆形或倒卵状椭圆形，长7～20cm，宽2.5～8cm，先端渐尖或短尾状，基部圆钝或宽楔形，具长0.5～3cm的叶柄。花单生于茎顶，花梗长5～20cm，花被片每轮4～7，外轮花被片叶状，绿色，长3～8cm，宽1～3cm，开展，内轮花被片狭条形，通常比外轮长；雄蕊8～12，花药短，长5～8mm，与花丝近等长或稍长，药隔突出部分长0.5～2mm；子房具棱，4～7室，顶端具盘状花柱基，花柱分枝4～7，粗短而外弯，短于或等长于合生部分。蒴果近圆形，直径1.5～2.5cm，具棱，暗紫色，室背开裂。种子具红色肉质的外种皮。花期4—7月，果期8—11月。

分布于我国西南地区。不丹、印度、尼泊尔和越南也有。浙江不产。

1a. 华重楼　七叶一枝花　（图10-252）
var. chinensis (Franch.) H. Hara

与七叶一枝花的区别在于内轮花被片通常远短于外轮花被片，花药远长于花丝。花期4—6月，果期7—10月。

产于除平原地区之外的全省各地。生于山坡林下阴湿处或沟边草丛中。分布于江苏、安徽、江西、福建、湖北、湖南、台湾、广东、广西、四川、贵州、云南。越南、泰国、老挝、缅甸也有。

根状茎可入药，称"七叶一枝花"。分布虽较广，但很稀少，为浙江省重点保护野生植物。

图10-252　华重楼

1b. 狭叶重楼 （图10-253）
var. stenophylla Franch.

与七叶一枝花的区别在于叶通常8～14轮生，叶片条状披针形、披针形、倒披针形或倒卵状披针形，通常宽0.5～2.5cm，几无柄或具极短的柄。花期5—6月，果期7—10月。

产于安吉、临安、淳安、开化、磐安、临海、缙云、遂昌、龙泉、庆元、景宁、泰顺。生于山坡林下阴湿处或沟边草丛中。分布于长江流域及其以南各地。不丹也有。

根状茎可入药，称"七叶一枝花"。为浙江省重点保护野生植物。

图10-253 狭叶重楼

2. 北重楼 （图10-254）
Paris verticillata M. Bieb.

根状茎细长，圆柱形，近等粗，直径3～5mm。茎连同花梗高20～50cm，基部有膜质鞘。叶6～8轮生于茎顶，叶片披针形、长圆形、倒披针形或倒卵状披针形，长7～15cm，宽1.5～3.5cm，先端渐尖，基部楔形，具短柄或几无柄。花单生于茎顶；花梗长4.5～12cm，花被片每轮4～5，外轮花被片叶状，绿色，长2～3.5cm，宽1～3cm，开展，内轮花被片长条形，稍短或近等于外轮花被片；雄蕊基部稍合生，花丝长5～7mm，基部稍扁平，花药宽长条形，长约10mm，药隔突出部分长6～8mm；子房光滑，4～5室，顶端无盘状花柱基，花柱分枝4～5，细长而反卷，长为合生部分的2～3倍。浆果状蒴果光滑，近圆球形，直径约1cm，不开裂。花期5—6

月，果期7—9月。

产于安吉、临安、淳安、桐庐、临海。生于山坡林下阴湿处或沟边草丛中。分布于东北、华北及安徽、四川、陕西、甘肃。俄罗斯、日本、朝鲜半岛也有。

为浙江省重点保护野生植物。

与七叶一枝花的区别在于后者根状茎粗壮，稍扁，不等粗，密生环节，直径10～30mm，子房具棱，顶端具盘状花柱基，花柱分枝粗短，果为开裂的蒴果。

图10-254　北重楼

❸ 假叶树属　Ruscus L.

直立半灌木。叶状枝扁平，绿色，革质。叶退化成膜质小鳞片。雌雄异株，花着生于叶状枝的中脉上，几无柄；花被片6，离生，内轮3花被片较小；雄花具3雄蕊，花丝合生成短筒，花药生于短筒顶端；雌花具球形或卵形子房，雄蕊退化合生成杯状体；子房1室，具2倒生胚珠，花柱短，柱头头状。浆果球形，通常具单粒种子。

约6种，分布于马德拉群岛、欧洲南部、地中海地区至高加索。我国引种栽培1种；浙江也有。

假叶树　（图10-255）
Ruscus aculeatus L.

常绿小灌木。根状茎横走，粗厚，黄色，肉质，多节。地上茎高20～80cm，多分枝，有纵棱，深绿色。叶状枝绿色，质地较硬，扁平，卵形，长1.5～3.5cm，宽1～2.5cm，先端渐尖而成为长1～2mm的针刺，基部渐狭成短柄，且常扭转，全缘，有中脉和多条侧脉。退化叶鳞片状，狭三角形,长2~4mm。花小,白色,1或2花生于叶状枝上面中脉的下部,基部有狭三角形苞片;苞片干膜质,长约2mm;外轮花被片长卵状椭圆形,长约2.5mm,内轮花被片远较外轮小;雄蕊3,花丝合生成短筒;雌花子房椭球形,花柱短,柱头3。浆果红色,球形,直径约1cm,具1种子。花期1—4月,果期9—11月。

原产于南欧和北非,欧亚大陆和北美洲有栽培。我国偶见栽培;浙江也有。

枝"叶"浓绿,果实鲜红,可供观赏。

图10-255　假叶树

④ 天门冬属 Asparagus L.

多年生草本或半灌木。根状茎粗短。茎直立或攀缘,小枝特化成叶状枝,簇生。叶退化成鳞片状。花簇生于叶腋或排成总状花序或伞形花序;花小,两性或单性,雌雄异株或杂性同株;花被片6,离生,宿存;雄蕊花丝丝状,花药近圆形至长圆形,2室;子房上位,3室,每室具2至数胚珠,柱头3裂。浆果小,圆球形。

160~300种,除美洲外,全球温带至热带地区都有分布。我国有31种,全国广泛分布;浙江有8种。

分种检索表

1.叶状枝单生,宽披针形至卵形,具20~24脉 ································ **1.叶门冬 A. asparagoides**
1.叶状枝3~20个簇生,条状或丝状,具1脉。
　2.叶状枝条状至稍呈镰刀状,扁平,宽0.8~2.5mm。
　　3.叶状枝1~5簇生,宽1~2.5mm;主茎上的鳞片状叶基部具刺状距。

4. 叶状枝稍呈镰刀状；花单性，通常2花簇生于叶腋 ·················· 2. 天门冬 A. cochinchinensis
4. 叶状枝宽线状；花两性，数花至10余花排成腋生的总状花序 ······· 3. 非洲天门冬 A. densiflorus
3. 叶状枝5～8簇生，宽0.8～1.5mm；主茎上的鳞片状叶基部无刺状距······ 4. 羊齿天门冬 A. filicinus
2. 叶状枝刚毛状或近圆柱状，直径通常不逾0.5mm。
　　5. 叶状枝20～30簇生，呈绒球状 ·································· 5. 蓬莱松 A. retrofractus
　　5. 叶状枝3～13簇生，不呈绒球状。
　　　　6. 叶状枝近扁的圆柱体，长5～30mm；花单性。
　　　　　　7. 茎稍柔软，后期上部常俯垂；叶状枝3～6簇生；花梗长0.6～1.2cm ··· 6. 石刁柏 A. officinalis
　　　　　　7. 茎和小枝挺直；叶状枝5～12簇生；花梗长1.5～2cm ················ 7. 南玉带 A. oligoclonos
　　　　6. 叶状枝刚毛状，略具3棱，长4～6mm；花两性 ······················· 8. 文竹 A. setaceus

1. 叶门冬　卵叶天门冬

Asparagus asparagoides (L.) Druce

根状茎粗短。茎攀缘，直立或下垂，长可达3m，光滑至稍具纵棱，有分枝；叶状枝单生，宽披针形至卵形，革质，长15～35mm，宽5～15（20）mm，具20～24平行脉。鳞片状叶膜质，宽披针形，长1～2mm。伞形花序腋生，具1～3（4）花；花两性；花被钟状，白色，花被片白色，背面中间具绿色条纹，长5～7mm，宽1～1.5mm；花梗长5～8mm，在基部上方1～3mm处具关节。浆果圆球形，直径6～8mm，成熟时呈红色。种子1～4（6）。花期3—5月，果期6—9月。

原产于非洲东部和南部，全球各地有栽培，在欧洲南部和北美洲西部已归化，在澳大利亚和新西兰为恶性入侵杂草。我国有栽培；浙江也有。

用于盆栽或装饰。

2. 天门冬（图10-256）

Asparagus cochinchinensis (Lour.) Merr. — *A. cochinchinensis* (Lour.) Merr. var. *longifoliatus* F.T. Wang et Tang

根状茎粗短，具中部或近末端肉质纺锤状膨大的根。茎攀缘，常弯曲或扭曲，长可达2m，分枝具纵棱或狭翅；叶状枝常3枚簇生，稍呈镰刀状，扁平，长10～40mm，宽1～1.5mm，中脉龙骨状隆起。鳞片状叶膜质，主茎上的基部具长2.5～3.5mm的硬刺状距，分枝上的基部距较短或不明显。花小，淡绿色，常2朵簇生于叶腋，单性，雌雄异株；花梗长2～6mm，中部或中下部具关节，雄花花被片椭圆形，长2～3mm，雄蕊着生于花被片的基部，花药卵形，近背着；雌花与雄花近等大。浆果圆球形，直径6～7mm，成熟时呈红色。种子1。花期5—6月，果期8—9月。

全省各地常见。生于山坡林下或灌丛草地上。分布于华北、华东、华中、华南、西南及吉林、辽宁、陕西、宁夏、甘肃。日本、朝鲜半岛、越南、老挝也有。

块根可入药。

一九四 百合科 Liliaceae 251

图 10-256 天门冬

3. 非洲天门冬 （图 10-257）
Asparagus densiflorus (Kunth) Jessop

根状茎粗短，具肉质纺锤状膨大的根。茎攀缘状，高可达1m，下部木质化，多分枝；叶状枝常3枚簇生，宽线状，扁平，长10～30mm，宽1.5～2.5mm。鳞片状叶膜质，主茎上的基部具长3～5mm的硬刺状距，分枝上的基部距不明显。花小，白色，排成腋生的总状花序单生或成对生于叶腋，具数花至10余花；苞片近条形，长2～5mm；花两性，白色，直径3～4mm；花被片6，

长圆状卵形，长2~3mm，反卷；雄蕊着生于花被片的基部，花药椭圆形，橙黄色，近背着；子房近球形，柱头3裂。浆果圆球形，直径8~10mm，成熟时呈红色。种子1或2。花期5—6月，果期8—9月。

原产于非洲南部，全球温带地区有栽培。我国引种栽培；浙江也有。

用于盆栽或插花。

图10-257 非洲天门冬

4. 羊齿天门冬 （图10-258）

Asparagus filicinus Buch.-Ham. ex D. Don

根状茎粗短，具肉质纺锤状膨大的根。茎近直立，高50~70cm，多分枝，有纵棱，叶状枝5~8枚簇生，镰刀状，扁平，长3~15mm，宽0.8~1.5mm，中脉龙骨状隆起。鳞片状叶基部无刺状距。花小，淡绿色，有时稍带紫色，单生或2朵簇生于叶腋，单性，雌雄异株；花梗纤细，长1.2~2cm，近中部具关节；雄花花被片近椭圆形，长约2.5mm，雄蕊着生于花被片的基部，花药卵形，近背着；雌花与雄花近等大或略小。浆果圆球形，直径5~6mm，成熟时呈近黑色。种子2或3。花期5月，果期7月。

产于临安、淳安、浦江、衢州市区（衢江）、常山。生于山坡林下阴湿处或沟边。分布于华中、西南及山西、陕西、甘肃。缅甸、印度、不丹也有。

图10-258 羊齿天门冬

5. 蓬莱松
Asparagus retrofractus L.

根状茎粗短。茎银灰色，幼时直立，后变为披散状，高可达2m以上，多分枝，小枝回折状；叶状枝20～30簇生，近圆柱状，略弧曲，长8～22mm。鳞片状叶膜质。花小，白色，排成腋生的总状花序单生于叶腋，具数十花，两性；花梗远短于叶状枝；花被片倒卵状披针形，长约3mm；雄蕊着生于花被片的基部，花药橘黄色，背着。浆果圆球形，成熟时转为橙色，最后呈近黑色。花期5—6月。

原产于非洲南部，全球各地普遍栽培。我国各地常见栽培；浙江也有。

用于盆栽或插花。

6. 石刁柏　芦笋　（图10-259）
Asparagus officinalis L.

根状茎粗短，具稍肉质细长的根。茎初时直立，后上部常俯垂，高可达100cm，具多数较柔弱的分枝；叶状枝3～6簇生，近圆柱状，稍压扁，纤细，略弧曲，长0.5～3cm，粗约0.3～0.5mm。鳞片状叶膜质，主茎上的基部具短刺状距，分枝上的基部几无

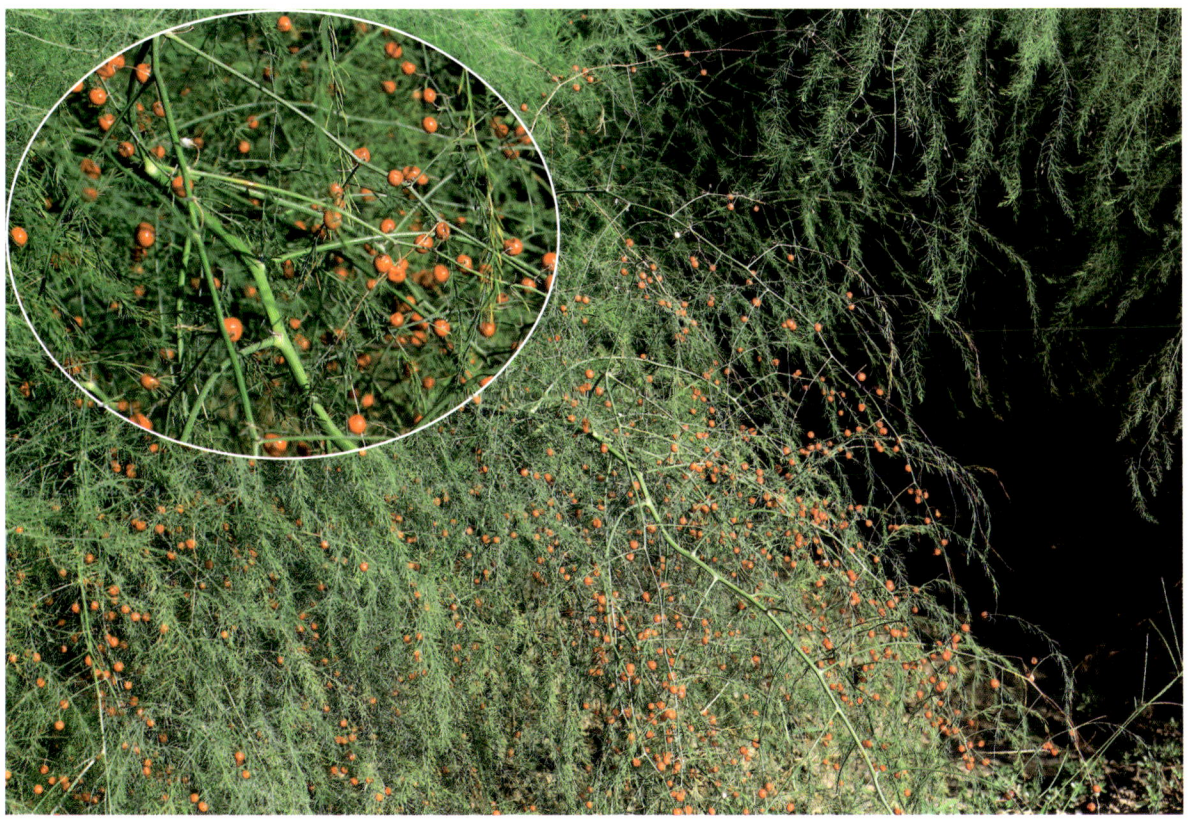

图10-259　石刁柏

距。花小,黄绿色,常2朵簇生于叶腋,单性,雌雄异株;花梗长0.6~1.2cm,中部至中上部具关节;雄花花被片长圆形,长5~6mm,花丝中部以下贴生于花被片上,花药椭圆形,近背着,雌花较小,花被片长约3mm。浆果圆球形,直径7~8mm,成熟时呈红色。种子2或3。花果期6月。

原产于欧洲。新疆西北部有野生。俄罗斯及中亚也有。浙江有栽培。

嫩茎常作蔬菜食用,称"芦笋"。

7. 南玉带 (图10-260)

Asparagus oligoclonos Maxim.—*A. oligoclonos* var. *purpurascens* X.J. Xue et H. Yao

直立草本,高40~80cm。根粗2~3mm。茎平滑或稍具条纹,坚挺,上部不俯垂;分枝具条纹,稍坚挺,有时嫩枝疏生软骨质齿;叶状枝通常5~12枚成簇,近扁的圆柱形,略有钝棱,伸直或稍弧曲,长1~3cm,粗0.4~0.6mm。鳞片状叶基部通常距不明显或有短距,极少具短刺。花每1~2朵腋生,黄绿色或紫色;花梗长1.5~2cm,少有较短的,关节位于近中部或上部;雄花花被片长7~9mm;花丝全长的3/4贴生于花被片上;雌花较小,花被片长约3mm。浆果直径8~10mm。花期5月,果期6—7月。

产于长兴。生于山坡阴湿处。分布于东北、华北及河南。俄罗斯、日本、朝鲜半岛也有。

图10-260 南玉带

8. 文竹（图10-261）
Asparagus setaceus (Kunth) Jessop

根状茎粗短，具稍肉质细长的根。茎幼时直立，后渐变攀缘状，高可超过1m，具多数水平方向排列的分枝；叶状枝10～13枚簇生，刚毛状，略具3棱，长4～6mm，直径约0.2mm。鳞片状叶膜质，主茎上的基部具短刺状距，分枝上的基部距不明显。花小，白色，通常单生于叶腋或短枝的顶端，稀2～4花簇生，两性；花梗稍长于叶状枝；花被片倒卵状披针形，长约3mm；雄蕊着生于花被片的基部，花药长圆形，背着。浆果圆球形，直径6～7mm，成熟时呈紫黑色。种子1～3。花期9—10月。

图10-261 文竹

原产于非洲南部，全球各地普遍栽培。我国各地常见栽培；浙江也有。

用于盆栽或插花。

5 山麦冬属 Liriope Lour.

多年生草本。根部细长，有时近末端膨大成纺锤状。根状茎粗短或不明显，有时具细长的地下走茎。叶基生，禾叶状，密集成丛。花葶圆柱形，总状花序；花梗直立，具关节；花被片6，离生；雄蕊花丝等长或长于花药，花药椭圆形至长圆形，基着；子房上位，3室，每室具2胚珠，花柱三棱柱形，柱头微3裂。蒴果，黑色或紫黑色。

约9种，分布于东亚。我国有7种，东北至西南均有分布；浙江有6种。

分种检索表

1. 植株具细长的地下走茎。
   - 2. 叶片宽4.5～10mm，花被片长4～5mm ·· **1. 山麦冬 L. spicata**
   - 2. 叶片宽2～4mm，花被片长3.5～4mm。
     - 3. 叶片长20～60cm；总状花序长5～15cm；通常2～5花簇生于苞片内，花药长约1mm，短于花丝 ··· **2. 禾叶山麦冬 L. graminifolia**
     - 3. 叶片长7～20cm；总状花序长1～3cm；花通常单生于苞片内，少数2或3花簇生，花药长约1.5mm，与花丝近等长 ···························· **3. 矮小山麦冬 L. minor**

1. 植株无细长的地下走茎。
    4. 花梗纤细；叶片长条形，宽2.5～4mm ·················· **4.长梗山麦冬 L. longipedicellata**
    4. 花梗粗壮；叶片宽长条形，宽4～20mm。
        5. 根状茎木质；叶较硬直，干后背面黄色；花梗关节近中部；花丝白色；花柱长约2mm，白色 ········
        ··· **5.阔叶山麦冬 L. muscari**
        5. 根状茎肉质；叶较柔软，干后背面暗绿色；花梗关节近顶端；花丝紫色；花柱长约3mm，紫色······
        ··· **6.浙江山麦冬 L. zhejiangensis**

1. 山麦冬 （图10-262）
Liriope spicata Lour.

根近末端处常膨大成长圆形、椭圆形或纺锤形的肉质小块根。根状茎短，有细长的地下走茎。叶基生，无柄；叶片宽长条形，长20～40cm，宽4.5～10mm，先端急尖或钝，具5脉，中脉较明显，边缘具细锯齿；叶鞘边缘膜质。花葶近浑圆，稍短于乃至稍长于叶簇；总状花序长6～15cm；苞片卵状披针形，下部的稍长于花梗。花黄白色或稍带紫色，通常3～5花簇生于苞片内；花梗长2～4mm，关节位于其中上部或近顶端；花被片长圆形或长圆状披针形，长4～5mm，先端圆钝；雄蕊着生于花被片的基部，花丝明显，花药长圆形，长约1.5mm，几与花丝等长，顶端钝；花柱长约2mm，稍弯，柱头不明显。种子近圆球形，小核果状，直径约5mm。花期6—8月，果期9—10月。

全省各地常见。生于山坡林下或路边草地中；全省各地常见栽培观赏。分布于华北、华东、华中、华南、西南及陕西、甘肃。日本、朝鲜半岛、越南也有。

用于花境配置或作地被植物。

图10-262 山麦冬

2. 禾叶山麦冬 （图 10-263）
Liriope graminifolia (L.) Baker

根近末端处常膨大成较小的纺锤形肉质小块根。根状茎短或稍长，有细长的地下走茎。叶基生，无柄；叶片长条形，长20～60cm，宽2～4mm，先端通常渐尖，具5脉，中脉较明显，边缘近先端处具细锯齿，叶鞘边缘膜质。花葶近浑圆，通常稍短于叶簇；总状花序长5～15cm；苞片卵状披针形，下部的稍长于花梗。花黄白色或稍带紫色，2～5花簇生于苞片内，花梗长2～4mm，关节位于其中上部或近顶端；花被片长圆形，长3.5～4mm，先端圆钝，雄蕊着生于花被片的基部，花丝明显，花药长圆形，长约1mm，短于花丝，顶端钝；花柱长约2mm，柱头与花柱等宽。种子卵圆形或近圆球形，直径4～5mm。花期6—8月，果期9—10月。

全省各地常见。生于山坡林下、灌丛中或路边草地中，也常见栽培观赏。分布于河北、山西、江苏、安徽、江西、福建、河南、湖北、台湾、广东、四川、贵州、陕西、甘肃。

图 10-263　禾叶山麦冬

3. 矮小山麦冬 （图 10-264）
Liriope minor (Maxim.) Makino

根细，分枝较多，有纺锤形的小块根。根状茎不明显，具细长的地下走茎。叶长7～20cm，宽2～3mm，先端急尖，具5脉，近全缘，基部常为具干膜质边缘的鞘所包裹。花葶短于叶，长6～7cm；总状花序长1～3cm，具5～10余花；花通常单生于苞片腋内，少数2或3花簇生；苞片卵状披针形，先端具短尖，最下面的长约4mm，具膜质边缘；花梗长3~4mm，关节位于近顶端；花被片披针状长圆形，先端钝，长3.5~4mm，淡紫色；花丝圆柱形，长约1.5mm；花药长圆形，长约1.5mm，与花丝近等长；子房近球形，花柱稍粗短，长约2mm，宽约1mm；柱头很短，较花柱稍细。种子近球形，直径4~5mm，成熟时呈暗蓝色。花期6—7月，果期7—8月。

产于临安、遂昌。分布于广西和陕西。日本也有。

图10-264　矮小山麦冬

4. 长梗山麦冬

Liriope longipedicellata F.T. Wang et Tang

根细长，无膨大的小块根。根状茎粗短，木质，无地下走茎。叶基生，无柄；叶片长条形，长30~50cm，宽2.5~4mm，边缘具细锯齿，叶鞘膜质，褐色。花葶稍长或等长于叶簇；总状花序长7~12cm；苞片远短于花梗；花紫红色或紫色，常2~4花簇生于苞片内；花梗纤细，长5~8mm，关节位于其中部至中上部；花被片倒卵形或倒披针形，长约3mm，先端稍钝；雄蕊着生于花被片的基部，花丝扁，花药近椭圆形，稍短于花丝，顶端钝；花柱长约2mm，柱头不明显。种子近圆球形或椭圆球形，直径5~6mm。花期7月，果期8—9月。

产于建德、开化、天台。生于山坡灌丛草地中。分布于四川。

5. 阔叶山麦冬 （图10-265）
Liriope muscari (Decne.) L.H. Bailey

根细长，具膨大成椭圆形或纺锤形的小块根。根状茎粗短，木质，无地下走茎。叶基生，无柄，冬季平卧；叶片宽长条形，长12~50cm，宽5~20mm，边缘仅上部微粗糙；叶鞘膜质，褐色。花葶短于乃至远长于叶簇；总状花序长8~45cm；苞片卵状披针形，短于花梗，先端尾尖；花紫色或紫红色，4~8花簇生于苞片内；花梗长4~5mm，关节位于其中部或中上部；花被片长圆形，长约3.5mm，先端钝；雄蕊着生于花被片的基部，花丝扁，白色，花药长圆形，长1.5~2mm，与花丝近等长，顶端钝；花柱长约2mm，白色，柱头较明显。种子近圆球形，小核果状，直径5~7mm。花期7—8月，果期9—10月。

全省各地常见。生于山坡林下阴湿处或沟边草地中；也常见栽培。分布于华东、华中及山东、台湾、广东、四川、贵州。日本也有。

金边品种'Gold Banded'在本省也常见栽培。

用于花境配置或作地被植物。

图10-265 阔叶山麦冬

6. 浙江山麦冬 兰花三七 （图10-266）
Liriope zhejiangensis G.H. Xia et G.Y. Li

根细长，近末端处具膨大的小块根。根状茎肉质，长1~3cm，断面黄色。叶基生，无柄，冬季不平卧；叶片长条形，长18~55cm，宽4~12mm，10~15脉，先端渐尖；叶干后背面暗绿色。花葶直立，紫色至暗绿色，连花序长20~45cm，具棱；花序长15~25cm；4~8花簇生于苞片内；苞片淡黄色至黄绿色，长条形，长3~5cm；小苞片白色，膜质；花梗紫色，长3~7mm，关节位于上部；花被片紫色，长圆形，长3.5~4mm，宽1.6~2.4mm；花丝紫色，稍扁，长1.5~1.8mm；花药黄色，与花丝等长；花柱长约3mm，紫色；柱头3浅裂，紫色；子房3室，每室2胚珠。种子成熟时呈黑色，球形，直径6~7mm。花期7—8月，果期9—11月。

产于安吉、临安。生于海拔600~1200m的林下或灌丛中。模式标本采自临安天目山。

用于花境配置或作地被植物。

与阔叶山麦冬相近，主要区别在于后者根状茎木质，叶片较宽，冬季平卧，花丝和花柱白色。

图10-266　浙江山麦冬

⑥ 沿阶草属 Ophiopogon Ker Gawl.

多年生草本。根部细长，有时近末端膨大成纺锤状。根状茎不明显或较长，有时具细长的地下走茎。叶基生或茎生，禾叶状。花葶通常扁平具狭翼，总状花序；花梗常下弯；花被片6，离生；花丝长不及花药一半，花药圆锥形，基着；子房半下位，3室，每室具2胚珠，花柱三棱柱形、圆柱形或近圆锥形，柱头3微裂。蒴果，蓝紫色。

65余种，分布于亚洲东部和南部的亚热带和热带地区。我国有47种，主要分布于西南和华南；浙江有4种。

分种检索表

1. 叶片宽10～15mm；花梗长1～2cm ··· 1. 剑叶沿阶草 O. jaburan
1. 叶片宽1～7mm；花梗长2～6mm。
  2. 叶片宽4～7mm。
    3. 无地下走茎；花梗长4～5mm ··· 2. 间型沿阶草 O. intermedius
    3. 具细长的地下走茎；花梗长5～10mm ··· 3. 扁葶沿阶草 O. planiscapus
  2. 叶片宽1～4mm ··· 4. 麦冬 O. japonicus

1. 剑叶沿阶草 阔叶沿阶草 宽叶沿阶草 （图10-267）
Ophiopogon jaburan (Siebold) Lodd.

根状茎粗短，木质，具匍匐茎。叶基生，无柄，深绿色，有光泽，具9～13脉；叶片狭长条形，长30～80cm，宽10～15mm，尖端钝，边缘微粗糙。花葶从叶丛中抽出，扁平而两侧具狭翼，长30～50cm，宽4～7mm；总状花序长7～10cm，花密集；苞片长条形，基部膜状加宽；花淡紫色，3～8花簇生于苞片内；花梗长1～2cm，常下弯，关节位于其中部或中部以上；花被片长7～8mm；花药披针形。种子椭圆形，小核果状，成熟时呈蓝紫色。花果期8月。

产于象山（花岙岛、南韭山、蚊虫山、积谷山）、普陀（东福山岛）、台州市区（椒江上大陈岛）、平阳（南麂岛）。生于海岛岩质海岸潮上带林缘灌草丛中、岬角悬崖峭壁上或滨海山坡林下。日本也有。

本种叶色亮绿，姿态优美，是优良的园林观赏植物。为浙江省重点保护野生植物。

银边品种'Vittatus'在本省常有栽培。

图10-267　剑叶沿阶草

2. 间型沿阶草 （图10-268）
Ophiopogon intermedius D. Don

根细长，近末端处常膨大成长圆形或椭圆形的小块根。根状茎粗短，木质，无地下走茎。叶基生，无柄；叶片宽长条形，长20～50cm，宽4～7mm，边缘上部微粗糙；叶鞘膜质，灰褐色。花葶从叶丛中抽出，通常短于叶簇，扁平而两侧具狭翼；总状花序长3～7cm；苞片长圆形或长圆状披针形，下部的长于花梗；花淡紫色，通常单生，有时2或3花簇生于苞片内；花梗长4～5mm，常下弯，关节位于其中部；花被片长圆状披针形，长4～6mm，先端稍钝；雄蕊着生于花被片的基部，花丝极短，花药圆锥形，长3.5～4mm，顶端稍尖，花柱细，圆柱形，约与花被片等长。种子椭圆形，小核果状，长约8mm，成熟时呈蓝紫色。花期6—7月，果期8—10月。

产于遂昌、龙泉。生于海拔1300～1550m的山坡林下阴湿处或沟边草地上。分布于华中、华南、西南及安徽、陕西。越南、泰国、印度、尼泊尔、不丹、孟加拉国、斯里兰卡也有。

银纹品种'Argenteomarginatus'在本省也有栽培。

图10-268 间型沿阶草

3. 扁葶沿阶草 （图10-269）
Ophiopogon planiscapus Nakai

根具纺锤形的小块根，具细长的地下走茎。叶长30～50cm，宽4～6mm，深绿色，扁平，在上面逐渐变窄，先端钝，边缘具细锯齿。花葶长20～30cm，宽1.5～2mm，三棱形，压扁；总状花序长5～7cm；苞片长条状披针形；常1～3花簇生，淡紫色或白色，长6～7mm，下弯；花梗长5～10mm，关节位于其中上部；花药长2.5～3mm。种子暗蓝色。花期7—8月。

原产于日本，欧亚大陆有栽培。我国各城市公园有栽培；浙江也有，栽培品种主要是其黑叶品种——黑龙麦冬'Nigrescens'。

供观赏，用作地被植物。

图10-269 扁葶沿阶草

4. 麦冬　麦门冬（图10-270）
Ophiopogon japonicus (Thunb.) Ker-Gawl. —— *O. chekiangensis* K. Kimura et Migo

根较粗壮，中部或近末端常膨大成椭圆形或纺锤形的小块根。根状茎粗短，木质，具细长的地下走茎。叶基生，无柄；叶片长条形，长15～50cm，宽1～4mm，边缘具细锯齿；叶鞘膜质，白色至褐色。花葶从叶丛中抽出，远短于叶簇，扁平而两侧具明显的狭翼；总状花序长2～7cm，稍下弯；苞片披针形，下部的长于花梗；花紫色或淡紫色，常2花簇生于苞片内；花梗长2～6mm，常下弯，关节位于其中上部至中下部；花被片披针形，长4～5.5mm，先端尖；雄蕊着生于花被片的基部，花丝不明显，花药圆锥形，长2.5～3mm，顶端尖；花柱基部稍宽，略呈长圆锥形，长3～5mm，高出雄蕊。种子圆球形，小核果状，直径7～8mm，成熟时呈暗蓝色。花期6—7月，果期7—8月。

全省各地常见，慈溪、萧山、杭州等地有大量栽培。生于山坡林下阴湿处或沟边草地上。分布于华东、华中、华南、西南及河北、山东、陕西。日本、朝鲜半岛也有。

块根可入药，称"麦冬"，"浙八味"药材之一；可供观赏，用作地被植物。

图10-270　麦冬

⑦ 百子莲属　Agapanthus L'Hér.

多年生草本，地下具根状茎。叶基生，弯曲，长条形。花葶高出，花多数，排成顶生伞形花序，总苞片2，常早落；花漏斗状，花被中部以下连合，裂片长圆形，长度等于筒部或稍长；雄蕊6，着生在花被筒喉部，花丝长条形，花药"丁"字形着生；子房上位，3室，每室胚珠多数，花柱丝状。蒴果，室背开裂；种子多数。

6～10种，原产于南非。我国引种栽培1种；浙江也有。

早花百子莲 (图 10-271)
Agapanthus praecox Willd.

多年生草本，高达60cm。根粗壮，绳索状。基生叶多数，条状披针形至带状，排成二列。花茎粗壮，直立，高60～90cm，高于叶；伞形花序近球形，具10～50花；花淡紫色至蓝色；花梗长3～5cm，无毛；花被片6，长约4cm，长椭圆形，中下部合生成花被筒，短于裂片或近等长；雄蕊6，花丝向上弯曲，花药黄褐色，背着药；花柱与雄蕊等长或略长，向上弯曲，子房3室。蒴果；种子多数，具翅。花期5—6月。

原产于南非喜望峰一带，全球各地广泛栽培。我国各地城市公园、庭园栽培；浙江也有。

常见栽培且称"百子莲"的应为本种，而百子莲（南非百子莲）*Agapanthus africanus* (L.) Hoffm. 几无栽培。

图 10-271　早花百子莲

⑧ 肺筋草属 Aletris L.

多年生草本。根纤细或稍肉质，有时部分根毛膨大成米粒状。根状茎粗短或不明显。叶通常基生，密集成丛，无柄。花葶直立，总状花序；花小，钟形或坛状卵形；花被片6，下部合生，花被筒与子房贴生；雄蕊花丝短，花药卵形或近球形；子房半下位，3室，每室具多数胚珠。蒴果坛状球形、倒卵形或倒圆锥形。

约21种，分布于北美洲和亚洲东部、东南部。我国有15种，以西南地区种类最多；浙江有3种。

王锦秀(2006)考证认为,粉条儿菜实为菊科鸦葱属 Scorzonera L.植物,首次记载于《植物名实图考》中的肺筋草才是肺筋草属植物,故中文名采用肺筋草。

分种检索表

1. 花序轴、花梗、花被片及蒴果均无毛;叶片宽5~10mm,具7~9脉 ············ 1.无毛肺筋草 A. glabra
1. 花序轴、花梗、花被片及蒴果均被柔毛;叶片宽2~4mm,具3脉。
   2. 花葶纤细,高10~20cm,直径0.5~1mm,疏生4~10余花;蒴果坛状球形 ·······················
   ·· 2.短柄肺筋草 A. scopulorum
   2. 花葶粗壮,高30~60cm,直径1.5~3mm,具15~50余花;蒴果倒卵形或倒圆锥形 ···············
   ·· 3.肺筋草 A. spicata

1. 无毛肺筋草 无毛粉条儿菜
Aletris glabra Bureau et Franch.

根纤细,多分枝,无膨大成米粒状的根毛。根状茎粗短,木质。叶基生,密集成丛,无柄;叶片宽长条形至条状披针形,长10~20cm,宽5~10mm,上部有时稍弯斜,具7~9脉。花葶粗壮,高30~50cm,直径1.5~2mm,其上具数枚自下而上渐次变小的无花苞片;总状花序长10~20cm,具15~30余花,花序轴无毛,有黏性物质;苞片披针形,长于花;花小,稍密生,黄绿色,坛状卵形;花梗长1~3mm,无毛;小苞片位于花梗的中部至中上部;花被片无毛,中部以下合生,花被筒与子房贴生,裂片卵状披针形,长3~4mm,膜质,具1绿色的中脉;雄蕊着生于花被裂片的基部,花丝短,花药卵形或近球形;花柱短,近圆锥形,柱头3微裂。蒴果坛状球形,直径3~4mm,无毛。花期5—6月,果期7—9月。

产于龙泉(凤阳山)。生于海拔1600~1900m的山顶草地中。分布于西南及福建、湖北、台湾、陕西、甘肃。

2. 短柄肺筋草 短柄粉条儿菜 (图10-272)
Aletris scopulorum Dunn

根稍肉质,无膨大成米粒状的根毛。根状茎肉质,圆球形,块茎状。叶数枚基生,无柄,叶片宽长条形,长3~10cm,宽2~3mm,上部稍弯斜,具3脉。花葶纤细,高10~20cm,直径0.5~1mm,其上具1或2无花的苞片;总状花序长1~8cm,具4~10余花,花序轴被柔毛;苞片披针形,短于花;花小,疏生,近白色,近钟形;花梗极短,被柔毛;小苞片长条形,稍长于花梗,位于花梗的中下部至中部;花被片被柔毛,中部以下合生,花被筒与子房贴生,裂片披针形,长约1.5mm,膜质;雄蕊着生于花被裂片的基部,花丝短,花药近椭圆形,花柱近圆锥形,柱头3微裂。蒴果坛状球形,直径2~2.5mm,被柔毛。花期4—5月,果期5—6月。

产于桐庐、余姚、象山、衢州市区、乐清、瑞安。生于山坡上或溪边草地中。分布于江西、福建、湖南、广东。

图10-272　短柄肺筋草

3. 肺筋草　粉条儿菜　金线吊白米　（图10-273）
Aletris spicata (Thunb.) Franch.

根纤细，多分枝，具膨大成米粒状的根毛。根状茎粗短，有时略呈块茎状。叶基生，密集成丛，无柄；叶片宽长条形，长10～25cm，宽3～4mm，上部有时稍弯斜，具3脉。花葶粗壮，高30～60cm，直径1.5～3mm，具数枚渐次变小的无花苞片；总状花序长8～20cm，具15～50余花，花序轴密被柔毛；苞片披针形，短于花；花小，稍密生，黄绿色，近钟形，花梗极短，密被柔毛；小苞片长条形，稍长于花梗，位于花梗的近基部；花被片密被柔毛，中部以下合生，花被筒与子房贴生，裂片披针形，长3～3.5mm，膜质，上部淡红色，具1绿色的中脉，雄蕊着生于花被裂片的基部，花丝短，花药椭圆形；花柱圆柱形，柱头3微裂。蒴果倒卵形或倒圆锥形，长3～4mm，直径2.5～3mm，有棱角，密被柔毛。花期4—5月，果期6—7月。

全省各地常见。生于山地林缘或路边草地中。分布于华东、华中、华南、西南及河北、山西、陕西、甘肃。日本、缅甸、菲律宾也有。

根可入药，有润肺止咳、杀蛔虫、消疳的功效。

一九四　百合科 Liliaceae　　267

图 10-273　肺筋草

9 火把莲属　Kniphofia Moench

多年生常绿草本，稀落叶。具根状茎和纤维性的肉质根。无茎，或稀有短茎。叶多数，基部丛生；叶片狭长，长剑形。花葶直立，顶生总状花序或穗状花序；花被连合成筒状，裂片6，直立或微开展；雄蕊6，稍不等长，伸出花筒外，花药背着或基着；子房3室。蒴果卵形，室背开裂。

约73种，分布于非洲。我国引种栽培1种；浙江也有。

火把莲　火炬花　（图 10-274）
Kniphofia uvaria (L.) Oken

植株高80～150cm。根状茎短，稍肉质。叶多数，基部丛生；叶片长剑形，深绿色。花葶直立，高可达1m；总状花序顶生，位于叶丛之上，长20～30cm，呈火炬形；整个花序具数百花，密集排列，自下而上依次开放，盛花期时顶部的花为幼花，最小，中部的花正在开放，最大，下部的花已枯萎，贴向花序轴；花序的颜色自上而下由红变黄，未开放的花呈红色，后渐变为橘红色，至开放后呈淡黄色或淡黄绿色；花下垂；花被筒棒形长管状，下部细，向顶渐粗，顶端6裂，幼时花筒顶部膨大，裂片闭合，开放时裂片直立或微开展，远短于筒部，卵状三角形，先端圆钝；雄蕊6，着生在基部，伸出花被筒外；子房3室。蒴果卵形，成熟时呈黄褐色，室背开裂。花期6—8月，果期9月。

原产于南非。热带至亚热带地区广泛栽培。我国南方常见栽培；浙江也有。

花序挺拔，如火炬一般，壮丽可观，可供观赏。

图10-274　火把莲

⑩ 油点草属　Tricyrtis Wall.

多年生草本。根状茎短或稍长，横生。叶互生；叶片卵形、椭圆形至长圆形，基部抱茎。花单生或排成二歧聚伞花序。花被片6，离生，外轮3花被片基部囊状或具短距；花丝扁平，下部多少靠合成筒，花药长圆形；子房上位，3室，每室具多数胚珠。蒴果长圆形，具3棱。种子多数，小而扁，卵形或圆球形。

约24种，分布于东亚及菲律宾。我国有11种，分布于华东、华中、华南至西南；浙江有3种。

分种检索表

1. 茎直立；花被片绿白色、白色或淡黄色。
　　2. 茎具糙毛；叶两面被糙毛；花被片内面基部无橘黄色斑块 ······················ **1.油点草　T. chinensis**
　　2. 茎无毛；除主脉上有刚毛外，叶两面无毛；花被片内面基部有橘黄色斑块···**2.绿花油点草　T. viridula**
1. 茎斜垂；花被片嫩黄色·· **3.仙居油点草　T. xianjuensis**

1. 油点草 （图10-275）

Tricyrtis chinensis Hiroshi Takahashi —— *T. macropoda* auct. non Miq.

根状茎短，具1或2节匍匐茎，下部节上簇生稍肉质的须根。茎单一，直立，常"之"字形回折，高50~150cm，上部疏生糙毛。叶片卵形至卵状长圆形，长8~15cm，宽4~10cm，两面被糙毛，基部抱茎，先端急尖或短渐尖，边缘具短糙毛，上面有时散生油迹状斑点。二歧聚伞花序顶生兼腋生，长12~25cm，花序梗至花梗均被淡褐色的短糙毛和短绵毛。花疏散；花梗长1.2~2.5cm；花被片绿白色或白色，内面散生紫红色斑点，长圆状披针形或倒卵状披针形，长约1.5cm，开放后中部以上向下反折，外轮花被片基部向下延伸成囊状，内轮花被片中部宽2~4mm；雄蕊约等长于花被片，花丝下部靠合，中部以上向外弯曲；花柱圆柱形，柱头3裂，向外弯垂，每裂再二分枝，小裂片长条形，密生颗粒状腺毛。蒴果长圆形，长2~3cm。种子扁卵形。花果期8—9月。

全省各地常见。生于山坡林下。分布于安徽、江西、福建、湖南、广东、广西。

全草及根可入药。

本种是Takahashi等（2001）发表的新种，他指出*T. macropoda* Miq.只产于日本，我国不产。过去采自我国并鉴定为*T. macropoda* Miq.的标本应归入本种。本种与*T. macropoda*的主要区别在于后者的根状茎为多年生，具多节匍匐茎，内轮花被片中部宽4~5mm。

图10-275 油点草

2. 绿花油点草 （图10-276）
Tricyrtis viridula Hiroshi Takahashi

根状茎短，具匍匐茎。茎单一，直立，几不回折，高40～100cm，无毛。叶片狭椭圆形、卵形至倒卵形，长10～17cm，宽4～7cm，除主脉上有刚毛外，两面均无毛，基部抱茎，先端渐尖或具尖头，边缘具纤毛。聚伞花序顶生兼腋生，由2～4个具2～8花的小聚伞花序组成；花序梗至花梗均被短糙毛和长腺毛；花序梗长3～10cm；花梗长0.8～1.5（2）cm；花被片绿白色或淡黄色，内面具散生的紫红色斑点和位于基部的橘黄色斑块，外面具腺毛；外轮花被片卵形，基部向下延伸成囊状；内轮花被片披针形；雄蕊6；花丝下部靠合，基部有小乳头状突起，中部以上向外弯曲；花药紫色或黄色，长约3mm；柱头3裂，向外弯垂，每裂再二分枝，小裂片长条形，密生颗粒状腺毛。蒴果三棱形，无毛。种子黑紫色。花果期6—10月。

图10-276　绿花油点草

产于鄞州、龙泉、庆元。生于海拔1000～1800m的林下或林缘。分布于江西、广西、贵州、云南。模式标本采自龙泉凤阳山。

据文献记载，本种花被片在开花后不反折，但实际观察发现其开花时平展，但开花后反折。

3. 仙居油点草 （图10-277）
Tricyrtis xianjuensis G.Y. Li, Z.H. Chen et D.D. Ma

根状茎短，下部节上簇生须根。茎单一，斜垂，紫色，长50～70cm，无毛。叶片长椭圆形至长卵形，长4～14cm，宽2～5cm，基部抱茎，先端锐尖或渐尖，无毛，上面亮绿色，下面淡绿色，无油点。1或2花腋生；花梗长0.5～1.2cm，密被毛，基部有数枚黄褐色至透明的苞片；花嫩黄色，直径2.5～3cm；花被片近等大，开放后不反折，内面散生紫红色斑点，外面具腺毛；外轮花被片倒卵状披针形，先端有小尖头，基部向下延伸为直径约3mm的囊；内轮花被片长椭圆形；雄蕊6，长1.7～2.3cm，花丝下部靠合，中部以上向外弯曲，花药黄色，长约3mm；雌蕊长17～20mm，花柱长4～10mm，柱头3裂，向外弯垂，每裂再二分枝，小裂片长条形，密生颗粒状腺毛。蒴果三棱状纺锤形，长2～3cm，无毛。种子椭圆形。花期9—10月，果期10月。

产于仙居（神仙居）。生于海拔约680m的阴湿岩壁上。模式标本采自仙居大神仙居景区。

图 10-277 仙居油点草

11 萱草属 Hemerocallis L.

多年生草本,具多数稍肉质或纺锤状膨大的根。根状茎极短。叶基生,二列;叶片禾草状。花葶直立,总状或圆锥花序。花大型,近漏斗状;花被片6,下部合生成管状,裂片长于花被筒;雄蕊着生于花被筒的上部,伸出筒口,花药长圆形;子房上位,3室,每室具多数胚珠。蒴果椭圆形或倒卵形,具3钝棱。种子黑色,有棱角。

约15种,分布于亚洲温带至亚热带地区。我国有11种,几乎遍布全国;浙江有2种。

1. 黄花菜　金针菜（图10-278）
Hemerocallis citrina Baroni

根多数,稍肉质,其中一部分顶端膨大成纺锤状。根状茎极短,不明显。叶基生,二列;叶片宽长条形,长30～80cm,宽0.6～1.8cm,通常暗绿色。花葶高可达1.5m,其上具少数无花的苞片,圆锥花序近二歧蜗壳状;苞片小,披针形至卵形;花大型,淡黄色,有香气,

图 10-278 黄花菜

近漏斗状,长9～17cm；花梗长3～10mm；花被片下部合生成长3～5cm的花被筒,外轮3裂片倒披针形,宽1～1.5cm,内轮3裂片长圆状椭圆形,宽1.5～3cm,盛开时略外弯；雄蕊着生于花被筒的上部,伸出筒口,花丝细长,花药长圆形,近基着；花柱细长,柱头小。蒴果椭圆形,长2.5～3cm,具3钝棱。种子黑色,有棱角。花期7—9月,通常下午开放,次日上午凋谢。

桐庐、建德、绍兴市区、上虞、兰溪、东阳、磐安、永康、仙居、缙云等县有较大量的栽培,偶见有野生。分布于华北及河南、湖北、四川、陕西。

本种是重要的经济作物,有许多品种。待开放的花蕾可鲜炒作菜,也可经蒸、晒后可加工成干菜,供食用；根可入药,有小毒。

2. 萱草 （图10-279）

Hemerocallis fulva (L.) L. — *H. fulva* var. *kwanso* (Regel) Kitam.

根多数,稍肉质。根状茎极短,不明显。叶基生,二列；叶片宽长条形至条状披针形,长40～80cm,宽1.5～3.5cm,通常鲜绿色。花葶高可达1.2m,其上具少数无花的苞片；圆锥花序近二歧蜗壳状；苞片披针形至卵状披针形,长3～15mm；花大型,橘红色至橘黄色,无香气,近漏斗状,长7～12cm；花梗长约5mm；花被片下部

图10-279 萱草

合生成长2~3cm的花被筒，外轮3裂片长圆状披针形，宽1.2~1.8cm，内轮3裂片长圆形，宽可达2.5cm，下部通常具"∧"形褐红色的斑纹，边缘波状皱缩，盛开时向下反曲；雄蕊着生于花被筒的上部，伸出筒口，花丝细长，花药长圆形，背着；花柱细长，柱头小。蒴果长圆形，长2.5~3.5cm，具3钝棱。种子黑色，有棱角。花期6—8月。

全省各地常见。生于山坡林下或沟边阴湿处，也常见栽培。分布于华北、华东、华中、华南、西南及陕西。俄罗斯、日本、朝鲜半岛、印度也有。

花可供观赏，也可供食用，其味远逊于黄花菜；根可入药，有小毒。

在本省临安、松阳、文成等地也发现重瓣的变异类型。

金娃娃萱草 Hemerocallis 'Stella de Oro' 及杂交种大花萱草 Hemerocallis × hybrida 等品种在本省常见栽培。

与黄花菜的主要区别在于后者叶片通常暗绿色，较窄，宽0.6~1.8cm；花较大，淡黄色，花被筒长9~17cm。

12 白穗花属 Speirantha Baker

多年生草本。根状茎较粗壮，节上生细长的地下走茎。叶基生，具柄。花葶侧生，短于叶簇；花多数，排成总状花序；苞片近膜质，花梗直，顶端有关节；花被片6，离生；雄蕊着生于花被片的基部，花丝丝状，花药椭圆形，"丁"字形着生；子房上位，近圆球形，3室，每室具3或4胚珠。浆果。

仅1种，我国华东地区特产；浙江也有。

白穗花（图10-280）
Speirantha gardenii (Hook.) Baill.

根状茎圆柱形，斜升，直径0.3~1.5cm，节上有少数细长的地下走茎。叶4~8，基生；叶片倒披针形、披针形或长椭圆形，长10~20cm，宽3~5cm，先端渐尖或急尖，基部渐狭成柄，叶柄长5~8cm；叶鞘膜质，后撕裂成纤维状。花葶侧生，短于叶簇；总状花序长4~6cm，具12~18花；花白色；苞片白色或稍带红色，膜质，短于花梗；花梗长7~17mm，顶端有关节；花被片披针形，长4~6mm，宽1.5~2.4mm，先端钝，具1脉；雄蕊着生于花被片的基部，短于花被片；花柱长约2mm。浆果近圆球形，直径约5mm。花期5—6月，果期7月。

产于临安、淳安、衢州市区（衢江）、开化、常山。生于海拔630~900m的山谷溪边或阔叶林下。分布于安徽和江西。

为浙江省重点保护野生植物。

图10-280 白穗花

⑬ 蜘蛛抱蛋属 Aspidistra Ker Gawl.

多年生常绿草本。根状茎粗短或细长。叶单生或2～4簇生在根状茎的节上。花序具1花，花序梗从根状茎抽出，极短而使花接近地面。花钟状或坛状；花被片6～10；雄蕊着生于花被筒的基部或下部，花丝极短或不明显；子房上位，3或4室，每室具2至多数胚珠。浆果球形，通常仅具1发育的种子。

已知约170种，分布于东亚和东南亚的亚洲热带至亚热带地区，我国广西至越南北部的石灰岩地区是该属的分布中心。我国约有115种，主要分布于广西、贵州、云南的石灰岩地带；浙江有3种。

分种检索表

1. 花被裂片内面具4条肉质、裂成流苏状的脊状隆起 ·················· **1. 流苏蜘蛛抱蛋 A. fimbriata**
1. 花被裂片内面仅具2～4条不裂成流苏状的脊状隆起，或仅具多数乳头状突起。
　2. 花被裂片近三角形，内面无乳头状突起，仅具4条明显、肉质、光滑的脊状隆起；柱头裂片先端微凹，边缘常向上反卷 ·················· **2. 蜘蛛抱蛋 A. elatior**
　2. 花被裂片长圆状三角形，内面有多数乳头状突起，有时兼具2～4条稍明显的脊状隆起；柱头裂片先端圆钝，边缘不向上反卷 ·················· **3. 九龙盘 A. lurida**

1. 流苏蜘蛛抱蛋 （图10-281）

Aspidistra fimbriata F.T. Wang et K.Y. Lang

根状茎横生，直径4～6mm，节上有覆瓦状的鳞片。叶单生于根状茎的各节，彼此相距

1.5～3cm；叶片近革质，长圆状披针形，长30～40cm，宽3.5～6cm，先端渐尖，基部楔形，两面绿色，有时具纵向的黄色条纹；叶柄长25～30cm。花序梗长0.3～1cm；苞片4或5，膜质，其中2苞片紧贴于花的基部；花带紫红色，肉质，近钟状，长15～20mm，直径5～10mm；花被片8或10，中部以下合生，裂片卵状三角形，开展，先端急尖，内面具4条肉质、裂成流苏状的脊状隆起；雄蕊着生于花被筒下部1/4处，花丝不明显，花药宽卵形；子房4室，花柱短，柱头裂片先端凹缺，边缘向上反卷。花期4月。

产于开化。生于山谷密林下的岩石上。分布于福建、广东、海南。

图 10-281　流苏蜘蛛抱蛋

2. 蜘蛛抱蛋（图10-282）

Aspidistra elatior Bl.

根状茎横生，直径5～10mm，节上有覆瓦状的鳞片。叶单生于根状茎的各节，彼此相距1～3cm；叶片近革质，近椭圆形至长圆状披针形，长22～80cm，宽8～11cm，先端急尖，基部楔形，两面绿色，有时稍具黄白色的斑点或条纹；叶柄粗壮，长5～35cm。花序梗长0.5～2cm；苞片3或4，膜质，其中2苞片紧贴于花的基部；花紫色，肉质，钟状，长12～18mm，直径10～15mm；花被片8，稀6，中部以下合生，裂片近三角形，开展或外弯，先端钝，内面具4条明显、肉质、光滑的脊状隆起；雄蕊着生于花被筒的基部，花丝短，花药椭圆形；子房4室，稀3

室,花柱无关节,柱头裂片先端微凹,边缘常向上反卷。花期5—6月。

原产于我国台湾地区、日本南部和韩国南部。北半球亚热带地区有栽培。我国各地多有栽培;浙江常见栽培。

图 10-282 蜘蛛抱蛋

3. 九龙盘

Aspidistra lurida Ker-Gawl.

根状茎横生,直径4~10mm,节上有覆瓦状的鳞片。叶单生于根状茎的各节,彼此相距0.5~3.5cm;叶片近革质,长圆形至长圆状披针形,长15~45cm,宽2.5~10cm,先端渐尖,基部楔形或渐狭,两面绿色,有时多少具黄白色斑点;叶柄较纤细,长10~30cm。花序梗长2.5~5cm;苞片3~6,膜质,其中1~3苞片紧贴于花的基部;花带紫色,肉质,近钟状或坛状,长8~15mm,直径5~10mm;花被片6~8,稀9,中上部以下合生,裂片长圆状三角形,外弯,先端钝,内面具多数乳头状突起,有时兼具2~4条稍明显的脊状隆起;雄蕊着生于花被筒的基部,花丝不明显,花药卵形;子房3或4室,花柱无关节,柱头裂片先端圆钝,边缘不向上反卷。花期4月。

产于常山、开化、龙泉。生于山坡林下或沟边。分布于华南及江西、福建、湖北、湖南、四川、贵州。

14 铃兰属 Convallaria L.

多年生草本。根状茎粗短，常具1或2条细长的地下走茎。叶通常2，稀3，具柄；叶鞘套叠成假茎。花葶侧生，通常短于叶；花排成偏向一侧的总状花序；花白色，俯垂，短钟状；花被片6，大部分合生；雄蕊着生于花被筒的基部，内藏，花丝稍短于花药；子房上位，3室，每室具数胚珠。浆果圆球形。种子小。

仅1种，广泛分布于北温带地区。在我国分布于北部，浙江有栽培。

铃兰 （图10-283）
Convallaria majalis L.

根状茎粗短，常具地下走茎。叶鞘套叠成假茎；叶片椭圆形或卵状披针形，长7～20cm，宽3～8.5cm，先端近急尖，基部楔形下延；叶柄长8～20cm。花葶侧生，从套叠无叶片的叶鞘内抽出，通常短于叶，稍外弯；总状花序长5～12cm，具5～12花；花白色，短钟状，长5～7mm，俯垂，偏向一侧；苞片膜质，披针形，短于花梗；花梗长6～15mm；花被片大部分合生，裂片卵状三角形，先端锐尖，具1脉；雄蕊着生于花被筒的基部，内藏；花柱长2.5～3mm。浆果圆球形，直径6～12mm，成熟时呈红色。种子扁圆形或双凸状，直径约3mm，表面有细网纹。花期5—6月，果期7—9月。

原产于北温带地区，全球各地广泛栽培或逸生，已在北美洲东部归化。我国东北、华北及河南、陕西、甘肃、宁夏等地有野生；浙江有栽培。

全草可入药；花小巧可爱，可供观赏。

图10-283 铃兰

15 吉祥草属 Reineckia Kunth

多年生草本。根状茎细长横走。叶片条状披针形或倒披针形，下部渐狭成柄。花葶侧生，从下部叶腋抽出，远短于叶簇，穗状花序；花被片6，中部以下合生成短管状，裂片在开花时反卷；雄蕊着生于花被筒的喉部，伸出花被筒外，花丝丝状，花药长圆形；子房上位，3室，每室具2胚珠。浆果圆球形。种子数粒，白色。

仅1种，分布于我国和日本；浙江也有。

吉祥草 （图10-284）
Reineckia carnea (Andrews) Kunth

根状茎细长，横生在浅土中或露出地面呈匍匐状，每隔一定距离向上发出叶簇。叶每簇3～8；叶片条状披针形或倒披针形，长10～45cm，宽1～2cm，先端渐尖，下部渐狭成柄状。花葶侧生，从下部叶腋抽出，远短于叶簇；穗状花序长2～8cm；小苞片淡褐色或带紫色，膜质，卵状披针形，长5～7mm；花淡红色或淡紫色，芳香；花被片中部以下合生成短管状，裂片长圆形，长5～7mm，先端钝，开花时反卷；雄蕊着生于花被筒的喉部，伸出花被筒外，花丝丝状，花药淡绿色，长圆形；子房长约3mm，花柱细长。浆果圆球形，直径5～8mm，成熟时呈红色或紫红色。种子白色。花果期10—11月。

产于杭州市区、临安、桐庐、淳安、宁波市区（北仑）、鄞州、宁海、普陀、天台、龙泉、泰顺。生于山坡林下阴湿处或水沟边，也常见栽培观赏。分布于华东、华中、西南及广东、广西、陕西。日本也有。

根状茎及全草可入药；可作地被植物，广泛用于园林绿化、美化。

图10-284 吉祥草

16 开口箭属 Campylandra Baker

多年生常绿草本。根状茎粗壮,直生或横生。叶数枚,基生或近基生;基部扩展,抱茎。花葶侧生,穗状花序;花钟状或圆筒状;花被片6,中部至中上部以下合生;雄蕊着生于花被筒的上部至喉部,花丝明显或不明显,花药卵形;子房上位,3室,每室具2~4胚珠。浆果圆球形,紫红色、红色或黄褐色。

约16种,分布于亚洲,从不丹、印度、尼泊尔至中国。我国均产,以华中至西南为多;浙江有1种。

开口箭 (图10-285)

Campylandra chinensis (Baker) M.N. Tamura et al. — *Tupistra chinensis* Baker

根状茎黄绿色,圆柱形,直径1~1.5cm。叶4~8,基生;叶片近革质,倒披针形或线状披针形,长15~30cm,宽1.5~4cm,先端渐尖,下部渐狭成柄状,基部扩展,抱茎。花葶侧生,远短于叶簇,直立;穗状花序长2.5~5cm,花密集;苞片绿色,卵状披针形至披针形,通常长于花,全缘花黄色或黄绿色,稍肉质,钟状;花被片中部以下合生,花被筒长2~2.5mm,裂片卵形,长3~3.5mm,先端渐尖;雄蕊着生于花被筒的喉部,花丝基部扩大,彼此或多或少合生,分离部分长1~2mm,内弯,花药卵形;花柱不明显,柱头微3裂。浆果圆球形,直径8~10mm,成熟时呈紫红色。花期5—6月,果期10—11月。

产于安吉、杭州市区、临安、淳安、开化、遂昌、龙泉、庆元、景宁、泰顺。生于山坡林下阴湿处或沟边。分布于华东、华中、华南及四川、云南、陕西。

图10-285 开口箭

17 万年青属 Rohdea Roth

多年生常绿草本。根状茎粗壮。叶数枚，基生；基部稍扩展，抱茎。花葶侧生，远短于叶簇；穗状花序。花多数，球状钟形；花被片6，中上部以下合生，裂片很小，不十分明显，内弯，先端圆钝；雄蕊着生于花被筒的上部至喉部，花丝不明显，花药卵形；子房上位，3室，每室具2胚珠。浆果圆球形，通常仅具1发育的种子。

仅1种，分布于我国和日本；浙江也有。

万年青（图10-286）
Rohdea japonica (Thunb.) Roth

图10-286 万年青

根状茎粗壮，直径1.5~2.5cm，有时有分枝。叶数枚，基生；叶片厚纸质，长圆形、披针形或倒披针形，长15~50cm，宽2.5~7cm，先端急尖，下部稍狭，基部稍扩展，抱茎。花葶侧生，远短于叶簇；穗状花序长3~5cm，宽1.2~2cm；苞片膜质，卵形或倒卵形，短于花；花密集，淡黄色，肉质，球状钟形；花被片中上部以下合生，裂片很小，不十分明显，内弯，先端圆钝；雄蕊着生于花被筒的上部至喉部，花丝不明显，花药卵形；花柱不明显，柱头膨大，3微裂。浆果圆球形，直径约8mm，成熟时呈红色。花期6—7月，果期8—10月。

原产于我国和日本，也常见栽培。浙江各地有栽培，偶见逸为野生。

叶宽大苍绿，果殷红圆润，盆栽供观叶、观果；根状茎可入药，称"白河车"。

银边品种'Variegata'在本省也有栽培。

18 山菅属 Dianella Lam. ex Juss.

多年生常绿草本。根状茎横走。茎直立。叶近基生或茎生，二列；叶片条状披针形，中脉在下面隆起；叶鞘侧扁，套叠状抱茎。顶生圆锥花序；花被片6，离生；雄蕊着生于花被片的基部，花丝常部分增厚；子房上位，3室，每室有4～8胚珠。浆果蓝色。种子黑色。

约20种，分布于亚洲、大洋洲的热带地区以及非洲的马达加斯加岛。我国有1种，分布于华东、华中、华南至西南；浙江也有。

山菅　山菅兰　（图10-287）
Dianella ensifolia (L.) DC.

根状茎圆柱形，直径约1cm。叶近基生，二列；叶片革质，条状披针形，长30～60cm，宽1～2.5cm，基部稍收狭，两面无毛，中脉在下面隆起；叶鞘侧扁，基部套叠状抱茎，边缘和脊上均具褐色膜质的狭翅。花葶从叶丛中抽出，其上有少量无花的叶状苞片；圆锥花序长10～30cm，分枝疏散；苞片披针形，叶状；花绿白色、淡黄色至淡紫色，常数花集生于花序分枝的近顶端，花梗长5～10mm，顶端具关节；花被片长圆状披针形，长6～7mm，宽2～3mm；雄蕊着生于花被片基部，花丝呈膝状弯曲，上部膨大，花药长圆形；花柱细长。浆果近圆球形，直径约6mm，成熟时呈蓝色或蓝紫色。种子5或6，黑色。花果

图10-287　山菅

期8—9月。

产于宁波、舟山、台州、温州及海盐。生于山坡林缘或草丛中。分布于华南、西南及江西、福建。亚洲、大洋洲的热带地区以及非洲的马达加斯加岛也有。金边品种'Sterling'在海宁、宁波市区、鄞州、普陀等地有栽培。

根状茎有毒，可供药用；植株翠绿挺拔，可作地被植物。

⑲ 黄精属 Polygonatum Mill.

多年生草本。根状茎圆柱状、结节状或连珠状。叶互生、对生或轮生，无柄至具短柄。伞形花序、伞房花序或总状花序。花近圆筒形或坛状；花被片6，大部分合生；雄蕊着生于花被筒的中部至中上部，内藏，花丝丝状或侧扁，花药长圆形至宽长条形；子房上位，3室，每室具2～6胚珠。浆果近圆球形。

约69种，分布于北温带地区。我国有39种，多产于北方和西南；浙江有5种。

浙江黄精 Polygonatum zhejiangense X.J. Xue et H. Yao (1994) 模式标本采自浙江中医药大学药用植物园的栽培植株，种源引自浙江淳安金紫尖。Flora of China 作者未见标本，但认为其与多花黄精 P. cyrtonema Hua 相近或可归入其中。也有学者认为浙江黄精与轮叶黄精 P. verticillatum (L.) All.、卷叶黄精 P. cirrhifolium (Wall.) Royle 和黄精 P. sibiricum Red. 相近，但因其叶宽2～5cm，花长18～22mm，花丝长3～4mm，花药长约5mm，子房长6～7mm而相区别。从原文描述和所附的照片看，其叶对生或轮生，叶片先端卷曲，应与黄精相近，而不大可能与多花黄精相近。模式标本据记载存放于杭州植物园植物标本馆（HHBG），但未能查到，数次赴模式产地调查也未找到符合描述的植株。因此，本志暂不收录该种，其地位如何有待进一步研究确定。

分种检索表

1. 叶互生，叶片椭圆形至长圆状披针形，先端平直。
  2. 根状茎结节状或连珠状膨大；苞片长条形，位于花梗中下部至近基部；花被筒基部收缩成短柄状。
    3. 叶片两面无毛；花序梗长0.7～1.5cm；花丝上部稍膨大乃至具囊状突起······················· **1. 多花黄精 P. cyrtonema**
    3. 叶片下面脉上有短毛；花序梗长2.5～13cm；花丝上部不膨大············ **2. 长梗黄精 P. filipes**
  2. 根状茎扁圆柱状；苞片缺；花被筒基部不收缩成短柄状················· **3. 玉竹 P. odoratum**
1. 叶轮生，叶片条状披针形至披针形，先端卷曲。
  4. 根状茎通常结节状，膨大部分大多呈鸡头状，一端粗，一端渐细，彼此有较长的间隔；叶片宽1～3cm；花近圆筒形，花柱长至少为子房的1.5倍··················· **4. 黄精 P. sibiricum**
  4. 根状茎通常连珠状，膨大部分大多呈扁球形，彼此紧密相连或有较短的间隔；叶片宽0.5～1.3cm；花坛状长卵形，花柱稍短于子房··················· **5. 湖北黄精 P. zanlanscianense**

1. 多花黄精　白芨黄精　（图10-288）
Polygonatum cyrtonema Hua

根状茎连珠状，稀结节状，直径10～25mm。茎弯拱，高50～100cm。叶互生；叶片椭圆形至长圆状披针形，长8～20cm，宽3～8cm，先端急尖至渐尖，平直，基部圆钝，两面无毛。伞形花序通常具2～7花，下弯；花序梗长0.7～1.5cm；苞片长条形，位于花梗的中下部，早落。花绿白色，近圆筒形，长1.5～2cm；花梗长0.7～1.5cm；花被筒基部收缩成短柄状，裂片宽卵形，长约3mm；雄蕊着生于花被筒的中部，花丝稍侧扁，被短绵毛，花药长圆形，长3.5～4mm；花柱不伸出花被之外。浆果直径约1cm，成熟时呈黑色。种子3～14。花期5—6月，果期8—10月。

全省各地常见。生于山坡林下阴湿处或沟边。分布于华东、华中及广东、广西、四川、贵州、陕西。

根状茎可入药，为常用中药"黄精"的来源之一。

图10-288　多花黄精

1a. 古田山黄精　（图10-289）
var. gutianshanicum X.F. Jin

与多花黄精的区别在于花序梗长2.1～7.8cm，具5～7（9）花；叶片较宽，宽3.5～9cm。

产于开化（古田山、南华山）。模式标本采自开化古田山。

图 10-289　古田山黄精

2. 长梗黄精 （图 10-290）

Polygonatum filipes Merr. ex C. Jeffrey et McEwan

根状茎结节状，稀连珠状，膨大部分的间隔长 1～7 cm，直径 5～20 mm。茎弯拱，高 25～70 cm。叶互生；叶片椭圆形至长圆形，长 6～15 cm，宽 2～7 cm，先端急尖，平直，基部圆钝，上面无毛，下面脉上有短毛。伞形花序或伞房花序通常具 2～4 花，稀更多，下垂；花序梗细丝状，长 2.5～13 cm；苞片长条形，位于花梗的中下部至近基部，早落；花绿白色，近圆筒形，长 15～20 mm；花梗长 5～25 mm；花被筒基部收缩成短柄状，裂片卵状三角形，长约 4 mm；雄蕊着生于花被筒中部，花丝被短绵毛，花药长圆形，长 2.5～3 mm；

图 10-290　长梗黄精

花柱稍伸出花被之外。浆果直径约8mm，成熟时呈黑色。种子2～5。花期5—6月，果期8—10月。

全省各地常见。生于山坡林下或灌丛草地上。分布于华东及湖南、广东、广西。模式标本采自仙居。

3. 玉竹　萎蕤（图10-291）
Polygonatum odoratum (Mill.) Druce

根状茎扁圆柱状，直径5～10mm。茎直立或稍弯拱，高20～50cm，上部稍具3棱。叶互生；叶片椭圆形或长圆状椭圆形，长5～12cm，宽2～4cm，先端急尖或钝，平直，基部楔形或圆钝，下面带灰白色，脉上平滑。伞形花序通常具2花，稀3或1花；花序梗长0.7～1.2cm；苞片缺。花白色，近圆筒形，长14～18mm；花梗长10～20mm；花被筒基部不收缩成短柄状，裂片近圆形，长约3mm；雄蕊着生于花被筒的中部，花丝丝状，具乳头状突起，花药长圆形，长约4mm；花柱不伸出花被之外。浆果直径7～10mm，成熟时呈紫黑色。种子7～9。花期5—6月，果期8—9月。

产于杭州市区、临安、新昌、宁波市区（江北、北仑）、鄞州、奉化、宁海、定海、普陀、东阳、临海、仙居、遂昌、松阳、龙泉、泰顺。生于山坡草丛或林下阴湿处。分布于东北、华北、

图10-291　玉竹

华东、华中及台湾、广西、陕西、甘肃、青海。蒙古、日本、朝鲜半岛，欧洲也有。

根状茎可入药，称"玉竹"。

4. 黄精　鸡头黄精　（图10-292）
Polygonatum sibiricum F. Delaroche

根状茎结节状，膨大部分大多呈鸡头状，一端粗，一端渐细，彼此有较长的间隔，直径1～2cm。茎近直立，高50～100cm。叶4～6轮生；叶片条状披针形至披针形，长8～15cm，宽1～3cm，先端渐尖，卷曲，下部渐狭，两面无毛，边缘具细小的乳头状突起。伞形花序通常具2～4花，下垂；花序梗扁平，长8～10mm；苞片膜质，条状披针形，具1脉，位于花梗的基部。花白色至淡黄色，近圆筒形，长5～10mm，花梗长2～4mm；花被筒近直，裂片狭卵形，长2～4mm；雄蕊着生于花被筒的中上部，花丝短，藏于花药之后，花药长圆形，长2～3mm；花柱长至少为子房的1.5倍。浆果直径7～10mm，成熟时呈黑色。种子4～7。花期5—6月，果期8—9月。

产于长兴、安吉、临安。生于山坡林下阴湿处。分布于东北、华北、华东及河南、陕西、宁夏、甘肃。俄罗斯、蒙古、朝鲜半岛也有。

根状茎也为中药"黄精"的来源之一。

图10-292　黄精

5. 湖北黄精 （图10-293）
Polygonatum zanlanscianense Pamp.

根状茎连珠状，稀稍结节状，直径10～40mm。茎近直立，高30～100cm。叶3～6轮生，稀间有对生；叶片通常条状披针形，长10～20cm，宽0.5～1.3cm，先端渐尖，通常卷曲，下部渐狭，两面无毛，边缘具细小的乳头状突起。伞形花序通常具4花，稀3或更多花，下垂；花序梗稍扁，具2～4棱，长6～10mm；苞片膜质，线状披针形，具1脉，位于花梗的基部；花淡紫色，坛状长卵形，长7～10mm；花梗长约3mm；花被筒中部以上缢缩，裂片狭卵形，长约1.5mm；雄蕊着生于花被筒的中上部，花丝短，藏于花药之后，花药长圆形，长约3mm；花柱稍短于子房。浆果直径6～7mm，成熟时呈紫红色。种子2～4。花期5—6月，果期8—10月。

产于安吉、临安、鄞州、余姚。生于山坡林下阴湿处。分布于华中及江苏、江西、四川、贵州、陕西、甘肃。

图10-293　湖北黄精

20 竹根七属　Disporopsis Hance

多年生常绿草本。根状茎圆柱状或连珠状。茎直立。叶片卵形、椭圆形至披针形。花单生或数朵簇生于叶腋。花近钟形，通常俯垂；花被片6，下部1/3～3/5合生，花冠筒喉部具6裂的副花冠；雄蕊着生于花被筒的喉部，花丝极短，花药椭圆形或长圆形；子房上位，3室，每室具1～3胚珠。浆果近圆球形或卵球形。种子数粒。

有6种，分布于我国南部至老挝、菲律宾、泰国和越南。我国各地均产，主产于西南地区；浙江有1种。

深裂竹根七 （图10-294）
Disporopsis pernyi (Hua) Diels

根状茎常接近地面，常绿色，圆柱形，直径3~10mm。茎高10~45cm，不分枝，具紫色斑点。叶片厚纸质，长圆状披针形至卵状椭圆形，长3~10cm，宽1~4cm，先端渐尖或近尾状，通常稍向一侧弯曲，基部圆钝至略带心形，两面无毛；叶柄长3~5mm。花单生或2朵簇生于叶腋，白色或黄绿色，钟形，长10~15mm，俯垂；花梗长8~15mm；花被片中部以下合生，裂片近长圆形，副花冠裂片膜质，与花被裂片对生，长圆形，长约为花被裂片一半，先端2深裂；雄蕊着生于花被筒的喉部，副花冠裂片先端的凹缺处，花药长圆形，长1~2mm；花柱短于子房。浆果近球形，直径7~10mm，成熟时呈暗紫色或蓝紫色。种子1~4。花期4—6月，果期9—12月。

产于庆元、景宁、泰顺。生于山坡林下阴湿处或沟边。分布于华南、西南及江西、湖南。

图10-294 深裂竹根七

曾报道浙江丽水莲都区还有散斑竹根七 *Disporopsis aspersa* (Hua) Engl. ex Diels 的分布，根据凭证标本解剖结果来看，副花冠裂片与花被裂片对生，而非散斑竹根七中的互生，应为本种的误定。

21 万寿竹属 Disporum Salisb. ex D. Don

多年生草本。根状茎横生。花1至数朵排成伞形花序；花狭钟形或近筒状；花被片6，离生，基部囊状或距状；雄蕊着生于花被片的基部，花丝扁平，花药长圆形；子房上位，3室，每室具2~6胚珠，花柱细长，柱头3裂。浆果近圆球形，成熟时呈黑色。种子2或3，近圆球形，表面具点状皱纹。

约20种，分布于亚洲和美洲温带地区。我国有14种，东北至西南均有分布；浙江有2种。

1. 少花万寿竹 （图10-295）

Disporum uniflorum Baker — *D. flavens* Kitagawa — *D. sessile* D. Don ex Schult. subsp. *flavens* (Kitagawa) Kitagawa — *D. sessile* var. *pachyrrhizum* Hand.-Mazz.

根状茎肉质，有长1~5cm，直径3~6mm的匍匐茎。茎高20~80cm，上部分枝或不分枝，下部各节有膜质鞘。叶片薄纸质至纸质，宽椭圆形至长卵形，长4~9cm，宽1~6.5cm，先端急尖至渐尖，基部圆形或宽楔形，下面脉上和边缘有极细小的乳头状突起；叶柄长5~10mm。伞形花序具1~3（5）花，着生于茎和分枝的顶端。花黄色或黄绿色，近筒状，多少俯垂；花梗长

图10-295 少花万寿竹

1～2cm；花被片近直出，倒卵状披针形，长2～3cm，宽0.5～1cm，内面有短柔毛，边缘有极细小的乳头状突起，基部具长1～2mm的短距；雄蕊着生于花被片的基部，花丝长约15mm，花药长4～8mm；花柱长约15mm，柱头3裂，外弯。浆果近球形，直径1～1.5cm，成熟时呈蓝黑色。种子3，直径约5mm，淡棕色。花期4—5月，果期7—10月。

全省各地常见。生于山坡林下或灌丛中。分布于华东及辽宁、河北、山东、湖北、四川、陕西。朝鲜半岛也有。

根状茎及根可入药。

Flora of China 认为宝铎草 Disporum sessile (Thunb.) D. Don ex Schult. et Schult. f. 产于日本、韩国（济州岛、郁陵岛）、俄罗斯（千岛群岛、库页岛），而我国不产，以往我国记载的宝铎草 D. sessile 是本种的误定。

本种在本省分布广泛，变异丰富，值得进一步研究。

2. 南投万寿竹 （图10-296）

Disporum nantouense S. S. Ying

根状茎长而匍匐，直径2～5mm。茎高15～40cm，不分枝或上部分枝，无毛。叶片薄纸质至纸质，披针形至卵形，长5～8cm，宽1～3cm，先端渐尖，基部圆形，基出3脉明显；叶柄近无或长达3mm。伞形花序具1～3花，生于茎或分枝的顶端。花污白色，具紫堇色斑点

图10-296 南投万寿竹

和斑纹，先端多少呈黄色，管状钟形，多少俯垂；花梗长1~2cm；花被片近直出，倒披针状匙形，长1.5~2cm，宽0.3~0.8cm，内面有短柔毛，边缘有极细小的乳头状突起，基部具长1~1.5mm的短距；雄蕊着生于花被片的基部，花丝无毛，长达17mm，花药长2~3.5mm；花柱长1~1.6cm，柱头3裂，外弯。浆果近球形，直径8~9mm。种子3，棕色。花期4—5月，果期6—7月。

产于庆元、泰顺。生于海拔600~1200m的林下、林缘或灌丛中。分布于福建、台湾。为浙江新记录种。

与少花万寿竹的主要区别在于花污白色，具紫堇色斑点和斑纹，先端多少呈黄色。

22 舞鹤草属 Maianthemum F.H. Wigg.

多年生草本，具根状茎。茎单生，直立。叶互生，通常椭圆形至卵形。总状或圆锥花序顶生，花被片4或6，排成2轮，分离或基部连合，稀合生成筒；雄蕊4或6，着生于花被片基部或贴生于花被筒上；子房2或3室，每室具1或2胚珠。果为浆果，近球形。种子1~3，球形或卵形。

约35种，主要分布于东亚和北美洲，也见于北亚、北欧和中美洲地区。我国有19种，几乎遍布全国，但以西南种类较丰富；浙江有2种。

本志采用广义的舞鹤草属 Maianthemum s.l.（LaFrankie，1986）概念，将鹿药属 Smilacina Desf. 并入。

1. 管花鹿药 （图10-297）
Maianthemum henryi (Baker) LaFrankie — *Smilacina henryi* (Baker) Hara

植株高50~80cm；根状茎粗1~2cm。茎中部以上有短硬毛或微硬毛，少有无毛。叶片纸质，椭圆形、卵形或长圆形，长9~22cm，宽3.5~11cm，先端渐尖或具短尖，两面有伏毛或近无毛，基部具短柄或几无柄。花淡黄色或带紫褐色，单生，通常排成总状花序，有时基部具1或2个分枝或多个分枝而成圆锥花序；花序长3~7（17）cm，有毛；花梗长1.5~5mm，有毛；花被高脚碟状，筒部长6~10mm，为花被全长的2/3~3/4，裂片开展，长2~3mm；雄蕊生于花被筒喉部，花丝通常极短，极少长达1.5mm，花药长约0.7mm；花柱长2~3mm，稍长于子房，柱头3裂。浆果球形，直径7~9mm，未成熟时呈绿色而带紫斑点，成熟时呈红色，具2~4种子。花期5—6（8）月，果期8—10月。

产于临安（清凉峰）。生于海拔900m左右的山沟林下阴湿处。分布于华中、西南及山西、陕西、甘肃。

图 10-297　管花鹿药

2. 鹿药（图 10-298）

Maianthemum japonicum (A. Gray) LaFrankie — *Smilacina japonica* A. Gray

植株高 20～50cm；根状茎横生，多少呈结节状或连珠状，直径 5～15mm。茎中部以上被粗毛，下部各节有膜质鞘。叶 4～9，有短柄；叶片卵状椭圆形、椭圆形或长圆形，长 6～15cm，宽 2～5cm，先端急尖或短渐尖，基部圆钝，两面疏生粗毛，下面尤甚，边缘具短睫毛。圆锥花序顶生，长 3～7cm，被粗毛，花序梗长 3～8cm；花白色，花梗长 1～3mm；花被片离生或仅基部稍合生，长圆形或长圆状倒卵形，长约 3mm；雄蕊基部贴生于花被片上，长 2～2.5mm，花丝丝状，花药椭圆形；花柱与子房近等长，柱头几不裂。浆果直径 5～6mm，成熟时呈黄色至红色。种子 1 或 2。花期 5—6 月，果期 8—9 月。

产于安吉、临安、淳安、开化、磐安、临海、遂昌、龙泉、景宁、泰顺。生于山坡林下阴湿处。分布于东北、华北、华东、华中及台湾、四川、陕西、甘肃。俄罗斯、日本、朝鲜半岛也有。

与管花鹿药的主要区别在于后者花淡黄色，通常排成总状花序，花被片合生成高脚碟状，筒部长6～10mm。

图10-298 鹿药

㉓ 葱属 Allium L.

多年生草本，大多具葱蒜气味。鳞茎。叶基生或兼茎生；叶片扁平、半圆柱状或圆柱状，实心或中空。顶生伞形花序，开放前有闭合总苞；花被片6；雄蕊花丝基部扩大而全缘或每侧各具1齿，花药椭圆形；子房上位，3室，每室具1至多数胚珠。蒴果具3棱。种子黑色，多棱形或近圆球形。

约660种，分布于北温带地区。我国有138种，全国广泛分布，其中数种为著名的蔬菜，各地广为栽培；浙江有14种。

分种检索表

1. 叶常2，对生，叶片倒披针状椭圆形至椭圆形，具柄。
    2. 叶片倒披针状椭圆形至椭圆形，基部楔形，下延·· **1.茖葱 A. victorialis**
    2. 叶片椭圆形至卵圆形，基部圆形至心形·· **2.对叶韭 A. listera**
1. 叶数枚，带形、长条形、半圆柱形、圆柱形、管状，无柄。
    3. 根粗壮；叶具明显中脉；花葶常具2或3纵棱·· **3.宽叶韭 A. hookeri**
    3. 根纤细，绳索状；叶无明显中脉；花葶常不具纵棱。
        4. 叶片挺直，管状圆柱形，中空。
            5. 叶较粗，直径大于5mm。

6.鳞茎扁球形或近圆球形；花丝稍长于花被片，内轮花丝基部扩大部分每侧各具1齿……………………………………………………………………………………………… 4.洋葱 A. cepa

6.鳞茎圆柱状；花丝长为花被片的1.5～2倍，内轮花丝基部扩大部分全缘 …… 5.葱 A. fistulosum

5.叶极细，直径0.3～1mm；鳞茎数枚聚生，近圆柱状……………………… 6.细叶韭 A. tenuissimum

4.叶片柔软，长条形、宽长条形、宽条形，扁平或半圆柱状、三棱状或五棱状，实心或中空。

 7.花白色或稍带淡红色；花丝短于花被片。

  8.鳞茎球状至扁球状，叶片宽可达2.5cm；内轮花丝基部扩大部分每侧各具1齿，齿端具长于花被片的丝状长尾 ……………………………………………………………………… 7.蒜 A. sativum

  8.鳞茎近圆柱状；叶片宽1.5～8mm；内轮花丝基部扩大部分全缘 ………… 8.韭 A. tuberosum

 7.花淡红色至暗紫色，稀近白色；花丝长于花被片。

  9.叶片条形、扁平。

   10.植株矮小；鳞茎直径不超过1cm；叶宽2～6mm；花序较小、松散；野生 ……………………………………………………………………………………………… 9.多叶韭 A. plurifoliatum

   10.植物高大；鳞茎直径5～8cm；叶宽5～10cm；花序较大、较密；栽培 ……………………………………………………………………………………………… 10.大花葱 A. giganteum

  9.叶片半圆柱状、三棱状或五棱状长条形，中空或基部中空。

   11.鳞茎近球状；花序内通常有珠芽；花被片长圆状卵形至长圆状披针形，先端稍尖；花丝稍长于花被片 …………………………………………………………………… 11.薤白 A. macrostemon

   11.鳞茎卵形至狭卵形；花序内无珠芽；花被片椭圆形至卵状椭圆形，先端圆钝；花丝长为花被片的1.5倍。

    12.花葶侧生，圆柱状，实心；花梗长15～20mm；内轮花丝基部扩大部分每侧各具1齿 ……………………………………………………………………………………… 12.薤头 A. chinense

    12.花葶通常中生，圆柱状，中空；花梗长8～15mm；内轮花丝基部扩大部分无齿。

     13.鳞茎外皮纸质；叶基部中空 ……………………………………… 13.球序韭 A. thunbergii

     13.鳞茎外皮薄革质；叶基部实心 ………………………………… 14.朝鲜韭 A. sacculiferum

1. 茖葱（图10-299）

Allium victorialis L.

  鳞茎单生，或2、3聚生，近圆柱状；鳞茎外皮灰褐色至黑褐色，破裂成纤维状。叶2或3，倒披针状椭圆形至椭圆形，长8～20cm，宽3～9.5cm，基部楔形，沿叶柄稍下延，先端渐尖或短尖，叶柄长为叶片的1/5～1/2。花葶圆柱状，高25～80cm，1/4～1/2被叶鞘；总苞2裂，宿存；伞形花序球状，具多而密集的花；小花梗近等长，比花被片长2～4倍，果期伸长，基部无小苞片；花白色或带绿色；内轮花被片椭圆状卵形，先端钝圆，常具小齿；外轮的狭而短，舟状，先端钝圆；花丝比花被片长1/4～1倍，基部合生并与花被片贴生，内轮的狭长三角形，基部宽1～1.5mm，外轮的锥形，基部比内轮的窄；子房具3圆棱，基部收狭成短柄，柄长约1mm，每室具1胚珠。花果期6—8月。

产于临安、鄞州、余姚、宁海、临海。生于海拔500～1300m的山坡林下、沟谷。分布于东北、华北、华中及四川、陕西、甘肃。广泛分布于北温带。

图10-299 茖葱

2. 对叶韭 对叶山葱（图10-300）

Allium listera Stearn — *A. victorialis* L. var. *listera* (Stearn) J.M. Xu

多年生草本，植株具浓郁的葱蒜味。鳞茎圆柱状，单生或数枚聚生；鳞茎外皮灰褐色至黑褐色，网状而纤维质。叶通常2，椭圆形至卵圆形，长12～20cm，宽5～10cm，基部圆形至心形。花葶圆柱状，高2.5～8cm；伞形花序圆球形，具多数密集的花；总苞2裂，宿存；花通常白色或带绿色；花梗长为花被片的2～3倍；小苞片缺；花被片6，基部合生，外轮的舟状，先端圆钝，内轮的较外轮略长而宽；花丝长于花被片，分离部分外轮的锥形，内轮的三角状锥形；子房基部收狭成短柄，每室具1胚珠。花果期6—8月。

图10-300 对叶韭

产于临安、余姚。生于海拔1200～1500m的沟谷林下。分布于吉林、河北、山西、安徽、河南。

嫩叶可供食用，植株耐阴性强，叶大色绿，可作地被植物、花境配置、盆栽观赏。

3. 宽叶韭 （图10-301）

Allium hookeri Thwaites —— *A. tsoongii* F.T. Wang et Tang

鳞茎圆柱状，具粗壮的根；鳞茎外皮白色，膜质，不破裂。叶条形至宽条形，稀倒披针状条形，较花葶短或近等长，宽5~10（28）mm，具明显中脉。花葶侧生，圆柱状或略呈三棱柱状，高（10）20~60cm，下部被叶鞘；总苞2裂，常早落；伞形花序近球状，多花，花较密集；小花梗纤细，近等长，为花被片的2~3（4）倍长，基部无小苞片；花白色，星芒状开展；花被片等长，披针形至条形，长4~7.5mm，宽1~1.2mm，先端渐尖或不等的2裂；花丝等长，较花被片短或近等长，在最基部合生并与花被片贴生；子房倒卵形，基部收狭成短柄，外壁平滑，每室具1胚珠；花柱比子房长；柱头点状。花果期8—9月。

原产于我国，南亚和东南亚地区有栽培。我国南方有栽培。鄞州、普陀、磐安、庆元、景宁、文成等地有栽培，宁海、象山有逸生。

全株可作蔬菜供食用。

图10-301 宽叶韭

4. 洋葱 （图10-302）

Allium cepa L.

鳞茎粗大，近球状至扁球状；鳞茎外皮紫红色、褐红色、淡褐红色、黄色至淡黄色，纸质至薄革质，内皮肥厚，肉质，均不破裂。叶圆筒状，中空，中部以下最粗，向上渐狭，比花葶短，粗

0.5cm以上。花葶粗壮，高可达1m，中空的圆筒状，在中部以下膨大，向上渐狭，下部被叶鞘；总苞2或3裂；伞形花序球状，具多而密集的花；小花梗长约2.5cm。花粉白色；花被片具绿色中脉，长圆状卵形，长4~5mm，宽约2mm；花丝等长，稍长于花被片，约在基部1/5处合生，合生部分下部的1/2与花被片贴生，内轮花丝的基部极为扩大，扩大部分每侧各具1齿，外轮的锥形；子房近球状，腹缝线基部具有帘的凹陷蜜穴；花柱长约4mm。花果期5—7月。

原产于亚洲西部，全球广泛栽培。我国各地常见栽培；浙江也有。

鳞茎可作蔬菜供食用。

图 10-302　洋葱

5. 葱　大葱　小葱（图10-303）
Allium fistulosum L.

鳞茎单生，圆柱状，稀为基部膨大的卵状圆柱形，粗1~2cm，有时可达4.5cm；鳞茎外皮白色，稀淡红褐色，膜质至薄革质，不破裂。叶圆筒状，中空，向顶端渐狭，约与花葶等长，粗0.5cm以上。花葶圆柱状，中空，高30~50（100）cm，中部以下膨大，向顶端渐狭，约在1/3以下被叶鞘；总苞膜质，2裂；伞形花序球状，多花，较疏散；小花梗纤细，与

图 10-303　葱

花被片等长，或为其2~3倍长，基部无小苞片；花白色；花被片长6~8.5mm，近卵形，先端渐尖，具反折的尖头，外轮的稍短；花丝长为花被片的1.5~2倍，锥形，在基部合生并与花被片贴生；子房倒卵状，腹缝线基部具不明显的蜜穴；花柱细长，伸出花被外。花果期4—7月。

原产于西伯利亚，全球各地普遍栽培。我国各地广泛栽培；浙江也有。

全株可供食用或调味用，鳞茎也可作药用。

6. 细叶韭 （图10-304）
Allium tenuissimum L.

鳞茎数枚聚生，近圆柱状；鳞茎外皮紫褐色、黑褐色至灰黑色，膜质，常顶端不规则地破裂，内皮带紫红色，膜质。叶半圆柱状至近圆柱状，与花葶近等长，粗0.3~1mm，光滑，稀沿纵棱具细糙齿。花葶圆柱状，具细纵棱，光滑，高10~35（50）cm，粗0.5~1mm，下部被叶鞘；总苞单侧开裂，宿存；伞形花序半球状或近扫帚状，松散；小花梗近等长，长0.5~1.5cm，果期略增长，具纵棱，光滑，罕沿纵棱具细糙齿，基部无小苞片；花白色或淡红色，稀为紫红

图10-304 细叶韭

色；外轮花被片卵状长圆形至阔卵状长圆形，先端钝圆，内轮的倒卵状长圆形，先端平截或为钝圆状平截，常稍长；花丝长为花被片长的2/3，基部合生并与花被片贴生，外轮的锥形，有时基部略扩大，比内轮的稍短，内轮下部扩大成卵圆形，扩大部分约为花丝长度的2/3；子房卵球状；花柱不伸出花被外。花果期7—9月。

产于鄞州。生于山坡草地上。分布于东北、华北及江苏、河南、四川、陕西、宁夏、甘肃。俄罗斯、蒙古也有。

7. 蒜 大蒜 （图10-305）
Allium sativum L.

鳞茎球状至扁球状，通常由多数肉质、瓣状的小鳞茎紧密地排列而成，外面被数层白色至带紫色的膜质鳞茎外皮。叶片宽条形至条状披针形，扁平，先端长渐尖，比花葶短，宽可达2.5cm。花葶实心，圆柱状，高可达60cm，中部以下被叶鞘；总苞具长7~20cm的长喙，早落；伞形花序密具珠芽，间有数花；小花梗纤细；小苞片大，卵形，膜质，具短尖；花常为淡红色；花

被片披针形至卵状披针形,长3~4mm,内轮的较短;花丝比花被片短,基部合生并与花被片贴生,内轮的基部扩大,扩大部分每侧各具1齿,齿端长丝状,长超过花被片,外轮的锥形;子房球状;花柱不伸出花被外。花期7月。

原产于亚洲西部或欧洲,全球各地广泛栽培。我国各地普遍栽培。

幼苗(蒜苗)、花葶(蒜薹)和鳞茎(蒜头)均可作蔬菜或调味用;鳞茎含大蒜素,还可作药用。

图 10-305　蒜

8. 韭　韭菜　(图 10-306)
Allium tuberosum Rottl. ex Spreng.

鳞茎簇生,近圆柱状;鳞茎外皮暗黄色至黄褐色,破裂成纤维状。叶条形,扁平,实心,比花葶短,宽1.5~8mm,边缘平滑。花葶圆柱状,常具2纵棱,高25~60cm,下部被叶鞘;总苞单侧开裂,或2~3裂,宿存;伞形花序半球状或近球状,花较稀疏;小花梗近等长,比花被片长2~4倍,基部具小苞片,且数枚小花梗的基部又为1枚共同的苞片所包围;花白色;花被片常具绿色或黄绿色的中脉,内轮长圆状倒卵形,先端具短尖头或钝圆,外轮常较窄,长圆状卵形至矩圆状披针形,先端具短尖头;花丝等长,长为花被片的2/3~4/5,基部合生并与花被片贴生,合生部分高0.5~1mm,分离部分狭三角形,内轮的稍宽;子房倒圆锥状球形,具3圆棱,外壁具细的疣状突起。花果期7—9月。

原产于亚洲东南部,全球各地普遍栽培。全国广泛栽培,也有逸生植株;浙江也有。

叶、花葶(韭薹)和花均可作蔬菜食用;种子可入药。

图 10-306　韭

9. 多叶韭
Allium plurifoliatum Rendle

鳞茎常数枚簇生，为基部增粗的圆柱状，粗0.3～1cm；鳞茎外皮黑褐色至黄褐色，破裂。叶条形，扁平，与花葶近等长，宽2～6mm，先端长渐尖，边缘向下反卷，下面的颜色比上面的淡。花葶圆柱状，高15～40cm，中部以下被叶鞘；总苞单侧开裂，比花序短，具短喙；伞形花序稍松散；小花梗近等长，比花被片长2～4倍，果期更长，基部无小苞片；花淡红色、淡紫色至紫色；花被片长3.5～5mm，宽1.5～2.4mm，内轮卵状长圆形，先端近平截或钝圆，外轮卵形，舟状，比内轮稍短；花丝等长，为花被片长度的1.5～2倍，仅基部合生并与花被片贴生，内轮的基部扩大，扩大部分每侧各具1高2～3mm的齿片，齿片顶端常具2至数枚不规则的小齿；子房倒卵状，腹缝线基部具有帘的凹陷蜜穴；花柱伸出花被外。花果期8—10月。

产于临安。生于海拔1000m左右的山坡。分布于安徽、湖北、四川、陕西、甘肃。

10. 大花葱 （图10-307）
Allium giganteum Regel

多年生草本，植株较高大，可达80～150cm。鳞茎直径5～8cm。叶莲座状丛生，灰绿色，宽条形，长可达45cm，宽5～10cm。花葶圆柱状；伞形花序球形，直径10～14cm，小花多数，极密集；花淡紫色或紫色；花梗细长，无毛；花被片6，披针形；雄蕊6，与花被片近等长；子房圆球形，具3纵缢痕。花期5—6月。

原产于中亚至南亚，全球各地多有栽培。全国广泛栽培；浙江也有。

花色艳丽，花形奇特，用作花境或切花。

图10-307 大花葱

11. 薤白　小根蒜　野葱　山蒜（图10-308）
Allium macrostemon Bunge

鳞茎近球状，粗0.7～1.5cm，基部常具小鳞茎；鳞茎外皮带黑色，纸质或膜质，不破裂。叶3～5，半圆柱状，或为三棱状半圆柱形，中空，上面具沟槽，比花葶短。花葶圆柱状，高30～70cm，1/4～1/3被叶鞘；总苞2裂，比花序短；伞形花序半球状至球状，花密集，或间具珠芽或有时全为珠芽；小花梗近等长，比花被片长3～5倍，基部具小苞片；珠芽暗紫色，基部也具小苞片；花淡紫色或淡红色；花被片长圆状卵形至长圆状披针形，长4～5.5mm，宽1.2～2mm，内轮的常较狭；花丝等长，比花被片稍长，在基部合生并与花被片贴生，分离部分的基部呈狭三角形扩大，向上收狭成锥形，内轮基部约为外轮基部宽的1.5倍；子房近球状，腹缝线基部具有帘的凹陷蜜穴；花柱伸出花被外。花果期5—7月。

产于全省各地。生于荒野、路边草地或山坡草丛中。除新疆、青海外的全国各地均有分布。俄罗斯、日本、朝鲜半岛也有。

图10-308　薤白

12. 薤头　荞头（图10-309）
Allium chinense G. Don — *Caloscordum exsertum* Herb.

鳞茎数枚聚生，狭卵状，粗0.5～1.5cm；鳞茎外皮白色或带红色，膜质，不破裂。叶2～5，具3～5棱的圆柱状，中空，与花葶近等长，粗1～3mm。花葶侧生，圆柱状，高20～40cm，下部被叶鞘；总苞2裂，比花序短；伞形花序近半球状，较松散；小花梗近等长，比花被片长1～4倍，基部具小苞片；花淡紫色至暗紫色；花被片宽椭圆形至近圆形，顶端钝圆，长4～6mm，宽3～4mm，内轮的稍长；花丝等长，约为花被片长的1.5倍，仅基部合生并与花被片贴生，内轮的基部扩大，扩大部分每侧各具1齿，外轮的无齿，锥形；子房倒卵球状，腹缝线基部具有帘的凹陷蜜穴；花柱伸出花被外。花果期10—11月。

产于杭州市区（拱墅）、临安、建德、龙泉。生于山坡草地上。长江流域和以南各地广泛栽培，也有野生。日本、越南、老挝、柬埔寨和美国也有栽培。

鳞茎多腌制食用。

图 10-309　薤头

13. 球序韭　（图 10-310）
Allium thunbergii G. Don

鳞茎常单生，卵状至狭卵状，或卵状柱形，粗 0.7～2 cm；鳞茎外皮污黑色或黑褐色，纸质，顶端常破裂成纤维状，内皮有时带淡红色，膜质。叶三棱状条形，中空或基部中空，背面具 1 纵棱，呈龙骨状隆起，短于或略长于花葶，宽（1.5）2～5 mm。花葶中生，圆柱状，中空，高 30～70 cm，1/4～1/2 被疏离的叶鞘；总苞单侧开裂或 2 裂，宿存；伞形花序球状，具多而极密集的花；小花梗近等长，比花被片长 2～4

图 10-310　球序韭

倍，基部具小苞片；花红色至紫色；花被片椭圆形至卵状椭圆形，先端钝圆，长 4～6 mm，宽 2～3.5 mm，外轮舟状，较短；花丝等长，约为花被片长的 1.5 倍，锥形，无齿，仅基部合生并与花被片贴生；子房倒卵状球形，腹缝线基部具有帘的凹陷蜜穴；花柱伸出花被外。花果期 8 月底至 10 月。

产于安吉、临安。生于山坡、草地上。分布于东北、华北、华中及江苏、台湾、陕西。俄罗斯、蒙古、日本、朝鲜半岛也有。

14. 朝鲜韭 朝鲜薤 （图10-311）
Allium sacculiferum Maxim.

多年生草本。鳞茎单生或双生，卵状至狭卵状，直径0.7～2cm；鳞茎外皮黑褐色，薄革质，常裂成纤维状或近网状。叶3～5，扁条形，实心，背面具1龙骨状隆起的纵棱，短于花葶，宽4～6mm。花葶中生，圆柱状，实心，高30～60cm；伞形花序球状，花极密集；花梗长为花的1.5～3倍，具苞片；花粉红色至紫红色，稀白色，中肋深红色或紫色；花被片椭圆形，外轮的舟状，较短，内轮的较长；花丝长约为花被片的1.5倍，基部连合，与花被合生；子房倒卵球形至球形。花果期8—11月。

产于象山（韭山列岛）。生于海岛滨海山坡草丛中。分布于东北及内蒙古。俄罗斯、日本、朝鲜半岛也有。

图10-311　朝鲜韭

24 紫娇花属 Tulbaghia L.

多年生草本，具地下茎。叶条形，叶鞘较短，具葱蒜气味。伞形花序，具显著总苞；花梗细长；花被片明显合生成长筒状；雄蕊6；子房上位，中轴胎座，每子房室具2至多数胚珠。蒴果。种子多少压扁。

约有26种，分布于非洲南部。我国常见栽培有1种；浙江也有。

紫娇花 （图10-312）

Tulbaghia violacea Harv.

多年生草本。植株高30~60cm。鳞茎肥厚，球形，直径约2cm，具白色膜质叶鞘，具葱蒜气味。叶半圆柱形，肉质，中央稍空，长约30cm，宽约5mm，叶鞘长5~20cm，叶具明显葱蒜气味。花茎直立，高30~60cm；伞形花序近球形，具多花，具总苞；花梗细长，长1.5~2cm，无毛；花被片6，2轮排列，紫红或淡紫色，卵状长圆形，长约2cm，中下部合生成细长的花被筒，长于花被裂片，内轮花被片具有向上突起的白色附属物；雄蕊明显短于花被筒，花丝与花被筒合生；子房圆球形，花柱短于雄蕊。蒴果三棱形。花期5—7月。

原产于非洲南部，全球各地有栽培。我国南方有引种。全省各地有栽培。

叶丛翠绿，花俏丽，供观赏，用于花境配置或作地被植物。

图 10-312　紫娇花

25 藜芦属　Veratrum L.

多年生草本。鳞茎近圆柱状；鳞茎皮撕裂成纤维状或网状。茎直立，圆柱形。叶片宽椭圆形至线状披针形，向上渐变小，过渡为苞片状，基部常抱茎。顶生圆锥花序；花被片6，离生；雄蕊花丝丝状，花药近肾形；子房上位，3室，每室具多数胚珠。蒴果椭圆形或卵形，微具3钝棱。种子扁平，周围具膜质的翅。

约40种，分布于亚洲、欧洲和北美洲。我国有13种，自东北至西南均有分布；浙江有2种。

1. 毛叶藜芦 （图10-313）
Veratrum grandiflorum (Maxim. ex Miq.) O. Loes.

鳞茎近圆柱状，鳞茎皮仅残存纤维状的纵脉，无横脉。茎高可达1.5m。茎下部的叶片宽椭圆形，长15～26cm，宽6～9（16）cm，先端钝或急尖，基部抱茎，直接与叶鞘相连，上面无毛，下面密被褐色或淡灰色的短柔毛。圆锥花序金字塔形，长20～50cm，基部分枝长可达14cm，主轴至花梗均密被卷曲的短柔毛；花绿白色，主轴与分枝下部的花为两性，余均为雄性；花梗长2～5mm；小苞片长于花梗。花被片长圆形或椭圆形，长11～17mm，宽约6mm，先端钝，边缘有明显的啮蚀状牙齿，外轮花被片背面密被短柔毛；雄蕊长约为花被片的3/5，子房密被短柔毛。蒴果椭圆形，长1.5～2.5cm，宽1～1.5cm。花果期7—8月。

产于安吉、临安。生于海拔1200～1500m的山顶灌丛草地中。分布于华中及江西、台湾、四川、云南。

图 10-313 毛叶藜芦

2. 牯岭藜芦 （图10-314）
Veratrum schindleri O. Loes. — *V. warburgii* O. Loes.

鳞茎近圆柱状或卵状圆柱形；鳞茎皮残存网状的纵脉和横脉。茎高80～120cm。茎下部的叶片通常呈宽椭圆形或长圆形，长20～30cm，宽4～7cm，先端急尖或渐尖，基部渐狭呈柄状，两面无毛。圆锥花序金字塔形，长40～80cm，基部分枝长可达13cm，主轴至花梗密被白色短绵毛；花淡黄绿色、绿白色或淡褐色，雄花和两性花同株或全为两性花；花梗长5～8mm；小苞片短于或上部者近等长于花梗；花被片椭圆形至长圆状披针形，长6～8mm，宽约2mm，先端钝或稍尖，近全缘，外轮花被片背面被白色短绵毛；雄蕊长约为花被片的1/2，子房无毛。蒴果椭圆形或卵状椭圆形，长1.5～2cm，宽0.7～1cm。花果期7—9月。

全省各地常见。生于山坡林下阴湿处。分布于华东、华中、华南及贵州、云南。

毛叶藜芦的鳞茎皮仅残存纤维状的纵脉，无横脉，叶片下面密被褐色或淡灰色的短柔毛，花较大，花被片长11～17mm，边缘有明显的啮蚀状牙齿，可与本种区别。*Flora of China*作者认为黑紫藜芦 *V. japonicum* (Baker) O. Loes.只产于日本，以往报道我国产的黑紫藜芦系本种的误定。

图10-314　牯岭藜芦

26 大百合属 Cardiocrinum (Endl.) Lindl.

多年高大生草本。基生叶的叶柄基部膨大形成鳞茎，在花序长出后凋萎，生出数个卵形的小鳞茎。叶基生兼茎生，具柄；叶片通常心形或卵状心形。顶生总状花序。花大型，近白色，狭喇叭形；花被片6，离生，多少靠合；雄蕊花丝扁平，花药长椭圆形；子房上位，3室，每室具多数胚珠。蒴果长圆形或近圆球形。种子扁平，环生膜质翅。

有3种，分布于我国和日本。我国有2种，主要分布于华东、华中、华南至西南；浙江有2种。

1. 荞麦叶大百合　（图10-315）
Cardiocrinum cathayanum (E.H. Wilson) Stearn

小鳞茎高约2.5cm，直径1.2～1.5cm。茎高50～150cm，直径1～2cm，无毛。叶片卵状心形，长10～22cm，宽6～16cm，先端急尖，基部近心形；叶柄长2～20cm，上面具沟槽。总状花序具3～5花；苞片膜质，长圆状披针形，长4～5.5cm，宽1.5～1.8cm，宿存。花乳白色，内具紫色条纹；花梗粗短，长约1cm；花被片倒披针形，长约13cm，宽1.5～2cm；花丝长7～8cm，花药长2～3cm；子房圆柱形，长3～3.5cm，花柱长6～6.5cm。蒴果近圆球形或椭圆形，长

4~5cm，直径3~3.5cm。花期6—7月，果期8—10月。

产于临安、鄞州、余姚、天台。生于山坡林下阴湿处或沟边草丛中。分布于华东和华中。

图10-315　荞麦叶大百合

2. 云南大百合（图10-316）

Cardiocrinum giganteum (Wall.) Makino var. **yunnanense** (Leichtlin ex Elwes) Stearn

小鳞茎卵球形，高3.5~4cm，直径1.2~2cm，干时淡褐色。茎深绿色，直立，中空，高1~2m，直径2~3cm，无毛。叶纸质，网状脉；基生叶卵状心形或近宽矩圆状心形，茎生叶卵状心形，下部的长15~20cm，宽12~15cm，叶柄长15~20cm，向上渐小。总状花序具10~16花；苞片早落；花狭喇叭形，白色，里面具紫红色条纹；花被片条状倒披针

图10-316　云南大百合

形，长12～15cm，宽1.5～2cm；雄蕊长约为花被片的1/2；花丝向下渐扩大，扁平；花药长椭圆形；子房圆柱形，花柱长5～6cm，柱头膨大，3微裂。蒴果近球形，长3.5～4cm，宽3.5～4cm，顶端有1小尖突，基部有粗短果柄，红褐色，具6钝棱和多数细横纹，3瓣裂。种子呈扁钝三角形，红棕色，周围具淡红棕色半透明的膜质翅。花期6—7月，果期9—10月。

产于淳安、衢州市区（衢江）、遂昌、龙泉、庆元、云和、景宁、永嘉、泰顺。生于林下草丛中。分布于湖南、广西、四川、西藏、陕西。印度、尼泊尔、不丹也有。

本种与荞麦叶大百合的主要区别在于后者花序具3～5花，苞片宿存。

27 百合属 Lilium L.

多年生草本。鳞茎卵形或圆球形。叶片披针形至椭圆形，稀宽长条形。花单生茎顶或总状花序、近伞房状花序。花大型，喇叭形或钟形；花被片6，离生，内轮花被片基部有蜜腺；雄蕊花丝钻形，花药长圆形；子房上位，3室，每室具多数胚珠。蒴果具3钝棱。种子扁平，周围有翅。

约115种，分布于北温带地区。我国有55种，北方种类较多；浙江有6种。

根据 *Flora of China* 记载，浙江百合 *Lilium medeoloides* A. Gray 在我国仅产于浙江。该种叶轮生，花俯垂，蜜腺无乳头状突起，花被片不加厚，形态上与青岛百合 *L. tsingtauense* Gilg（花直立）、东北百合 *L. distichum* Nakai ex Kamib.（蜜腺两边乳头状突起）和竹叶百合 *L. hansonii* Leichtlin ex D.D.T. Moore（花被片明显加厚）相近。其模式标本采于日本，分布于日本、韩国及俄罗斯。该种在浙江的分布信息系 Forbes 和 Hemsley 引证的 Faber 所采标本，实为辽宁千山的误记。以往记载采自淳安鉴定为本种的标本也未能查到，故本志不予收录。

分种检索表

1. 花白色、乳白色或淡黄色。
    2. 花被片长不逾7.5cm，内面下部散生紫红色斑点，中部以上反卷；蒴果近圆球形 ·· 1. 药百合 **L. speciosum var. gloriosoides**
    2. 花被片长13～19cm，无斑点，上部张开或先端外弯但不反卷；蒴果长圆形。
        3. 花被筒外面带绿色；蜜腺两边不具乳头状突起 ·················· 2. 麝香百合 **L. longiflorum**
        3. 花被筒外面带紫色；蜜腺两边具乳头状突起 ·················· 3. 野百合 **L. brownii**
1. 花橘红色、红色或淡红色。
    4. 花橘红色，花被片长6cm以上，内面散生紫黑色斑点；茎被白色绵毛；叶腋内常有珠芽 ·· 4. 卷丹 **L. lancifolium**
    4. 花红色，花被片长不逾4cm；茎无毛；叶腋内无珠芽。
        5. 花下垂，中部以上反卷 ·················· 5. 条叶百合 **L. callosum**
        5. 花直立，不反卷 ·················· 6. 有斑百合 **L. concolor var. pulchellum**

1. 药百合 （图 10-317）

Lilium speciosum Thunb. var. **gloriosoides** Baker

鳞茎近扁球形，直径约 5 cm；鳞片宽披针形，长约 2 cm，宽约 1.2 cm。茎高 60~120 cm，圆而坚硬，无毛。叶互生；叶片宽披针形至卵状披针形，长 2.5~10 cm，宽 2.5~4 cm，向上渐变小呈苞片状，基部圆钝，边缘有小乳头状突起，上面横脉明显浮凸，具长约 5 mm 的短柄。花单生，或 2~5 花排成顶生总状花序或近伞房状花序；叶状苞片卵形。花白色，下垂；花梗长可达 10 cm，中上部具 1 小苞片；花被片宽披针形，长 6~7.5 cm，宽 1~1.5 cm，内面下部散生紫红色斑点，中部以上反卷，边缘波状，蜜腺两侧有红色流苏状和乳头状突起；花丝无毛，花药"丁"字形着生；花柱长约 3 cm。蒴果近圆球形，直径约 3 cm。花期 7—8 月，果期 9—10 月。

产于萧山、临安、桐庐、建德、淳安、宁波市区（北仑）、奉化、宁海、开化、常山、江山、金华市区、浦江、磐安、武义、天台、临海、缙云、松阳、遂昌。生于山坡灌丛草地上。分布于安徽、江西、湖南、台湾、广西。

图 10-317 药百合

鳞茎可入药，也可供食用；花极美丽，为著名的观赏植物。

2. 麝香百合 （图 10-318）

Lilium longiflorum Thunb.

鳞茎球形或近球形，直径 2.5~5 cm；鳞片白色。茎高 45~90 cm，绿色，基部为淡红色。叶散生，披针形或矩圆状披针形，长 8~15 cm，宽 1~1.8 cm，先端渐尖，全缘，两面无毛。花单生，或 2、3 花；花梗长 3 cm；苞片披针形至卵状披针形，长约 8 cm，宽 1~1.4 cm；花喇叭形，白色，筒外略带绿色，长达 19 cm；外轮花被片上端宽 2.5~4 cm；内轮花被片较外轮稍宽，蜜腺两边无乳头状突起；花丝长 15 cm，无毛；子房圆柱形，长 4 cm，柱头 3 裂。蒴果长圆形，长 5~7 cm。花期 6—7 月，果期 8—9 月。

原产于我国台湾地区和琉球群岛，百慕大、美国有栽培。我国各地广泛栽培；浙江也有。花美丽芳香，用作盆栽或切花，且含有芳香油，可作香料。

图 10-318　麝香百合

3. 野百合 （图 10-319）

Lilium brownii F. E. Br. ex Miellez

鳞茎近圆球形，直径 2～4.5cm；鳞片披针形，长 1.8～4cm，宽 0.8～1.4cm。茎高 70～200cm，带紫色，有排成纵行的小乳头状突起。叶互生；叶片线状披针形至披针形，长 7～15cm，宽 0.6～1.5cm，向上稍变小但不呈苞片状，基部渐狭成柄状，边缘有小乳头状突起。花单生或数朵排成顶生近伞房状花序；叶状苞片披针形；花乳白色，喇叭形，稍下垂；花梗长 3～10cm，中部有 1 小苞片；花被片倒卵状披针形，长 13～18cm，宽 3～4cm，背面稍带紫色，内面无斑点，上部张开或先端外弯但不反卷，蜜腺两侧有小乳头状突起；花丝中部以下密被柔毛，花药背着；花柱长 10～12cm。蒴果长圆形，长 4.5～6cm。花期 5—6 月，果期 7—9 月。

全省各地常见。

图 10-319　野百合

生于山坡林缘、路边、溪旁。分布于华北、华东、华中、华南、西南及陕西、甘肃。

鳞茎可入药，称"百合"，也可食用；花可供观赏。

3a. 百合 （图 10-320）
var. viridulum Baker

与野百合的区别在于叶片倒披针形至倒卵形，茎上部的叶明显变小呈苞片状。

产地和用途同原种，常见栽培。

图 10-320　百合

3b. 黄花百合　巨球百合 （图 10-321）
var. giganteum G.Y. Li et Z.H. Chen

与野百合的区别在于本变种鳞茎特大，直径10～12cm，鳞片100余枚，花通常5～8，花冠淡黄色，外面带紫色。

产于奉化、象山、普陀、嵊泗、景宁、温岭、苍南。生于海岸山坡或内陆山顶的灌草丛中。模式标本采自温岭石塘。

图 10-321　黄花百合

4. 卷丹 （图 10-322）
Lilium lancifolium Thunb. — *L. tigrinum* Ker-Gawl.

鳞茎扁球形，直径4～8cm；鳞片宽卵形，长2.5～3cm，宽1.4～2.5cm。茎高80～150cm，带紫色，被白色绵毛。叶互生，叶腋常有珠芽；叶片长圆状披针形至卵状披针形，有时下部的为条状披针形,长5~20cm,宽0.5~2cm,向上渐变小呈苞片状,边缘有小乳头状突起。总状花序具3~10花;叶状苞片卵状披针形,先端明显加厚。花橘红色,下垂;花梗长4~9cm,中部具1小苞片;花被片披针形,长6~12cm,宽1~2cm,内面散生紫黑色斑点,中部以上反卷,蜜腺宽长条形,两侧有乳头状和流苏状突起;花丝无毛,花药"丁"字形着生;花柱长4.5~6.5cm。蒴果狭长卵形,长3~4cm。花期7—8月,果期9—10月。

产于杭州市区、临安、鄞州、定海、天台、龙泉。生于山坡灌丛草地中。分布于华北、华东、华中及吉林、广西、四川、西藏、陕西、甘肃、青海。日本、朝鲜半岛也有。

鳞茎富含淀粉,可食用,也可入药。

卷丹的正确学名一直以来有争议,如 Flora of North America 中使用了 Lilium lancifolium Thunb.(1794),而 Flora of China 中则使用了 L. tigrinum Ker-Gawl.(1809),从优先权考虑,应采用 L. lancifolium。

图 10-322 卷丹

5. 条叶百合 (图 10-323)

Lilium callosum Siebold et Zucc.

鳞茎扁球形,较小,直径1.5~2.5cm;鳞片卵形或卵状披针形,长1.5~2cm,宽0.6~1.2cm。茎高50~90cm,无毛。叶互生,稀疏;叶片宽长条形,长6~10cm,宽3~5mm,

一九四 百合科 Liliaceae

向上渐变小呈苞片状，边缘有小乳头状突起。花单生，或2、3花排成顶生总状花序，红色或淡红色，下垂；叶状苞片近长条形，先端加厚；花梗长2~5cm，中部至中下部具1小苞片；花被片倒披针状匙形，长3~4cm，宽4~6mm，几无斑点，中部以上反卷，蜜腺宽长条形，两侧疏生小乳头状突起；花丝无毛，花药"丁"字形着生；花柱短于子房。蒴果长圆形，长约2.5cm。花期7—8月，果期8—9月。

产于天台、松阳、景宁。生于山坡灌丛草地中或岩壁上。分布于东北、江苏、安徽、河南、台湾、广东。日本、朝鲜半岛也有。

图10-323 条叶百合

6. 有斑百合 （图10-324）
Lilium concolor Salisb. var. **pulchellum** (Fisch.) Baker

鳞茎卵球形，高1~2cm，直径1.0~1.5cm。茎高40~60cm，全体无毛，茎上部有纵棱。叶互生，近顶端处2或3对生或轮生；叶片披针形至卵状披针形，长3~10cm，宽0.7~1.6cm，基部宽楔形至近圆形，先端渐尖，边缘有透明的微小乳突，无柄。花单生，或2花生于茎顶；花梗长1.5~4.0cm；花径6~8cm，朝上开放，橘红色；花被片6，不反卷，内面散生紫黑色斑点；雄蕊6，花

图10-324 有斑百合

丝橘红色，花药深褐色；子房绿色，花柱橘红色。花期7月上旬，果期8—9月。

产于临安（清凉峰）。生于海拔1680～1760m的山脊两侧草丛、灌草丛中。分布于东北、华北及湖北。俄罗斯、朝鲜半岛也有。

鳞茎含淀粉，可供食用或酿酒，也可入药，有滋补、强壮、止咳的功效；花可供观赏。

28 贝母属 Fritillaria L.

多年生草本。鳞茎由2至多枚贝壳状粉质的鳞片组成，无鳞茎皮。叶互生、对生或轮生。花单生茎顶或总状花序、近伞形花序。花钟状，下垂；花被片6；雄蕊花丝细长，花药长圆形；子房上位，3室，每室具多数胚珠。蒴果具6棱，棱上常有翅。种子扁平，边缘有狭翅。

约130种，分布于北温带。我国有24种，南北各地均有分布；浙江有2种。

1. 天目贝母 （图10-325）

Fritillaria monantha Migo —— *F. monantha* Migo var. *tonlingensis* S.C. Chen et S.F. Yin

鳞茎扁球形，直径2～2.5cm，通常由2肥厚的鳞片组成。茎高45～60cm。叶通常对生，有时兼互生或轮生；叶片长圆状披针形至披针形，长10～12cm，宽1.5～2.8（4.5）cm，先端不卷曲。花单生茎顶，或2、3花排成短总状花序或近伞形花序，黄色；2叶状苞片顶生对生，或3～5轮生；花梗长约3.5cm，下弯；花被片长圆状椭圆形，长4～5.5cm，宽约1.5cm，内面有淡紫色脉纹和斑点；雄蕊长约为花被片的1/2，花药基着；柱头裂片长3.5～5mm。蒴果长宽各约3cm，棱上的翅宽6～8mm。花期4月，果期5—

图10-325　天目贝母

6月。

产于安吉、临安。生于海拔700～1200m的山坡林下或沟边阴湿处。分布于安徽和河南。模式标本采自临安西天目山。

为浙江省重点保护野生植物。

2. 浙贝母 东贝母 东阳贝母（图10-326）

Fritillaria thunbergii Miq. — *F. thunbergii* Miq. var. *chekiangensis* P.K. Hsiao et K.C. Hsia — *F. chekiangensis* (P.K. Hsiao et K.C. Hsia) Y.K. Yang et al. — *F. collicola* Hance

鳞茎通常扁球形，直径2～6cm，通常由2肥厚的鳞片组成。茎高30～80cm。下部的叶互生或近对生，中部的常3～5轮生，上部的近对生至互生；叶片线状披针形、披针形或倒披针形，长6～15cm，宽0.5～1.5cm，下部的较宽，上部的渐变狭，先端下部的钝尖，中部以上的卷曲。总状花序具3～9花；叶状苞片顶生的常3或4轮生，其余的常2枚簇生。花淡黄绿色；花梗长1～2cm，下弯；花被片倒卵形或椭圆形，长2.5～2.8cm，宽约1cm，内面有紫色脉纹和斑点（压干后易褪色）；雄蕊长约为花被片的2/5，花药近基着；柱头裂片长1.5～2mm。蒴果长2～2.2cm，宽约2.5cm，棱上的翅宽6～8mm。花期3—4月，果期4—5月。

产于长兴、杭州市区（西湖）、临安、鄞州、东阳、磐安等地大面积栽培。分布于安徽和江苏。

鳞茎可入药，称"浙贝"，是"浙八味"药材之一。

本种与天目贝母的主要区别在于后者叶片通常宽逾1.5cm，先端不卷曲，花较大，花被片长4～5.5cm，宽约1.5cm。

图10-326 浙贝母

29 老鸦瓣属 Amana Honda

多年生草本。鳞茎圆球形或卵形；鳞茎皮薄革质或纸质。植株幼时叶单一，成熟时2叶对生；叶片条状披针形至长卵形。花常单生于茎顶，或具1~5花；花葶上部有2~4苞片，对生或轮生。花被片6，离生；雄蕊等长或3长3短，花丝常中部或基部扩大，花药长圆形；子房上位，3室，每室具多数胚珠。蒴果具3钝棱。种子三角形，扁平。

约6种，分布于我国和日本、韩国。我国有5种，东北至华东均有分布；浙江有5种。

本属曾被并入郁金香属，谭敦炎等（2005）基于形态特征和分子数据恢复了其属的地位，与郁金香属的主要区别在于本属的花葶上部有2~4对生或轮生的苞片，花柱与子房近等长；而后者无苞片，花柱不明显。

分种检索表

1. 茎有时有分枝，具1~5花；叶长条形；苞片通常2，对生 ·················· **1. 老鸦瓣 A. edulis**
1. 茎单生，仅具1花；叶片长椭圆形或倒披针形；苞片3或4。
  2. 苞片退化，通常不超过5mm，长条形，扭曲，非轮生 ·············· **2. 皖浙老鸦瓣 A. wanzhensis**
  2. 苞片长超过1cm，披针形，轮生。
    3. 鳞茎皮纸质，内侧密被绵毛；叶片长椭圆形，较宽 ············· **3. 宽叶老鸦瓣 A. erythronioides**
    3. 鳞茎皮薄纸质，内侧被绵毛或光滑无毛；叶片倒披针形，较狭长。
      4. 鳞茎皮内侧光滑无毛；第一叶的最宽处位于从基部向上约2/3处；果喙长5~7.5mm ·· **4. 括苍山老鸦瓣 A. kuocangshanica**
      4. 鳞茎皮内侧被绵毛；第一叶的最宽处位于从基部向上约3/4处；果喙长9~13mm ·· **5. 安徽老鸦瓣 A. anhuiensis**

1. 老鸦瓣 （图10-327）

Amana edulis (Miq.) Honda —— *Tulipa edulis* (Miq.) Baker

鳞茎椭球形，直径1.5~2cm；鳞茎皮纸质，黑褐色，内面密被黄褐色长柔毛。茎细弱，有时有分枝。叶片长条形，等宽，长15~25cm，宽4~9mm。苞片2，对生，稀为3轮生，长条形或宽长条形，长2~3cm；花白色；花被片长圆状披针形，长1.8~2.5cm，宽4~7mm，背面有紫红色的纵条纹；雄蕊3长3短，花丝中部稍扩大；花柱长约4mm。蒴果近圆球形，直径约1.2cm，具长喙。花期3—4月，果期4—5月。

全省各地常见。生于山坡草地及路边草丛中。分布于吉林、辽宁、山东、江苏、安徽、江西、湖北、湖南、陕西。日本、朝鲜半岛也有。

鳞茎可入药。

图 10-327　老鸦瓣

2. 皖浙老鸦瓣（图10-328）

Amana wanzhensis L.Q. Huang et al.

鳞茎椭球形，直径1.5～2.5cm；鳞茎皮纸质，褐色，内侧密被柔毛。茎光滑，单生。叶片披针形，绿色，长15～30cm，宽1～3cm。苞片常3，非轮生，通常不超过5mm，长条形，扭曲；单花顶生，漏斗状；花被片6，白色，内侧基部具绿色斑块，外侧具紫褐色纵向条纹；外花被片披针形，长2.1～3.7cm，宽0.4～0.8cm；内花被片狭椭圆形，长1.5～3.4cm，宽0.6～1.1cm；雄蕊6，2轮；花丝白色，长5～7mm；花药黄色，长4～6mm；子房卵形，黄绿色，长约6mm，花柱长1cm。蒴果近球形，具3棱。花期2—3月，果期3—4月。

产于长兴（碧岩村）、临安（千顷塘）、诸暨（凤林下村）。生于海拔200～1000m的竹林下或灌丛中。分布于江苏和安徽。皖浙老鸦瓣为浙江分布新记录。

图 10-328 皖浙老鸦瓣

3. 宽叶老鸦瓣　阔叶老鸦瓣　二叶郁金香　（图 10-329）
Amana erythronioides (Baker) D.Y. Tan et D.Y. Hong —— *Tulipa erythronioides* Baker

鳞茎椭球形，直径 1~1.8cm；鳞茎皮纸质，深褐色，内侧密被绵毛。茎光滑，单生。叶片长椭圆形，灰绿色或紫绿色，第一叶长 8.9~14.9cm，宽 1.3~2.7cm，从基部向上约 2/3 叶处最宽，第二叶长 8.4~13.9cm，宽 0.8~1.75cm。苞片 3，常轮生，狭披针形，长 2.3~4.1cm，宽 3~6mm；花梗长 1.2~5cm；单花顶生，漏斗状；花被片 6，淡粉色，内侧基部具黄绿色斑块，外侧具紫褐色纵向条纹；外花被片披针形，长 2.1~3.3cm，宽 0.55~0.95cm；内花被片狭椭圆形，长 2~3.1cm，宽 0.6~1cm；雄蕊 6，近等长，花丝黄色，光滑，长 5.5~8mm，基部至中部扩大，至顶端变尖；花药黄色，长 3~10mm。蒴果近球形，具 3 棱，长 0.6~1.3cm，宽 1.3~2cm，果喙长 6.2~10mm。花期 2—3 月，果期 4—5 月。

产于鄞州、余姚、奉化、宁海、诸暨、新昌、磐安、天台。生于山坡草地上。模式标本采自宁波奉化雪窦山。

图 10-329　宽叶老鸦瓣

4. 括苍山老鸦瓣 （图10-330）

Amana kuocangshanica D.Y. Tan et D.Y. Hong

鳞茎椭球形，直径0.9~1.9cm；鳞茎皮薄纸质，黄褐色，内侧无毛。茎光滑，单生。叶片倒披针形，灰绿色或紫绿色，第一叶长11.4~25cm，宽0.8~2.3cm，从基部向上约2/3叶处最宽，第二叶长10.4~24.5cm，宽0.45~1.1cm。苞片3，常轮生，狭披针形，长2.7~4.2cm，宽2~3mm；花梗长1.2~5.1cm；单花顶生，漏斗状；花被片6，白色，内侧基部具深绿色或黄绿色斑块，外侧具紫褐色纵向条纹，外花被片披针形，内花被片狭椭圆形；雄蕊6，3长3短，外轮雄蕊比内轮稍短；花丝黄色，光滑，长4~6.5mm，基部至中部扩大，至顶端变尖；花药紫褐色；子房黄绿色，长4~8mm，中部扩大，两头渐窄，花柱长4~6mm。蒴果近球形，具3棱，长1~1.4cm，宽1.1~1.5cm，果喙长5~7.5mm。花期2—3月，果期4—5月。

产于宁海（茶山、梁皇山）、临海（括苍山）、温州市区（大罗山）、瑞安（花岩）。生于海拔600~1100m的竹林下或灌丛中。模式标本采自临海括苍山。

图10-330 括苍山老鸦瓣

5. 安徽老鸦瓣 皖郁金香 （图10-331）

Amana anhuiensis (X.S. Shen) D.Y. Tan et D.Y. Hong — *Tulipa anhuiensis* X.S. Shen

鳞茎椭球形，直径0.9~1.7cm；鳞茎皮薄纸质，黄褐色或紫褐色，内侧被绵毛，多少上延。茎光滑，单生。叶片倒披针形，灰绿色，第一叶长9.6~22.4cm，宽1.6~2.5cm，从基部向上约3/4叶处最宽，第二叶长8.8~20.7cm，宽0.6~1.2cm。苞片3，常轮生，狭披针形，长1.8~4cm，宽0.2~0.5cm；花梗长2.4~3.5（4.7）cm；单花顶生，直立，漏斗状；花被片6，粉红色或淡粉色，内侧基部具黄绿色斑块，外侧具紫红色或粉红色纵向条纹，外花被片披针形，内花被片狭椭圆形；雄蕊6，3长3短，外轮雄蕊比内轮短，花丝黄绿色，光滑，长7.5~9mm，基部至中部扩大，至顶端变尖，花药淡紫色；子房黄绿色，长6~10mm，中部扩大，两头渐窄，花柱长6~8.5mm。蒴果近球形，长1.06~1.36cm，宽1.06~1.32cm，果喙长9~13mm。花期3—4月，果期4—5月。

产于安吉（龙王山）、临安（西天目山）。生于海拔850～1250m的落叶阔叶林下，溪沟边或灌木丛中，阴湿环境下生长较多。分布于安徽。

图10-331　安徽老鸦瓣

㉚ 郁金香属　Tulipa L.

多年生草本。鳞茎圆球形或卵形；鳞茎皮薄革质或纸质，内面被毛，稀无毛。茎通常不分枝。叶基生兼茎生，或基生叶花期枯萎；叶片线状披针形至长卵形。花单生茎顶，其下无苞片。花被片6，离生；雄蕊等长，或3长3短，着生于花被片的基部，花丝常中部或基部扩大，花药长圆形，基着，2室，内向纵裂；子房上位，3室，每室具多数胚珠，花柱不明显，柱头3裂。蒴果具3钝棱，室背开裂。种子三角形，扁平。

约150种，分布于地中海地区、北非、欧洲至中亚。我国有11种，多见于西北地区；浙江栽培有1种。

郁金香 （图10-332）
Tulipa gesneriana L.

鳞茎卵形，直径约2cm；鳞茎皮纸质，内面先端和基部有少数伏毛。茎高20～50cm。叶3～5，互生；叶片披针形至卵状披针形，先端有少数毛。花大而艳丽，红色、白色或黄色，有时为杂色或其他颜色；花被片长5～7cm，宽2～4cm，外轮的披针形至椭圆形，稍长，先端尖，内轮的倒卵形，稍短，先端钝，所有花被片先端均有微毛；雄蕊等长，花丝中部扩大，花药基着，

内向开裂；花柱短或不明显，柱头3裂，增大成鸡冠状。蒴果椭圆状或近球状。花期4—5月。

原产于土耳其，全球各地广泛栽培。我国各地常见栽培。全省各地有栽培。

全球著名球根花卉，花大而艳，品种极多，用于花境配置或做切花。

图 10-332　郁金香

31 顶冰花属 Gagea Salisb.

多年生草本。鳞茎卵球形，鳞茎皮纸质或膜质。叶片长条形。顶生伞房状或伞状聚伞花序；苞片1，叶状，常与最上部的茎生叶近对生；花梗中部或近基部通常有1长条形的小苞片；花被片6，离生，果期宿存，增大，变厚；雄蕊等长，或3长3短；子房上位，3室，每室具多数胚珠。蒴果倒卵形至长圆形，通常有3棱。种子扁平。

约90种，主要分布于欧洲地中海地区至中亚地区。我国有17种，主要分布于西北部至东北部；浙江有1种。

三花顶冰花　三花洼瓣花　（图10-333）
Gagea triflora (Ledeb.) Schult. et Schult. f. — *Lloydia triflora* (Ledeb.) Baker

鳞茎圆球形或卵球形，直径约6mm；鳞茎皮膜质，黄褐色，先端不延伸，内侧基部有几个极小的小鳞茎。茎高15～30cm。基生叶1，叶片长条形，中空，长10～25cm，宽1～1.5mm；茎生叶1～3，最下部的较大，条状披针形，长3.5～7cm，宽4～6mm。伞房状聚伞花序顶生，具2～4

花;叶状苞片条状披针形;花白色;小苞片长条形;花被片倒披针形,长10~12mm,宽约2mm;雄蕊等长,长约为花被片的一半,花药长圆形;子房倒卵形,花柱与子房近等长,柱头头状。蒴果倒卵形,长为宿存花被片的1/3。花期5月,果期7月。

产于临安(天目山、清凉峰)。生于海拔1500m左右的山顶灌丛草地中。分布于东北和华北地区。俄罗斯、日本、朝鲜半岛也有。

图10-333 三花顶冰花

32 蓝瑰花属 Scilla L.

多年生草本。鳞茎卵形或近圆球形,鳞茎皮褐色。叶基生;叶片宽长条形至卵形。花葶直立,苞片小或无;数十花排成总状花序。花被片6,离生或基部2/5合生,蓝色;花丝丝状或舌状,花药长,黄色或蓝色;子房瓶状,蓝色,稍具皱纹,每室具数胚珠。蒴果球形,室背开裂。种子球形,黄色、棕色或黑色,有油质体。

约30种,分布于法国、西班牙至小亚细亚和高加索地区。我国引种栽培1种;浙江也有。

地中海蓝瑰花
Scilla peruviana L.

鳞茎卵形或近圆球形，直径可达7cm；鳞茎皮褐色。叶基部丛生；叶片带状，长30～60cm，宽1.5～4cm，先端急尖，基部渐狭，边缘具刚毛。花葶1，高约30cm。总状花序密集多花，最初伞房状，稍后伸长为圆锥状；苞片白色，膜质；花长约1cm，通常深蓝色，偶为白色；花梗长于花；花被片分离或基部稍合生；雄蕊着生于花被片基部。蒴果近球形，直径约7mm。种子褐色，长2.5mm。花期3—6月。

原产于地中海西部地区，全球各地有栽培。我国有引种栽培；浙江也有。

花色深蓝，花朵繁多，供观赏，用于花境配置或作地被植物。

33 绵枣儿属 Barnardia Lindl.

多年生草本。鳞茎卵形或近圆球形，鳞茎皮膜质、多层。叶基生；叶片宽长条形至卵形。花葶直立，总状花序。花被片6，离生或基部稍合生；雄蕊花丝通常基部扩大，花药卵形至长圆形；子房上位，3室，每室具1～10胚珠。蒴果近圆球形或倒卵形，具3棱，室背开裂。种子少数，稀多数，黑色。

有2种，1种分布于东亚，另1种分布于非洲西北部及地中海巴利阿里群岛。我国有1种，全国广泛分布；浙江也有。

绵枣儿 （图10-334）
Barnardia japonica (Thunb.) Schult. et Schult. f. — *Scilla scilloides* (Lindl.) Druce

鳞茎卵形或近圆球形，直径1～2.5cm；鳞茎皮黑褐色或褐色。叶通常2；叶片倒披针形，长4～15cm，宽5～7mm，先端急尖，基部渐狭。花葶常于叶枯萎后生出，通常1，稀2，高15～40cm。总状花序长3～12cm；苞片膜质，狭披针形，短于花梗；花小，紫红色、淡红色至白色；花梗长2～6mm，顶端具关节；花被片基部稍合生，倒卵状披针形或长

图10-334 绵枣儿

圆形，长2.5～3mm，宽约1mm；雄蕊着生于花被片基部，花丝边缘和背面常多少具小乳头状突起，花药椭圆形；子房基部有短柄，表面多少具小乳头状突起，花柱长为子房的1/2～2/3。蒴果倒卵球形，长3～6mm。种子1～3，长圆状狭倒卵球形，长2.5～5mm。花果期9—10月。

全省各地常见。生于山坡草地中、林缘及路旁。分布于东北、华北、华东、华中、华南及四川、云南。俄罗斯、日本、朝鲜半岛也有。

鳞茎及全草可入药；鳞茎经长时间熬煮后可食用，口感绵软香甜。

34 蓝壶花属 Muscari Mill.

多年生草本，具鳞茎。叶基生，狭长，稍肉质。花序总状或穗状。花小，下垂，常为蓝色；花被合生成坛状、球形或长圆形，顶端6裂或具齿，裂齿弯曲或反卷；雄蕊6，着生于花被筒内，近筒口成上下2轮；花药"丁"字形着生；子房每室具多数胚珠，花柱不裂或顶端3浅裂。蒴果近圆球形或倒卵形，呈凹面三棱形，室背开裂。

约42种，分布于地中海地区至亚洲西南部。我国引种栽培1种；浙江也有。

蓝壶花 葡萄风信子 麝香兰 （图10-335）
Muscari botryoides (L.) Mill.

植株高7～30cm。鳞茎卵形或近球形，长1.6～2cm，直径1～3cm；鳞茎皮白色，膜质。叶基生，狭带形，稍肉质，暗绿色，边缘常内卷，长5～28cm，宽5～7mm。花葶自叶丛中抽出，常单一，少有3，长7～25cm；总状花序长椭圆状柱形，具多花，密生；苞片小，膜质；花梗长3～5mm，下垂；花深蓝色，坛状，顶端紧缩，长约4mm，直径约3mm，顶端有6个白色的反曲齿，齿端尖；雄蕊6，着生

图10-335 蓝壶花

于花被筒上；子房每室具多数胚珠。蒴果，室背开裂。花期3—5月，果期7月。

原产于欧洲中部至东南部，全球各地有栽培。我国有引种栽培；浙江也有。

花色纯蓝，花形可爱，供观赏，用于花境配置或作地被植物。

35 风信子属 Hyacinthus L.

多年生草本。鳞茎大。叶基生，狭长。总状花序顶生；苞片干膜质。花为红色、黄色、白色或蓝色，直立或下垂；花被漏斗状或窄钟状，花被筒基部有时膨大成囊状，上部6裂，裂片开展或反卷；雄蕊6，短，着生于花被筒部或喉部；心皮3，合生；子房3室，具多数胚珠，柱头常不裂。蒴果具3棱，室背开裂。

3种，分布于地中海东部至中亚。我国引种栽培1种；浙江也有。

风信子（图10-336）
Hyacinthus orientalis L.

鳞茎卵形或近球形，直径约3cm；鳞茎皮膜质。叶4～8，基生，带状，肉质，长15～21cm，宽1～2.5cm，顶端急尖，上面有凹沟。花葶肉质，略高于叶，中空；总状花序多花，密生；苞片膜质；花蓝色、紫色、红色或白色，漏斗状，芳香；花被筒长1～1.5cm，基部膨大成囊状，花被裂片6，长圆形，长1～1.5cm，先端反卷；雄蕊着生在花被筒内，比花被筒短；雌蕊与雄蕊近等长。蒴果三棱形，室背开裂。花期2—4月。

原产于亚洲西南部，全球各地普遍栽培。我国各地广泛栽培。全省各地常见栽培。

著名球根花卉，早春开花，艳丽芳香，供观赏，用于花境配置或作盆栽。

图10-336 风信子

36 水仙属 Narcissus L.

多年生草本，具膜质有皮鳞茎。基生叶长条形或圆筒形，与花茎同时抽出。花茎实心。花单生或伞形花序；佛焰苞状总苞膜质，下部管状；花直立或下垂；花被高脚碟状；花被筒较短，圆筒状或漏斗状，花被裂片6；副花冠长管状，似花被，或缩短成浅杯状；雄蕊着生于花被筒；子房每室具胚珠多数。蒴果室背开裂。种子近球形。

约有60种，分布于地中海、中欧及亚洲。我国常见栽培有3种，1变种；浙江也有栽培，或归化。

本属植物中有不少种类极具观赏价值，为著名球根花卉。

分种检索表

1. 叶扁平，粉绿色。
　　2. 花被白色，副花冠短于花被片1/2。
　　　　3. 副花冠淡黄色，边缘不皱缩 ·················· 1. 水仙 N. tazetta var. chinensis
　　　　3. 副花冠黄色，边缘橙红色、皱缩 ·················· 2. 红口水仙 N. poeticus
　　2. 花被淡黄色，副花冠与花被片等长或稍短 ·················· 3. 黄水仙 N. pseudonarcissus
1. 叶横切面呈半圆形，深绿色；副花冠长不及花被1/2 ·················· 4. 丁香水仙 N. jonquilla

1. 水仙 （图10-337）

Narcissus tazetta L. var. **chinensis** Roem.

鳞茎卵球形，长4~6cm，宽3~5cm，膜质鳞片棕褐色。叶常4枚，宽长条形，扁平，长20~40cm，宽8~15mm，钝头，全缘，粉绿色。花茎几与叶等长；伞形花序具5~15花；佛焰苞状总苞膜质或纸质，淡褐色；花梗长短不一；花被筒细，灰绿色，近三棱形，长1.5~2cm，花被裂片6，卵圆形至阔椭圆形，顶端具短尖头，扩展，白色，芳香；副花冠浅杯状，淡黄色，不皱缩，长不及花被的一半；雄蕊6，3短3长，花药基着；子房3室，每室有胚珠多数，花柱细长，柱头3裂。蒴果室背开裂。花期春季。

图 10-337　水仙

原产于地中海地区，东亚各国广泛栽培。我国各地普遍栽培，浙江、福建、上海沿海岛屿有归化。全省各地常见栽培。主要有金盏银台和玉玲珑两个品种，前者单瓣、具杯状副花冠，后者重瓣、花瓣皱褶、无杯状副花冠。

水仙花芬芳清新，素洁幽雅，是"中国十大名花"之一，在我国已有1000多年栽培历史。

2. 红口水仙 口红水仙 （图10-338）
Narcissus poeticus L.

鳞茎卵圆形。叶宽线性，扁平，长约30cm，宽8～10mm，钝头，全缘。花茎略高于叶；花单生，有时2花；具佛焰苞状总苞；花梗长2～3cm；花被片6，白色，排成2轮，卵圆形，先端具短尖头；副花冠浅杯状，黄色，边缘橙红色、皱缩，长不及花被的一半；雄蕊6，着生于花被筒内；子房3室，每室具多粒胚珠，花柱3裂。蒴果。花期春季。

原产于欧洲，全球各地广泛栽培或逸生。我国有引种栽培；浙江也有。

常用于花境配置或盆栽、切花。

图10-338 红口水仙

3. 黄水仙 喇叭水仙 洋水仙 （图10-339）
Narcissus pseudonarcissus L.

鳞茎球形，直径2.5～3.5cm。叶4～6，直立向上，宽长条形，扁平，长25～40cm，宽8～15mm，钝头。花茎高约30cm，顶端具1花；佛焰苞状总苞长3.5～5cm；花梗长12～18mm；花被片6，花被筒倒圆锥形，长1.2～1.5cm，花被裂片长圆

图10-339 黄水仙

形，长2.5～3.5cm，淡黄色；副花冠长筒状，稍短于花被或近等长，边缘具皱缩齿，淡黄色；雄蕊6，着生于花被筒内；子房3室，每室胚珠多数，花柱3裂。蒴果。花期春季。

原产于欧洲，全球各地广泛栽培或逸生。我国有引种栽培；浙江也有。

用于花境配置或盆栽、切花。

4. 丁香水仙 长寿花（图10-340）
Narcissus jonquilla L.

鳞茎球形，直径2.5～3.5cm。叶2～4，狭长条形，横断面呈半圆形，长20～30cm，宽3～6mm，钝头，深绿色。花茎细长；伞形花序，具2～6花，花平展和稍下垂；佛焰苞状总苞长3～4cm；花梗长短不一，有的长4cm以上；花被片6，花被筒纤细，圆筒状，长2～2.5cm，花被裂片倒卵形，长约10mm，宽约7mm，黄色，芳香；副花冠短小，长不及花被的一半；雄蕊6，着生于花筒内；子房3室，每室具多数胚珠，花柱3裂。蒴果。花期春季。

图 10-340 丁香水仙

原产于南欧，北半球温带地区有栽培或逸生。我国有引种栽培；浙江也有。

花黄色，芳香，供观赏，多用于盆栽。

37 君子兰属 Clivia Lindl.

多年生草本，具肉质根。茎基部宿存的叶基呈鳞茎状。叶多数，带状，排成二列。花茎实心，扁平，肉质；伞形花序；佛焰苞状总苞膜质；花被漏斗状，直立向上或稍下垂；花被筒短，花被裂片6；雄蕊6，与花被裂片近等长，花丝丝状，花药长圆形；子房下位，每室具胚珠5或6。浆果红色。种子大，球形，1至数粒。

6种，主产于非洲南部。我国常见栽培2种；浙江也有。

1. 君子兰 大花君子兰（图10-341）
Clivia miniata Regel

多年生草本。茎基部宿存的叶基呈鳞茎状。基生叶质厚，深绿色，具光泽，带状，长30～50cm，宽3～5cm，下部渐狭。花茎从叶丛中抽出，稍高于叶，肉质，扁平，宽约2cm；伞形花序顶生，具10～20花，有时更多；花梗长2.5～5cm；花直立向上，花被宽漏斗形，鲜红色，内

一九四　百合科 Liliaceae

图 10-341　君子兰

面略带黄色；花被筒长约5mm，外轮花被裂片顶端有微凸头，内轮顶端微凹，略长于雄蕊；雄蕊6，着生于花被筒喉部；子房下位，球形，花柱长，稍伸出花被外。浆果紫红色，宽卵形。花期为春夏季，有时冬季也可开花。

原产于非洲南部，全球各地常见栽培。我国多为室内栽培。全省各地常见栽培。

著名球根花卉，株形端庄优美，叶片苍翠挺拔，花大色艳，果实红亮，叶、花、果并美，多用于盆栽。

2. 垂笑君子兰（图 10-342）
Clivia nobilis Lindl.

多年生草本。茎基部宿存的叶基呈鳞茎状。基生叶约有十几枚，质厚，深绿色，具光泽，带状，长25～40cm，宽3～3.5cm，边缘粗糙。花茎由叶丛中抽出，稍短于叶；伞形花序顶生，多花；花梗细长；花下垂，花被狭漏斗形，橘红色，有时先端黄色或绿色，内轮花被裂片色较浅；雄蕊6，与花被近等长；子房下位，球形，花柱长，稍伸出花被外，柱头3裂。花期夏季。

原产于非洲南部，全球各地有栽培。我国多为室内栽培；浙江各地常见栽培。

花形别致，供观赏，多用于盆栽。

与君子兰的区别在于后者花茎稍高于叶，叶片宽3～5cm，花直立向上，花被宽漏斗形，鲜红色，内面略带黄色。

图 10-342　垂笑君子兰

38 葱莲属 Zephyranthes Herb.

多年生矮小禾草状草本，具有皮鳞茎。叶长条形，常与花同时开放。花茎纤细，中空；花单生于花茎顶端，佛焰苞状总苞片下部管状，顶端2裂；花漏斗状，直立或略下垂；花被筒长或极短；花被裂片6，各片近等长；雄蕊6，3长3短；子房每室胚珠多数。蒴果近球形，室背3瓣开裂。种子黑色，多少扁平。

约40种，分布于西半球温暖地区。我国引种栽培2种；浙江也有。

1. 葱莲　葱兰　玉帘　（图10-343）
Zephyranthes candida (Lindl.) Herb.

多年生草本。鳞茎卵形，直径约2.5cm，具明显的颈部，长2.5～5cm。叶狭长条形，肥厚，亮绿色，长20～30cm，宽2～4mm。花茎中空；花单生于花茎顶端，下有带褐红色的佛焰苞状总苞，总苞片顶端2裂；花梗长约1cm；花白色，外面常带淡红色；几无花被筒，花被片6，长3～5cm，顶端钝或具短尖头，宽约1cm，近喉部常有很小的鳞片；雄蕊6，长约为花被的1/2；花柱细长，柱头不明显3裂。蒴果近球形，直径约1.2cm，3瓣开裂。种子黑色，扁平。花期秋季。

原产于南美，全球各地广泛栽培或逸生。我国各地有栽培；浙江各地常见栽培。

叶丛低矮翠绿，花多色白，供观赏，用于花境配置或作地被植物。

图10-343　葱莲

2. 韭莲　韭兰　风雨花　（图10-344）
Zephyranthes carinata Herb. — *Z. tsoui* Hu

多年生草本。鳞茎卵球形，直径2～3cm。基生叶常数枚簇生，长条形，扁平，长15～30cm，宽6～8mm。花单生于花茎顶端，下有佛焰苞状总苞，总苞片常带淡紫红色，长4～5cm，下部合生成管；花梗长2～3cm；花玫瑰红色或粉红色；花被筒长1～2.5cm，花被裂片6，裂片倒卵形，顶端略尖，长3～6cm；雄蕊6，长为花被的2/3～4/5，花药"丁"字形着生；子房下位，3室，胚

一九四　百合科 Liliaceae

图 10-344　韭莲

珠多数，花柱细长，柱头深3裂。蒴果近球形。种子黑色。花期夏秋。

原产于中南美洲，全球各地广泛栽培或逸生。我国各地有栽培；浙江各地常见栽培。

叶丛低矮翠绿，花多色艳，供观赏，用于花境配置或作地被植物。

与葱莲的主要区别在于后者叶片狭长条形，宽2~4mm，花白色，几无花被筒，花梗较短，长约1cm。

39 文殊兰属　Crinum L.

多年生草本，具鳞茎。叶基生，带形或剑形。花茎实心；伞形花序；总苞片2，佛焰苞状；花被筒长，圆筒状，直立或上弯，花被裂片长条形，长圆形或披针形；雄蕊6，花丝丝状，花药长条形；子房下位，3室，每室具胚珠多数。蒴果近球形，不规则开裂。种子大，圆形或有棱角。

约100多种，分布于热带和亚热带地区。我国有1种，1变种，多见于南方；浙江有1种。

文殊兰（图 10-345）
Crinum asiaticum L. var. **sinicum** (Roxb. ex Herb.) Baker

多年生粗壮草本。鳞茎长柱形。叶20~30，多列，带状披针形，长可达1m，叶宽达12cm，顶端渐尖，具1急尖头，边缘明显波状，亮绿色。花茎直立，高达90cm，伞形花序具10~24花，佛焰苞状总苞片披针形，长6~10cm，膜质，小苞片狭长条形，长3~7cm；花梗长0.5~2.5cm；花高脚碟状，芳香；花被筒纤细，伸直，长10~14cm，直径1.5~2mm，绿白色，花被裂片长条

图 10-345　文殊兰

形，长7.5~9cm，宽6~9mm，向顶端渐狭，白色；雄蕊淡红色，花丝长4~5cm，花药长条形，顶端渐尖，长1.5cm或更长；子房纺锤形，长不及2cm。蒴果近球形，直径3~5cm。通常种子1。花期夏季。

产于洞头、苍南，野生或逸生。宁波及临安、诸暨、温岭、景宁、泰顺等地有栽培。生于海滨或河旁沙地。分布于华南及福建。

花多色白，供观赏，用于花境配置或作地被植物。

㊵ 水鬼蕉属 Hymenocallis Salisb.

多年生草本。鳞茎球形。叶长条形、带形、阔椭圆形或阔倒披针形。花茎实心；伞形花序具数花，下有佛焰苞状总苞，总苞片卵状披针形；花被筒圆柱形，细弱，上部扩大，花被裂片狭，几相等，扩展，白色；雄蕊着生于花被筒喉部，花丝基部合生成杯状体（雄蕊杯），花丝上部分离；子房下位，每室具2胚珠。

约65种，分布于美洲温暖地区。我国引种栽培1种；浙江也有。

水鬼蕉 蜘蛛兰 （图10-346）

Hymenocallis littoralis (Jacq.) Salisb. — *Pancratium littoralis* Jacq. — *H. americana* Roem.

多年生草本。鳞茎球形。叶10~12，剑形，长45~75cm，宽2.5~6cm，顶端急尖，基部渐狭，深绿色，多脉，无柄。花茎肉质、扁平，高30~80cm；佛焰苞状总苞片长5~8cm，基部极

图10-346 水鬼蕉

一九四　百合科 Liliaceae

阔，伞形花序顶生，具3～8花，白色；花被筒纤细，长短不等，有时可达10cm，绿色，花被裂片长条形，通常短于花被筒，白色；杯状体（雄蕊杯）钟形或阔漏斗形，长约2.5cm，有齿，花丝分离部分长3～5cm；花柱与雄蕊近等长或更长。花期夏末秋初。

原产于美洲热带，全球热带至亚热带地区广泛栽培。我国南方常见栽培；浙江南部也有。

花形奇特，花色洁白，供观赏，用于花境配置或作地被植物。

41 石蒜属 Lycoris Herb.

多年生草本，具地下鳞茎；鳞茎近圆球形或卵形，鳞茎皮褐色或黑褐色。叶于花前或花后抽出。顶生伞形花序；花被漏斗状，花被片下部合生成管状，上部6裂；副花冠由花丝间离生的鳞片组成；雄蕊着生于花被筒喉部，花丝丝状；子房下位，3室，每室有数胚珠。蒴果通常具3棱。种子近球形，黑色。

约22种，主要分布于东亚。我国有16种，分布于西南至东南部；浙江有10种。

本属植物花形优美多姿，花色艳丽丰富，出叶时叶挺拔直立，姿态优雅，极具观赏价值，值得大力开发和推广。

分种检索表

1. 花不呈喇叭形，左右对称；花被裂片皱缩，反卷。
   2. 秋季出叶；雄蕊明显伸出花被外。
      3. 雄蕊比花被长1/3至1倍；花鲜红色、白色、稻草色。
         4. 雄蕊比花被长1倍左右；花鲜红色；叶片较窄，宽约0.5cm ················ **1. 石蒜 L. radiata**
         4. 雄蕊比花被长1/3左右；花白色或稻草色；叶片较宽，宽1.2～1.5cm。
            5. 花白色；叶片深绿色 ················ **2. 江苏石蒜 L. houdyshelii**
            5. 花稻草色；叶片绿色 ················ **3. 稻草石蒜 L. straminea**
      3. 雄蕊比花被长1/6左右；花黄色或淡玫瑰色。
         6. 花淡玫瑰红色；叶片带状，长约20cm，宽约8mm，先端圆 ················ **4. 玫瑰石蒜 L. rosea**
         6. 花黄色；叶片剑形，长约60cm，宽达2.5cm，先端渐尖 ················ **5. 忽地笑 L. aurea**
   2. 春季出叶；雄蕊不伸出或稍伸出花被外。
      7. 雄蕊与花被近等长。
         8. 花黄色，花被裂片无红色条纹；叶中间淡色带明显 ················ **6. 中国石蒜 L. chinensis**
         8. 花蕾桃红色，开放时乳黄色，渐变乳白色，花被裂片腹面稍散生粉红色条纹，背面具粉红色中脉；叶片中间淡色带不明显 ················ **7. 乳白石蒜 L. albiflora**
      7. 雄蕊比花被短；花蕾桃红色，开放时乳黄色，渐变成乳白色，花被裂片无粉红色条纹；叶中间淡色带不明显 ················ **8. 短蕊石蒜 L. caldwellii**
1. 花呈喇叭形，辐射对称；花被片不皱缩或仅基部边缘微皱缩，先端略反卷。

9. 春季出叶；花被裂片边缘不皱缩，花淡紫红色，顶端带蓝色；花被筒长1~1.5cm；总苞片较小，长约3.5cm；叶片宽约1cm ·· **9.换锦花 L. sprengeri**
9. 秋季出叶，枯萎后春季再出；花被裂片基部边缘微皱缩，花淡紫红色；花被筒长2~2.5cm；总苞片较大，长约6cm；叶片宽约2cm ·· **10.鹿葱 L. squamigera**

1. 石蒜 蟑螂花 三十六桶 彼岸花 （图10-347）
Lycoris radiata (L'Hér.) Herb.

多年生草本。鳞茎宽椭圆形或近圆球形，直径1~3.5cm，鳞茎皮紫褐色。叶秋季抽出，至次年夏季枯死，叶片狭带状，长约15cm，宽约5mm，先端钝，深绿色，中间有粉绿色带。花茎高约30cm；伞形花序具4~7花；总苞片2，干膜质，棕褐色，披针形；花鲜红色；花被筒绿色，长5~6mm，花被裂片狭倒披针形，长约3cm，宽约5mm，强度皱缩并向外卷曲；雄蕊显著伸出花被外，比花被长1倍左右。花期8—10月，果期10—11月。

全省各地常见。生于阴湿山坡上、沟谷石缝中及林缘；也常见栽培。分布于华东、华中、西南及山东、广东、广西、陕西。日本也有。

鳞茎可入药，有解毒消肿、催吐、杀虫的功效；花、叶可供观赏，用于花境配置或作地被植物。

图10-347 石蒜

2. 江苏石蒜 （图10-348）
Lycoris houdyshelii Traub

多年生草本。鳞茎近球形，直径约3cm。秋季出叶，叶带状，长约30cm，宽约1.2cm，顶端钝圆，深绿色，中间淡色带明显。花茎高约30cm；总苞片2，倒披针形，长约2cm，宽约8mm；伞形花序具4~7花；花白色；花被筒长8~10mm，花被裂片背面具绿色中肋，倒披针形，长约4cm，宽约8mm，强烈反卷和皱缩；雄蕊明显伸出花被外，比花被长1/3，花丝乳白色；花柱上端粉红色。花期9月。

产于鄞州、慈溪、奉化、宁海。生于海拔50~300m的沟谷林下或岩石上。分布于江苏。

可用于花境配置或作地被植物。

图10-348　江苏石蒜

3. 稻草石蒜　麦秆石蒜 （图10-349）
Lycoris straminea Lindl.

多年生草本。鳞茎近球形，直径约3cm。秋季出叶，叶带状，长约30cm，宽约1.5cm，顶端钝，绿色，中间淡色带明显。花茎高约35cm；总苞片2，披针形，长约3cm，基部宽约5mm；伞

图10-349　稻草石蒜

形花序具5～7花；花稻草色；花被筒长约10mm，花被裂片腹面散生少数粉红色条纹或斑点，盛开时消失，倒披针形，长约4cm，宽约6mm，强烈反卷和皱缩；雄蕊明显伸出花被外，比花被长1/3；子房近球形，直径约6mm。花期8月。

产于杭州市区、桐庐、鄞州、宁海。生于阴湿山坡上。分布于江苏。日本也有。

可用于花境配置或作地被植物。

4. 玫瑰石蒜 （图10-350）
Lycoris rosea Traub et Moldenke

图10-350　玫瑰石蒜

多年生草本。鳞茎近球形，直径约2.5cm。秋季出叶，叶带状，长约20cm，宽约8mm，顶端圆，淡绿色，中间淡色带明显。花茎高约30cm，淡玫瑰红色；总苞片2，披针形，长约3.5cm，宽约5mm；伞形花序具5花；花淡玫瑰红色；花被筒长约10mm，花被裂片倒披针形，长约4cm，宽约8mm，中度反卷和皱缩；雄蕊伸出花被外，比花被长1/6左右。花期9月。

产于杭州、余姚、鄞州、奉化、宁海。生于阴湿山坡上或石缝中。分布于江苏。

花、叶可供观赏，用于花境配置或作地被植物。

5. 忽地笑 （图10-351）
Lycoris aurea (L'Hér.) Herb.

多年生草本。鳞茎卵形，直径约5cm。秋季出叶，叶剑形，长约60cm，最宽处在叶片中上部，宽达2.5cm，向基部渐狭，宽约1.7cm，先端渐尖，中间淡色带明显。花茎高约60cm；总苞片2，披针形，长约3.5cm，宽约8mm；伞形花序具4～8花；花黄色；花被筒长12～15mm，花被裂片背面具淡绿色中肋，有时不明显，倒披针形，长约6cm，宽约1cm，强烈反卷和皱缩；雄蕊略伸出花被外，比花被长1/6左右，花丝黄色；花柱上部玫瑰红色。蒴果具3棱，室背开裂。种子少数，近球形，直径约7mm，黑色。花期8—9月，果期10月。

杭州和宁波有栽培。分布于华中、华南及福建、四川、云南。日本、缅甸也有。

花、叶可供观赏，用于花境配置或作地被植物。

图 10-351　忽地笑

6. 中国石蒜 （图10-352）
Lycoris chinensis Traub

多年生草本。鳞茎卵球形，直径约4cm。春季出叶；叶片带状，长约35cm，宽约2cm，先端圆钝，绿色，中间淡色带明显。花茎高约60cm；总苞片2，倒披针形，长约2.5cm，宽约8mm；伞形花序具5或6花；花黄色；花被筒长17～25mm，花被裂片背面具淡黄色中肋，长约6cm，宽约1cm，强烈反卷和皱缩；雄蕊与花被近等长或略伸出花被外，花丝黄色；花柱上端玫瑰红色。花期7—8月，果期9—10月。

全省各地常见。生于山坡林下阴湿处。常作观赏栽培。分布于江苏和河南。

鳞茎可入药，药用同石蒜；可用于花境配置或作地被植物。

与忽地笑的主要区别在于后者是秋季出叶，前者雄蕊明显长于花被裂片，花期一般要比后者晚一个多月，花被筒较短，长12～15mm。

图 10-352　中国石蒜

7. 乳白石蒜 （图 10-353）
Lycoris albiflora Koidz

多年生草本。鳞茎卵球形，直径约4cm。秋季出叶，花前枯萎；叶片带状，绿色，中间淡色带不明显，顶端钝圆。花茎高约60cm；总苞片2；伞形花序具6～8花；花蕾桃红色，开放时乳黄色，后逐渐变为乳白色，花被裂片中度反卷和皱缩，腹面有时有粉红色条纹或条带，背面中脉粉红色，花被筒长约2cm；花丝上部带紫色。花期8月，果期10—11月。

产于鄞州。生于低海拔草丛中。分布于江苏。日本、朝鲜半岛也有。

可用于花境配置或作地被植物。

图 10-353　乳白石蒜

8. 短蕊石蒜　黄白石蒜（图 10-354）
Lycoris caldwellii Traub

多年生草本。鳞茎近球形，直径约4cm。早春出叶，叶带状，长约30cm，宽约1.5cm，绿色，顶端钝圆，中间淡色带不明显。伞形花序具6或7花；花蕾桃红色，开放时乳黄色，渐变成乳白色；花被筒长约2cm，花被裂片倒卵状披针

图 10-354　短蕊石蒜

形，长约7cm，最宽处达1.2cm，向基部渐狭，反卷，微皱缩；雄蕊短于花被，花丝白色；雌蕊与花被近等长，花柱上端淡玫瑰红色。花期9月。

产于宁波市区（北仑）、鄞州。生于低海拔草丛中。分布于江苏和江西。

可用于花境配置或作地被植物。

9. 换锦花 （图10-355）
Lycoris sprengeri Comes ex Baker

多年生草本。鳞茎卵形，直径约3.5cm。早春出叶，叶片带状，长约30cm，宽约1cm，绿色，顶端钝。花茎高约60cm；总苞片2，长约3.5cm，宽约1.2cm；伞形花序具4～6花；花淡紫红色；花被筒长1～1.5cm，花被裂片顶端常带蓝色，倒披针形，长约4.5cm，宽约1cm，边缘不皱缩；雄蕊与花被近等长；花柱略伸出花被外。蒴果具3棱，室背开裂。种子近球形，直径约5mm，黑色。花期8—9月。

产于宁波、舟山、台州、温州。生于沿海各地的山坡上。分布于江苏、安徽、湖北。

可用于花境配置或作地被植物。

与红蓝石蒜 *L. haywardii* Traub 相似，区别在于后者雄蕊明显长于花被裂片，花被裂片边缘皱缩。红蓝石蒜在本省栽培很少，故本志未收录。

图 10-355 换锦花

10. 鹿葱 夏水仙 （图10-356）
Lycoris squamigera Maxim.

多年生草本。鳞茎卵形，直径约5cm。秋季出叶，长约8cm，立即枯萎，到第二年早春再抽叶，叶带状，顶端钝圆，绿色，宽约2cm。花茎高约60cm；总苞片2，披针形，长约6cm，宽约1.3cm；伞形花序具4～8花；花淡紫红色；花被筒长2～2.5cm，花被裂片倒披针形，长约7cm，宽约1.8cm，边缘基部微皱缩；雄蕊与花被裂片近等长；花柱略伸出花被外。花期8月。

德清和杭州有栽培。分布于山东、江苏。日本、朝鲜半岛也有。

用于花境配置或作地被植物。

图10-356 鹿葱

42 朱顶红属 Hippeastrum Herb.

多年生草本。鳞茎大。叶长条形或带形。花茎中空；伞形花序，下有2佛焰苞状总苞片；每花之下具1小苞片；花大，漏斗状，水平开展或稍下垂；雄蕊着生于花被筒喉部，花丝丝状，花药长条形或细长圆形；子房3室，每室具多数胚珠。蒴果球形。种子通常扁平。

约90种，分布于美洲和亚洲的热带地区。我国引种栽培2种；浙江也有。

1. 朱顶红 （图10-357）

Hippeastrum vittatum (L'Hér.) Herb.

多年生草本。鳞茎近球形，直径5~7.5cm，并有葡匐枝。叶6~8，花后抽出，鲜绿色，带形，长约30cm，基部宽约2.5cm。花茎中空，稍扁，高约40cm，宽约2cm，具白粉；2~4花；佛焰苞状总苞片披针形，长约3.5cm；花梗纤细，长约3.5cm；花被筒绿色，圆筒状，长约2cm，花被裂片长圆形，顶端尖，长约12cm，宽约5cm，洋红色，略带绿色，喉部有小鳞片；雄蕊6，长约8cm，花丝红色，花药条状长圆形，长约6mm，宽约2mm；子房长约1.5cm，花柱长约10cm，柱头3裂。花期夏季。

原产于巴西，全球各地广泛栽培。我国多为室内栽培。全省各地常见栽培。

著名球根花卉，花大色艳，多用于盆栽或切花。

图10-357　朱顶红

2. 白肋朱顶红 （图10-358）

Hippeastrum reticulatum (L'Hér.) Herb.

图10-358　白肋朱顶红

多年生草本。鳞茎近球形。叶2~6，鲜绿色，中脉有或无白色条带，披针形至狭卵形，先端锐尖。花茎中空，具白粉；5~8花；佛焰苞状总苞片披针形；花被筒白色，圆筒状，长2~6cm，花被裂片白色或粉红色，具深色网纹，外轮宽椭圆形，下侧两枚稍不对称，内轮椭圆形，下侧一枚较上侧两枚小；雄蕊6，花丝红色，花药紫色；柱头头状，球形。种子圆形，肉质，橙红色。花期晚夏至秋季。

一九四　百合科 Liliaceae

原产于南美，全球各地广泛栽培。我国多为室内栽培；浙江各地常见栽培。

著名球根花卉，花大色艳，多用于盆栽或切花。国内常见栽培的是叶具白色中肋的品种。与朱顶红的主要区别在于后者叶片带形，花被片无深色网纹。

43 六出花属 Alstroemeria L.

多年生草本，具块茎。茎多不分枝，繁殖茎明显高，营养茎较短，具更多叶。叶互生；叶柄常扭曲；叶片全缘，条形至卵形，具平行脉。伞形花序顶生，或偶为单花；花稍两侧对称；花被片离生，红色、橙色、紫色、绿色或白色；雄蕊不等长，着生于花被片基部，下倾；子房下位，花柱细长，柱头3裂，丝状。果为蒴果。

约128种，分布于南美洲。我国引种栽培1种；浙江也有。

本属有巴西东部和智利两个多样性中心，巴西的物种一般在夏季生长，智利的物种常在冬季生长。将两地的物种杂交可培育出无季节性休眠的常绿植株，目前已育出多达190个栽培品种，具有各自不同的斑纹和颜色（如白色、黄色、橙色、粉红色、红色、紫色等），极具观赏价值。

鹦鹉六出花　六出花　（图10-359）
Alstroemeria pulchella L. f.

多年生草本。茎直立。叶互生；叶柄长2~4cm；繁殖茎上的叶片狭披针形至匙形，长6~11cm，宽1.5~3mm，营养茎上的叶片更宽，无毛，基部楔形，先端锐尖至圆形。伞形花序具3~8花；具苞片；花梗长1.5~3cm；花被片红色至紫红色，具紫褐色的斑点，先端绿色，狭匙形，长3.5~4.5cm，先端和基部边缘被微柔毛；花丝长为花被的1/2~2/3；花柱短，柱头3裂。蒴果球形，长约10~13mm，具6棱。仲春至初夏开花。

图 10-359　鹦鹉六出花

原产于南美，全球各地广泛栽培，澳大利亚、新西兰和美国已归化。我国各地常见栽培；浙江也有。

著名宿根花卉，花大色艳，多用于切花或盆栽。国内常见栽培的有杂交六出花 *Alstroemeria × hybrida*。

44 仙茅属 Curculigo Gaertn.

多年生草本。根状茎块状或圆柱状。叶基生。花通常黄色，单生或排成总状花序或穗状花序，有时花序强烈缩短成头状或伞房状；苞片披针形，宿存；花被片下部合生或离生；花被筒存在或无，花被裂片或花被片长圆形或披针形；雄蕊花丝短，花药基部2裂或不裂；子房每室有2至多数胚珠。种子小，表面常具纵凸纹。

约20种，分布于亚洲、非洲、南美洲及大洋洲的热带至亚热带地区。我国有7种，分布于东南部至西南部；浙江有2种。

1. 大叶仙茅 （图10–360）
Curculigo capitulata (Lour.) Kuntze

图10–360 大叶仙茅

多年生粗壮草本，高达1m。根状茎粗厚，块状，具细长的走茎。叶片长圆状披针形或近长圆形，长40～90cm，宽5～14cm，先端长渐尖，背面脉上被短柔毛或无毛；叶柄长30～80cm，上面有槽，侧背面均密被短柔毛。花茎通常短于叶，被褐色长柔毛；总状花序缩短成头状，俯垂，长2.5～5cm，具多数排列密集的花；苞片卵状披针形至披针形，被毛，花梗长约7mm；花黄色，花被裂片卵状长圆形，长约8mm，宽3.5～4mm，顶端钝，外轮的背面被毛，内轮的仅背面中脉或中脉基部被毛；花药条形；子房长圆形或近球形，被毛，花柱纤细，柱头近头状，极浅3裂；浆果近球形，白色，直径4～5mm，无喙。种子黑色，表面具不规则的纵凸纹。花期5—6月，果期8—9月。

杭州有栽培。分布于华南、西南。越南、老挝、缅甸、马来西亚、印度、尼泊尔、孟加拉国和斯里兰卡也有。

2. 仙茅（图10-361）
Curculigo orchioides Gaertn.

多年生草本。根状茎近圆柱形，肉质，向下直伸，长可达10cm。叶片线状披针形或披针形，长10～45cm，宽0.5～2.5cm，先端长渐尖，基部渐狭成短柄或近无柄，两面通常散生疏毛。花茎短，隐藏于叶鞘内；苞片披针形，具缘毛，花梗长约2mm；花黄色；花被筒纤细，长2～2.5cm，有长柔毛，花被裂片长圆状披针形，长8～12mm，宽2.5～3mm，外轮的背面散生长柔毛；花药长圆形，基部2裂。浆果近纺锤形，长约1.2cm，顶端有长喙。种子近球形，表面有波状沟纹。花果期4—9月。

产于杭州市区（拱墅）、桐庐、龙泉。生于山地及丘陵路旁、沟边或山坡草丛中。分布于华东、西南及湖南、广西。东南亚及日本也有。

根状茎可入药。

与大叶仙茅的主要区别在于后者叶片宽5～14cm，花梗长约7mm，浆果近球形，直径4～5mm，无喙。

图10-361 仙茅

㊽ 小金梅草属 Hypoxis L.

多年生草本。根状茎块状或近球形。叶基生；叶片狭长，有毛，无柄。花茎细弱，短于叶；花单生或数朵排成顶生的近伞形花序或总状花序；花被片离生，宿存；雄蕊着生于花被片基部，花丝短，花药近基着；子房每室有多数胚珠，花柱短，柱头3裂。蒴果。

50～100种，分布于非洲、美洲、亚洲和澳大利亚。我国有1种，分布于东南至西南部；浙江也有。

小金梅草 （图10-362）
Hypoxis aurea Lour.

多年生草本。全体疏生黄褐色长毛。根状茎短小，肉质，球形或长圆形，内面白色。叶4～12，基生；叶片长条形，长7～30cm，宽2～6mm，先端长尖，基部膜质。花茎纤细，高2.5～10cm；花序具1或2花；苞片小，2枚，刚毛状；花黄色；花被片长椭圆形，长4～10mm，先端锐尖，宿存；花丝长为花被的1/2～2/3；花柱短，柱头3裂。蒴果长椭圆形，长6～12mm，成熟时瓣裂。种子黑色，近球形，表面密生疣状突起。花期4—5月。

产于临安、龙泉、景宁、洞头、永嘉、瑞安。生于山野荒地。分布于华东、华中、华南及贵州、云南。日本及东南亚各国也有。

图10-362　小金梅草

一九五　鸢尾科 Iridaceae

多年生草本，稀为一年生。地下部分通常具根状茎、球茎或鳞茎。叶多基生，稀互生；叶片条形、剑形或为丝状，基部呈鞘状，互相套叠，具平行脉。大多数种类只有花茎，少数种类有分枝或不分枝的地上茎。花两性，色泽鲜艳美丽，辐射对称，少为两侧对称，单生、数花簇生，或多花排成总状、穗状、聚伞或圆锥花序；花或花序下有1至多枚草质或膜质的苞片；花被裂片6，2轮排列，内轮裂片与外轮裂片同形等大或不等大，花被管通常为丝状或喇叭形；雄蕊3，花药多外向开裂；子房下位，3室，中轴胎座，胚珠多数，花柱1，上部常3分枝，分枝圆柱形或扁平呈花瓣状，柱头3～6。蒴果，成熟时室背开裂。种子多数，半圆形或为不规则的多面体，扁平，常有附属物或小翅。

70～80属，约1800种，几乎遍布全球，主产于非洲、亚洲和欧洲。我国有11属，70余种，大多分布于西南、西北及东北各地；浙江产6属，16种。

分属检索表

1. 地下部分具球茎。
   2. 叶片狭条形，宽2～3mm，基部不相互套叠；花茎短，常不伸出鞘外 ············ **1. 番红花属 Crocus**
   2. 叶片剑形、狭剑形或条形，基部相互套叠；花茎较长，伸出鞘外。
      3. 花两侧对称；花被管弯曲；雄蕊偏向花一侧。
         4. 花茎不分枝；花直径6～8cm，上面3花被裂片较大 ············ **2. 唐菖蒲属 Gladiolus**
         4. 花茎上部有2～4分枝；花直径3.5～4cm，花被裂片近于等大 ············ **3. 雄黄兰属 Crocosmia**
      3. 花辐射对称；花被管不弯曲；雄蕊不偏向花一侧 ············ **4. 香雪兰属 Freesia**
1. 地下部分具根状茎。
   5. 根状茎为不规则块状；地上茎明显；花橙红色，花柱分枝不明显，呈3浅裂状；种子球形 ············
      ············ **5. 射干属 Belamcanda**
   5. 根状茎长条形或块状；地上茎不明显；花非橙红色，花柱分枝扁平呈花瓣状；种子不为球形 ············
      ············ **6. 鸢尾属 Iris**

1　番红花属 Crocus L.

多年生草本。球茎圆球形或扁球形，外被膜质的鳞叶。叶片狭条形，丛生，基部不相互套叠。花茎短，常不伸出鞘外；1或2花，有时很少排成聚伞花序；苞片舌状或无；花白色、粉色、淡蓝色或蓝紫色；花被管细长，花被裂片近同形等大；雄蕊着生于花被管喉部；花柱分枝圆柱形，柱头楔形或略膨大。蒴果卵圆球形或长圆球形。

约80种,分布在中亚、西亚、欧洲及地中海沿岸。我国有2种,1种广泛栽培;浙江栽培有1种。

番红花 西红花 藏红花 (图10-363)
Crocus sativus L.

多年生草本。球茎扁圆球形,直径约3mm,外被黄褐色的膜质鳞叶。叶9～15,基生,基部包有3～5膜质的鞘;叶片条形,长15～20cm,宽2～3mm。花茎甚短,不伸出鞘外;1或2花,淡蓝色、红紫色或白色,有香味,直径2.5～3cm;花被裂片6,内、外轮花被裂片皆为倒卵形,先端钝,长4～5cm;雄蕊直立,长约2.5cm,花药黄色,顶端尖,略弯曲;子房狭纺锤形,花柱橙红色,长约4cm,上部3分枝,分枝弯曲而下垂,柱头略扁,顶端楔形,有浅齿,较雄蕊长。蒴果长椭圆球形,长约3cm。种子多数,圆球形。花期10—11月,果期12月。

原产于波斯和地中海地区、小亚细亚及伊朗,主要分布在欧洲南部和伊朗。我国北京、江苏、福建、湖南、四川等地有栽培;浙江平湖(林埭镇)、建德(三都乡)、诸暨(白塔湖)、永康(芝英镇)、平阳等地有栽培。

花柱及柱头可入药。

图10-363 番红花

❷ 唐菖蒲属 Gladiolus L.

多年生草本。地下部分为球茎,外有薄膜质的包被。叶剑形或条形,二列,相互套叠。花茎直立,不分枝,下部常有数枚茎生叶;花无梗,每花基部包有草质或膜质的苞片;花两侧对称,大而美丽,颜色鲜艳,红、紫、黄、白、粉红或其他颜色;花被管较短而弯曲,漏斗形;花被裂片6,2轮排列,不等大,上面3裂片较宽大;雄蕊3,偏向花的一侧;花丝着生在花被管上;子房下位,3室,中轴胎座,胚珠多数,花柱细长,顶端3裂。蒴果长圆球形或倒卵球形,成熟时室背开裂。种子扁平,边缘有翅。

约260种,分布于地中海沿岸、非洲热带地区及欧亚大陆。我国常见栽培1种;浙江也有。

唐菖蒲 (图10-364)
Gladiolus × gandavensis Van Houtte

多年生草本。球茎扁圆形,直径2.5~4.5cm,外被棕色或黄棕色膜质鳞叶。叶基生或在花基部互生;叶片剑形,长40~60cm,宽2~4cm,有数条纵脉,中脉明显突出。花茎直立,高50~80cm,不分枝;穗状花序顶生,长25~35cm;花基部的苞片2,黄绿色,膜质,卵形或宽披针形,长4~5cm,宽1.8~3cm,中脉明显;花无梗,两侧对称,红色、黄色、白色或粉色,直径6~8cm;花被管弯曲,长约2.5cm;花被裂片均为卵圆形或椭圆形,上面3裂片(外轮2,内轮1)略大,最上面的1内轮裂片宽大,呈盔状;雄蕊着生于花被管喉部之下,长约5.5cm,花药条形,红紫色或深红色;子房椭圆球形,花柱长约6cm,柱头稍扁宽,具短绒毛。蒴果椭圆球形或倒卵球形。种子扁,有翅。花期7—9月,果期8—10月。

图10-364 唐菖蒲

原产于非洲南部。全国各地广泛栽培;本省各地公园、庭园有栽培,苍南(北关)有逸生。

花色艳丽,常作为观赏植物;球茎可入药。

③ 雄黄兰属 Crocosmia Planch

多年生草本。地下部分为球茎,外有网状的膜质包被。叶剑形或条形,二列,相互套叠。花茎直立,上部有2~4分枝。圆锥花序;花下苞片膜质,顶端有缺刻;花两侧对称,有橙黄、红、紫等颜色;花被裂片6,长圆形或倒卵形,某些种的外花被裂片上常生有胼胝体或隆起;雄蕊3,常偏生于花一侧,花丝着生在漏斗形的花被管上;子房下位,3室,中轴胎座,柱头3裂。蒴果,每室具4至多数种子。

约6种,主要分布于热带及非洲南部。我国栽培有1种;浙江也有。

雄黄兰 (图10-365)
Crocosmia × crocosmiflora (Nichols.) N. E. Br.

多年生草本，高50～100cm。球茎扁球形，外包有棕褐色网状的膜质包被。叶多基生，剑形，常40～60cm，基部鞘状，顶端渐尖，中脉明显；茎生叶较短而狭，披针形。花茎2～4分枝；穗状花序；每花基部有2膜质的苞片；花两侧对称，橙黄色，直径3.5～4cm；花被管略弯曲，花被裂片6，披针形或倒卵形，长约2cm，内轮花被裂片略长于外轮裂片；雄蕊3，长1.5～1.8cm，偏向花的一侧，花丝着生在花被管上，花药"丁"字形着生；花柱长2.8～3cm，顶端3裂，柱头略膨大。蒴果三棱状球形。花果期7—10月。

原产于法国，全球各地广泛种植。我国北方多为盆栽，南方则露天栽培。本省各地公园、庭园有栽培。

本种植物除可供观赏外，其球茎可入药，但有微毒。

图10-365 雄黄兰

4 香雪兰属 Freesia Klatt

多年生草本。球茎卵圆球形，外被膜质鳞叶。叶基生，二列，基部嵌叠状排列；叶片狭剑形或条形。花茎细，有分枝；穗状花序顶生；花淡黄色，有香气，疏松排列于花序的一侧；苞片膜质；花被管喇叭形，不弯曲；花被裂片近同形等大；雄蕊与花被管等长，花丝着生于花被管基部；花柱细长，上部有3分枝，每分枝顶端再2裂，柱头6。蒴果小，近卵圆球形。

约15种，主要分布于非洲南部。我国栽培有1种；浙江也有。

香雪兰（图10-366）
Freesia refracta (Jacq.) Klatt

球茎卵球形，外被膜质鳞叶，鳞叶上有网纹和暗红色斑点。叶片狭剑形或条形，长15～40cm，宽5～14mm，中脉明显。花茎直立，上部有2或3弯曲的分枝，下部有数枚；穗状花序蝎尾状弯曲；苞片2，宽卵形或卵形，长约1cm，宽约8mm，先端微凹或具2尖头；花金黄色、淡黄色、黄绿色、白色等，有香气，直径2～3cm；花被管喇叭形，长约4cm，上部直径约1cm；外轮花被片卵圆形至椭圆形，长约1.8cm，宽约6mm，内轮花被片较外轮的稍短而狭；雄蕊着生于花被管上，长2～2.5cm；子房近球形，直径约3mm，花柱上部有3分枝，每分枝顶端再2裂。蒴果近卵圆球形。花期4—5月，果期6—9月。

原产于非洲南部。我国南部地区均有栽培；全省各公园、庭园有栽培。

花色艳丽多样可供观赏，还可提取香精。

图10-366 香雪兰

5 射干属 Belamcanda Adans.

多年生直立草本。根状茎为不规则的块状。茎直立，实心。叶互生，嵌叠状二列排列。二歧状伞房花序顶生；苞片小，膜质；花橙红色；花被管甚短，花被裂片6，2轮排列，外轮的略宽大；雄蕊3，着生于外轮花被裂片基部；子房下位，倒卵球形，3室，中轴胎座，胚珠多数，花柱圆柱形，柱头3浅裂。蒴果倒卵球形，黄绿色，成熟时3瓣裂。种子球形，黑紫色，有光泽。

1种，分布于亚洲东部。我国南部均有分布；浙江也有。

射干（图10-367）

Belamcanda chinensis (L.) Redouté

根状茎粗壮，不规则结节状，鲜黄色。茎直立，高0.5～1.5m。叶片剑形，长20～60cm，宽1～4cm，基部鞘状抱茎，先端纤尖，无中脉。二歧状伞房花序顶生；花梗与分枝基部均有数枚膜质苞片，苞片卵形至狭卵形，先端钝，长约1cm；花梗细，长约1.5cm；花橙红色，散生暗红色斑点，直径4～5cm；外轮花被裂片倒卵形至长椭圆形，长约2.5cm，宽约1cm，先端钝圆或微凹，基部楔形，内轮花被裂片较外轮的稍短而狭；雄蕊长1.8～2cm，花药条形，长约1cm；子房倒卵球形，花柱顶端稍扁，裂片稍外卷，具短细毛。蒴果倒卵球形

图10-367 射干

或长椭圆球形,长2.5~3cm,直径1.5~2.5cm,顶端常宿存凋萎花被。种子圆球形,黑色,有光泽。花期6—8月,果期7—9月。

产于全省各地。生长于林缘、旷野、岩石旁或溪沟边草丛中,在庭园或公园内也常见栽培。我国南部均有分布。东亚、东南亚也有。

根状茎可入药。

6 鸢尾属 Iris L.

多年生草本。根状茎长条形或块状。叶多基生,相互套叠,排成二列;叶片剑形,条形或丝状,顶端渐尖。花茎自叶丛中抽出,顶端分枝或不分枝;花序生于分枝的顶端,或仅在花茎顶端生1花;花及花序基部具数苞片,苞片膜质或草质;花蓝紫色、紫色、红紫色、黄色、白色;花被管喇叭形、丝状或甚短而不明显,花被裂片6,2轮排列,外轮花被裂片3,常较内轮的大,上部常反折下垂,无附属物,或具有鸡冠状、须毛状附属物,内轮花被裂片3,直立或向外倾斜;雄蕊3,着生于外轮花被裂片的基部;子房下位,3室,中轴胎座,胚珠多数,花柱单一,上部3分枝,分枝扁平,拱形弯曲,呈花瓣状,顶端再2裂,裂片半圆形、三角形或狭披针形,柱头生于花柱顶端裂片的基部,多为半圆形、舌状。蒴果椭圆球形、卵圆球形或圆球形,顶端有喙或无,成熟时室背开裂。种子梨形、扁平半圆形或为不规则的多面体。

约225种,分布于北半球温带地区。我国有58种,主要分布于东北和西南地区;浙江有11种。

《浙江植物志》记载浙江还有德国鸢尾 *Iris germanica*(原产于欧洲,常见栽培),由于其对气候与土壤要求高,仅为盆栽且数量有限,故不予收载。

分种检索表

1. 外轮花裂片的中脉上无任何附属物,少数种只生有单细胞的纤毛。
 2. 花黄色 ································· **1. 黄菖蒲 I. pseudacorus**
 2. 花蓝色或蓝紫色,栽培种中颜色多种,但不为黄色。
  3. 根状茎粗壮,斜升,外包有不等长的老叶残留叶鞘及纤维;花被管长约3mm ··· **2. 白花马蔺 I. lactea**
  3. 根状茎块状,外包有近等长的老叶残留叶鞘;花被管长1~2cm。
   4. 花茎顶端具1或2花;植株冬季多少枯萎。
    5. 每个花茎顶端生有2花。
     6. 叶中脉明显 ································· **3. 玉蝉花 I. ensata**
     6. 叶中脉不明显 ································· **4. 溪荪 I. sanguinea**
    5. 每个花茎顶端生有1花。

7.根状茎肥厚,近地表处膨大成球形;苞片1 ················ 5.单苞鸢尾 I. anguifuga
7.根状茎不肥厚,不膨大成球形;苞片2 ················ 6.紫苞鸢尾 I. ruthenica
4.花茎顶端具4~6(8)花,排成蝎尾状聚伞花序;冬绿植物 ········ 7.路易斯安娜鸢尾 I. hybrida
1.外轮花裂片的中脉上有鸡冠状附属物。
8.花大,直径达10cm ················ 8.鸢尾 I. tectorum
8.花小,直径3.5~6cm。
9.数花排成总状聚伞花序 ················ 9.蝴蝶花 I. japonica
9.花序仅1或2花。
10.根状茎细长,节处膨大;果梗不弯曲;叶片宽1~2.5mm ········ 10.小鸢尾 I. proantha
10.根状茎无膨大的节;果梗弯曲成90°;叶片宽6~12mm ······· 11.小花鸢尾 I. speculatrix

1. 黄菖蒲 (图10-368)

Iris pseudacorus L.

多年生草本,植株基部围有少量老叶残留的纤维。根状茎粗壮,斜升,黄褐色,节明显;须根黄白色,有皱缩的横纹。基生叶灰绿色;叶片宽剑形,长40~60cm,宽1.5~3cm,顶端渐尖,基部鞘状,色淡,中脉较明显。花茎粗壮,高60~70cm,直径4~6mm,有明显的纵棱,上部分枝;苞片3或4,膜质,绿色,披针形,顶端渐尖;花梗长5~5.5cm;花黄色,直径10~11cm;花被管长约1.5cm;外轮花被裂片卵圆形或倒卵形,爪部狭楔形,中央下陷成沟状,有黑褐色的条纹,内轮花

图10-368 黄菖蒲

被裂片较小，倒披针形，直立，长约2.7cm，宽约0.5cm；雄蕊长约3cm，花丝黄白色，花药黑紫色；子房绿色，三棱柱形，长约2.5cm，直径约5mm，花柱分枝淡黄色，顶端裂片半圆形，边缘有疏齿。花期3—4月，果期5—7月。

原产于欧洲。我国各地常见栽培；本省庭园、公园常见栽培，尤其常用于河道、湖泊和湿地的美化。

2. 白花马蔺 （图10-369）
Iris lactea Pall. — *I. lactea* var. *chinensis* (Fisch.) Koidz.

多年生草本。根状茎粗壮，木质，斜升，外包致密的残留叶鞘和毛发状的纤维。叶基生；叶片条形或狭剑形，长约50cm，宽4~6mm，顶端渐尖，基部鞘状，带红紫色，无明显的中脉。花茎光滑，高3~10cm；苞片3~5，草质，绿色，边缘白色，披针形，顶端渐尖或长渐尖，内有2~4花；花梗长4~7cm；花淡蓝色、蓝色或蓝紫色，直径5~6cm；花被管长约3mm，外轮花被裂片倒披针形，长4.5~6.5cm，宽0.8~1.2cm，顶端钝

图10-369 白花马蔺

或急尖，爪部楔形，内轮花被裂片狭倒披针形，长4.2~4.5cm，宽5~7mm，爪部狭楔形；雄蕊长2.5~3.2cm，花药黄色，花丝白色；子房纺锤形，长3~4.5cm。蒴果长椭圆状圆柱形，长4~6cm，直径1~1.4cm，有6条明显的肋，顶端有短喙；种子为不规则的多面体，棕褐色，略有光泽。花期5—6月，果期6—9月。

产于临安、缙云、遂昌、乐清、泰顺。生于山坡上、沟边草地中。分布于东北、华北、华东、华中、华南和西南。朝鲜半岛、俄罗斯、蒙古、印度、阿富汗、巴基斯坦、哈萨克斯坦也有。

3. 玉蝉花 紫花鸢尾 （图10-370）
Iris ensata Thunb.

植株基部围有叶鞘或残留的纤维。根状茎粗壮，斜升。基生叶的叶片条形，长30~80cm，宽0.5~1.2cm，两面中脉明显。花茎圆柱形，实心，高40~100cm，有1~3茎生叶；苞片3，近革质，披针形，先端急尖、渐尖或钝，内有2花；花梗长1.5~3.5cm；花深紫色，直径9~10cm；花被管呈漏斗形，长1.5~2cm，外轮花被裂片倒卵形，长7~8.5cm，宽3~3.5cm，中脉上有黄色斑纹，内轮花被裂片小，直立，披针形或宽线形，长约5cm；雄蕊长约3.5cm；子房圆柱形，长1.5~2cm，花柱分枝扁平，顶端裂片三角形，边缘具疏齿。蒴果长椭圆球形，长4.5~5.5cm，具

6条明显的肋,顶端具喙,成熟时自上而下裂至1/3处。种子扁平,半圆形,边缘呈翅状,棕褐色。花期6—7月,果期8—9月。

产于安吉、临安,全省各地均有栽培。常生于沼泽地中。分布于吉林、辽宁、山东。日本、朝鲜半岛、俄罗斯也有。

花大而美丽,常作为观赏植物。

图 10-370 玉蝉花

3a. 花菖蒲 (图10-371)

var. **hortensis** Makino et Nemoto

与玉蝉花的区别在于叶片宽条形,长50~80cm,宽1~1.8cm,花色由白至暗紫色,斑点和花纹变化大,单瓣或重瓣。花期6—7月,果期8—9月。

原产于日本。我国各地公园、庭园有栽培。全省各地庭园有栽培,或盆栽。

近年来浙江又引进了大量品种,常见的有小青空(图10-372)、七彩羽衣(图10-373)、丽月(图10-374)、霞红(图10-375)、万里之乡(图10-376)等。

一九五　鸢尾科 Iridaceae

图 10-371　花菖蒲

图 10-372　小青空

图 10-373　七彩羽衣

图 10-374　丽月　　　　　图 10-375　霞红　　　　　图 10-376　万里之乡

4. 溪荪 (图10-377)
Iris sanguinea Donn ex Hornem.

多年生草本。根状茎粗壮，斜升。基生叶的叶片条形，长20～60cm，宽0.5～1.3cm，中脉不明显。花茎圆柱形，实心，高40～60cm，有1或2茎生叶；苞片3，膜质，披针形，先端渐尖，内有2花；花天蓝色，直径6～7cm；花被管长约1cm，外轮花被裂片倒卵形，长4.5～5cm，宽约1.7cm，基部有黑褐色的网纹及黄色的斑纹，内轮花被裂片直立，狭倒卵形，长约4.5cm，宽约1.5cm；雄蕊长约3cm；子房三棱状圆柱形，花柱分枝扁平，顶端裂片三角形，边缘具细齿。蒴果长椭圆球形，长3.5～5cm，具6条明显的肋，顶端具喙，成熟时自上而下裂至1/3处。花期5—6月，果期7—9月。

全省各地公园、湿地常见栽培。分布于东北及内蒙古，我国各地公园、湿地有栽培。日本、朝鲜半岛、俄罗斯也有。

图10-377 溪荪

5. 单苞鸢尾 蛇不见 九里青 (图10-378)
Iris anguifuga Y.T. Zhao et X.J. Xue

多年生草本，基部围有少量老叶叶鞘的残留纤维。根状茎粗壮、肥厚，黄白色，近地表处常膨大成球形。叶片条形，长20～30cm，宽5～7mm，顶端渐尖或短渐尖，基部鞘状，有3～6条纵脉。花茎高30～50cm，具4或5茎生叶；苞片1，草质，狭披针形，长10～13.5cm，顶端渐尖，内有1花；花梗长2.5cm；花蓝紫色，直径约10cm；花被管细，长约3cm，上部略膨大，外轮花被裂片倒披针形，有褐色的条纹及斑点，顶端微凹，爪部狭而长，内轮花被裂片狭倒披针形，有蓝褐色的条纹；雄蕊长约2.5cm，花药鲜黄色，较花丝长，花丝扁平，与花药等宽；花柱扁平，呈拱形弯曲，顶端的裂片细长，狭三角形。蒴果三棱状纺锤形，长5.5～7cm，直径1.5～2cm，外被

稀疏的黄褐色柔毛，顶端有长喙，果梗长约5cm。种子圆球形，直径4~5mm。花期3—4月，果期5—7月。

本省公园或庭园栽培，或盆栽。分布于安徽、湖北、广西、江西、贵州等地也有栽培。

民间用其根状茎治疗毒蛇咬伤。

图10-378　单苞鸢尾

6. 紫苞鸢尾

Iris ruthenica Ker Gawl. — *I. ruthenica* var. *nana* Maxim.

多年生草本，植株基部围有短的鞘状叶。根状茎斜升，外包有棕褐色老叶残留的纤维。叶片条形，灰绿色，长20~25cm，宽3~6mm，顶端长渐尖，基部鞘状，有3~5条纵脉。花茎纤细，略短于叶，高15~20cm，有2或3茎生叶；苞片2，膜质，绿色，边缘带红紫色，披针形或宽披针形，中脉明显，内有1花；花梗长0.6~1cm；花蓝紫色，直径5~5.5cm；花被管长1~1.2cm，外轮花被裂片倒披针形，长约4cm，宽0.8~1cm，有白色及深紫色的斑纹，内轮花被裂片直立，狭倒披针形，长约3.5cm，宽约6mm；雄蕊长约2.5cm，花药乳白色；子房狭纺锤形，长约1cm，花柱分枝扁平，长3.5~4cm，顶端裂片狭三角形。蒴果球形或卵圆球形，直径1.2~1.5cm，6条肋明显，顶端无喙，成熟时自顶端向下开裂至1/2处；种子球形或梨形，有乳白色的附属物。花期5—6月，果期7—8月。

本省庭园或公园有栽培。分布于东北、华北、华东、华中、西南和西北。朝鲜半岛、俄罗斯、蒙古、哈萨克斯坦也有。

7. 路易斯安娜鸢尾　常绿鸢尾　彩虹鸢尾　（图 10-379）
Iris hybrida Retz. 'Louisiana'

多年生草本，冬季常绿。根状茎粗壮，肉质。叶基生，密集，相互套叠，二列；叶片剑形，长

图 10-379　路易斯安娜鸢尾

40~110cm，宽2~2.5cm，无明显的中脉。花茎高达100cm，直立坚挺，花4~6，或更多排成蝎尾状聚伞花序；花大，鲜艳，直径可达18cm，花色因栽培品种而异，色彩繁多；花被管喇叭形，外轮花被裂片倒卵形，长6~7.5cm，宽4~4.5cm，中脉上无附属物，内轮花被裂片长椭圆形，直立，顶端向内拱曲；雄蕊长约3.5cm；子房纺锤形，花柱分枝，顶端裂片半圆形，有锯齿。蒴果6棱状圆柱形，成熟时自顶端向下开裂为3瓣。花期5—6月，果期6—8月。

原产于美国路易斯安那州、佛罗里达州等墨西哥海湾地区及密西西比河三角洲流域的沼泽地带，是一个天然杂交种，后期经过选育及多倍体育种，出现了许多园艺栽培种。其花色丰富，冬季常绿，是南方地区常用的水生植物，在本省公园、湿地及庭园也有栽培。

8. 鸢尾 蓝蝴蝶 （图10-380）
Iris tectorum Maxim.

多年生草本，植株基部围有老叶残留的膜质叶鞘及纤维。根状茎粗壮，斜升。叶基生；叶片宽剑形，长15~50cm，宽1.5~3.5cm，顶端渐尖或短渐尖，基部鞘状，有数条不明显的纵脉。花茎光滑，顶部常有1或2短侧枝，中、下部有1或2茎生叶；

图10-380 鸢尾

苞片2或3，草质，披针形或长卵圆形，顶端渐尖或长渐尖，内有1或2花；花梗甚短；花蓝紫色，直径约10cm；花被管细长，长约3cm，外轮花被裂片倒卵形，长约5cm，宽约4cm，中脉上有不规则的鸡冠状附属物，内轮花被裂片椭圆形，长4.5cm，宽约3cm；雄蕊长约2.5cm，花药黄色；子房纺锤状圆柱形，长1.8~2cm，花柱分枝扁平，淡蓝色，长约3.5cm，顶端裂片近四方形，有疏齿。蒴果长椭圆球形至椭圆球形，长4.5~6cm，直径2~2.5cm，有6条明显的肋，成熟时自上而下3瓣裂。种子黑褐色，梨形，无附属物。花期4—5月，果期6—8月。

全省各地常见栽培。分布于华东、华中、华南、西南及陕西、甘肃、青海。日本、朝鲜半岛、缅甸也有。

花大而美丽，常作为观赏植物。

与变型白花鸢尾 form. *alba* Makino 的区别在于后者花色为白色，外轮花被裂片带有黄色斑纹。

9. 蝴蝶花 （图10-381）
Iris japonica Thunb.

多年生草本。根状茎直立，扁圆形或横走。叶基生，有光泽；叶片剑形，长25~60cm，宽1.5~3cm，无明显的中脉。花茎直立，高于叶片，顶生稀疏总状聚伞花序，分枝5~12，与苞片等长或略超出；苞片3~5，叶状，宽披针形或卵圆形，长0.8~1.5cm，具2~4花；花梗长于苞片；花淡蓝色或蓝紫色，直径4.5~5cm；花被管长1.1~1.5cm，外轮花被裂片倒卵

图10-381　蝴蝶花

形，长2.5~3cm，宽1.4~2cm，先端微凹，边缘波状，有细齿裂，中脉上有隆起的黄色鸡冠状附属物，内轮花被裂片椭圆形或狭倒卵形，长约3cm，宽1.5~2cm，先端微凹，边缘有细齿裂；雄蕊长0.8~1.2cm，花药长椭圆形，白色；子房纺锤形，长0.7~1cm，花柱分枝较内轮花被裂片略短，中肋处淡蓝色，顶端裂片丝裂。蒴果椭圆状圆柱形，长2.5~3cm，直径1.2~1.5cm，顶端微尖，基部钝，无喙，6条纵肋明显，成熟时自顶端开裂至中部。种子黑褐色，为不规则的多面体，无附属物。花期3—4月，果期5—6月。

产于安吉、杭州市区、临安、淳安、开化、缙云、遂昌、龙泉、乐清、永嘉、文成、平阳、泰顺。常生于林缘阴湿处或路边、水沟边阴湿地带。分布于华东、华中、华南、西南。日本、缅甸也有。

园艺品种多样，花色多样，常作为观赏植物。

变型白蝴蝶花 form. **pallescens** P.L. Chiu et Y.T. Zhao 的主要区别在于此变型叶片、苞片均为黄绿色，花白色。产于临安（天目山）、嵊州、兰溪、龙泉（上锦）、庆元（百山祖）。模式标本采自杭州植物园。

10. 小鸢尾 （图10-382）
Iris proantha Diels

多年生草本，矮小，基部围有3~5鞘状叶及少量的老叶残留纤维。根状茎细长，横走。叶片狭条形，花期叶长5~18cm，宽1~2.5mm，果期长可达40cm，有1或2条纵脉。花茎高5~8cm，中下部有1或2鞘状的茎生叶；苞片2，叶状，狭披针形，长3.5~5.5cm，宽约6mm，顶端渐尖，内有1花；花梗长0.6~1cm；花淡蓝紫色，直径3.5~4cm；

图10-382 小鸢尾

花被管长2.5～3cm，外轮花被裂片倒卵形，长约2.5cm，宽1～1.2cm，上部有马蹄形的斑纹，中脉上有黄色的鸡冠状附属物，内轮花被裂片倒披针形，长2.2～2.5cm，宽约7mm，直立；雄蕊长约1cm，花丝及花药皆为白色；子房圆柱形，长4～5mm，花柱分枝淡蓝色，长约1.8cm，宽约4mm，顶端裂片长三角形，外缘有不明显的疏齿。蒴果圆球形，直径1.2～1.5cm，顶端有短喙，果梗长1～1.3cm。花期3—4月，果期5—7月。

产于安吉、杭州市区、临安、桐庐。生于山坡、草地上或疏林下。分布于华中及安徽、江苏。

10a. 粗壮小鸢尾 （图10-383）

var. **valida** (Chien) Y.T. Zhao — *I. pseudorossii* Chien var. *valida* Chien

本变种植株体各部分均较小鸢尾粗壮，花茎高20～28cm，花直径约5cm，在花期叶片长达27cm，宽达7mm，果期叶片长达55cm，宽达8mm。

产于安吉、杭州市区、临安、淳安。生于林下、荒地或路旁。模式标本采自临安西天目山。

图10-383 粗壮小鸢尾

11. 小花鸢尾 华鸢尾 （图10-384）

Iris speculatrix Hance

多年生草本，植株基部围有棕褐色的老叶纤维及鞘状叶。根状茎二歧状分枝，斜升。叶片剑形或条形，长15～30cm，宽6～12mm，有3～5条纵脉。花茎高20～25cm，有1或2茎生叶；苞片2或3，草质，狭披针形，长约5.5cm，宽约7.5mm，先端长渐尖，内有1或2花；花梗长3～5.5cm；花蓝紫色或淡蓝色，直径5.6～6cm；花被管短而粗，外轮花被裂片匙形，长约3.5cm，宽约9mm，有深紫色的环形斑纹，中脉上有鲜黄色的鸡冠状附属物，内轮花被裂片狭倒披针形，长约3.7cm，宽约9mm，直立；雄蕊长约1.2cm，花药白色，较花丝长；子房纺锤形，绿色，长1.6～2cm，直径约5mm，花柱分枝扁平，与花被裂片同色，顶端裂片狭三角形。蒴果椭圆球形，长5～5.5cm，直径约2cm，顶端有细长而尖的喙，果梗于花凋谢后弯曲成90°，使果实呈水平状态。种子为多面体，棕褐色，有小翅。花期5月，果期7—8月。

产于临安、桐庐、建德、开化、金华市区、天台、遂昌、龙泉、平阳、泰顺。生于潮湿路边、山谷、岩隙及林下。分布于华东、华中、华南、西南及山西、陕西、青海。

图10-384　小花鸢尾

一九六　芦荟科 Aloeaceae

多年生常绿草本。茎短或明显。叶肉质，基生叶簇生成莲座状，茎生叶互生；叶片先端锐尖，边缘常有硬齿或刺。花葶直立；花圆筒状，多数排成总状花序或伞形花序；苞片膜质；花被片6，中部以下合生成管状；雄蕊着生于花被筒的基部，花丝较长，花药背着，2室，内向纵裂；子房上位，3室，每室具多数胚珠，花柱细长，柱头小。

1属，350～400种，主要分布于非洲，以非洲南部干旱地区最多。我国栽培1属，2种；浙江也有栽培。

芦荟属 Aloe L.

属的特征、分布与科同。

1. 芦荟 （图10-385）

Aloe vera (L.) Burm. f. — *A. vera* var. *chinensis* (Haw.) Berg.

多年生草本。茎较短。叶肉质，基生叶簇生成莲座状，茎生叶互生；叶片肥厚，多黏液，条状披针形或披针形，长15～35cm，宽3.5～6cm，先端锐尖，边缘常疏生三角形的硬齿。花葶高60～90cm；总状花序长10～20cm；苞片膜质，近披针形或三角形；花梗长4～6mm，下弯；花黄色而具红色斑点，圆筒状，长约2.5cm；花被片中部以下合生成管状，裂片先端稍外弯；雄蕊着生于花被筒的基部，与花被近等长；花柱伸出花被外。蒴果具多数种子。

原产于非洲。我国南方常见栽培；本省常见盆栽。

全株可入药。

图10-385　芦荟

2. 木立芦荟 （图10-386）

Aloe arborescens Mill.

多年生草本。茎显著具枝。叶肉质，基生叶簇生成莲座状，叶片肥厚，多黏液，条状披针形或披针形，长15～30cm，宽3～4cm，先端锐尖，边缘常有硬齿或刺。花葶高55～90cm，总状花序具多数花；苞片膜质，卵状线形，先端钝；花梗下弯；花红色，圆筒状，长约3cm；花被片中部以下合生成管状，裂片先端稍外弯；雄蕊着生于花被筒的基部，与花被近等长；花柱伸出花被外。蒴果具多数种子。

原产于非洲南部。我国南方常见栽培；本省常见盆栽。

全株可入药。

与芦荟的主要区别在于本种显著有具叶的枝，花红色，苞片卵状条形，先端钝。

图10-386 木立芦荟

2a. 大芦荟

var. **natalensis** (Wood) Berg.

与木立芦荟的区别在于茎较短，花黄色略带红色斑纹。原产于非洲南部。我国南方常见栽培；本省常见盆栽。

一九七 龙舌兰科 Agavaceae

多年生草本。茎不分枝，或有时分枝。单叶，呈莲座式排列，有时具茎生叶；叶片通常有白霜，全缘或有锯齿，先端有时具或长或短的刺。雌雄同株或异株。穗状花序、总状花序、伞形花序或圆锥花序，顶生或腋生；苞片明显，直立向上，有时反折，下部的常为叶状，上部的鳞片状。花瓣6，2轮；花被片离生，或合生成筒，先端有时具腺体或腺状短柔毛；雄蕊内藏或外露，花丝通常膨大，肉质，无毛、具短柔毛或具小乳突，花药"丁"字形着生，纵裂；子房上位或下位，三角形、卵球形或圆柱状，3室，或偶为1室，花柱内藏或外露，柱头1或3。浆果或蒴果，扁平，半球形、卵球形、倒卵球形或球形，每室具种子1~3。

约17属，550余种，主要分布于热带、亚热带地区。我国有9属，近30种，大多为引进栽培；浙江有7属，12种。

分属检索表

1. 子房上位，稀半下位。
    2. 蒴果。
        3. 叶宽大，卵圆形至长圆状披针形 ·················· **1. 玉簪属 Hosta**
        3. 叶狭长，条形 ·················· **2. 吊兰属 Chlorophytum**
    2. 浆果或浆果状。
        4. 草本植物 ·················· **3. 虎尾兰属 Sansevieria**
        4. 茎木质化，灌木状。
            5. 花大，花被片长3cm以上，大部分分生 ·················· **4. 丝兰属 Yucca**
            5. 花小，花被片长1cm，下部合生 ·················· **5. 朱蕉属 Cordyline**
1. 子房下位。
    6. 花辐射对称；花序通常圆锥状；叶肉质 ·················· **6. 龙舌兰属 Agave**
    6. 花两侧对称；花序穗状或总状；叶较厚 ·················· **7. 晚香玉属 Polianthes**

1 玉簪属 Hosta Tratt.

多年生草本。根状茎不明显，具多数须根。叶基生，具长柄；叶片卵圆形至长圆形披针形，具弧形脉和纤细的横脉。花葶直立，高出叶簇，其上具少数无花的苞片；花大型，近漏斗状，常单生，稀为2或3花簇生于苞片内，或排成总状花序；花被片6，下半部合生成长管状，上半部合生成钟状，裂片明显；雄蕊贴生于花被筒的基部或下部，与花被近等长或稍伸出，花丝纤细，花药背面有凹穴，2室，内向纵裂；子房上位，3室，每室具多数胚珠，花柱细

一九七　龙舌兰科 Agavaceae

长，柱头小。蒴果近圆柱状，具3棱，室背开裂。种子黑色，有扁平的翅。

约40余种，主要分布于日本，少数分布于朝鲜、俄罗斯。我国有4种；浙江有3种。

分种检索表

1. 花白色，长9～12cm；蒴果长约6cm ·· 1. 玉簪 H. plantaginea
1. 花蓝色或紫色，长4～6cm；蒴果长约3cm。
  2. 叶片卵状心形、卵圆形或卵形，通常长与宽近相等或稍长，基部心形、圆形或近截形 ················
    ··· 2. 紫萼 H. ventricosa
  2. 叶片狭椭圆形至卵状椭圆形，通常长超过宽的1倍，基部钝圆或近截形 ······ 3. 紫玉簪 H. sieboldii

1. 玉簪（图10-387）

Hosta plantaginea Asch.

多年生草本。根状茎粗短。叶基生；叶片卵状心形、卵圆形或卵形，长14～24cm，宽8～16cm，先端短渐尖，基部心形或圆形；叶柄长20～40cm。花葶高40～80cm，具1～3无花的苞片；总状花序具数花至10余花；苞片膜质，白色，卵形或披针形；花白色，芳香，单生，或2、3花簇生于苞片内；小苞片小；花梗长约1cm；花被裂片长椭圆形；雄蕊下部与花被筒贴生，与花被近等长。蒴果近圆柱状，长约6cm，直径约1cm，具3棱。花果期8—10月。

全省各地广泛栽培。分布于江苏、安徽、福建、湖北、湖南、广东、四川，全国各地广泛栽培。

花大而美丽，常作为观赏植物。

图10-387　玉簪

2. 紫萼 (图10-388)

Hosta ventricosa (Salisb.) Stern

多年生草本。根状茎粗短。叶基生；叶片卵状心形、卵圆形或卵形，长6～18cm，宽3～14cm，先端近短尾状或骤尖，基部心形、圆形或近截形；叶柄长6～25cm。花葶高30～60cm，具1或2无花的苞片；总状花序具10～30余花；苞片膜质，白色，长圆状披针形；花淡紫色，无香味，单生于苞片内；小苞片小；花梗长7～10mm；花被裂片长椭圆形，长1.5～1.8cm；雄蕊着生于花被筒的基部，稍伸出花被之外。蒴果近圆柱状，长约3cm，直径约8mm，具3棱。花期8—10月。

产于全省山区，也常见栽培。生于山坡林下、草丛中或石壁湿处。分布于江苏、安徽、福建、湖北、湖南、广东、广西、四川、贵州。我国各地普遍栽培。

花大而美丽，常作为观赏植物。

图10-388 紫萼

3. 紫玉簪 (图10-389)

Hosta sieboldii (Paxton.) J. W. Ingram

多年生草本。根状茎粗短。叶基生；叶片卵状心形，狭椭圆形至卵状椭圆形，长6～13cm，宽2～6cm，先端近短尾状或骤尖，基部钝圆或近截形；叶柄长10～22cm。花葶高33～60cm，具数花至10余花；苞片膜质，近宽披针形，长7～10mm；花紫色，单生于苞片内，长约4cm；花被片6，长椭圆形；雄蕊离生，稍伸出花被之外；花柱细长，长于雄蕊，柱头小。蒴果近圆柱状，具

3棱。花期8—9月。

原产于日本。我国各地有栽培，全省各地公园、庭园有栽培。

花大而美丽，常作为观赏植物。

图 10-389　紫玉簪

2 吊兰属 Chlorophytum Ker Gawl.

多年生草本。根状茎粗短或稍长，常具有稍肥厚或块状的根。叶基生；叶片通常宽条形至条状披针形，禾叶状。花葶直立或弧状弯曲，其上具无花的苞片；花白色，单生或数花簇生于苞片内，排成总状花序或圆锥花序；花梗具关节；花被片6，离生；雄蕊着生于花被片的基部，花丝中部常多少变宽，花药长圆形，近基着，2室，内向纵裂；子房上位，顶端3浅裂，3室，每室具1至数颗胚珠，花柱细长，柱头小。蒴果具锐3棱，室背开裂。种子扁平，黑色。

100～150种，分布于非洲、亚洲和澳大利亚热带地区。我国有6种，主要分布于南部和西南部；浙江有2种。

1. 吊兰 （图 10-390）

Chlorophytum comosum (Thunb.) Jacques

根状茎粗短而不明显，具稍肥厚的根。叶基生；叶片宽长条形至条状披针形，长10～30cm，宽0.7～1.5cm，两面绿色或暗绿色，或有黄白色的纵条纹，两面稍变狭。花葶长于叶，有时长可达50cm，常变为弧状弯曲的匍匐枝而顶端常具叶簇或幼小植株，其上具无花的苞片；总状花序或圆锥花序疏散；花白色，常2～4花簇生于苞片内；花梗长7～12mm，中部至上部具关节；花被片离生，长6～10mm，外轮花被裂片倒披针形，内轮花被裂片长圆形；雄蕊着生于花被片基部，稍短于花被片；子房顶端3裂，花柱细长，柱头小。蒴果扁球形，具3锐棱。种子扁平，黑色。花期4—6月，果期8—9月。

原产于非洲南部。我国各地广泛栽培，本省也多栽培。

图 10-390　吊兰

1a. 银边吊兰 （图10-391）
'Varigatum'

叶片边缘有黄白色条带。

常见栽培。

图 10-391　银边吊兰

2. 宽叶吊兰
Chlorophytum capense (L.) Voss

根状茎粗短，不明显，具稍肥厚的根。叶基生；叶片宽长条形至条状披针形，长20～45cm，宽1.5～2.5cm，两面鲜绿色。花葶长于叶，有时长可达55cm，通常直立，有时变弧状弯曲的匍枝；圆锥花序多分枝；花白色，常数花簇生于苞片内；花被片离生，外轮花被裂片倒披针形，内轮花被裂片长圆形；雄蕊着生于花被片基部，稍短于花被片。蒴果扁球形，具3锐棱。种子扁平，黑色。花期4—6月，果期8—9月。

原产于非洲南部。全国各地常见栽培，本省常见栽培。

与吊兰区别在于叶片更长，宽约为吊兰2倍。

2a. 金边宽叶吊兰 （图10-392）
var. **marginata** Hort.

与宽叶吊兰的主要区别在于本变种叶缘具黄白色纵斑纹。
原产于非洲南部。全国各地常见栽培，本省常见栽培。

图10-392　金边宽叶吊兰

2b. 斑心吊兰 （图10-393）
var. **mediapictum** Hort.

与宽叶吊兰的主要区别在于本变种叶中间具黄白色纵斑纹。
原产于非洲南部。全国各地常见栽培，本省常见栽培。

图 10-393 斑心吊兰

3 虎尾兰属 Sansevieria Thunb.

多年生草本。根状茎粗短、横走。叶基生或生于短茎上，粗厚，坚硬，常稍带肉质，扁平、凹陷或近圆柱状。花葶分枝或不分枝；花单生，或数花簇生，或排成总状花序或圆锥花序；花梗有关节；花被下半部管状，上半部裂片6，裂片常外卷或开展；雄蕊6，着生于花被管的喉部明显伸出；花丝丝状，花药背着，内向开裂；子房3室，每室具1胚珠，花柱细长，柱头小。浆果较小，具1~3种子。

约60种，主要产于非洲，少数种类也见于亚洲南部。我国引种栽培1种，1变种；浙江也有。

虎尾兰
Sansevieria trifasciata Prain

多年生草本。根状茎粗短、横走。叶常1~2，基生，也有3~6叶片成簇，直立，硬革质，扁平，长条状披针形，长30~70cm，宽3~5cm，有白色绿色相间的横带斑纹，边缘绿色，向下部逐渐成长短不等的、有槽的柄。花葶高30~80cm，基部有淡褐色的膜质鞘；花淡绿色或白色，3~8花簇生，再排成总状花序；花梗长5~8mm，关节位于中部；花被长1.6~2.8cm，管与裂片长度约相等。浆果，直径7~8mm。花期11—12月。

原产于非洲。我国各地有栽培，本省常见于盆栽。

a. 金边虎尾兰 （图10-394）

var. laurentii N. E. Br.

与虎尾兰的区别在于叶片边缘为金黄色。

原产于非洲西北部。我国各地有栽培，本省常见于盆栽。

图10-394　金边虎尾兰

④ 丝兰属　Yucca L.

常绿灌木状或小乔木状草本。茎明显或不明显，有时有分枝，木质化。叶近莲座状排列于茎或分枝的近顶端；叶片剑形，质厚而坚挺，先端具刺尖，边缘全缘、有细齿或丝裂，无明显的中脉。花大型，白色至淡绿色，近钟形，下垂，排成大型的顶生圆锥花序；花葶具多数无花的苞片；花被片6，局部稍合生；雄蕊着生于花被片的基部，远短于花被片，花丝粗厚，上部常外弯，花药小，箭头形，"丁"字形着生；子房上位，3室，每室具多数胚珠，花柱短或不明显，柱头3裂，裂片先端微凹。果实为不开裂或开裂的蒴果，或为浆果。种子近球形或卵形，扁平，通常黑色。

约30种，分布于中美洲至北美洲。我国引种栽培2种；浙江也有。

1. 凤尾兰 （图10-395）
Yucca gloriosa L.

茎明显，有时有分枝，上有近环状的叶痕。叶近莲座状排列于茎或分枝的近顶端；叶片剑形，质厚而坚挺，长40~80cm，宽4~6cm，先端具刺尖，边缘幼时具少数疏离的细齿，老时全缘。花葶从叶丛中抽出，具多数无花的苞片；圆锥花序，无毛；花大型，白色或稍带淡黄色，近钟形，下垂；花被片基部稍合生，卵状菱形，外轮花被片长4~5cm，内轮花被片较外轮稍长；雄蕊着生于花被片的基部，花丝粗扁，被短毛；子房近圆柱形，具3钝棱。花期9—11月。

原产于北美洲。温带地区广泛栽培。我国长江以南地区广泛栽培。全省各公园、庭园常见栽培。

图10-395 凤尾兰

2. 丝兰 （图10-396）
Yucca smalliana Fernald

茎很短或不明显。叶近莲座状簇生，叶片剑形或长条状披针形，质厚而坚挺，长25~60cm，宽2.5~3cm，先端具刺尖，边缘有许多弯曲的丝状纤维。花葶从叶丛中抽出，大而粗壮；狭圆锥花序；花大型，白色，近钟形，下垂；花序轴有乳突状毛；花被片长3~4cm；花丝有疏柔毛；花柱长5~6cm。花期9—11月。

原产于北美洲东南部。我国偶见栽培。本省公园、庭园偶见栽培。

与凤尾兰的区别在于本种几无茎，叶片较狭，宽2.5~3cm，边缘具分类的白色丝状纤维；果为开裂的蒴果。

一九七　龙舌兰科 Agavaceae

图 10-396　丝兰

5 朱蕉属 Cordyline Comm. ex R. Br.

乔木状或灌木状植物。茎多少木质，常稍有分枝，上部有环状叶痕。叶常聚生于枝的上部或顶端，有柄或无柄，基部抱茎。圆锥花序生于上部叶腋，大型，多分枝；花梗短或近于无，关节位于顶端；花圆筒状或狭钟状；花被片6，下部合生而形成短筒；雄蕊6，着生于花被上，花药背着，内向或侧向开裂；子房3室，每室具4至多数胚珠，花柱丝状，柱头小。浆果，具1至多数种子。

约20种，主要分布于亚洲南部和东南部、澳大利亚、太平洋群岛和南美洲。我国引进栽培1种；浙江也有。

朱蕉（图10-397）
Cordyline fruticosa (L.) A. Chev.

灌木状植物，直立，高1～3m。茎粗，有时稍微分枝。叶聚生于茎或枝的上端，长圆形至长圆状披针形，长25～50cm，宽5～10cm，绿色或带紫红色，叶柄有槽，长10～30cm，基部变宽，抱茎。圆锥花序长30～60cm，侧枝基部有大的苞片，每花具3苞片；花淡红色、青紫色至黄色，长约1cm；花梗通常很短；外轮花被片下半部紧贴内轮而形成花被筒，上半部在盛开时外弯或反折；雄蕊生于筒的喉部，稍短于花被；花柱细长。花期11月至次年3月。

原产于太平洋岛屿。我国南部广泛栽培，有时有逸生。本省也有栽培。

图10-397 朱蕉

6 龙舌兰属 Agave L.

多年生草本。无茎或有极短的茎。叶呈莲座式排列，肉质或稍带木质，边缘常有刺或偶尔无刺，顶端常有硬尖刺。花茎粗壮高大，具分枝；花通常排成大型的顶生穗状花序或圆锥花序（有些种类每年或隔年开花一次，也有些种类只开花结果一次）；花被管短，花被裂片6，狭而相似；雄蕊6，着生于花被管喉部或管内，花丝细长，常伸出花被外，花药"丁"字形着生；子房下位，3室，每室有胚珠多数，花柱长条形，柱头3裂。蒴果长椭圆球形，室背3瓣开裂。种子多数，薄而扁平，黑色。

约200种，分布于西半球干旱和半干旱的热带地区。我国引进栽培主要有4种；浙江有2种。

1. 剑麻 （图10-398）

Agave sisalana Perrine ex Engelm.

多年生草本。茎粗短。叶极多，呈莲座式排列，刚直；叶片肉质，剑形，初被白霜，后渐脱落而呈深蓝绿色，通常长1~1.5m，最长可达2m，中部最宽10~15cm，表面凹，背面凸，叶缘无刺或偶尔具刺，顶端有1硬尖刺，刺红褐色，长2~3cm。圆锥花序粗壮，高可达6m；花梗长5~10mm；花黄绿色，有浓烈的气味；花被管长1.5~2.5cm，花被裂片卵状披针形，长1.2~2cm，基部宽6~8mm；雄蕊6，着生于花被裂片基部，花丝黄色，长6~8cm，花药长约2.5cm，"丁"字形着生；子房长圆柱形，长约3cm，下位，3室，胚珠多数，花柱长条形，长

6～7cm，柱头稍膨大，3裂。蒴果长圆柱形。

原产于墨西哥。我国华南及西南各省、区引进栽培。本省也有栽培。

图 10-398　剑麻

2. 龙舌兰（图 10-399）

Agave americana L.

多年生常绿草本。茎极短。叶片肉质，披针形，长1～2m，宽8～20cm，厚6～8mm，先端具尖刺，刺长1.5～2.5cm，褐色，边缘有小刺状锯齿。圆锥花序大型，远超出叶，多分枝；花黄绿色；花被管长约1.2cm，花被裂片长2.5～3cm；雄蕊6，着生于花被裂片基部，长约为花被的2倍；子房长圆柱形。蒴果长圆柱形，棕黑色，长约5cm，直径约2cm。种子棕灰色。

原产于美洲热带地区。我国广泛栽培，在南方地区已成归化种。本省常见栽培。

与剑麻的主要区别在于本种叶片数量少，通常30～40枚，先端向后弯曲。

图 10-399　龙舌兰

图 10-400　金边龙舌兰

2a. 金边龙舌兰 （图10-400）
var. **variegata** Nichols

与龙舌兰的主要区别在于本变种叶片边缘有黄白色条带，并有红或紫褐色的刺状锯齿。

原产于美洲热带地区。我国广泛栽培。慈溪、奉化、宁海、象山、舟山等地有露地栽培。

2b. 银边龙舌兰 （图10-401）
'Marginata'

叶片边缘有银白色条带。

原产于美洲热带地区。我国广泛栽培。临安、象山、舟山等地有栽培。

图 10-401　银边龙舌兰

❼ 晚香玉属　Polianthes L.

多年生草本，具块状的根状茎。叶条形，禾草状，基生或簇生于花茎上，向上渐小成苞片状。穗状花序或总状花序；花白色；花被管细长而弯曲，花被裂片短，彼此近似；雄蕊着生于花被管中部，内藏，花丝丝状，很短，花药条形，直立，背着；子房3室，每室具多数胚珠，花柱细长，柱头3裂。蒴果，顶端有宿存花被。种子稍扁。

13种，主要分布于南美洲。我国引种栽培1种；浙江也有。

晚香玉 （图10-402）
Polianthes tuberosa L.

多年生草本，高可达1m。具块状的根状茎。茎直立，不分枝。基生叶6~9簇生，条形，长40~60cm，宽约1cm，顶端尖，深绿色，在花茎上的叶散生，向上渐小成苞片状。穗状花序顶生，每苞片内常有2花，苞片绿色；花乳白色，浓香，长3.5~7cm；花被管长2.5~4.5cm，基部稍弯曲，花被裂片彼此近似，长圆状披针形，长1.2~2cm，钝头；雄蕊6，着生于花被管中，内藏；子房下位，3室，花柱细长，柱头3裂。蒴果卵球形，顶端有宿存花被。种子多数，稍扁。花期7—9月。

原产于墨西哥。全国各地有栽培；本省公园、庭园有栽培。

观赏植物。

图10-402　晚香玉

一九八　百部科 Stemonaceae

多年生直立或攀缘草本。常具块根，稀为根状茎；须根肥大，肉质或否，味苦。叶对生、轮生，稀互生；有明显的基出脉和平行致密的横脉。花单生或总状花序，两性，辐射对称；花序梗腋生，稀部分贴生于叶片中脉上；花被片4，花瓣状，2轮排列；雄蕊4，较花被片略短，花丝粗短，分离或基部稍合生，花药2室，内向纵裂；子房上位，1室，由2心皮合成，具2至多数胚珠，花柱不明显，柱头头状、小，不裂，或2、3浅裂。果为蒴果。种子具丰富胚乳，种皮厚，表面有纵槽，一端有膜质附属物。

3属，约30种，分布于亚洲东部和南部、大洋洲的北部及北美洲的东南部。我国有2属，9种，主要分布于长江流域及其以南地区；浙江有2属，4种。

❶ 百部属 Stemona Lour.

攀缘、缠绕或直立多年生草本。根状茎粗短；须根簇生，块根肉质，纺锤形，味苦。茎多缠绕，少数直立，光滑无毛。叶轮生、对生或互生，均匀分布全茎；叶片有主脉5～13条，侧脉无，细脉横向平行致密；叶柄有或无。花两性，单生或数花排成总状花序；花被片4，淡黄绿色；雄蕊4，雄蕊花丝、花药几等长，花药紫红色，药隔延伸成1细长的附属物；子房上位，1室，有胚珠多枚。蒴果卵形至宽卵形，略扁，2瓣开裂。种子基底着生。

约27种，分布于亚洲东部、印度、马来西亚、菲律宾至澳大利亚北部。我国有5种，分布于华东、华中、华南至西南；浙江有3种。

分种检索表

1. 茎缠绕，通常分枝；叶片基部不下延，叶柄明显；花梗或花序梗生于叶腋或贴生于叶柄或叶片中脉上。
   2. 须根肥大部分的长度不超过12cm；叶片长不超过10cm；花序梗大部分贴生在叶片中脉上 ·· **1. 百部 S. japonica**
   2. 须根肥大部分的长度常大于20cm；叶片长可达20cm；花序梗腋生，与叶柄完全分离 ·· **2. 大百部 S. tuberosa**
1. 茎直立，不分枝；叶片基部下延，叶柄不明显；花梗通常出自茎下部鳞片腋内 ·· **3. 直立百部 S. sessilifolia**

1. 百部　蔓生百部　（图10-403）
Stemona japonica (Bl.) Miq.

块根肉质、成簇，常长圆状纺锤形。茎下部直立，上部攀缘状。叶2～4轮生；叶片纸质或薄革质，卵形、卵状披针形或卵状长圆形，长4～9cm，宽1.5～4.5cm，主脉通常5条；叶柄细，长1～4cm。花序梗贴生于叶片中脉上，花单生或聚伞状花序；苞片条状披针形，长约3mm；花被片淡绿色，披针形，开放后反卷；雄蕊紫红色，花丝基部多少合生成环，花药顶端具1箭头状附属物，两侧各具1直立或下垂的丝状体，药隔直立，延伸为钻状或条状附属物。蒴果卵球形，赤褐色，长1～1.4cm，宽4～8mm，顶端锐尖，常具2种子。种子椭圆形，稍扁平，长6mm，宽3～4mm，深紫褐色，表面具纵槽纹，一端簇生多数淡黄色、膜质短棒状附属物。花期5—7月，果期7—10月。

产于全省各地。生于山坡草丛中、路旁和林下。分布于华东、华中。日本曾引入栽培，后逸生。

块根可入药，有润肺止咳、抗痨杀虫的功效。

图10-403　百部

2. 大百部　对叶百部　（图10-404）
Stemona tuberosa Lour.

块根通常纺锤状，长达30cm。茎常具少数分枝，攀缘状，下部木质化，分枝表面具纵槽。叶对生或轮生，极少兼有互生；叶片纸质或薄革质，卵状披针形、卵形或宽卵形，长6～24cm，宽5～17cm，顶端渐尖至短尖，基部心形，边缘稍波状；叶柄长3～10cm。花单生，或2、3花排成总状花序，花梗或花序梗长2.5～5cm；苞片小，披针形，长5～10mm；花被片黄绿色带紫色脉纹，长3.5～7.5cm，宽7～10mm，顶端渐尖，内轮比外轮稍宽，具7～10脉；雄蕊紫红色，花药顶端具短钻状附属物,药隔肥厚,向上延伸为长钻状或披针形的附属物;子房小,卵球形,花柱近无。蒴果光滑,具多数种子。花期4—7月,果期7—8月。

产于莲都、缙云、遂昌、景宁、瑞安、泰顺。生于海拔1300m以下的山坡林下及灌丛、草丛中。分布于长江流域以南各地。中南半岛、菲律宾、印度尼西亚和印度北部也有。

图10-404 大百部

3. 直立百部
Stemona sessilifolia (Miq.) Miq.

半灌木。块根纺锤状,粗约1cm。茎直立,高30~60cm,不分枝,具细纵棱。叶通常每3~4轮生,很少为5或2;叶片薄革质,卵状椭圆形或卵状披针形,长3.5~6cm,宽1.5~4cm,顶端短尖或锐尖,基部楔形,具短柄或近无柄。单花腋生,花梗通常出自茎下部鳞片腋内;鳞片披针形,长约8mm;花梗向外平展,长约1cm,中上部具关节;花向上斜升或直立;花被片长1~1.5cm,宽2~3mm,淡绿色;雄蕊紫红色,花丝短,花药长约3.5mm,其顶端的附属物与花药等长或稍短,药隔延伸物约为花药长的2倍;子房三角状卵球形。蒴果有种子数粒。花期3—5月,果期6—7月。

产于湖州市区、安吉(龙王山)、临安。生于林下、草丛中。分布于江苏、安徽、江西、山东、河南等。日本引入栽培。

❷ 金刚大属 Croomia Torr. ex Torr. et A. Gray

多年生草本,具横走的根状茎,细长;须根散生,平行,不肥大,味苦。茎直立,不分枝。叶互生,具柄,集中于茎上部;具明显的基出主脉,有斜出侧脉,细脉横向致密;叶柄短。花小,单生或数花排成总状花序;花被片4,分离,黄绿色,大小近相等;雄蕊4,花丝分离,花药黄色,椭圆状拱形,斜内向,药室平行,药室及药隔顶端均无附属物;子房上位,1室,具4~6胚珠。蒴果卵球形,2瓣开裂。

3种,分布于东亚和美国东南部。我国仅1种,主要分布于华东地区;浙江也产。

与百部属的主要区别在于本属茎直立,叶互生,集生于茎上部,叶片具侧脉,药室及药隔顶端均无附属物。

金刚大 黄精叶钩吻 （图10-405）
Croomia japonica Miq.

根状茎匍匐，每个节上具短的茎残留物。茎直立，不分枝，高14～45cm，基部具4或5膜质鞘。叶通常3～5，互生于茎上部，叶片卵形或卵状长圆形，长5～11cm，宽3.5～8cm，顶端急尖或短尖，基部微心形，并稍向叶柄下延，主脉7～9条；叶柄长5～15mm，紫红色。花小，单花或2～4花排成总状花序；花序梗丝状，下垂，长1.5～2cm；花梗长8～15mm；苞片丝状，长约3mm，具1条偏向一侧的脉；花被片黄绿色，"十"字形展开，宽卵形至卵状长圆形，大小近相等或内轮长于外轮，长1.5～3.5mm或更长，宽2.5～3mm，边缘反卷，具小乳突，在果时宿存；雄蕊4；子房具数枚胚珠，柱头小。蒴果稍扁，成熟时2瓣裂。

产于安吉、临安、淳安、余姚、宁海、武义、天台、三门、仙居、庆元、开化、永嘉。生于海拔830～1200m的沟谷林下。分布于安徽、江西、福建。日本也有。

根状茎及根可入药，有解蛇毒、清热散风的功效。

图10-405 金刚大

一九九　菝葜科 Smilacaceae

攀缘或直立灌木或草本。根状茎粗壮。茎有刺或无刺。叶片全缘，革质至纸质，背面有时具白粉、粉尘状毛或短柔毛，具3~7弧形脉；叶鞘顶端有成对卷须或无；叶脱落点可位于叶片基部（叶柄顶端）或叶鞘上部卷须着生处或两者之间。雌雄异株；单个腋生的伞形花序或2个以上伞形花序排成圆锥花序或穗状花序；具先出叶（宿存芽鳞）或无；伞形花序顶端有时膨大或伸长；花被片6，黄绿色或粉色、红色；雄花的雄蕊通常6，有时3；雌花有时具退化雄蕊，子房3心皮合生，3室，每室具1或2胚珠，柱头小，3浅裂。浆果球形，有时具粉霜，成熟时呈黑色、墨绿色、红色或橙色。种子1~3，半圆形或球形。

仅1属，约200种，广泛分布于全球，以热带和亚热带山地最多。我国约有80种，以南方各地为多；浙江有20种。

本科原有2属，傅承新等（Qi et al., 2013）已将肖菝葜属 *Heterosmilax* Kunth 并入菝葜属 *Smilax* L.。

菝葜属 Smilax L.

属的特征、分布与科同。

分种检索表

1. 茎草质，近中空，干后凹瘪而具沟槽，无刺；植株无根状茎，具发达的须根。
   2. 攀缘草本；茎具棱或有时具毛，分枝；叶背面绿色；花序梗有数条纵棱，纤细，花后不变粗；雌花通常无退化雄蕊⋯⋯⋯⋯⋯⋯⋯⋯⋯⋯⋯⋯⋯⋯⋯⋯⋯⋯⋯⋯⋯⋯⋯⋯⋯ **1. 牛尾菜　S. riparia**
   2. 直立草本；茎光滑，不分枝；叶背面苍白色；花序梗扁平，花后变粗壮，果期尤其显著；雌花具6退化雄蕊⋯⋯⋯⋯⋯⋯⋯⋯⋯⋯⋯⋯⋯⋯⋯⋯⋯⋯⋯⋯⋯⋯⋯⋯⋯⋯⋯⋯⋯⋯⋯ **2. 白背牛尾菜　S. nipponica**
1. 茎木质，实心，干后不凹瘪；植株具坚硬的根状茎，须根不发达（木本牛尾菜除外）。
   3. 花被片合生成筒状；雄花花丝多少合生成一柱状体；花序梗多少扁平⋯⋯ **3. 肖菝葜　S. stemonifolia**
   3. 花被片离生；雄花花丝分离。
      4. 根状茎不明显，须根发达；茎无刺；叶草质⋯⋯⋯⋯⋯⋯⋯⋯⋯⋯ **4. 木本牛尾菜　S. ligneoriparia**
      4. 具根状茎，须根不发达；茎无刺或具刺；叶革质、稀草质或纸质。
         5. 茎（尤其近基部）和分枝密生细长挺直的针状刺；叶草质。
            6. 花序梗一般长于叶柄或稍短，有时稍短；雌花具6枚退化雄蕊⋯⋯⋯ **5. 华东菝葜　S. sieboldii**
            6. 花序梗一般短于叶柄长度的一半；雌花具3枚退化雄蕊⋯⋯⋯⋯ **6. 短梗菝葜　S. scobinicaulis**
         5. 茎无刺，或具非针状刺，刺基部骤然变粗；叶片多革质，稀草质。
            7. 叶的脱落点位于叶柄顶端（靠近叶片基部的一侧）与卷须着生点之间，所以宿存于小枝的叶柄在卷须着生点上方带一段残留叶柄。

8. 花序梗基部具1与叶柄相对的贝壳状鳞片。
　　9. 叶的脱落点位于叶柄中部至上部；花序梗具关节，稍长于叶柄 ………… **7. 马甲菝葜　S. lanceifolia**
　　9. 叶的脱落点位于叶柄近顶端，花序梗无关节，纤细，长为叶柄的3～5倍 ……………………
　　　　………………………………………………………………………… **8. 尖叶菝葜　S. arisanensis**
8. 花序梗基部不具1与叶柄相对的贝壳状鳞片。
　　10. 茎常具刺。
　　　　11. 叶先端常渐尖；叶片干后常呈古铜色，叶脉不显著；叶背无白粉；叶柄常强烈扭转；叶的脱落
　　　　　　点位于叶柄近顶端 ………………………………………………… **8. 尖叶菝葜　S. arisanensis**
　　　　11. 叶先端突尖或骤尖；叶片干后常呈灰绿色，网脉和缘脉明显；叶背被白粉；叶柄伸直而不扭
　　　　　　转；叶的脱落点贴近叶鞘上方 …………………………………… **9. 黑果菝葜　S. glaucochina**
　　10. 茎无刺或近无刺。
　　　　12. 直立或披散状灌木；叶柄无卷须；伞形花序具1～3花，稀具更多花 … **10. 鞘柄菝葜　S. vaginata**
　　　　12. 攀缘灌木；叶柄具卷须（筐条菝葜多无卷须）；伞形花序通常具多花。
　　　　　　13. 茎近四棱形；叶鞘顶端向前延伸为一对披针形的耳；叶背苍白色 ………………………
　　　　　　　　…………………………………………………………………… **11. 筐条菝葜　S. corbularia**
　　　　　　13. 茎近圆柱形；叶鞘顶端不具披针形的耳。
　　　　　　　　14. 茎绿色，无紫色斑点；主脉5或7条，叶脉尤其是中脉向叶上面突起，最外侧一对主脉几乎
　　　　　　　　　　与叶缘结合而使其加厚；花序梗长为叶柄2～4倍 …… **12. 缘脉菝葜　S. nervomarginata**
　　　　　　　　14. 茎常具紫色斑点；主脉3条，叶脉不突起；花序梗短于叶柄，稀近等长 ………………
　　　　　　　　　　………………………………………………………………………… **13. 土茯苓　S. glabra**
7. 叶的脱落点位于卷须着生点处或翅状叶鞘与叶柄合生部分的顶端，所以宿存于小枝的叶柄在卷须着生
　　点上方不带一段残留叶柄。
　　15. 叶鞘半圆形或卵形，合生部分与叶柄等长；叶片基部心形；浆果成熟时呈黑色 …………………
　　　　………………………………………………………………………………… **14. 托柄菝葜　S. discotis**
　　15. 叶鞘披针形至半圆形，合生部分长度为叶柄长的1/2～3/4；叶片基部宽楔形至圆形；浆果成熟时呈
　　　　红色。
　　　　16. 直立灌木；叶背被白粉。
　　　　　　17. 叶无卷须；叶卵形至长圆状披针形；叶鞘长约为叶柄的1/2～3/4，顶端向前延伸形成一对卵
　　　　　　　　状披针形的耳 ……………………………………………… **15. 浙南菝葜　S. austrozhejiangensis**
　　　　　　17. 叶具细短卷须；叶椭圆形或长圆状椭圆形；叶鞘长约为叶柄的1/2，顶端无披针形耳 ……
　　　　　　　　……………………………………………………………………… **16. 三脉菝葜　S. trinervula**
　　　　16. 攀缘灌木（细齿菝葜近直立）；叶背淡绿色（菝葜有时具白粉）。
　　　　　　18. 叶较薄，干后膜质或薄纸质；常无卷须；浆果紫黑色 …… **17. 武当菝葜　S. outanscianensis**
　　　　　　18. 叶较厚，纸质至薄革质；具卷须；浆果红色或暗红色。
　　　　　　　　19. 叶鞘卵形至半圆形，宽于叶柄；花序梗长5～15mm；浆果较小，直径5～7mm；卷须通常纤
　　　　　　　　　　细，不发达，稀无卷须 ……………………………………… **18. 小果菝葜　S. davidiana**
　　　　　　　　19. 叶鞘狭披针形至披针形，宽一般不超过叶柄；花序梗长10～30mm；通常卷须发达。
　　　　　　　　　　20. 茎多攀缘；卷须粗壮；叶缘全缘无锯齿 …………………………… **19. 菝葜　S. china**
　　　　　　　　　　20. 茎近直立；卷须细弱；叶缘密具细锯齿 ……………… **20. 细齿菝葜　S. microdonta**

1. 牛尾菜 （图10-406）
Smilax riparia A. DC.

攀缘草本。根状茎不发达，须根发达。茎无刺，近中空，干后凹瘪有沟槽。叶片草质至薄纸质，卵形、长圆形或卵状披针形，长7~16cm，宽2.5~11cm，先端突尖、骤尖或渐尖，基部浅心形至近圆形，两面无毛；叶柄长0.7~2cm，中部以下有卷须，脱落点位于叶柄顶端的稍下方。伞形花序，花序梗长3~10cm，纤细，有数条纵棱，有时棱上具细小的乳头状突起；花序托稍膨大，小苞片花期不脱落；花淡绿色或黄绿色；雄花花被片长约4mm，雄蕊6，花药条形，多少弯曲，长约1.5mm；雌花较雄花稍小，通常无退化雄蕊。浆果直径7~9mm，成熟时呈黑色。花期5—7月，果期8—10月。

产于全省各地。生于山坡林下、灌丛中及山地路边、沟边草丛中。分布于除西藏、宁夏、青海、新疆外的全国各地。俄罗斯远东地区、日本、朝鲜半岛也有。

根可入药，有祛风、活血、散瘀的功效。

图10-406　牛尾菜

2. 白背牛尾菜 （图10-407）
Smilax nipponica Miq.

直立或稍攀缘草本。根状茎不发达，须根发达。茎无刺，近中空，干后凹瘪有沟槽。叶片草质，卵形至长圆形，长4~20cm，宽2~14cm，先端渐尖，基部浅心形至近圆形，下面通常被粉尘状微柔毛，主脉上无毛；叶柄长1.5~4.5cm，具卷须，占全长的1/3~1/2具翅状鞘，鞘线状披针形，全部与叶柄合生，脱落点位于叶柄顶端的稍下方。伞形花序，花序梗长3~9cm，稍扁平，果期显著粗壮，长可达15cm；花序托膨大，小苞片极小，早落；花黄绿色或绿白色；雄花花被片长约4mm，雄蕊6；雌花具6退化雄蕊。浆果直径6~7mm，成熟时呈黑色，具白粉。花期5—7月，果期8—10月。

产于全省各地。生于山坡林下、灌丛中及山地路边、沟边草丛中。分布于华东及辽宁、山东、河南、湖南、台湾、广东、四川、贵州。日本、朝鲜半岛也有。

图 10-407　白背牛尾菜

3. 肖菝葜 （图 10-408）

Smilax stemonifolia H. Lév. et Vaniot — *Heterosmilax japonica* Kunth

木质藤本。茎分枝。叶柄的1/4～1/3具狭鞘；脱落点位于上部；卷须发达。叶片纸质，卵状披针形至近心形，背面有时苍白色或有白色粉霜，基部近心形，先端渐尖或短渐尖，有短尖头；主脉5或7条，边缘2条到顶端与叶缘汇合，支脉网状，在两面明显。伞形花序，基部不具鳞片；花序梗长1～3cm，稍扁；伞形花序具20～50花，花序托球形，直径2～4 mm；花梗长2～7（11）mm；雄花具雄蕊3，稀2或4；1/3～2/5的花丝合生成柱；雌花花被筒近球形或卵球形，长2.5～3mm，宽1.5～2mm，柱头直立，具3（或6）退化雄蕊。浆果成熟时呈黑色，球形，直径6～10mm。花期6—8月，果期7—11月。

产于临安、建德、诸暨、余姚、衢州市区、常山、开化、义乌、永康、龙泉、乐清、永嘉、平阳、苍南、泰顺。生于山坡林下、灌丛中。分布于山西、安徽、江西、福建、湖南、台湾、广东、四川、云南、甘肃。日本也有。

图10-408 肖菝葜

4. 木本牛尾菜 （图10-409）
Smilax ligneoriparia C.X. Fu et P. Li

木质藤本。根状茎不明显。茎无刺，多分枝。叶片草质，卵形至椭圆形，长8～15cm，宽2.5～9cm，先端锐尖，基部截形或稍呈心形，主脉7条，外侧的2对较细弱；叶柄长0.5～2.5cm，基部具狭鞘，鞘长为叶柄的1/4～1/3，脱落点位于近顶端，卷须发达。伞形花序单生叶腋，基部不具先出叶；花序梗纤细，长3～6cm，稍扁；花序具数花至20花，花序托稍膨大，呈球形，直径2～3mm；雄花花被片红褐色，长2.5～4mm，雄蕊长2～2.5mm；雌花花梗长6～10mm；雌花花被片6，粉红色，椭圆形至矩圆形，长2.5～3.0mm，宽1.0～1.5mm，无退化雄蕊。浆果成熟时呈红色，球形，直径约5.5mm。花期5月，果期11月。

产于泰顺（乌岩岭）。生于海拔1000m左右的杂木林中。分布于江西、福建、湖南、广西、四川、云南。

图10-409 木本牛尾菜

5. 华东菝葜 粘鱼须 （图10-410）

Smilax sieboldii Miq.

攀缘灌木或半灌木。根状茎粗短。茎基部常具密集的细长针刺，小枝常带草质。叶片草质，卵形或卵状心形，长4～12cm，宽3～7cm，先端骤尖至渐尖，基部浅心形，具5或7主脉；叶柄长10～20mm，具卷须，占全长的1/2～2/3具翅状鞘，鞘披针形，脱落点位于卷须着生点的稍上方。伞形花序具数花；花序梗长为叶柄一半至稍短于叶柄，稀稍长于叶柄，稍扁平；花序托几不膨大，小苞片微小，早落；花黄绿色；雄花花被片长4～5mm，雄蕊6，花丝长于花药，花药近椭圆形；雌花较雄花略小，具6退化雄蕊。浆果近球形，直径6～10mm，成熟时呈墨绿色。花期5—8月，果期8—10月。

产于长兴、安吉、德清、临安、建德、淳安、诸暨、余姚、天台、临海、磐安、莲都、遂昌、龙泉、乐清、平阳、泰顺。生于林缘、灌丛。分布于辽宁、山东、江苏、安徽、台湾。日本、朝鲜半岛也有。

图10-410 华东菝葜

6. 短梗菝葜 （图10-411）

Smilax scobinicaulis C.H. Wright

多年生攀缘灌木。茎和枝条通常疏生刺或近无刺，稀密生刺，刺针状，长4～5mm，成熟时常呈黑褐色，茎上的刺有时较粗短。叶片草质，卵形或椭圆状卵形，干后有时变为黑褐色，长4～12cm，宽2.5～8cm，先端渐尖，基部截形或心形，主脉5或7条，中脉十分突起，支脉斜升形成网状；叶柄长5～15mm，脱落点位于中部，在下部1/2处具狭鞘，鞘上方有卷须。伞形花序单生叶腋；花序梗很短，一般不到叶柄长度的1/2；花序托几不膨大；花绿黄色；雄花花被片卵形，长4～5mm，内轮花被片较外轮稍狭，雄蕊短于花被片，花丝比花药长；雌花小于雄花，具3退化雄蕊。浆果球形，直径6～9mm。花期4—5月，果期9—10月。

产于衢江、龙泉（昂山）、松阳。生于海拔1000m左右的山坡灌丛中。分布于华东、华中、西南及河北、山西、广西、陕西、甘肃。

图10-411　短梗菝葜

7. 马甲菝葜　（图10-412）

Smilax lanceifolia Roxb. — *S. lanceifolia* var. *opaca* A. DC. — *S. lanceifolia* var. *elongata* (Warb.) F.T. Wang et Tang

常绿攀缘灌木。根状茎粗壮。茎下部常疏生短刺，上部分枝，有时回折状，常无刺。叶片厚纸质，或下部者革质，椭圆形、长圆形、长圆状卵形至长圆状披针形，长6～12cm，宽2～6cm，先端骤尖至渐尖，基部圆形或宽楔形，具3或5主脉；叶柄长10～20mm，具卷须，翅状鞘线性或线状披针形，长约为叶柄的1/3，脱落点位于卷须着生点以上叶柄部分的中部。伞形花序；花序梗稍长于叶柄，基部具1与叶柄相对的贝壳状鳞片；花序托稍膨大；花黄绿色；雄花花被片4～5mm，雄蕊6；雌花远小于雄花，具6退化雄蕊。浆果直径约5mm，成熟时呈黑色。花期9—11月，果期12月至次年春季。

除浙北和海岛外，全省广泛分布。生于溪谷、山坡林下、林缘及灌丛中。分布于华南、西南及江西、福建、湖南。东南亚广泛分布。

本种是菝葜科分布最广、变异最大的种类之一，*Flora of China*根据主脉是否凹陷、叶形和质地、小枝是否回折、花序梗的长度将本种分为5个变种：马甲菝葜 var. *lanceifolia*、暗色菝葜 var. *opaca*、折枝菝葜 var. *elongata*、长叶菝葜 var. *lanceolata* 和凹脉菝葜 var. *impressinervia*。《浙江种子植物检索鉴定手册》记录了浙江有暗色菝葜、折枝菝葜的分布，但林祁（2000）指出，本种在小枝的曲直、叶的质地和形状、花序梗的长度方面均有一定幅度的变化，甚至同一植株上也包含上述情形，因而不宜划分种下分类群。本志作者通过标本检视、野外考察和分子系统学研究，赞同林祁的处理意见，故在此也予以归并处理。

图 10-412　马甲菝葜

8. 尖叶菝葜 （图 10-413）
Smilax arisanensis Hayata

木质藤本。茎圆柱形，分枝，长达10m，疏生刺或近无刺。叶片长圆形至卵状披针形，长7~12（15）cm，宽1.5~3.5（5）cm，纸质，基部圆形，先端渐尖或长渐尖，下面苍白色，干后常呈古铜色；叶柄长0.7~2cm，常强烈扭曲，占全长的1/2~3/4具狭鞘，脱落点位于近顶端，一般有卷须。伞形花序单生叶腋或苞片腋中，有时具先出叶，具5~25花；花序梗纤细，长1.5~3.5cm；花序托几不膨大；雄花花被片绿白色或灰绿色，长2~3mm，宽约1mm，雄蕊长约1.5mm；雌花花被片长1.5~2mm，宽约0.8mm，具3退化雄蕊。浆果成熟时呈紫黑色，球形，直径约8mm。花期4—5月，果期10—11月。

产于宁波、丽水及临安、诸暨、开化、武义、磐安、天台、临海、瑞安、平阳、苍南、泰顺。生于海拔300~1050m的林中、灌丛中或山谷溪边。分布于华南、西南及江西、福建。越南也有。

图 10-413 尖叶菝葜

9. 黑果菝葜 （图 10-414）
Smilax glaucochina Warb.

攀缘灌木。根状茎粗壮。茎疏生短刺。叶片厚纸质，通常椭圆形，长5～13(20)cm，宽2～5(14)cm，先端突尖或骤尖，基部圆形或宽楔形，下面多少苍白色或具有粉霜，具3或5(7)主脉；叶柄长8～15mm，占全长的1/3～1/2具翅状鞘，鞘卵状披针形至卵形，脱落点位于卷须着生点的稍上方，具卷须。伞形花序具数花或10余花；花序梗长1～3cm，长于叶柄；花序托稍膨大；花黄绿色；雄花花被片长5～6mm，宽2.5～3mm，雄蕊6，长约为花被片的2/3，花药长圆形，比花丝宽2～3倍；雌花与雄花大小相似，具3退化雄蕊。浆果球形，直径7～8mm，成熟时呈黑色，常具白粉。花期3—5月，果期9—11月。

产于全省各地。生于山坡林下、灌丛中。分布于山西、江苏、安徽、江西、河南、湖北、湖南、台湾、广东、广西、四川、贵州、甘肃。日本也有。

根状茎可入药，功效与菝葜基本相同。

图 10-414　黑果菝葜

10. 鞘柄菝葜 （图10-415）
Smilax vaginata Decne. — *S. stans* Maxim.

直立或披散状灌木。茎高0.3～3m，分枝稍具棱，无刺。叶片纸质，圆形、卵形或卵状披针形，长1.5～6cm，宽1.2～5cm，先端突尖或急尖，基部圆形或楔形，下面苍白色，具5主脉；叶柄长5～12mm，占全长的2/3～4/5，具翅状鞘，鞘披针形，几全部与叶柄合生，脱落点位于叶柄的近顶端，无卷须。伞形花序具1～3花，稀具更多花；花序梗纤细，长为叶柄的3～5倍；花序托不膨大，小苞片宿存；花黄绿色或稍带淡红色；雄花花被片长2.5～3mm，雄蕊6，花药近椭圆形；雌花较雄花稍小，具6退化雄

图 10-415　鞘柄菝葜

蕊，有时退化雄蕊具花药。浆果球形，直径6～10mm，成熟时呈黑色，具白粉。花期5—6月，果期10月。

产于临安、淳安、磐安、缙云、遂昌、龙泉、景宁、文成、泰顺。生于海拔1000m以上的山坡林下、灌丛中。分布于华东、华中及河北、台湾、四川、云南、陕西、甘肃。日本、阿富汗、印度、巴基斯坦也有。

中国和日本产的鞘柄菝葜曾被处理为本种的变种 S. vaginata var. stans (Maxim.) T. Koyama 或独立为不同的种 S. stans Maxim.。本志作者在查阅了本种采自巴基斯坦的模式标本之后，认为中国产的鞘柄菝葜与之并无明显差异，因而遵从 Flora of China 的归并处理。但是由于 S. vaginata Decne. 发表于1844年，而 S. stans Maxim. 发表于1872年，因而将后者处理为前者的异名，而非如 Flora of China 中那样将前者处理为后者的异名。

11. 筐条菝葜 （图10-416）

Smilax corbularia Kunth — *S. hypoglauca* Benth.

攀缘灌木。枝条近四棱形，无刺。叶片革质，卵状长圆形至狭椭圆形，长4～13cm，宽2～4cm，先端短渐尖，基部近圆形，叶面绿色，背面苍白色，主脉5条，向叶两面突出，支脉斜升形成网状，向叶腹面明显突起；叶柄长8～12mm，脱落点位于近顶端；于1/2处具鞘，鞘延伸成耳，耳披针形，长2～4mm，一般无卷须，只在枝条基部的叶柄上可见卷须。伞形花序单生叶腋，具10～18花；花序梗长1～15mm，不具关节；花序托膨大，具宿存小苞片；花绿黄色；雄花外轮花被片卵形，长约1.5mm，宽1mm，内轮花被片稍狭；雌花与雄花大小相等。浆果球形，直径8～10mm。花期5月，果期10月。

产于龙泉（凤阳山）。生于海拔700m左右的灌丛中。分布于江西、福建、广东、贵州。

粉背菝葜 *Smilax. hypoglauca* 花序梗长度与狭义筐条菝葜变异范围重叠，故予归并（李攀，2012）。本种在浙江仅见一份标本（张朝芳等941）。

图10-416　筐条菝葜

12. 缘脉菝葜 （图10-417）

Smilax nervomarginata Hayata —*S. nervomarginata* var. *liukiuensis* (Hayata) F.T. Wang et Tang

常绿攀缘灌木。根状茎粗短。茎具疣点或平滑。叶片革质，长圆状披针形至披针形，长5～12 cm，宽1.5～4.5 cm，先端渐尖，基部近圆形，两面绿色，具5或7主脉，最外侧的主脉几与叶缘结合；叶柄长5～15 mm，占全长的1/4～1/3具翅状鞘，鞘卵状披针形，几全部与叶柄合生，脱落点位于叶柄的近顶端，具卷须。伞形花序具数花至10余花；花序梗纤细，长为叶柄的2～4倍，稍扁平；花序托稍膨大，小苞片宿存；花紫色，干后带褐色；雄花花被片长2.5～3.5 mm，雄蕊6，花丝等长或长于花药；雌花与雄花大小相似，具6退化雄蕊。浆果直径7～10 mm，成熟时呈黑色。花期5月，果期10月。

产于宁波、丽水、温州及临安、桐庐、建德、淳安、开化、常山、江山、浦江、磐安、武义、临海、仙居。生于山坡林下或路边灌丛中。分布于安徽、江西、湖南、贵州。琉球群岛也有。

图10-417 缘脉菝葜

13. 土茯苓　光叶菝葜　（图10-418）
Smilax glabra Roxb.

常绿攀缘灌木。根状茎块根状，有时近连珠状，表面黑褐色。茎无刺。叶片薄革质，长圆状披针形至披针形，长6~15cm，宽1~4cm，先端骤尖至渐尖，基部圆形或楔形，下面有时苍白色，具3主脉；叶柄长5~15mm，占全长的1/4~2/3具翅状鞘，翅狭披针形，脱落点位于叶柄的近顶端，具卷须。伞形花序；花序梗明显短于叶柄，极少与叶柄近等长；花序托膨大，连同多数宿存的小苞片，多少呈莲座状；花绿白色，六棱状扁球形；雄花雄蕊6，花丝极短；雌花具3退化雄蕊。浆果球形，直径6~8mm，成熟时呈紫黑色，具白粉。花期7—8月，果期11月至次年4月。

产于全省各地。生于海拔1000m以下的山坡林下、林缘、灌丛中。分布于长江流域及以南地区。越南、泰国、缅甸、印度也有。

根状茎可入药，因富含淀粉，也可用于制糕点或酿酒。

图10-418　土茯苓

14. 托柄菝葜　（图10-419）
Smilax discotis Warb.

灌木，近直立或稍攀缘。茎圆柱形，长0.5~3m，分枝，疏生刺或近无刺。叶片近椭圆形，长4~10（20）cm，宽2~5（10）cm，纸质，基部心形，下面苍白色；叶柄长4~5（15）mm，全长具宽鞘，鞘多少呈贝壳状，宽3~5mm，脱落点位于鞘顶端，有时有卷须。伞形花序单生于幼叶腋中，基部不具先出叶，具数花；花序梗长1~4cm；花序托稍膨大，有时延长，具宿存的小苞片；雄花花被片黄绿色，长约4mm，宽1~1.8mm；雌花较雄花稍小，具3退化雄蕊。浆果成熟时呈黑色，球形，直径6~8mm，具粉霜。花期4—5月，果期10月。

产于安吉、临安、淳安、遂昌、龙泉、庆元、景宁、文成。生于海拔1100m以上的林下、灌丛中。分布于安徽、江西、福建、河南、湖北、湖南、四川、云南、陕西、甘肃。

图10-419　托柄菝葜

15. 浙南菝葜 （图10-420）
Smilax austrozhejiangensis C. Ling

灌木，直立或披散。茎光滑无刺。叶片纸质，卵形至长圆状披针形，长3～7.5cm，宽1～3cm，基部圆形至宽楔形，先端急尖或渐尖，下面苍白色，主脉3条；叶柄长2～5mm，占全长的1/2～3/4具鞘，鞘向前延伸形成一对卵状披针形的叶耳，耳长约1mm，脱落点位于鞘顶端，无卷须。花淡绿色，2～7花排成总状花序，有时近伞形花序，单生叶腋；花序梗纤细，长1～2cm；花序托几不膨大，具微小宿存的小苞片；雄花花被片长约1.5mm，宽0.5～0.8mm，雄蕊长0.7～0.8mm；雌花较雄花稍小，长约1mm，宽约0.5mm，具6退化雄蕊。浆果成熟时呈橙红色，球形，直径5～7mm。花期4—5月，果期7—11月。

产于丽水、温州及台州市区、临海。生于海拔200～1230m的山坡林下、沟谷林下、路边灌草丛中。模式标本采自临海括苍山黄家寮。

图10-420　浙南菝葜

16. 三脉菝葜 （图10-421）
Smilax trinervula Miq.

落叶灌木，直立或稍攀缘。茎长0.5~2m，枝条稍具纵棱，近无刺或疏生刺。叶片厚纸质，椭圆形或长圆状椭圆形，长2~5cm，宽1~2.5cm，先端圆钝，具突尖，基部近圆形至楔形，下面苍白色，具3条主脉；叶柄长3~5mm，约占全长的1/2具鞘，通常有细短卷须。花序生于叶尚幼嫩的小枝上；花序梗长3~7mm，稍长于叶柄；花绿黄色，1或2花腋生，或3~5花排成总状花序；雄花外花被片长约4mm，宽约1.5mm，内花被片宽约0.8mm；雌花与雄花大小相似，具6退化雄蕊。浆果直径5~6mm，成熟时呈红色。花期4月，果期10月。

产于磐安、武义、景宁。生于海拔400~1000m的山坡林下、灌丛中。分布于江西、福建、湖南、贵州。日本也有。

本种的花序比较特别，易区别于属中其他种。

图10-421　三脉菝葜

17. 武当菝葜 （图10-422）
Smilax outanscianensis Pamp.

攀缘灌木。茎长2~3m，枝条多少具纵棱，疏生刺或近无刺。叶片草质，干后膜质或薄纸质，椭圆形、卵形至矩圆形，长4~10cm，宽2~4.5cm，先端急尖或渐尖，基部近宽楔形，下面淡绿色；叶柄长5~10mm，中部以下具宽1~2mm的鞘（一侧），少数叶柄有卷须，脱落点位于叶鞘顶端。伞形花序生于叶尚幼嫩的小枝上，具几花；花序梗长5~12mm，稍长于叶柄；花序托有时稍延长，具多数宿存小苞片；花绿黄色；雄花外花被片长约7mm，宽约2.7mm，内花被片宽约为外花被片的一半；雌花比雄花小，具3~6退化雄蕊。浆果直径7~10mm，成熟时呈紫黑色。花期5月,果期9—10月。

产于衢州。生于海拔800m左右的山坡灌丛中。分布于江西、湖北、四川。

图10-422 武当菝葜

18. 小果菝葜 (图10-423)
Smilax davidiana A. DC.

攀缘灌木。根状茎粗短,黑褐色。茎常紫红色,具刺。叶片厚纸质,通常椭圆形,长3~7cm,宽2~4.5cm,萌发枝上的叶片长可达14cm,宽可达12cm,先端微凸至短渐尖,基部楔形至圆形,下面淡绿色,具3或5主脉;叶柄较短,一般长5~7mm,占全长的1/3~1/2具翅状鞘,鞘卵形至半圆形,远宽于叶柄,离生部分明显,具卷须,脱落点位于卷须着生点处。伞形花序生于具有嫩叶的分枝上;花序梗长5~15mm;花序托膨大,近球形,具宿存小苞片;花黄绿色;雄花具6雄蕊;雌花具3退化雄蕊。浆果直径5~7mm,成熟时呈暗红色。花期4—5月,果期9—11月。

产于全省各地。生于海拔1160m以下的山坡林下、路边灌丛中。分布于江苏、安徽、江西、福建、湖南、广东、广西、贵州。日本也有。

根状茎可入药,功效同菝葜。

图 10-423　小果菝葜

19. 菝葜　金刚刺　（图 10-424）

Smilax china L. — *S. china* var. *straminea* F.P. Metcalf.

攀缘灌木。根状茎粗壮，灰白色。茎常疏生刺。叶片厚纸质至薄革质，干后红褐色或近古铜色，近卵形或椭圆形，长3~10cm，宽1.5~8cm，萌发枝上的叶片长可达16cm，宽可达12cm，先端突尖至骤尖，基部宽楔形或圆形，有时微心形，下面淡绿色，有时具粉霜，具3或5（或7）主脉；叶柄长5~25mm，占全长的1/2~4/5，具翅状鞘，鞘线状披针形或披针形，具卷须，脱落点位于卷须着生点处。伞形花序生于叶尚幼嫩的小枝上；花序梗长10~30mm；花序托膨大，小苞片宿存；花黄绿色；雄花具6雄蕊；雌花具6退化雄蕊。浆果

图 10-424　菝葜

球形，直径6～15mm，成熟时呈红色，有时具白粉。花期4—6月，果期6—10月。

产于全省各地。生于山坡上和沟谷林下、路边和山顶灌草丛中。分布于除西北地区和西藏外的黄河以南各地。日本、越南、泰国、缅甸、菲律宾也有。

本种分布广泛，形态变异丰富，在高海拔山地、海岛等地表现出叶形较圆、叶质地较厚、叶背有白粉、果实较大等特征，与低海拔分布群体的典型特征有较多差异，另外在浙北低山丘陵也有果实锥形的变异类型，傅承新等（1990，1997）细胞学及分子系统学研究结果表明此种是一个包含多种倍性（2×、4×、6×）的复合体。

根状茎可入药，有清湿热、强筋骨、解毒的功效，又可酿酒。

20. 细齿菝葜 （图10-425）

Smilax microdonta Z.S. Sun et C.X. Fu

多年生落叶小灌木，茎近直立。茎长0.5～2m，具分枝，无刺或疏生刺，有时呈"之"字形回折状。叶片纸质，卵圆形至圆形，长2.7～4.4（10.8）cm，宽2.1～4.0（7.8）cm，先端急尖，基部圆形或突然收缩成楔形，叶缘具细锯齿；叶柄长6～14（20）mm，约占全长的2/3具狭鞘，脱落点位于鞘顶端，通常具细弱卷须。伞形花序单生于幼枝的叶腋，具（3）5～8花；花序梗长8～15mm，基部不具先出叶；小苞片宿存；花黄绿色；雄花花被片卵圆形，长3.5～4mm，宽1～2mm；雌花与雄花相似。浆果球形，直径5～7mm，成熟时呈红色。花期3—4月，果期10—11月。

产于长兴、安吉、临安。生于海拔50～800m的山坡、林下、灌丛中。分布于山东、江苏、湖北。

该种常被误定为菝葜，但其叶边缘密具细锯齿，叶鞘较狭窄，茎近直立，可区别。

图10-425 细齿菝葜

二〇〇　薯蓣科 Dioscoreaceae

缠绕草质或木质藤本。地下部分为根状茎或块茎。茎左旋或右旋，有毛或无毛，有刺或无刺。叶多为单叶，少数为掌状复叶；叶互生，或茎中部以上对生；基出脉3~9条，侧脉网状；叶柄常扭转，有时基部有关节。花单性或两性，雌雄异株，稀同株；花单生、簇生或排成穗状、总状或圆锥花序。雄花花被片6，2轮排列，基部合生或离生，雄蕊6，有时其中3枚退化，退化子房有或无；雌花花被片和雄花相似，退化雄蕊3~6，或无，子房下位，花柱3，分离。果实为蒴果、浆果或翅果。种子有翅或无翅。

约有9属，650种，广泛分布于全球的热带和温带地区，尤以美洲热带地区种类较多；我国有1属，52种，以西南地区最多；浙江有18种。

薯蓣属 Dioscorea L.

多年生缠绕草质藤本，稀木质藤本，无卷须。单叶或掌状复叶，互生，有时中部以上对生；叶腋内有珠芽或无。花单性，雌雄异株，稀同株；雄花有雄蕊6，有时其中3枚退化；雌花有退化雄蕊3~6，或无。蒴果三棱形，每棱翅状，果皮革质，成熟后顶端开裂，果梗反折或否。种子生于中轴的中部或一端；种翅膜质，宽椭圆形至长三角形。

本属有600多种。我国有52种，主产于西南和东南部，西北和北部较少；浙江有18种。

许多种类的地下茎具有重要的经济价值，如参薯、薯蓣等以淀粉为主，常供食用；薯莨以鞣质为主，可提制烤胶，供工业用；穿龙薯蓣、盾叶薯蓣等含有薯蓣皂苷元，供药用。

分种检索表

1. 叶为单叶；地下茎为根状茎或块茎；茎左旋或右旋。
 2. 地下茎为根状茎，水平生长；茎左旋；有花被管；叶腋内无珠芽；果梗反折（除山草薢）。
  3. 叶柄盾状着生；花被紫红色 ·· **1. 盾叶薯蓣 D. zingiberensis**
  3. 叶柄非盾状着生。
   4. 茎中下部叶片掌状分裂，两面被毛；果梗反折。
    5. 蒴果倒卵形，种子生于中轴基部；雄花无柄，花被黄绿色；根状茎栓皮层易剥离，断面黄色 ·· **2. 穿龙薯蓣 D. nipponica**
    5. 蒴果扁球形，种子生于中轴中部；雄花有柄，花被橙黄色；根状茎质硬而细，断面橙红色 ·· **3. 福州薯蓣 D. futschauensis**
   4. 叶片不分裂。

6. 果梗不反折，种子生于中轴基部；雄花有柄；茎基部或幼株顶端的叶轮生，叶厚纸质至稍肉质……
……………………………………………………………………………………… 4. 山萆薢 **D. tokoro**
6. 果梗反折，种子生于中轴中部。
　　7. 雄花无柄，退化雄蕊3。
　　　　8. 叶缘有啮蚀齿，上面无白斑，下面灰绿色，茎基部或幼株顶端的叶轮生…………
　　　　……………………………………………………………………… 5. 纤细薯蓣 **D. gracillima**
　　　　8. 叶缘波状，上面常有白斑，下面粉白色，干后变黑或否……………………………
　　　　…………………………………………………… 6. 粉背薯蓣 **D. collettii** var. **hypoglauca**
　　7. 雄花有柄，雄蕊全部发育。
　　　　9. 花被黄绿色；叶膜质或薄纸质，两面无毛，下面灰白色……………… 7. 细柄薯蓣 **D. tenuipes**
　　　　9. 花被橙黄色；叶纸质，两面被毛………………………………………… 8. 绵萆薢 **D. spongiosa**
2. 地下茎为块茎，垂直生长，稀兼具明显根状茎；茎右旋（除黄独）；花被片离生；叶腋内有或无珠芽；果梗不反折（除黄独）。
　　10. 茎左旋；果梗反折，长大于宽；叶全部互生；叶宽卵状心形至卵状心形，先端尾尖…………
　　…………………………………………………………………………………… 9. 黄独 **D. bulbifera**
　　10. 茎右旋；果梗不反折，宽大于长；茎下部叶互生，上部的对生；叶披针形、长三角形至宽卵状心形。
　　　　11. 木质藤本；叶革质，长椭圆状卵形或狭披针形…………………………… 10. 薯莨 **D. cirrhosa**
　　　　11. 草质藤本；叶纸质，长三角形至心形。
　　　　　　12. 茎具4条翅 ………………………………………………………………… 11. 参薯 **D. alata**
　　　　　　12. 茎无翅。
　　　　　　　　13. 叶缘常3浅裂至深裂，叶卵状三角形至宽卵形或戟形 ………… 12. 薯蓣 **D. polystachya**
　　　　　　　　13. 叶缘无明显3裂。
　　　　　　　　　　14. 雄穗状花序单生或2至数个簇生 ………………………… 13. 日本薯蓣 **D. japonica**
　　　　　　　　　　14. 雄穗状花序通常再组成圆锥花序。
　　　　　　　　　　　　15. 叶上面网脉明显；茎、叶干时常呈红褐色………… 14. 褐苞薯蓣 **D. persimilis**
　　　　　　　　　　　　15. 叶上面网脉不明显；茎、叶干时不呈红褐色。
　　　　　　　　　　　　　　16. 根状茎膨大成块；块茎细长，外皮易脱落，木质，不可食用………………
　　　　　　　　　　　　　　……………………………………………………… 15. 光叶薯蓣 **D. glabra**
　　　　　　　　　　　　　　16. 根状茎不明显；块茎外皮不脱落，肉质，可食用。
　　　　　　　　　　　　　　　　17. 块茎单一、细长；叶宽披针形或长椭圆状卵形；茎基部具皮刺…………
　　　　　　　　　　　　　　　　……………………………………………………………… 16. 山薯 **D. fordii**
　　　　　　　　　　　　　　　　17. 块茎指状分枝、粗短；叶圆形或卵形………… 17. 盈江薯蓣 **D. wallichii**
1. 叶为掌状复叶；地下茎为块茎；茎左旋；有花被管；果被毛……… 18. 毛芋头薯蓣 **D. kamoonensis**

1. 盾叶薯蓣　盾叶苕薢　（图10-426）
Dioscorea zingiberensis C.H.Wright

缠绕草质藤本。根状茎横生，指状或不规则分枝，表皮棕黑色，常呈鳞状皱裂，断面鲜时橙黄色至橙红色，干后颜色变淡，味微苦。茎左旋，光滑，有时在分枝或叶柄基部两侧微突起或有刺。叶互生；叶片厚纸质，三角状卵形、心形或箭形，通常3浅裂至3深裂，长4~8cm，宽3~6cm，两面无毛，表面常有不规则斑块；叶柄盾状着生。雌雄异株或同株；雄花序穗状，花被片紫红色；雌花具花丝状退化雄蕊。蒴果圆球形，长1.2~2cm，宽1~1.5cm，干后蓝黑色，表面常有白粉，果梗反折。种子生于中轴中部，四周有薄膜状翅。花期5~8月，果期9—10月。

分布于河南、湖北、湖南、陕西、甘肃、四川。本省杭州及仙居、瑞安有引种栽培。

根状茎含薯蓣皂苷元较高，是合成甾体激素药物的重要原料。

图10-426　盾叶薯蓣

2. 穿龙薯蓣　龙萆薢　（图10-427）

Dioscorea nipponica Makino

缠绕草质藤本。根状茎横生，圆柱形，多分枝，栓皮层易剥离，断面鲜时黄色，坚韧，干后变白色至淡黄色，粉性，味微苦。茎左旋，近无毛。叶互生，但茎下部或幼株顶端常3或4枚轮生；叶片纸质，茎基部者掌状心形，长10~15cm，宽9~13cm，5~7浅裂或中裂，顶端叶片小，近全缘，两面被细柔毛，尤以脉上较密。雄花序穗状或再排成圆锥花序，花被淡黄绿色。蒴果倒卵形，顶端微凹，表面淡黄色，长1.6~2.3cm，宽1.1~1.6cm，果梗反折。种子生于中轴基部。花期6—8月，果期8—10月。

产于湖州、杭州及嵊州、新昌、宁波市区、余姚、宁海、衢州市区、开化、金华市区、兰溪、东阳、天台、临海、仙居、温岭、缙云、遂昌、乐清。常生于海拔100~1200m的阴湿山谷中、疏林下。分布于东北、华北、西北及安徽、江西、河南、四川。

根状茎含薯蓣皂苷元，可入药。

图 10-427　穿龙薯蓣

3. 福州薯蓣　福萆薢（图 10-428）
Dioscorea futschauensis Uline ex R. Knuth

缠绕草质藤本。根状茎横生，不规则长圆柱形，少分枝，表面红棕色至橙棕色，根基稀少，断面鲜时橙红色，干后变白色至淡黄色，味微苦。茎左旋，无毛。叶互生；叶片微革质，茎基部者掌状心形，7裂，中裂片卵状三角形，长8~15cm，宽7~13cm，背面网脉明显，两面沿叶脉密生白色硬毛。雄花序总状或再排成圆锥花序，花序梗被毛；花被橙黄色；雄蕊有时仅3枚发育。蒴果扁球形，顶端平截，表面深棕色，长1.5~1.8cm，宽2~2.6cm，果梗反折。种子生于中轴中部。花期6—7月，果期7—10月。

产于普陀、温州市区、瑞安、平阳、苍南、泰顺。生于海拔250m以下的山坡林缘、灌丛中或沟谷边。分布于福建、湖南、广东、广西。

根状茎含微量薯蓣皂苷元，作"萆薢"入药，用作清热解毒剂。

图 10-428　福州薯蓣

4. 山萆薢 （图 10-429）
Dioscorea tokoro Makino

缠绕草质藤本。根状茎横生,近圆柱形,不规则分枝,表面密被白点状的根基,节不明显,断面鲜时淡黄色至棕黄色,干后变灰黄色。茎左旋,无毛。叶互生,在茎基部或幼株顶端者常3～4轮生；叶厚纸质或稍肉质,茎下部者卵状心形至圆心形,中部以上渐成三角状浅心形,长8～15cm,宽5～14cm,顶端渐尖或尾状,边缘全缘或浅波状,背面沿叶脉有时密生乳头状小突起。雄花序总状或再排成圆锥花序。蒴果宽倒卵形,长大于宽,长1.4～1.7cm,宽1.1～1.3cm,顶端微凹,基部狭圆形,果梗不反折。种子生于中轴基部,种翅三角状倒卵形。花期6—8月,果期8—10月。

产于全省各地,以临安、建德较多。常生于海拔60～700m的山沟林下潮湿处或竹林下。分布于华东、华中及四川、贵州。

根状茎民间代"粉草薢"入药,将其捣碎投入水中可以毒鱼,另煎水内服可以退热。

二〇〇 薯蓣科 Dioscoreaceae

图 10-429 山萆薢

5. 纤细薯蓣　白萆薢　（图10-430）

Dioscorea gracillima Miq.

缠绕草质藤本。根状茎横生，竹节状，表面枯黄色，散生略呈疣状突起的根基，断面鲜时及干后质均坚硬，白色，味微苦。茎左旋，无毛。叶互生，有时在茎基部或幼株顶端者3～5轮生；叶片薄革质，宽卵状心形，长6～20cm，宽5～14cm，全缘或微波状，常具啮蚀齿，两面无毛，背面常具白粉。雄花序穗状或再排成圆锥状，花被碟形，顶端6裂，退化雄蕊3；雌花有6退化雄蕊。蒴果球形，顶端平截，长1.8～2.8cm，宽1～1.3cm。种子生于中轴中部，种翅宽椭圆形。花期5—8月，果期6—10月。

产于全省各地。生于海拔100～1200m的山坡疏林下或较阴湿的山谷中。分布于安徽、江西、福建、湖北、湖南。日本也有。

根状茎含薯蓣皂苷元，为中药"粉萆薢"的来源之一，是合成甾体激素药物的原料。

图10-430　纤细薯蓣

6. 粉背薯蓣 粉萆薢 黄萆薢 （图10-431）

Dioscorea collettii Hook. f. var. **hypoglauca** (Palib.) Péi et C.T. Ting

缠绕草质藤本。根状茎横生，直径1.5～3.0cm，断面黄色，干后坚硬，粉性，淡黄色至粉白色，味微苦。茎左旋，无毛，有时密生黄色短毛。单叶互生；叶片三角形或卵圆形，顶端渐尖，基部心形、宽心形或有时近截形，边缘波状或近全缘，呈半透明干膜质，干后黑色，有时背面灰褐色有白色刺毛，沿脉较密。雄花序单生，或2、3个簇生于叶腋，花被黄色，干后黑色，有时少数不变黑，雄蕊3，花开放后药隔变宽，宽约为花药的一半，退化雄蕊有时只存有花丝；雌花序穗状，雌花的退化雄蕊呈花丝状，子房长圆柱形，柱头3裂。蒴果三棱形，两端平截，顶端与基部通常等宽，表面栗褐色，富有光泽，成熟后反曲下垂。种子2枚，着生于中轴中部，成熟时四周有薄膜状翅。花期5～8月，果期6—10月。

产于全省各地。生于海拔200～1300m的山谷缓坡上、水沟边阴处或疏林下。分布于安徽、江西、福建、河南、湖北、湖南、台湾、广东、广西。

根状茎为中药"粉萆薢"的主要来源，可祛风、利湿。

图10-431 粉背薯蓣

7. 细柄薯蓣 细萆薢 （图10-432）

Dioscorea tenuipes Franch. et Sav.

缠绕草质藤本。根状茎横生，直径0.5～1.5cm，细长圆柱形，常弯曲，多分枝，明显的节和节间，表面具环纹，密布白点状根基，断面鲜时黄色，干后白色，味微苦。茎左旋，无毛。叶互生；叶片膜质至薄纸质，常半透明，卵状心形至圆心形，长4～13cm，宽3～11cm，两面无毛，有光泽。雄花序总状，长7～15cm，雄花梗长3～8mm，花被黄绿色，雄蕊全育；雌花序穗状，单生，雄蕊退化成花丝状。蒴果扁球形，长2～2.5cm，宽1.2～1.5cm，果梗反折。种子生于中轴中部，种翅淡橄榄绿色。花期6—7月，果期7—9月。

产于杭州、绍兴、宁波及开化、江山、浦江、台州市区、三门、仙居、温岭、龙泉、云和、景宁、青田、乐清、永嘉、文成、泰顺。常生于海拔800m以下的海滨岩石上、山谷疏林下或林缘。分布于安徽、江西、福建、湖南、广东。

根状茎含多种甾体皂苷元，民间代中药"粉萆薢"，供药用。

图10-432　细柄薯蓣

8. 绵萆薢 (图10-433)

Dioscorea spongiosa J.Q. Xi, M. Mizuno et W.L. Zhao

缠绕草质藤本。根状茎横生，粗壮，直径3～6cm，常不规则弯曲，多分枝，断面鲜时乳白色至淡黄色，干后疏松，灰白色，味微苦。茎左旋，疏生细毛。叶片纸质，三角状心形至长心形，长7～16cm，宽5～14cm，边缘微波状至全缘，茎下部或幼株者常3～5掌状浅至中裂，两面散生白色短毛，下面脉上较密。雄花序总状或再排成圆锥状，花序梗被毛，花浅橙黄色，雄蕊6，全育；雌花序的退化雄蕊有时呈花丝状。蒴果扁倒卵形至扁球形，顶端微凹，长1.5～2.1cm，宽1.7～2.7cm，果梗反折。种子生于中轴中部，种翅宽椭圆形，浅紫红色。花期6—8月，果期7—10月。

产于建德、奉化、开化、常山、黄岩、仙居、温岭、乐清、文成、平阳、苍南。常生于海拔200～1000m的山地疏林或灌丛中。分布于江西、福建、湖北、湖南、广东、广西。模式标本采自常山芳村。

根状茎含微量薯蓣皂苷元，为中药"绵萆薢"的主要来源。

图10-433 绵萆薢

9. 黄独　黄药子　（图10-434）
Dioscorea bulbifera L.

缠绕草质藤本。块茎卵圆形或梨形，直径3～7cm，外皮棕黑色，表面密生须根，断面鲜时白色至淡黄色，干后变黄色至黄棕色。茎左旋，无毛。叶腋内有紫棕色的球形或卵圆形珠芽，表面有斑点。叶片宽卵状心形或卵状心形，长9～26cm，宽6～26cm，先端尾尖，两面无毛。雄花序穗状或再排成圆锥状，花被片离生，紫红色，雄蕊全育；雌花序常2至数个簇生，长20～50cm。蒴果长圆形，长1.5～3cm，宽0.8～1.5cm，两端浑圆，成熟时呈草黄色，表面密被紫色小斑点，果梗反折。种子生于中轴顶部，种翅三角状倒卵形。花期7—10月，果期8—11月。

产于全省各地，以长兴、遂昌最多。常生于海拔100～1200m的林缘或房前屋后。分布于华东、华中、华南、西南及陕西、甘肃。日本、朝鲜半岛、印度、缅甸以及大洋洲、非洲也有。

为中药"黄药子"的来源，能凉血、消瘿；栽培品种苦味显著减少，可食用。

图10-434　黄独

10. 薯莨　红孩儿（图10-435）
Dioscorea cirrhosa Lour.

多年生木质藤本。块茎卵形、长圆形或葫芦状，长6～13cm，直径3～6cm，不分枝，外皮黑褐色，凹凸不平，断面鲜时红色，干后紫黑色，味极涩。茎右旋，无毛，下部有刺。叶在茎下部的互生，中部以上的对生；叶片革质，长椭圆状卵形或狭披针形，长5～17cm，宽1.5～4cm，基部圆形，两面无毛，背面粉绿色，基出脉3～5，网脉明显。雄花序穗状，长2～10cm，常排成圆锥花序；雌花序长达12cm。蒴果扁圆形，长1.8～3.5cm，宽2.5～4.3cm，果梗不反折。种子生于中轴中部，种翅长圆形。花期4—6月，果期7月至次年1月。

产于宁波、温州及普陀、温岭、庆元、景宁。生于海拔350～1000m的向阳山坡上或河谷边的疏林下。分布于华南、西南及江西、福建、湖南。

块茎富含单宁，可提制栲胶，或用作染丝绸、棉布、渔网，也可作酿酒的原料，还可入药。

图10-435　薯莨

11. 参薯 大薯 （图10-436）
Dioscorea alata L.

缠绕草质藤本，全体无毛。块茎粗壮，肉质，形态、色泽因品种而异，断面鲜时嫩脆，富含黏液，干后坚硬，粉性，味淡至微甜。茎右旋，具4条狭翅。叶腋内有大小不等、形状各异的珠芽。叶在茎下部的互生，中部以上的对生；叶片纸质，长卵状心形，长8～18cm，宽4.5～13cm。雄花序穗状，长1.5～4cm，常排成圆锥花序，花序轴明显呈"之"字形曲折；雌花序穗状，1～3个簇生。蒴果扁圆形，长1.5～2.5cm，宽2.5～4.5cm，果梗不反折。种子生于中轴中部。花期11月至次年1月，果期12月至次年1月。

可能原产于孟加拉湾的北部和东部。我国长江以南各省、区常见栽培；温州、丽水及台州常有栽培。

块茎作蔬菜食用，常见栽培品种有白圆参薯、白扁参薯、红圆参薯、红扁参薯；部分地区作"淮山药"入药。

图10-436　参薯

12. 薯蓣 山药 怀山药（图 10-437）

Dioscorea polystachya Turcz.— *D. opposita* Thunb.

缠绕草质藤本。块茎长圆柱形，垂直生长，末端较粗壮，不分枝，长 8～15cm，直径 1～1.5cm，栽培者长可达 30cm，直径可达 4.5cm，断面鲜时嫩脆，白色，干后变坚硬，粉性，味淡至微甜。茎右旋，无毛，常带紫红色。叶在茎下部的互生，中部以上的对生；叶片卵状三角形至宽卵形或戟形，长 3～7cm，宽 2～7cm，边缘常 3 浅裂至深裂；幼苗时叶片多为卵状心形；叶腋内常有珠芽。雄花序穗状，长 2～8cm，近直立，2～8 个簇生，花被淡黄色，有紫褐色斑点，花序轴明显呈"之"字形曲折；雌花序 1～3 个簇生。蒴果球形，长 1.2～2cm，宽 1.5～3cm，外被白粉，果梗不反折。种子生于中轴中部，种翅长圆形。花期 6—9 月，果期 7—10 月。

产于全省各地，以浙北为多。生于山坡上、溪边或灌丛中，或为栽培。分布于东北、华北、华中、华东、西南等地。朝鲜半岛、日本也有。

块茎作蔬菜食用；也是常用中药"淮山药"，有强身、祛痰的功效。

图 10-437　薯蓣

13. 日本薯蓣 尖叶薯蓣 （图10-438）

Dioscorea japonica Thunb. — *D. belophylloides* Prain et Burkill

缠绕草质藤本。块茎长圆柱形，垂直生长，长7~12cm，直径1~1.5cm，不分枝，外皮棕黄色，断面鲜时乳白色，富含黏液，干后粉白色，味淡至微甜。茎右旋。叶在茎下部的互生，中部以上的对生；叶片纸质，变异大，常为三角状披针形，有时茎下部的为宽卵心形，长3~18cm，

图10-438　日本薯蓣

宽2~9cm，两面无毛；叶腋内有珠芽。雄花序穗状，长2~8cm，近直立，1至数个簇生，花被片绿白色或淡黄色；雌花序长6~20cm，1~3个簇生。蒴果扁球形，长1~2cm，宽1.5~3cm，果梗不反折。种子生于中轴中部，种翅长圆形。花期5—10月，果期7—11月。

产于全省各地。喜生于向阳山坡、山谷、溪沟边或草丛中。分布于华东、华南及湖北、湖南、四川、贵州。朝鲜半岛、日本也有。

块茎可入药，也可供食用。

13a. 毛藤日本薯蓣（图10-439）
var. **pilifera** C.T. Ting et M.C. Chang

与日本薯蓣的区别在于本变种的茎、叶柄、叶背沿叶脉处和雌、雄花序轴的下部均具鳞片状毛，老时易脱落，花期8—9月。

产于安吉、杭州市区、临安、江山、遂昌。分布于华东及湖北、湖南、广西、贵州。

图10-439 毛藤日本薯蓣

14. 褐苞薯蓣　珍薯　（图10-440）
Dioscorea persimilis Prain et Burkill

图10-440　褐苞薯蓣

缠绕草质藤本，全体无毛。块茎圆柱形，不分枝，栽培者长可达20cm，直径可达3cm，外皮棕黄色，断面鲜时乳白色，富含黏液，干后粉白色，味淡至微甜。茎右旋，干时带红褐色，常具4~8条棱。叶在茎下部的互生，中部以上的对生；叶片纸质，干时带红褐色，三角状心形，长4~15cm，宽2~13cm，两面网脉明显，无毛；叶腋内偶见珠芽。雄花序穗状，长1~4cm，簇生或排成圆锥花序，花序轴明显呈"之"字形曲折，苞片及外轮花被片有紫褐色斑纹；雌花序1或2个簇生。蒴果扁圆形，长1.5~2.5cm，宽2.5~4cm，果梗不反折。种子生于中轴中部。花期7月至次年1月，果期9月至次年1月。

分布于湖南、广东、广西、贵州、云南。越南也有。本省瑞安飞云江中下游冲积平原常有栽培。

块茎为优质蔬菜。

15. 光叶薯蓣　（图10-441）
Dioscorea glabra Roxb.

缠绕草质藤本。根状茎短粗，由此生出多个长圆柱状块茎，直径2~8mm，外皮易脱落，断面鲜时白色，干后变黄白色，木质，味微苦。茎右旋，无毛，基部有刺。叶在茎下部的互生，中部以上的对生；叶片通常为卵形，或为长椭圆状卵形至卵状披针形或披针

图10-441　光叶薯蓣

形，长7.5～13cm，宽6.5～12cm，基部心形、圆形或截形，两面无毛。雄花序穗状，单生、簇生或排成圆锥花序；雌花序长达25cm。蒴果扁圆形，长1.5～2.5cm，宽2.5～4.5cm，果梗不反折。种子生于中轴中部，种翅长圆形。花期9—12月，果期11月至次年1月。

产于泰顺。生于海拔500～800m的山坡上、沟旁、疏林下或灌丛中。分布于广西西部、云南南部。印度、中南半岛至印度尼西亚也有。

块茎可入药，有通经活络、止血止痢、调经等功效。

16. 山薯　广东薯蓣　（图10-442）
Dioscorea fordii Prain et Burkill

缠绕草质藤本。块茎长圆柱形，外皮不脱落，断面鲜时白色，富含黏液，干后粉白色，味淡至微甜。茎右旋，无毛，基部有刺。叶在茎下部的互生，中部以上的对生；叶片纸质，宽披针形或长椭圆状卵形，长6.5～13.5cm，宽2～5cm，先端渐尖或尾尖，基部心形、近截形至箭形，两面无毛，叶柄两端常带红色，叶柄基部膨大，有膜质。雄花序穗状，簇生或排成长达40cm的圆锥花序，花序轴呈"之"字形曲折；雌花序结果时长可达25cm。蒴果扁圆形，长1.5～3cm，宽2～4.5cm，果梗不反折。种子生于中轴中部。花期10月至次年1月，果期12月至次年1月。

产于景宁、泰顺，温岭、松阳、瑞安有栽培。常生于山坡、溪沟边。分布于福建、湖南、广东、广西。

块茎不含甾体皂苷，可作蔬菜。

图10-442　山薯

17. 盈江薯蓣 衢州山药
Dioscorea wallichii Hook. f.

缠绕草质藤本。块茎指状分枝，分枝粗短，常呈短圆柱形或纺锤形，栽培者长可达4cm，表面棕黑色，断面鲜时乳白色，富含黏液，干后粉白色，味淡至微甜。茎较粗壮，右旋，无毛。叶对生或互生；叶片圆形或卵形，长6~12cm，宽5~8cm，两面无毛，基出脉7~11。雄花序穗状，长2~5cm，2至数个簇生或排成圆锥花序，花被片有紫红色斑点，退化雌蕊大，近球形；雌花序穗状，分枝或单一；雌花的外轮花被片卵形，内轮较短，宽卵形，两者均肉质。蒴果扁圆形，长2~2.7cm，基部截形，先端微凹至截形，果梗不反折。种子生于中轴中部。花期12月。

分布于云南盈江。印度、孟加拉国、缅甸、泰国和马来西亚也有。本省衢江有栽培。

块茎不含甾体皂苷，可作蔬菜。

18. 毛芋头薯蓣 （图10-443）
Dioscorea kamoonensis Kunth

缠绕草质藤本。块茎常卵圆形，外皮有多数细长须根。茎左旋，密生棕褐色短柔毛，老时渐无毛。掌状复叶有3~5小叶；小叶片椭圆形，长2~14cm，宽1~5cm，先端渐尖，全缘，两面常疏生贴伏柔毛；叶腋内常有被柔毛的球形珠芽。花序轴、小苞片、花被外面密生棕褐色短柔毛；雄花序总状，常数个簇生叶腋，有3退化雄蕊；雌花序穗状，子房密生绒毛。蒴果长圆形，长1.5~2cm，宽1~1.2cm，疏被短柔毛，果梗反折。种子生于中轴顶部，种翅向基部伸长。花期7—9月，果期9—11月。

产于衢州市区、武义、遂昌、松阳、龙泉、庆元、云和、景宁、文成、泰顺。生于海拔500~800m的林缘、山沟里、山谷路旁或次生灌丛中。分布于江西、福建、湖北、湖南、广东、广西、四川、贵州、云南、西藏。

《浙江植物志》记载的五叶薯蓣 *Dioscorea pentaphylla* L. 为本种的误定。

图 10-443 毛芋头薯蓣

二〇一 水玉簪科 Burmanniaceae

一年生或多年生草本,多为腐生,稀为绿色植物。茎纤细,单一或偶有分枝。叶茎生或基生;叶片全缘,大多退化成红色、黄色或白色的鳞片状。花单生、簇生或排成穗状、总状或蝎尾状聚伞花序,两性,极少单性,辐射对称或两侧对称;花被片基部连合成管状,花被管具翅、棱或无,花被裂片6,2轮,内轮的常较小或不存在;雄蕊6或3,着生于花被管上,花丝短或不存在,药隔宽,具附属体,药室纵裂或横裂;子房下位,3室,中轴胎座,或为1室,侧膜胎座,胚珠多数,倒生,花柱1,条形或锥形,柱头3裂。果为蒴果,不规则开裂或横裂,稀瓣裂,有时肉质,具翅或无翅。种子细小,多数,具膜质外种皮,有胚乳,胚体不分化。

约16属,148种,分布于热带和亚热带地区。我国有3属,13种,主要分布于华东、华中、华南至西南地区;浙江有2属,5种。

1 水玉簪属 Burmannia L.

一年生或多年生草本。腐生种类叶退化成鳞片状(在自养型种类中呈绿色),茎生或在茎基部呈莲座状。花单生,或数花簇生于茎及枝顶端成头状,或成蝎尾状聚伞花序;花被管具3棱或翅,或无,裂片常6,花后宿存,外轮较大,内轮较小或有时不存在;雄蕊3,着生于花被管喉部,常与内轮花被裂片对生,花丝极短或无,药隔宽,顶端常有2个鸡冠状附属体,基部有时具距,药室球形或棒状,横裂;子房三棱形,3室,中轴胎座。蒴果常具3棱或翅,不规则开裂,有多数细小种子。

约60种,分布于热带、亚热带地区。我国有10种,分布于华东、华中、华南至西南地区;浙江有4种。

分种检索表

1.叶绿色,基生;叶片长1~1.5cm,宽1~3mm;花单生,稀2或3花簇生 …… **1.三品一枝花 B. coelestis**
1.腐生植物,无基生叶;叶片鳞片状,长1.5~6(10)mm,宽约1mm;数花集生成头状,或1~5花排成成对的蝎尾状聚伞花序。
 2.花常2~10(12)聚生成头状;花被管仅具3条突起的脉而无翅;植株无珠芽……………
  ……………………………………………………………… **2.头花水玉簪 B. championii**
 2.花常2~5排成成对的蝎尾状聚伞花序;花被管具明显的3翅;植株具珠芽。
  3.花阔壶形,长约5mm;茎极纤细,直径不超过0.5mm;蒴果横裂 …… **3.宽翅水玉簪 B. nepalensis**
  3.花倒卵形,长8~10mm;茎纤细,直径0.5~1mm;蒴果不规则开裂 ………………………
  ……………………………………………………………… **4.大西坑水玉簪 B. daxikangensis**

1. 三品一枝花
Burmannia coelestis D. Don

一年生草本，高10~20cm。茎直立，纤细，不分枝或有时分枝。基生叶少数，叶片条形或披针形，长1~1.5cm，宽1~3mm，先端急尖；茎生叶2~4，紧贴茎上，叶片条形，长1~2cm。花单生，或2、3花簇生于茎顶；苞片披针形，长约4mm；花被管长约5mm，具3翅，翅蓝色或紫色，由花被裂片中部起直达基部，长10~12mm，宽约2.5mm，花被裂片略带黄色，外轮卵形，长1.5~2mm，先端具小尖头，基部双边，内轮微小，膜质，三角形，长约1mm；药隔有两个短而侧生的刺，顶部有2个略叉开的鸡冠状突起，基部有距；子房椭圆球形或倒卵球形，基部渐狭，长约5mm，花柱条形，柱头3裂。蒴果倒卵球形，顶端有宿存花被裂片，横裂。花果期10—11月。

产于庆元（槎溪）、永嘉（四海山）、平阳（南雁荡）。生于海拔300m左右的河漫滩或湿地。分布于广东、广西、海南。东亚、东南亚及澳大利亚、巴布亚新几内亚也有。

2. 头花水玉簪 （图10-444）
Burmannia championii Thwaites

多年生腐生草本，高4.5~11cm。根状茎块状。茎直立，纤细，白色。茎生叶退化成鳞片状，膜质，紧贴茎上；叶片披针形，长1.5~6（10）mm。花2~10，稀达12朵，常簇生于茎顶呈头状；花梗短；花被管无翅，仅具3脉，外轮花被裂片淡红棕色，三角形，长约2mm，上部具内折的侧裂片，内轮花被裂片匙形，长约1.3mm，边缘稍有乳突；花丝极短，药隔顶端具一小突起，基部无距；子房椭圆球形或卵球形，长2~3mm，花柱条形，较粗，柱头3裂。蒴果倒卵球形，长约2.5mm。种子极小，卵球形。花果期8—9月。

产于江山（仙霞岭）、仙居（俞坑）、莲都（峰源）、缙云（大洋山）、遂昌（大西坑、左别源）、景宁（大仰湖）、庆元（百山祖）、青田（阜山）、永嘉（四海山）、文成（铜铃山）。生于海拔

图10-444　头花水玉簪

750～950m的林下腐殖质丰富的地带。分布于福建、台湾、湖南、广东、广西。东亚、东南亚及太平洋岛屿也有。

《浙江植物志》曾记载本种日本的标本外轮花被裂片长约5mm，内轮的长约0.5mm，雄蕊远离花被裂隙，似与浙江的标本不同。本志作者检查了日本东京大学和京都大学博物馆的本种标本后发现，其与浙江的标本甚为一致，未见区别。

3. 宽翅水玉簪　石山水玉簪　（图10-445）
Burmannia nepalensis Hook. f. —— *B. fadouensis* H. Li

一年生腐生小草本，高3～10cm。茎白色，极纤细，顶端分枝或不分枝；珠芽肉质，卵球形或球形。叶退化成鳞片状，白色，2或3枚散生于茎的中下部；叶片卵形或长圆形，内凹，长1～1.5mm，宽1～1.2mm。花单生茎顶，偶有2或3（5）花排成蝎尾状聚伞花序；苞片白色，近肉质，卵形；花梗长3～4mm；花阔壶形，长约5mm，花被管短，长约1mm，直径约1mm，具3宽翅，翅白色，自花被裂片处下延至基部，长约3mm，宽约1mm，外轮花被裂片近方形，内弯，长、宽均约0.8mm，先端浅2裂或不裂，边缘黄色，略增厚，内轮花被裂片仅残存小瘤突；药隔舌状外突，顶部两侧各有1鸡冠状突起，或无附属体，基部有距；子房近球形，外具3棱，长约3mm，花柱直立，柱头近头状，3裂。蒴果卵球形，三棱状，横裂。种子多数，细小，纺锤形。花果期9—10月。

产于遂昌（九龙山）、庆元（五岭坑）、景宁（大仰湖、渔漈坑）、泰顺（仕阳）。生于沟谷阔叶林下。分布于台湾、湖南、广东、广西。日本、泰国、尼泊尔、印度、菲律宾、印度尼西亚也有。

图10-445　宽翅水玉簪

4. 大西坑水玉簪 (图10-446)

Burmannia daxikangensis (Y.B. Chang et Z. Wei) S.C. Chen et H. Li — *B. cryptopetala* Makino var. *daxikangensis* Y.B. Chang et Z. Wei, '*baxikangensis*'

一年生腐生草本，高3～8cm。茎直立，纤细，白色，分枝或不分枝，有腋芽。茎生叶退化成鳞片状，3～5枚散生于茎上，紧贴或开展；叶片披针形，长2～4mm，宽1～1.5mm。花1～3于枝端排成蝎尾状聚伞花序；苞片披针形，长约5mm；花梗短；花倒卵形，长8～10mm，花被管短，圆筒形，长2～3mm，具3翅，翅白色，连翅直径4～5mm，花被裂片黄色，外轮的卵形，长约2mm，先端锐尖，内轮的几不可见；药隔顶端无附属体，基部无距；子房卵球形，长约5mm，花柱条形，较粗，长约3.5mm，柱头3裂。蒴果倒卵球形，长约6mm，不规则开裂。种子多数，纺锤形，细小。花果期8—9月。

产于遂昌（大西坑）。生于海拔900m左右的松林下枯枝落叶层中。模式标本采自遂昌大西坑。

本种曾被归并于透明水玉簪 *Burmannia cryptopetala* Makino，但其叶腋有珠芽，花仅1～3朵，药隔顶端无附属体，蒴果不规则开裂而区别明显。在此同意陈心启和李恒的观点，作为独立的种处理。

图10-446 大西坑水玉簪

② 水玉杯属 Thismia Griff.

一年生腐生小草本。茎单一或分枝。叶退化成鳞片状。花1～4顶生；花被管辐射对称至两侧对称，壶形或圆筒形，有时漏斗形，口部具明显的环，无棱或翅，花被裂片6，外轮与内轮近等长或较小，内轮的有时顶端合生；雄蕊6，上端合生，悬垂于花被管喉部，合生部分具2个顶生和2个基生的附属体，或无附属体；子房倒圆锥形或倒卵球形，1室，柱头3裂。蒴果鲜时具宿存花被，顶端开裂，有多数细小种子。

约43种，分布于泛热带地区。我国有3种，分布于台湾和香港；浙江有1种，为属、种新记录。

与水玉簪属的主要区别在于花被管无棱或翅，壶形或圆筒形，雄蕊6，花柱极短。

黄金水玉杯 （图10-447）
Thismia huangii P.Y. Jiang et T.H. Hsieh

腐生草本，全体被短柔毛。根状茎匍匐伸长，分枝，圆柱形，直径约1mm。叶鳞片状，互生；叶片披针形，白色，长3～5mm，先端圆钝或急尖。花常单生；花梗几无或长达5mm；花白色，花被管壶形，基部宽约3mm，顶部宽6～8mm，外轮花被裂片3，卵形，黄色，长约3mm，宽约1mm，先端渐尖，内轮的卵状披针形，黄色，长7～8mm，宽1～2mm，先端圆钝，合生成冠状；雄蕊合生成包围花柱的筒，合生部分橙色或黄色，近中部扩大，悬垂于花被管喉部，顶端具腺毛和附属体，花药着生于合生部分的基部；柱头3裂，具长毛。蒴果杯状，长3～4mm，宽4～5mm。种子狭长圆形，微扭转。花期5—6月。

产于金华市区（婺城）、武义（牛头山）。生于海拔150m左右或900m左右的竹林下或草丛中。分布于台湾。

图10-447 黄金水玉杯

二〇二　兰科 Orchidaceae

多年生草本，稀为亚灌木或攀缘藤本。地生或附生，少为腐生，常具块茎或肥厚的根状茎，附生者具肥厚、肉质的气生根。茎直立，或基部匍匐状，常在基部或全部膨大为具1至多节的假鳞茎。叶常互生，排成二列或螺旋状着生，有时生于假鳞茎顶端或近顶端处；叶片革质或带肉质，有时退化成鳞片状，基部具关节或无。花葶顶生或侧生；花常排成总状、穗状、伞形或圆锥花序，少为缩短的头状花序，或为单花；花两性，大多两侧对称；花被片6，2轮，外轮3为萼片，通常呈花瓣状，离生或不同程度合生，内轮两侧2花被片称花瓣，中央1花被片特化为唇瓣，形态多种，常因子房作180°扭转，或花序下垂而使其位于下方，有时因中部缢缩而分成前部与后部（上唇与下唇），上面有时具脊、褶片、胼胝体或其他附属物，有时其基部延伸成囊状或距，内具蜜腺或无；雄蕊和雌蕊合生成合蕊柱，有时其基部延伸为蕊柱足，顶端常有药床；能育雄蕊通常1，生于蕊柱顶端背面，较少为2，生于蕊柱的两侧，花药2室，内向，直立或前倾，花药黏合成花粉块，花粉块2~8，粉质或蜡质，具花粉块柄或蕊喙柄和黏盘，或无，退化雄蕊有时存在，呈小突起状，有时大而具色彩；柱头侧生，极少为顶生，凹陷或突出，上方通常有1喙状的小突起（蕊喙）；子房下位，1室，侧膜胎座，少为3室而成中轴胎座；胚珠多数。蒴果常为三棱状圆柱形或纺锤形，成熟时开裂为3~6果瓣。种子极多且细小。

约800属，25000种，分布于热带、亚热带和温带地区，尤以亚洲热带地区和南美洲为多。我国有194属，约1400种，主要分布于西南部至台湾；浙江有54属，121种。

分属检索表

1. 能育雄蕊2，花粉粒状，不形成花粉块；唇瓣囊状 ······ **1. 杓兰属 Cypripedium**
1. 能育雄蕊1，花粉粒形成花粉块；唇瓣不为囊状。
 2. 腐生植物；叶退化为鳞片状或鞘状，非绿色。
  3. 花不扭转，唇瓣位于上方；柱头2 ······ **2. 叠鞘兰属 Chamaegastrodia**
  3. 花扭转，唇瓣位于下方；柱头1。
   4. 植株具肉质、肥厚的块茎，块茎大，横生，具环纹；萼片与花瓣合生成筒状 ······ **3. 天麻属 Gastrodia**
   4. 植株具根状茎；萼片与花瓣分离。
    5. 根状茎粗大，不分枝；花粉块2；蕊柱无耳。
     6. 果实肉质，不开裂；种子无翅或周围有环状狭翅，翅一侧狭于种子本身 ······ **4. 肉果兰属 Cyrtosia**
     6. 果实干燥，开裂；种子周围有宽翅，翅一侧宽于种子本身 ······ **5. 山珊瑚属 Galeola**
    5. 根状茎伸长而分枝；花粉块4；蕊柱有耳 ······ **6. 宽距兰属 Yoania**
 2. 地生或附生植物；叶不退化为鳞片状或鞘状、通常绿色（带叶兰属 *Taeniophyllum* 至少植株为绿色）。

7.花粉块由许多可分的小团块组成。
　　8.植株具块茎,或具肉质、肥厚、指状平展的根状茎;花药基部或背部与蕊柱合生,顶端不变狭,宿存。
　　　　9.花紫红色或粉红色;植株具块茎。
　　　　　　10.叶2,稀1;萼片彼此在3/4以上紧密靠合成兜 ················· **7.兜被兰属 Neottianthe**
　　　　　　10.叶1;萼片彼此完全分离 ················· **8.无柱兰属 Amitostigma**
　　　　9.花绿色、淡绿色或白色;植株具块茎,或具肉质、肥厚、指状平展的根状茎。
　　　　　　11.柱头1,位于蕊喙之下,凹陷或隆起突出;植株通常具肉质、肥厚、指状平展的根状茎或块茎···
　　　　　　　　 ················· **9.舌唇兰属 Platanthera**
　　　　　　11.柱头2,分离,或较靠近,隆起突出;植株具块茎。
　　　　　　　　12.叶片长圆形或条状披针形;花瓣长条形;唇瓣叉状 ············ **10.角盘兰属 Herminium**
　　　　　　　　12.叶片长圆形、椭圆形或卵圆形(若为长条形,则唇瓣3裂片呈"十"字形);花瓣非长条形,
　　　　　　　　　　唇瓣也不为叉状。
　　　　　　　　　　13.花小,距囊状或球形;退化雄蕊宽阔;蕊喙很短;药室平行靠近;花粉块的黏盘附于蕊
　　　　　　　　　　　　喙短臂上 ················· **11.阔蕊兰属 Peristylus**
　　　　　　　　　　13.花较大,距细长,少为囊状或球形;退化雄蕊小;蕊喙长;药室叉开;花粉块的黏盘不附
　　　　　　　　　　　　于蕊喙臂上 ················· **12.玉凤花属 Habenaria**
　　8.植株具匍匐、伸长、茎状的根状茎;花药仅基部连接于蕊柱,不与蕊柱完全合生,顶端常变狭而延
　　　长,后期整个花药枯萎或脱落。
　　　　14.萼片在中部或中部以下合生成筒状。
　　　　　　15.蕊柱顶部前侧无附属物;唇瓣不与蕊柱贴生,基部具突出的囊状距 ·················
　　　　　　　　 ················· **13.旗唇兰属 Kuhlhasseltia**
　　　　　　15.蕊柱顶部前侧具2枚臂状直立的附属物;唇瓣贴生于蕊柱上,基部多少膨大成囊状···········
　　　　　　　　 ················· **14.叉柱兰属 Cheirostylis**
　　　　14.萼片离生。
　　　　　　16.蕊柱无附属物;柱头1;唇瓣先端不呈"Y"形叉开 ················· **15.斑叶兰属 Goodyera**
　　　　　　16.蕊柱具附属物;柱头2,侧生;唇瓣先端呈"Y"形叉开。
　　　　　　　　17.叶片上面具金黄色网纹脉和丝绒状光泽;唇瓣爪具流苏状裂片或鸡冠状褶片;唇瓣基部的
　　　　　　　　　　囊或距内具隔膜 ················· **16.金线兰属 Anoectochilus**
　　　　　　　　17.叶片上面绿色或沿中肋具1白色的条纹;唇瓣爪部无流苏状裂片或褶片;唇瓣基部的囊内
　　　　　　　　　　无隔膜 ················· **17.线柱兰属 Zeuxine**
7.花粉块为均匀的粒粉质,花粉块不具可分的小团块。
　　18.花粉块粉粒质,柔软。
　　　　19.叶1枚。
　　　　　　20.叶基生,圆筒状,近轴面具纵槽;花序具多花,花淡绿色 ············ **18.葱叶兰属 Microtis**
　　　　　　20.叶生于茎中部或中上部,扁平;单花顶生,花淡紫红色 ············ **19.朱兰属 Pogonia**
　　　　19.叶2至多枚。
　　　　　　21.叶纸质或薄革质,折扇状。
　　　　　　　　22.叶聚生于植株下部至基部;花苞片早落,唇瓣基部无距;花粉块8 ···· **20.白及属 Bletilla**
　　　　　　　　22.叶生于茎中部至上部,稀聚生顶端;花苞片宿存,唇瓣基部有短距;花粉块2或4。

23. 花序上部的花苞片较小，非叶状，短于花梗和子房；唇瓣3裂，基部囊状或有距 ··· 21. 头蕊兰属 Cephalanthera
23. 花序上部的花苞片较大，叶状，长于花梗和子房；唇瓣中部缢缩而形成前后唇，基部无距也不为囊状 ··· 22. 火烧兰属 Epipactis
21. 叶草质或膜质，非折扇状。
  24. 叶多枚，基生；花在花序轴上呈螺旋状着生 ······································ 23. 绶草属 Spiranthes
  24. 叶2枚，着生于植株中部，对生或近对生；花在花序轴上不呈螺旋状着生 ··· 24. 对叶兰属 Listera
18. 花粉块蜡质，较坚硬或坚硬。
  25. 植株单轴生长，不具假鳞茎、根状茎或块茎；花粉块通常以黏盘柄连接于黏盘。
    26. 植株无绿叶 ··· 25. 带叶兰属 Taeniophyllum
    26. 植株具正常的绿叶。
      27. 花粉块2个，有时每个又劈裂为2瓣，但非球形。
        28. 每个花粉块顶端具1个孔隙。
          29. 叶片圆柱形或半圆柱形；植株多少直立。
            30. 唇瓣基部无距；花少排成总状花序 ······································ 26. 钗子股属 Luisia
            30. 唇瓣基部具距；花序仅1花 ·· 27. 槽舌兰属 Holcoglossum
          29. 叶片椭圆形至长圆形；植株匍匐铺散 ······················· 28. 盆距兰属 Gastrochilus
        28. 每个花粉块劈裂为不等大的2瓣或半裂、具沟。
          31. 每个花粉块劈裂为不等大的2瓣。
            32. 蕊柱足明显 ·· 29. 白点兰属 Thrixspermum
            32. 蕊柱足短或无 ··· 30. 隔距兰属 Cleisostoma
          31. 每个花粉块半裂或具沟。
            33. 叶片长圆形或椭圆状长圆形；唇瓣基部以1个可活动的关节连接于蕊柱基部或蕊柱足末端 ··· 31. 萼脊兰属 Sedirea
            33. 叶片条状长圆形，弯曲成长镰刀状，"V"字形对折；唇瓣基部无蕊柱足 ············· 32. 风兰属 Neofinetia
      27. 花粉块4个，近球形，彼此离生 ·· 33. 象鼻兰属 Nothodoritis
  25. 植物合轴生长，大多数具假鳞茎，或根状茎、块茎；花粉块通常不具黏盘柄，稀具短而阔的黏盘柄。
    34. 花粉块2。
      35. 假鳞茎细圆柱形或貌似叶柄；顶生1枚叶，近椭圆形 ···················· 34. 吻兰属 Collabium
      35. 假鳞茎非上述形状；顶生者具2至多叶，带状至条状披针形。
        36. 唇瓣基部凹陷成囊状或有距；叶基部有长柄，叶柄常互相套叠而成假茎 ·· 35. 美冠兰属 Eulophia
        36. 唇瓣基部不为囊状，也无距；叶基部无明显的长柄或由长柄套叠而成的假茎 ··········· ··· 36. 兰属 Cymbidium
    34. 花粉块4或8。
      37. 花粉块8。
        38. 植株茎长而明显；无假鳞茎；花序顶生 ································· 37. 竹叶兰属 Arundina
        38. 植株通常无长茎；若有长茎则花序侧生；具假鳞茎或根状茎；花序侧生，较少顶生。

39.附生植物；花葶或花序从假鳞茎顶端处发出 ································· **38.蛤兰属 Conchidium**
39.地生植物；花葶或花序从假鳞茎一侧中部至基部或根状茎上发出。
  40.假鳞茎顶生叶1枚 ·· **39.带唇兰属 Tainia**
  40.假鳞茎顶生叶2至多枚，极罕1枚(苞舌兰属Spathoglottis偶尔具1叶)。
    41.唇瓣无距。
      42.植株具明显扁球形假鳞茎；叶条状披针形至狭披针形；唇瓣中裂片具爪，爪上具2肥厚的附属物 ·· **40.苞舌兰属 Spathoglottis**
      42.植株不具明显假鳞茎；叶片椭圆形或椭圆状披针形；唇瓣无爪或附属物 ·· **41.黄兰属 Cephalantheropsis**
    41.唇瓣有距(但无距虾脊兰Calanthe tsoongiana的唇瓣无距)。
      43.假鳞茎大而明显，不隐藏于叶丛中；叶茎生；唇瓣基部与蕊柱翅离生或多少合生；蕊柱长而粗壮 ·· **42.鹤顶兰属 Phaius**
      43.假鳞茎不明显，隐藏于叶丛中；叶近基生或丛生；唇瓣基部与蕊柱翅有不同程度的合生而形成管；蕊柱较短 ························ **43.虾脊兰属 Calanthe**
37.花粉块4。
  44.蕊柱具明显的蕊柱足；侧萼片基部贴生于蕊柱足上，形成清晰可见的萼囊。
    45.花葶从假鳞茎基部或根状茎上发出 ······················· **44.石豆兰属 Bulbophyllum**
    45.花葶从茎或假鳞茎中上部或顶端发出。
      46.假鳞茎卵球形，无节间，在根状茎上疏生或密生；叶1或2枚生于假鳞茎顶端 ·· **45.厚唇兰属 Epigeneium**
      46.假鳞茎伸长成茎状，具明显的节间；叶数枚互生于假鳞茎中部以上 ·· **46.石斛属 Dendrobium**
  44.蕊柱不具明显的蕊柱足；侧萼片基部贴生于蕊柱基部，无萼囊。
    47.花粉块不具花粉块柄，也无明显的黏盘和黏盘柄，偶见黏质物。
      48.叶两侧压扁，基部相互套叠 ···································· **47.鸢尾兰属 Oberonia**
      48.叶扁平，非两侧压扁。
        49.花倒置，唇瓣位于下方；蕊柱较长，向前弓曲 ·············· **48.羊耳蒜属 Liparis**
        49.花不倒置，唇瓣位于上方；蕊柱一般很短，直立 ············· **49.沼兰属 Malaxis**
    47.花粉块具花粉块柄，或有时具黏盘柄，稀无柄而直接附着于黏盘上或黏质物上。
      50.附生植物，常具绿色的、裸露的假鳞茎。
        51.总状花序，具数花或多花，唇瓣基部凹陷成囊状 ············ **50.石仙桃属 Pholidota**
        51.花常单朵，唇瓣基部平坦或稍凹陷，但非囊状 ················ **51.独蒜兰属 Pleione**
      50.地生植物，地下具非绿色的块状或球茎状的假鳞茎。
        52.花葶或花序顶生，具单花 ····································· **52.独花兰属 Changnienia**
        52.花葶或花序侧生，具多花，花排成总状花序。
          53.叶片条形至狭长圆状披针形；总状花序的花不偏向同一侧；花较小，花被片长5~11mm；花粉块具纤细的黏盘柄 ························· **53.山兰属 Oreorchis**
          53.叶片椭圆形至长圆形；总状花序的花偏向同一侧；花较大，花被片长15~30mm；花粉块不具黏盘柄 ·· **54.杜鹃兰属 Cremastra**

1 杓兰属 Cypripedium L.

地生草本。根状茎粗短或伸长。叶通常茎生，互生或对生；叶片多数具弧形平行脉，少数具网状脉或扇状脉。花序通常具1花，罕为2花或多花排成总状花序；苞片通常叶状，极少数无；花倒置，唇瓣位于下方；中萼片常较大，侧萼片常合生而为合萼片，仅顶端分离，极罕离生；花瓣呈种种形状，扭转或不扭转；唇瓣大而显著，囊状，上面中央至基部有一口，口部两侧各具1内折侧裂片，基部具1对基裂片；蕊柱短；能育雄蕊2，生于蕊柱的两侧；花粉粒质或带黏性，但不黏合成花粉块；退化雄蕊呈种种形状，常位于唇瓣的口部；柱头面通常隆起，稀凹陷。

约50种，主要分布于东亚、北美洲、欧洲等温带地区和亚热带山地。我国有36种，分布于自东北至西南山地和台湾高山；浙江有1种。

本属花大、花形奇特，大多数种类可供观赏。

扇脉杓兰 （图10-448）
Cypripedium japonicum Thunb. — *C. cathayenum* Chien

植株高35～55cm。根状茎细长，横走，节间较长。茎粗壮直立，被白色长柔毛。叶通常2，近对生，稀3枚而互生；叶片菱状圆形或椭圆形，长10～16cm，宽10～21cm，上半部边缘呈波状，

图10-448 扇脉杓兰

基部宽楔形，叶脉扇形。花序具1花，顶生；花梗密生长柔毛；苞片叶状，菱形或卵状披针形，边缘具细缘毛；花大，直径6～7cm，绿黄色或白色，具紫色斑点；中萼片近椭圆形，长4.5～5cm，顶端具2小齿，位于唇瓣下方；花瓣披针形或半卵形，长约4cm，常偏斜，内面基部具毛；唇瓣囊状，长约4.5cm，直径约3.5cm，基部收缩成短爪，内面底部和基部具长柔毛；退化雄蕊宽椭圆形，基部具耳；子房长条形，略弧曲，密被长柔毛。蒴果长约5cm，被柔毛。花期4—5月，果期7—8月。

产于安吉、临安、淳安。生于海拔1000～1400m的山地沟谷杂木林下、灌木林中湿润且腐殖质丰富的土壤上。分布于安徽、江西、湖北、湖南、四川、贵州、陕西南部和甘肃南部。日本也有。

花大而美丽，可供栽培观赏；根状茎具活血调经、祛风镇痛的功效。

❷ 叠鞘兰属 Chamaegastrodia Makino et F. Maek.

腐生草本。植株矮小。根粗壮，短而肥厚、肉质，排生于根状茎上。茎直立，黄色或浅褐红色，无绿色叶。总状花序顶生，具数花至10余花；花较小，不倒置，唇瓣位于上方；萼片离生，等大而相近；花瓣与中萼片黏合成兜状；唇瓣前部扩大，2裂，呈"T"字形，唇瓣基部多少扩大并凹陷成囊，囊内中央无隔膜，其中脉两侧近基部处各具1突出的胼胝体；蕊柱粗短，前面两侧各具1三角状镰形的附属物；花药2室；花粉块2，每个纵裂为2，为具小团块的粒粉质，具细长的花粉块柄，共同具1黏盘；蕊喙2裂；柱头2，离生，隆起，位于蕊前面两侧。

约3种，分布于我国、日本及亚洲热带地区。我国均有，分布于华东、华中至西南地区；浙江有1种。

叠鞘兰 （图10-449）
Chamaegastrodia shikokiana Makino et F. Maek.

植株高5～18cm。根粗壮，肥厚，肉质。茎较粗壮，黄色或浅褐红色，无毛，具密集的黄色或浅褐红色膜质的鞘状鳞片。总状花序具3～10余花，长3～5cm；花黄色或淡褐红色；花被片与子房呈90°着生，横向伸展；萼片背面无毛，中萼片卵形，凹陷，侧萼片斜卵形；花瓣条形，与中萼片黏合成兜状；唇瓣轮廓"T"字形，基部稍扩大且凹陷成囊状，其内无隔膜而仅在中脉近基部处的两侧各具1枚无柄、隆起成圆形的胼胝体，中部具爪，其两侧边缘具缺刻状圆齿，前部扩大成2裂，其裂片近方形并对折，展开时约180°叉开，其中间略凹陷或具1小尖头，顶部全缘或略波状；蕊柱短，前面在柱头下方具2三角形镰状的附属物；蕊喙极小；子房圆柱形，不扭转。花期7—8月。

产于临安（清凉峰）。生于山坡常绿阔叶林下阴湿处。分布于四川西南部、云南东北部、西藏东部。日本、印度东北部也有。

图 10-449　叠鞘兰

③ 天麻属 Gastrodia R. Br.

腐生草本。块茎肉质，肥厚，横生，椭圆球形，具环纹。茎直立，常为黄褐色，无绿叶，一般在花后延长，中部以下具数节，节上被筒状或鳞片状鞘。总状花序顶生，具几花至多花，较少为单花；花近壶形、钟状或宽圆筒状，不扭转或扭转；萼片与花瓣合生成筒，仅上端分离；花被筒基部有时膨大成囊状，偶见两枚侧萼片之间开裂；唇瓣贴生于蕊柱足末端，通常较小，藏于花被筒内，不裂或3裂；蕊柱长，具狭翅，基部有短的蕊柱足；花药较大，近顶生；花粉块2，粒粉质，通常由可分的小团块组成，无花粉块柄和黏盘。

约20种，分布于亚洲、大洋洲。我国有15种，分布于东北、华中、西南及台湾等地；浙江有1种。

天麻（图 10-450）
Gastrodia elata Blume

植株高30～150cm。块茎肉质，肥厚，长椭圆球形，横生，具环纹。茎不分枝，直立，稍肉质，黄褐色。叶退化，鳞片状或鞘状，棕褐色，膜质。总状花序长5～10cm，具多花；苞片膜质，披针形；花淡黄色或绿黄色；萼片与花瓣合生成歪斜的筒状，口部偏

图 10-450　天麻

斜，先端5齿裂，裂片三角形，钝头；唇瓣较小，呈酒精灯状，白色，基部贴生于蕊柱足的顶端，紧贴于花被筒内壁上，先端3裂，中裂片舌状，具乳突，边缘流苏状，侧裂片耳状；蕊柱顶端具2小的附属物，基部具蕊柱足；子房倒卵球形。蒴果倒卵球形。种子细而呈粉尘状。花期7月，果期10月。

产于临安（西天目山）、天台（天台山）、遂昌（九龙山）、龙泉（凤阳山）、文成（石垟）等地。生于海拔800～1420m的山坡阔叶林下或灌木丛中。分布于东北、华北、华东、华中、华南、西南及陕西、甘肃。东亚、南亚也有。

块茎为重要的常用中药，具平肝息风的功效。

4 肉果兰属 Cyrtosia Blume

腐生草本。根状茎较粗厚，生有肉质根或肉质根膨大而成的块根。茎直立，常数个发自同一根状茎上，肉质，黄褐色至红褐色，无绿叶，节上具鳞片。总状花序或圆锥花序顶生或侧生，具数花或多花；花序轴被短毛或粉状毛；苞片宿存；花中等大，不完全开放；萼片与花瓣靠合；萼片背面常多少被毛；花瓣无毛；唇瓣直立，不裂，无距，基部多少与蕊柱合生，两侧近于围抱蕊柱；蕊柱中等长，上部扩大，无蕊柱足；花药生于蕊柱顶端背侧；花粉块2，粒粉质，无附属物。果实肉质，不开裂。种子具厚的外种皮，无翅或周围有狭翅。

共5种，分布于东亚至热带亚洲地区。我国有3种，主要分布于华东、华中、华南至西南；浙江有1种。

血红肉果兰 红果山珊瑚 （图10-451）
Cyrtosia septentrionalis (Rchb. f.) Garay — *Galeola septentrionalis* Rchb. f.

较高大植物。根状茎粗壮，近横走，疏被卵形鳞片。茎直立，红褐色，高30～170cm，下部近无毛，上部被锈色短绒毛。花序顶生和侧生；侧生总状花序长3～7（10）cm，具4～9花；花序轴被锈色短绒毛；花序基部的不育苞片卵状披针形；苞片卵形，背面被锈色毛；花梗和子房密被锈色短绒毛；花黄色，略带红褐色；萼片椭圆状卵形，背面密被锈色短绒毛；花瓣与萼片相似，略狭，无毛；唇瓣近宽卵形，短于萼片，边缘有不规则齿缺或呈啮蚀状，内面沿脉上有毛状乳突或偶见鸡冠状褶片。果实肉质，不开裂，血红色，近长圆球形，长7～13cm，宽1.5～2.5cm。种子周围有狭翅。花期6—7月，果期9—10月。

产于临安（西天目山、顺溪坞）、遂昌（九龙山）、景宁（望东垟）、泰顺（乌岩岭）。生于海拔约1000m的针阔混交林下或沟边湿地。分布于安徽、河南、湖南。琉球群岛也有。

图10-451　血红肉果兰

5 山珊瑚属 Galeola Lour.

腐生草本或半灌木状。根状茎较粗厚。茎常较粗壮，直立或攀缘，稍肉质，黄褐色或红褐色，无绿叶，节上具鳞片。总状花序或圆锥花序顶生或侧生，具多数稍肉质的花；花苞片宿存；花中等大，通常黄色或带红褐色；萼片离生，背面常被毛；花瓣无毛，略小于萼片；唇瓣不裂，通常凹陷成杯状或囊状，多少围抱蕊柱，明显大于萼片，基部无距，内有纵脊或胼胝体；蕊柱常较为粗短，上端扩大，向前弓曲，无蕊柱足；花药生于蕊柱顶端背侧；花粉块2，每个具裂隙，粒粉质，无附属物；柱头大，深凹陷；蕊喙短而宽，位于柱头上方。果实为荚果状蒴果，干燥，开裂。种子具厚的外种皮，周围有宽翅。

约10种，主要分布于亚洲热带地区至我国南部、日本、新几内亚岛、非洲马达加斯加岛。我国产4种，分布于华东、华中、华南及西南；浙江有1种。

毛萼山珊瑚 （图10-452）

Galeola lindleyana (Hook. f. et Thomson) Rchb. f.

高大草本，亚灌木状。根状茎粗厚，直径可达2～3cm，疏被卵形鳞片。茎直立，黄褐色，基部多少木质化，高1～3m，多少被毛或老时秃净，节上具宽卵形鳞片。圆锥花序由顶生与侧生总状花序组成；侧生总状花序常较短，长3～8cm，具数花至10余花，通常具极短的花序梗；总状花序基部的不育苞片卵状披针形，近无毛；花苞片卵形，背面密被锈色短绒毛；花黄色，开放后直径可达3.5cm；萼片椭圆形至卵状椭圆形，背面密被锈色短绒毛并具龙骨状突起；花瓣宽卵形至近圆形，无毛；唇瓣凹陷成杯状，近半球形，不裂，边缘具短流苏，内面被乳突状毛，近基部处有1平滑的胼胝体；蕊柱棒状；药帽上有乳突状小刺。果实近长圆形，荚果状蒴果，干燥，开裂，淡棕色，长8～12cm，宽1.6～2.5cm。种子周围有宽翅，连翅宽达1～1.3mm。花期5—7月，果期8—10月。

产于淳安、莲都（东西岩）、遂昌（九龙山）。生于疏林下、稀疏灌丛中或沟谷边腐殖质丰富多石处。分布于安徽、河南、湖南、广东、广西、四川、贵州、云南、西藏和陕西南部。

图10-452 毛萼山珊瑚

6 宽距兰属 Yoania Maxim.

腐生草本，地下具肉质根状茎；根状茎分枝或有时呈珊瑚状。茎肉质，直立，稍粗壮，无绿叶，具多枚鳞片状鞘。总状花序顶生，疏生或稍密生数花至10余花；花梗与子房较长；花中等大，肉质；萼片与花瓣离生，花瓣常较萼片宽而短；唇瓣凹陷成舟状，基部有短爪，着生于蕊柱基部，在唇盘下方具1宽阔的距；距向前方伸展，与唇瓣前部平行，顶端钝；蕊柱宽阔，直立，顶端两侧各有1个臂状物，有短的蕊柱足；花药2室，宿存，顶端有长喙；花粉块4，成2对，粒粉质，由可分的小团块组成，无明显的花粉块柄，具1黏盘；柱头凹陷，宽大；蕊喙不明显。

约4种，分布于我国、日本、越南至印度东北部。我国有1种；浙江也有。

宽距兰　兰天麻　（图10-453）

Yoania japonica Maxim.

植株高20～35cm。根状茎肉质，长而分枝。茎粗壮，肉质，淡红白色，散生数枚鳞片状鞘，无绿叶。鳞叶兜勺形，长5～6mm，先端锐尖。总状花序顶生，具3～5花；苞片卵形或宽卵形，长5～7mm；花梗连同子房长可达3cm；花玫瑰红色至紫色；萼片几同形，卵状椭圆形，长1.3～1.5cm，宽6～10mm，先端锐尖；花瓣长椭圆形，长约1.3cm，宽4～6mm，先端钝圆；唇瓣舟状，长约1cm，贴生于蕊柱足，下面具前伸囊状的距；蕊柱长约11mm，宽约3mm，先端3裂，中裂片三角形，侧裂片耳状，直立；花药具长喙；柱头凹陷。蒴果圆柱形，具长柄。花期5—7月。

图10-453　宽距兰

产于遂昌（九龙山）、庆元（百山祖）。生于海拔1100～1500m的山谷地林下。分布于江西、福建、台湾、湖南。日本也有。

7 兜被兰属 Neottianthe (Rchb. f.) Schltr.

地生草本。块茎圆球形或椭圆球形，肉质，颈部生几条细长的根。叶1或2，基生或茎生。总状花序顶生，常具多花；苞片直立伸展；花通常小，紫红色或淡红色，常偏向一侧，倒置，唇瓣位于下方；萼片近等大，彼此在3/4以上紧密靠合成兜；花瓣长条形或条状披针形，与中萼片贴生；唇瓣向前伸展，从基部向下反折，常3裂，中裂片长条形、条状舌形、长方形或卵形，侧裂片常较中裂片短而窄，基部具距；蕊柱短，直立；花药直立，2室，药室并行；花粉块2，为具小团块的粒粉质，具短的花粉块柄和黏盘，黏盘小，卵形或近圆形，裸露；蕊喙小，隆起，位于药室基部之间；柱头2，隆起，位于蕊喙之下。蒴果直立，无喙。

约7种，主要分布于亚洲亚热带地区至北温带山地。我国有7种，主要分布于四川和云南；浙江有1种。

二叶兜被兰 （图10-454）
Neottianthe cucullata (L.) Schltr.

植株高6～21cm。块茎圆球形或卵球形。茎直立，其上具2近对生的叶，在叶之上常具2～4不育苞片。叶片卵形、卵状披针形或椭圆形，长3～7cm，宽1.5～3.5cm，先端急尖或渐尖，基部骤狭成抱茎的短鞘。总状花序长3～10cm，具4～20余花，偏向同一侧；花紫红色或粉红色；萼片彼此紧密靠合成兜，中萼片先端急尖，具1脉，侧萼片斜镰状披针形，具1

图10-454 二叶兜被兰

脉；花瓣披针状条形，具1脉，与萼片贴生；唇瓣向前伸展，长7~9mm，上面和边缘具细乳突，中部3裂，侧裂片条形，具1脉，中裂片较侧裂片长而稍宽。花期8—9月。

产于临安、临海、龙泉、庆元、泰顺。生于海拔1000~1300m的山坡林下。分布于东北、华北、华东、华中、西南及陕西、甘肃、青海。东南亚、中亚、西欧也有。

❽ 无柱兰属 Amitostigma Schltr.

地生草本。块茎圆球形或卵圆形，肉质。叶通常1，罕为2或3，基生或茎生。总状花序顶生，常具多花，少为1花或2花，花多偏向一侧；苞片通常为披针形，直立伸展；子房圆柱形至纺锤形，扭转，有时被细乳头状突起，基部多少具花梗；花较小，淡紫色、粉红色或白色；萼片离生，长圆形、椭圆形或卵形，具1~3脉；花瓣直立，较宽；唇瓣通常较萼片和花瓣长而宽，基部具距，前部通常3裂；蕊柱极短，退化雄蕊2；花药生于蕊柱顶，2室，药室并行；花粉块2，为具小团块的粒粉质，具花粉块柄和黏盘，黏盘裸露；柱头2，离生，多为棒状。蒴果近直立。

约30种，分布于东亚。我国有22种，以西南山区为多；浙江有3种。

分种检索表

1. 块茎卵球形；叶片条状披针形、舌状长圆形、狭椭圆形或卵形；花葶纤细，顶生1或2花·· **1. 大花无柱兰 A. pinguicula**
1. 块茎椭圆状球形；叶片狭长圆形至近圆形；总状花序具2~20花。
  2. 叶片长圆形或卵状披针形，长5~20cm；花瓣斜卵形；唇瓣长大于宽，中裂片顶部截形、圆形或圆形而具短尖或稍凹陷·· **2. 无柱兰 A. gracile**
  2. 叶片卵圆形或近圆形，长1.5~2.2cm；花瓣长圆形；唇瓣长与宽近等，中裂片的顶部圆钝·· **3. 卵叶无柱兰 A. hemipilioides**

1. 大花无柱兰 （图10-455）

Amitostigma pinguicula (Rchb. f. et S. Moore) Schltr. — *Diplomeris chinensis* Rolfe.

植株高8~16cm。块茎卵球形，直径约1cm，肉质。茎直立，下部具1叶，叶下具1或2筒状鞘。叶片条状披针形、舌状长圆形、狭椭圆形或卵形，先端钝或稍急尖。花葶纤细，直立，顶生1或2花，通常1花；苞片卵状披针形；花粉红色；中萼片卵状披针形，先端急尖，侧萼片卵形，与中萼片几等长，但较宽，先端渐尖；花瓣斜卵形，较萼片略短而宽，先端钝；唇瓣扇形，长与宽几相等，长约1.5cm，具爪，3裂，中裂片倒卵形，先端微凹或全缘，侧裂片卵状楔形，伸展；距圆锥形，长约1.5cm，下垂；子房无毛。花期4—5月。

产于宁波、丽水、温州及诸暨、新昌、定海、金华市区（北山）、磐安、永康、武义、椒江、黄岩、天台、三门、临海。浙江特产。生于山坡林下岩石上或沟谷边阴处草地中。模式标本采自宁波。

图 10-455　大花无柱兰

2. 无柱兰　细葶无柱兰　（图 10-456）

Amitostigma gracile (Blume) Schltr.

植株高 9~20cm。块茎椭圆状球形，肉质。茎纤细，直立，下部具 1 叶，叶下具 1 或 2 筒状鞘。叶片长圆形或卵状披针形，长 5~20cm，宽 1.8~3cm 先端急尖或稍钝，基部鞘状抱茎。花葶纤细，直立，无毛，总状花序长 1~5cm，具 5~20 余花，偏向同一侧，疏生；苞片卵状披针形，先端渐尖；花小，红紫色或粉红色；萼片卵形，几靠合；花瓣斜卵形，与萼片近等长而稍宽，先端近急尖；唇瓣 3 裂，长 5~7mm，中裂片长圆形，先端几平截或具 3 细齿，侧裂片卵状长圆形；距

图 10-456　无柱兰

纤细，筒状，几伸直，下垂；子房长圆锥形，具长柄。花期6—7月，果期9—10月。

产于杭州、宁波、丽水、温州及安吉、德清、新昌、开化、磐安、武义、天台、临海等地。生于山坡沟谷边或林下阴湿处覆有土的岩石上或山坡灌丛中。分布于华东、华中、华南、西南及辽宁、河北、陕西。朝鲜半岛和日本也有。

3. 卵叶无柱兰 （图10-457）
Amitostigma hemipilioides (Finet) Tang et F.T. Wang

植株高8～12cm。块茎椭圆状球形，直径5～10mm，肉质。茎纤细，劲直或稍弯曲，光滑。基部具2筒状鞘，其上具1叶。叶片卵圆形或近圆形，近基生，长1.5～2.2cm，宽1.5～2.5cm，上面有时具紫斑，基部收狭成抱茎的鞘。总状花序具2或3花，长达5.5cm；苞片卵形，先端急尖；花小，白色或少为淡紫红色，具紫色斑点；萼片卵形，先端钝，中萼片直立，呈盔状，侧萼片偏斜，上举；花瓣斜长圆形，直立，较中萼片稍短，与中萼片靠合，先端钝，边缘具不规则的细锯齿；唇瓣向前伸展，稍凹陷，具距，近中部3裂，上面具细的乳突，边缘具不规则的细锯齿，侧裂片偏斜，较中裂片小，先端钝，中裂片长、宽各约2mm，先端钝；距圆筒状，下垂，弯曲，末端钝。花期5—7月。

产于遂昌（九龙山）、松阳（黄南源）、庆元（百山祖）、泰顺（黄桥）。生于海拔500～600m的沟谷边或山坡林下阴湿处岩石上。分布于福建、贵州、云南。

本种是2009年报道的浙江新记录种，唐颖等发表了采自福建武夷山的新种盔花舌喙兰 *Hemipilia galeata*，经比较发现浙江植株花的唇瓣先端颜色较浅，为淡粉紫色，其余性状均一致。究竟浙江的材料是否与福建的是同一种，有待进一步研究。

图10-457　卵叶无柱兰

⑨ 舌唇兰属 Platanthera Rich.

地生草本，具肉质、肥厚的根状茎或块茎。茎直立，具1至数叶。叶互生，稀近对生。总状花序顶生，具少数至多花；苞片草质，直立伸展，常为披针形；花常为白色或黄绿色，倒置，唇瓣位于下方；中萼片短而宽，凹陷，常与花瓣靠合成兜状，侧萼片伸展或反折；唇瓣常为舌状或长条形，肉质，不裂，向前伸展，基部两侧无耳，稀具耳，下方具甚长的距；蕊柱粗短；花药直立，2室，药室平行或叉开，药隔明显；退化雄蕊2，位于花药基部两侧；花粉块2，为具小团块的粒粉质，具明显的花粉块柄和裸露的黏盘；蕊喙基部具扩大而叉开的臂；柱头1，凹陷，与蕊喙下部汇合，两者分不开，或1个隆起位于距口的后缘或前方，或2个隆起位于距口的前方两侧，离生。蒴果直立。

约200种，分布于热带和北温带地区。我国有42种，南北各地均产，以西南部最多；浙江有7种。

分种检索表

1. 唇瓣基部3裂，侧裂片小，半圆形，中裂片舌状条形；柱头隆起，肥厚，突出 ················· **1. 东亚舌唇兰 P. ussuriensis**
1. 唇瓣不分裂，舌状、舌状披针形或条形；柱头凹陷。
    2. 茎具3～6大型叶；花白色。
        3. 叶片条状披针形；总状花序密生多花；唇瓣舌形或舌状披针形，长约7 mm，先端圆钝；距长1～2 cm ················· **2. 密花舌唇兰 P. hologlottis**
        3. 叶片椭圆形或长圆形；总状花序具10～17花；唇瓣长条形，长13～15 mm，先端钝；距长3～6 cm ················· **3. 舌唇兰 P. japonica**
    2. 茎具1～3大型叶；花黄绿色。
        4. 叶短而宽，椭圆形、长圆形或长圆状披针形。
            5. 根状茎肉质，指状；花瓣镰形，上部骤狭为条形，先端尾状；侧萼片长圆状披针形，偏斜 ················· **4. 尾瓣舌唇兰 P. mandarinorum**
            5. 块茎椭圆球形或纺锤形；花瓣斜卵形，先端钝；侧萼片椭圆形，先端圆钝 ················· **5. 小舌唇兰 P. minor**
        4. 叶长而狭，长圆形、条状长圆形或狭倒披针形。
            6. 花细长；中萼片长2.5～3 mm；侧萼片狭椭圆形；距向后斜升且中部以下向上举 ················· **6. 筒距舌唇兰 P. tipuloides**
            6. 花较粗大；中萼片长4.5～6 mm；侧萼片狭长圆形或宽条形；距下垂，略向前弯 ················· **7. 大明山舌唇兰 P. damingshanica**

1. 东亚舌唇兰 小花蜻蜓兰 （图10-458）

Platanthera ussuriensis (Regel et Maack) Maxim. — *Tulotis ussuriensis* (Regel et Maack) H. Hara

图10-458　东亚舌唇兰

植株高20～55cm。根状茎肉质，指状，细长，弓曲。茎直立，通常较纤细，基部具1或2筒状鞘，鞘之上具叶，下部的2或3叶较大，向上渐小成苞片状小叶。大叶片匙形或狭长圆形，直立伸展，先端钝或急尖，基部收狭成抱茎的鞘。总状花序具10～20余较疏生的花，长3～9cm；花苞片直立伸展，狭披针形，最下部的稍长于子房；花较小，淡黄绿色；中萼片直立，凹陷成舟状，宽卵形，侧萼片张开或反折，偏斜，狭椭圆形；花瓣直立，狭长圆状披针形，与中萼片相靠合且近等长或狭很多，先端钝或近平截；唇瓣舌状披针形，肉质，基部3裂，两侧各具1近半圆形的小侧裂片，中裂片舌状条形；距纤细，细圆筒状，下垂，与子房近等长，向末端几乎不增粗。花期7—8月，果期9—10月。

产于宁波、丽水、温州及临安、天台、临海、仙居。生于山坡林下、林缘或沟边阴湿地。分布于华东、华中及吉林、河北、陕西、广西、四川。日本、朝鲜半岛、俄罗斯远东地区也有。

2. 密花舌唇兰 （图10-459）

Platanthera hologlottis Maxim.

植株高57～80cm。根状茎肉质，指状。茎细长，直立，下部具4～6大型叶，向上渐小成苞片状。叶片条状披针形或宽条形，先端渐尖，基部呈短鞘状抱茎。总状花序具多数密生的花，长6～16cm；苞片条状披针形，先端渐尖；花白色，芳香；中萼片直立，舟状，卵形或椭圆形；侧萼片反折，偏斜，椭圆状卵形；花瓣斜卵形，先端钝，具5脉，与中萼片靠合成兜状；唇瓣舌形或舌状披针形，稍肉质，长约7mm，宽1.5～2mm，先端圆钝；距下垂，纤细，圆筒状，长1～2cm，长于子房，距口的突起物显著；蕊柱短；柱头1，大，凹陷，位于蕊喙之下穴内。花期6—7月。

产于磐安、缙云、青田、瑞安、泰顺。生于海拔900～1100m的山沟潮湿草地上。分布于东北、华北、华东、华南及西南。日本、朝鲜半岛、俄罗斯（东部）也有。

图10-459　密花舌唇兰

3. 舌唇兰　长距兰　（图10-460）
Platanthera japonica (Thunb.) Lindl.

植株高35～70cm。根状茎肉质，指状。茎直立，具3～6叶。叶自下向上渐小；叶片椭圆形或长圆形，长10～18cm，宽3～7cm，先端钝或急尖，基部鞘状抱茎，上部叶片小，披针形，先端渐尖。总状花序长10～18cm，具10～17花；苞片宽条形至狭披针形；花大，白色；中萼片直立，卵形，舟状，先端钝或急尖，侧萼片反折，斜卵形，先端急尖；花瓣直立，条形，先端钝，具1脉，与中萼片靠合成兜状；唇瓣长条形，长13～15mm，不分裂，肉质，先端钝；距下垂，细长，细圆筒状至丝状，长3～6cm，弧曲，较子房长多；蕊柱短；柱头1，凹陷，位于蕊喙之下穴内。花期5—6月。

产于安吉、临安、余姚、北仑、鄞州、象山、岱山、缙云、瑞安、泰顺。生于沟谷林下。分布于华东、华中、西南及广西、陕西、甘肃。日本和朝鲜半岛也有。

图 10-460 舌唇兰

4. 尾瓣舌唇兰 （图 10-461）
Platanthera mandarinorum Rchb. f.

植株高 18~45cm。根状茎肉质，指状。茎直立，具 1~3 大型叶，以 1 枚为多。叶片长圆形，少为条状披针形，先端急尖，基部抱茎。总状花序具 7~20 余较疏生的花；苞片披针形，长于或等长于子房；花黄绿色；中萼片宽卵形，先端钝圆，具 3 脉，侧萼片长圆状披针形，偏斜，基部一侧扩大，反折，先端钝，具 3 脉；花瓣镰形，下半部卵圆形，基部一侧扩大，上部骤狭为条形、尾状，增厚，具 3 脉，其中 1 脉又侧生支脉；唇瓣舌状条形，长约 6mm，宽 1.5~2mm；距细长，长 2~3cm，向后斜升且有时向上举。花期 5—6 月。

产于临安、淳安、嵊州、定海、普陀、莲都、松阳、龙泉、洞头、

图 10-461 尾瓣舌唇兰

永嘉、瑞安、文成、泰顺。生于山坡林下或草地上。分布于华东、华中、华南、西南。日本、朝鲜半岛也有。后选模式标本采自舟山。

5. 小舌唇兰 （图10-462）
Platanthera minor (Miq.) Rchb. f.

植株高20~60cm。根状茎膨大成块茎状，椭圆球形或纺锤形。茎直立，具2或3大型叶，叶由下向上渐小呈苞片状。叶片椭圆形或长圆状披针形，基部鞘状抱茎，茎上部的条状披针形，先端渐尖。总状花序长10~18cm，疏生多花；苞片卵状披针形；花淡黄绿色；中萼片宽卵形，先端钝或急尖，具3脉，侧萼片椭圆形，稍偏斜，先端圆钝，具3脉，反折；花瓣斜卵形，先端钝，基部一侧稍扩大，具2脉，其中1脉又分出1支脉；唇瓣舌状，长5~7mm，肉质，下垂；距细筒状，下垂，稍向前弧曲，长1~1.5cm。花期5—7月。

产于杭州、丽水、温州及安吉、新昌、余姚、北仑、奉化、宁海、象山、岱山、天台、临海等地。生于山坡林下或草地上。分布于华东、华中、华南至西南。日本、朝鲜半岛也有。

图10-462　小舌唇兰

6. 筒距舌唇兰 （图10-463）
Platanthera tipuloides (L. f.) Lindl.

植株高20~30cm。根状茎肉质，指状。茎细长，中部以下具大叶1枚，其上面具2或3较小的叶，且向上渐小成苞片状。最大的叶片长椭圆形至条状长圆形，先端钝，基部收狭成抱茎的鞘。总状花序长6~12cm，疏生多花；苞片长披针形，与子房近等长；花绿黄色，细长；中萼片卵形或宽卵形，先端渐尖或钝，具3脉，侧萼片反折，狭椭圆形，具3脉；花瓣斜卵形，稍肉质，先端钝，具1脉；唇瓣三角状条形，肉质，长5～6mm；距细筒状，长1.2～1.7cm，向后斜升且中部以下向上举，末端钝圆；蕊柱短；柱头1，凹陷，位于蕊喙之下穴内。花期5—6月。

产于临安、开化、普陀、莲都、龙泉、遂昌、永嘉、文成。生于海拔750～1100m的山坡密林下或林缘沟谷中。分布于安徽、江西、福建、湖南及香港等地。日本、朝鲜半岛、俄罗斯（东部）也有。

图10-463　筒距舌唇兰

7. 大明山舌唇兰　（图10-464）

Platanthera damingshanica K.Y. Lang et Han S. Guo

植株高30～50cm。根状茎肉质，指状。茎较纤弱，中部以下具1大形叶，中上部1～3枚，向上逐渐变小成苞片状，基部具1或2鞘状鳞叶。叶片狭倒披针形或条状长圆形，基部收狭成抱茎的鞘。总状花序长6～11cm，具3～8疏生的花；苞片披针形；花黄绿色；中萼片宽卵形，直立，舟状，先端锐尖，具3脉，侧萼片反折，偏斜的狭长圆形或宽条形，先端钝，反折，具3脉；花瓣斜卵形，基部向一侧扩大，先端锐尖，具2脉；唇瓣舌状条形，长6~8mm，宽1mm，肉质，先端钝；距细圆筒状，长1.2~1.4cm，下垂，略向前弯，末端稍尖；蕊柱长4mm；柱头1，凹陷，位于蕊喙之下穴内。花期5月。

产于临安、临海、莲都、泰顺。生于沟谷阴湿地或林下阴湿处。分布于福建、湖南、广东、广西。

图10-464　大明山舌唇兰

10 角盘兰属　Herminium L.

地生草本。块茎1或2，球形或椭圆球形，肉质，颈部生几条细长根。茎直立，具1至数叶。花序顶生，具多花，总状或似穗状；花小，密生，通常为黄绿色，常呈钩手状，倒置，唇瓣位于下方；萼片离生，近等长；花瓣通常增厚而带肉质；唇瓣贴生于蕊柱基部，前部3裂（罕5裂）或不裂，基部多少凹陷，通常无距，少数具短距者其黏盘卷成角状；蕊柱极短；花药生于蕊柱顶端，2室，药室并行或基部稍叉开；花粉块2，为具小团块的粒粉质，具极短的花粉块柄和黏盘，黏盘常卷成角状，裸露；蕊喙较小；柱头2，隆起而向外伸，分离，几为棍棒状。蒴果长圆柱形，通常直立。

约25种，主要分布于东亚。我国有18种，主要分布于西南部；浙江有1种。

叉唇角盘兰 （图10-465）

Herminium lanceum (Thunb. ex Sw.) Vuijk

植株高10～75cm。块茎圆球形，肉质。茎纤细，中部具3或4叶。叶片条状披针形，基部狭窄抱茎。总状花序长5～23cm，密生20～80余花；苞片卵状披针形，略短于子房连花梗长；花小，黄绿色；中萼片卵状长圆形或长圆形，直立，凹陷成舟状，先端钝，具1脉；侧萼片张开，长圆形或卵状长圆形，先端稍钝或急尖，具1脉；花瓣条形；唇瓣轮廓为长圆形，伸长，基部凹陷，无距，常在近基部上面有1短的纵脊状隆起，中部稍缢缩，前部3裂，中裂片短，侧裂片叉开，较中裂片长很多，末端通常卷曲；蕊柱粗短；药室并行；花粉块球形，具极短的花粉块柄和黏盘，黏盘圆形；蕊喙小；柱头2，横椭圆形，隆起；退化雄蕊2。蒴果长圆柱形。花期5—6月，果期8—9月。

产于宁海、定海、普陀、开化、临海、温岭、庆元、瑞安、泰顺。生于山坡草地、林缘或林下草丛中。分布于华东、华中、华南、西南及陕西、甘肃。朝鲜半岛南部、日本、中南半岛至喜马拉雅地区也有。

图10-465 叉唇角盘兰

11 阔蕊兰属 Peristylus Blume

地生草本。块茎肉质，圆球形或长圆球形，颈部生几条细长的根。茎直立，具1至多叶。叶散生或集生于茎上或基部，基部具2或3圆筒状鞘。总状花序顶生，常具多花，密生成穗状；花小，倒置，唇瓣位于下方，绿色或绿白色至白色；萼片离生，中萼片直立，侧萼片伸展张开，稀反折；花瓣直立，与中萼片相靠成兜状；唇瓣3深裂或3齿裂，稀不裂，基部具距；距短，囊状或球形；蕊柱极短；花药位于蕊柱的顶端，2室，药室并行，下部几乎不延伸成沟；花粉块2，为具小团块的粒粉质，具短的花粉块柄和黏盘，黏盘常小，裸露，不卷曲成角状，附于蕊喙的短臂上；蕊喙小；柱头2，隆起而突出，常贴生于唇瓣基部。

约70种，分布于亚洲热带、亚热带地区。我国有19种，主要分布于长江流域及其以南各地；浙江有3种。

分种检索表

1. 叶基生或生于茎下部；唇瓣的侧裂片叉开与中裂片成近90°的夹角，侧裂片细长条形或条形；距棒状、纺锤形或细筒状。
　　2. 植株干后不变为黑色；叶基生；唇瓣的侧裂片细长条形；距棒状或纺锤形·· **1. 长须阔蕊兰 P. calcaratus**
　　2. 植株干后变为黑色；叶散生于茎下部；唇瓣的侧裂片条形；距细筒状·· **2. 狭穗阔蕊兰 P. densus**
1. 叶集生于茎中部；唇瓣的侧裂片与中裂片之间夹角小于45°，侧裂片近三角形；距圆球状·· **3. 阔蕊兰 P. goodyeroides**

1. 长须阔蕊兰 （图10-466）
Peristylus calcaratus (Rolfe) S.Y. Hu

植株高20~48cm。块茎肉质，椭圆球形。茎细长，无毛，基部具2~4筒状鞘，近基部具3或4叶，叶之上具1至数枚披针形小型叶。叶片椭圆状披针形，长3~12cm，宽1~3.5cm，基部鞘状抱茎。总状花序具多花，密生或疏生，长9~23cm；苞片卵状披针形，较子房短或等长；花小，绿色；萼片长圆形，先端钝，中萼片直立，凹陷，侧萼片开展，稍偏斜；花瓣直立伸展，与中萼片相靠，斜的卵状长圆形，先端钝，较萼片厚；唇瓣与花瓣基部合生，3深裂，中裂片狭长圆状披针形，先端钝，侧裂片叉开与中裂片成近90°的夹角，细长条形，弯曲，长可达15mm，或更长，在侧裂片基部有1横的隆起脊，将唇瓣分为上唇和下唇两部分，基部具距；距棒状或纺锤形，下

图10-466　长须阔蕊兰

垂。花期9—10月。

产于安吉、德清、余杭、北仑、鄞州、奉化、宁海、定海、常山、江山。生于海拔100～500m的山坡灌丛中。分布于江苏、江西、湖南、台湾、广东、广西和云南。中南半岛也有。

2. 狭穗阔蕊兰 （图10-467）
Peristylus densus (Lindl.) Santapau et Kapadia

植株高10～40cm。块茎椭圆球形。茎基部具2或3筒状鞘，近基部具4～6叶，上部具若干卵状披针形小型叶。叶片长圆形至卵状披针形，基部鞘状抱茎。总状花序密生多花；花小，浅黄绿色或近白色；萼片等长，先端钝，中萼片条状长圆形，凹陷，直立，侧萼片条状长圆形；花瓣直立，与中萼片相靠，狭长圆状卵形，先端钝；唇瓣3裂，中裂片三角状条形，侧裂片叉开与中裂片成近90°的夹角，条形，较中裂片长而狭，长3.5～6mm，在侧裂片基部后方具1横的隆起脊，将唇瓣分成上唇和下唇，上唇从隆起脊处向下反曲，下唇凹陷，围抱蕊柱，基部具距；距细筒状，下垂。花期8—9月。

产于奉化、瑞安、文成、苍南、泰顺。生于山坡林下或草丛中。分布于江西、福建、广东、广西、贵州、云南等地。东南亚、南亚也有。

图10-467　狭穗阔蕊兰

3. 阔蕊兰 绿花阔蕊兰
Peristylus goodyeroides (D. Don) Lindl.

植株高30～75cm。块茎肉质，卵状长圆球形。茎较粗，直立，无毛，中部集生3或4叶，上部具数枚长圆状披针形小型叶，下部具3～5筒状鞘。叶片椭圆形或卵状椭圆形，长7～10cm，宽3～4cm，基部鞘状抱茎，先端急尖、渐尖或钝。总状花序密生多数小花，穗状，长7～15cm；苞片披针形，先端渐尖，较子房长或等长；花小，淡绿色或白色；萼片等长，先端钝，中萼片狭卵形，先端钝，侧萼片舌状，先端钝；花瓣宽卵形，先端钝圆，基部凹陷；唇瓣3浅裂，裂片近等长等宽，中裂片与侧裂片夹角小于45°，基部具距；距圆球状。花期7—8月。

产于临安。生于海拔600m的向阳山坡草丛中。分布于华中、华南、西南及江西、台湾等地。东南亚、南亚也有。

⑫ 玉凤花属 Habenaria Willd.

地生草本。块茎肉质，卵形、球形或椭圆形，颈部生几条细长的根。茎直立，具2至多叶，基部具1～3筒状鞘，上部具苞片状叶。叶散生或集生于茎的中部，或在近基部呈莲座状。总状花序顶生，具少数至多花；苞片宿存；花小型、中等大或较大，白色或淡绿色；中萼片与花瓣靠合成兜状，侧萼片展开或反折；花瓣不裂或分裂；唇瓣基部与蕊柱贴生，通常3裂，稀不裂，基部具或长或短的距，稀无距；蕊柱短，蕊喙长厚而大，具臂；花药2室，药隔较宽，药室下部通常叉开，基部延长成或长或短的管；花粉块2，为具小团块的粒粉质，具花粉块柄和黏盘；柱头2，突起或延长成为柱头枝，位于蕊柱前方基部。

约600种，分布于全球热带、亚热带至温带地区。我国有54种，主要分布于西南部至东部；浙江有8种。

分种检索表

1. 叶多为2或3，基生成莲座状·· **1. 湿地玉凤花 H. humidicola**
1. 叶在茎上散生或集生于茎的中部或中部以上。
　2. 叶在茎上散生。
　　3. 叶片条形；花瓣轮廓为半正三角形，2浅裂；唇瓣基部以上3裂，侧裂片与中裂片几垂直，呈明显"十"字形。
　　　4. 花较小，花瓣长4mm，中萼片卵圆形，长4.5～5mm；唇瓣的侧裂片与中裂片垂直，先端钝，具流苏裂条；距长1.4～1.5cm，近末端突然膨大，粗棒状，与子房等长·· **2. 十字兰 H. schindleri**
　　　4. 花较大，花瓣长5～5.5mm，中萼片卵形或宽卵形，长5.5～6mm；唇瓣的侧裂片与中裂片近垂直，上部多少向前弧曲；距长2.5～3.5cm，向末端逐渐膨大，细棒状，长于子房··· **3. 线叶十字兰 H. linearifolia**

3.叶片长圆形、长椭圆形或长圆状披针形；花瓣不裂；唇瓣裂片不呈"十"字形。
　　5.叶片长圆形或长圆状披针形；花瓣狭长圆状披针形，先端渐尖；唇瓣通常不裂；无距……………
　　　　………………………………………………………………………………… 4.南方玉凤花 H.malintana
　　5.叶片长圆形；花瓣披针形，先端钝；唇瓣3裂；距长达4cm……… 5.鹅毛玉凤花 H. dentata
2.叶集生于茎的中部或中部以下。
　　6.花葶具棱，棱上被长柔毛；花瓣不裂；唇瓣基部3深裂 ……………… 6.毛葶玉凤花 H. ciliolaris
　　6.花葶圆柱状，无毛；花瓣2裂；唇瓣3裂。
　　　　7.花瓣及唇瓣各裂片不再分裂，裂片均为条形；萼片先端渐尖……… 7.裂瓣玉凤花 H. petelotii
　　　　7.花瓣上裂片2裂，下裂片4或5裂，裂条均为丝状；唇瓣基部以上3裂，每裂再多裂，裂条均为细丝状；萼片先端具芒状尾尖 ………………………………………………… 8.丝裂玉凤花 H. polytricha

1. 湿地玉凤花

Habenaria humidicola Rolfe

植株高15～20cm。块茎椭圆球形，肉质。茎直立，圆柱形，无毛，基部具2或3呈莲座状的叶。叶片披针状长圆形，先端近急尖或渐尖，基部抱茎。总状花序具数朵疏生的花，长5～7cm；苞片卵状披针形，先端渐尖，短于子房；花小，绿色；中萼片直立，卵状长圆形，凹陷成舟状，先端钝，具3脉，与花瓣靠合成兜状，侧萼片反折，斜卵状长圆形，先端钝，具3脉；花瓣直立，条状长圆形，先端钝，具1脉；唇瓣长5～9mm，基部3深裂；侧裂片条状披针形，渐狭成丝状；中裂片条形，先端钝；距细长，细圆筒状，下垂，长8～13mm，下部稍膨大，与子房等长或较长；蕊柱短；花药直立，药隔顶部凹陷，药室稍叉开，基部伸长的沟较药室短；柱头的突起长圆状棒形；退化雄蕊小，椭圆形。花期8—9月。

产于北仑、武义、景宁。生于林下或岩石阴处潮湿地。分布于贵州、云南。缅甸也有。模式标本采自宁波。

2. 十字兰 （图10－468）

Habenaria schindleri Schltr.

植株高25～70cm。块茎肉质，长圆球形或卵圆球形。茎直立，圆柱形，具多枚疏生的叶，向上渐小成苞片状。中下部具4～7叶，叶片条形，先端渐尖，基部鞘状抱茎。总状花序具10～20余花，长10～18cm；花序轴无毛；苞片条状披针形至卵状披针形，先端长渐尖，长于子房；子房圆柱形，扭转，稍弧曲；花白色；中萼片卵圆形，直立，凹陷成舟状，先端钝，具5脉，与花瓣靠合成兜状，侧萼片强烈反折，斜长圆状卵形，先端近急尖，具4（稀5）脉；花瓣直立，轮廓半正三角形，2裂，上裂片先端稍钝，具2脉，下裂片小齿状，三角形，先端二浅裂；唇瓣向前伸，基部条形，近基部的1/3处3深裂，呈"十"字形，裂片条形，近等长，中裂片劲直，全缘，先端渐尖，侧裂片与中裂片垂直伸展，向先端增宽且具流苏；距下垂，长1.4～1.5cm，近末端突然膨大，粗棒状，向前弯曲，末端钝，与子房等长；柱头2，隆起，长圆形，向前伸，并行。花期7—

10月。

产于临安、余姚、宁海、开化、衢江、天台、莲都、缙云、龙泉、庆元、乐清、永嘉、泰顺。生于山坡林下或沟谷草丛中。分布于东北、华东及河北、湖南、广东。朝鲜半岛和日本也有。

图10-468　十字兰

3. 线叶十字兰　线叶玉凤花（图10-469）

Habenaria linearifolia Maxim.

植株高25～80cm。块茎肉质，卵球形至球形。茎直立，茎上散生多叶，叶自基部向上渐小成苞片状。中下部叶片条形，先端渐尖，基部扩大成鞘状抱茎。总状花序具8～20余花；苞片长卵状披针形；花白色或绿白色；中萼片宽卵形，兜状，先端钝圆，具5脉，侧萼片斜卵形，先端钝，具6脉，反折；花瓣卵形，先端尖，具3脉，与中萼片相靠近，直立；唇瓣长10～12mm，宽0.5mm，侧裂片与中裂片近垂直，向前弯，先端撕裂成流苏状；距下垂，向末端逐渐膨大或突然膨大，细棒状；柱头突起物向前伸，前部2裂，平行。花期6—8月，果期10月。

产于临安、北仑、开化、衢江、磐安、武义、天台、莲都、缙云、龙泉、庆元、云和、景宁、瓯海、乐清、永嘉、瑞安、泰顺。生于山坡林缘和沟谷草丛中。分布于东北、华北、华东及河南、湖南。日本、朝鲜半岛、俄罗斯远东地区也有。

图10-469 线叶十字兰

4. 南方玉凤花

Habenaria malintana (Blanco) Merr.

植株高40~55cm。块茎肉质，椭圆球形。茎粗壮，直立，圆柱形，具3或4疏生的叶，向上具5或6苞片状小叶。叶片长圆形或长圆状披针形，先端急尖或渐尖，基部抱茎。总状花序具10余密生的花；苞片狭披针形，先端长渐尖；子房圆柱状纺锤形，扭转，向先端渐狭；花中等大，直径约1.5cm，白色；萼片长圆状披针形至卵状披针形，近相似，先端急尖，具3脉，侧萼片稍偏斜，张开；花瓣狭长圆状披针形，不裂，先端渐尖，具1(3)脉；唇瓣舌状披针形，边缘具细缘毛，通常不裂，基部两侧稀具很小的侧裂片，通常无距，稀具2~8mm长的短距；柱头2，隆起，下部合生成板状。花期10—11月。

据《中国植物志》记载产于宁波，但笔者未见标本。分布于海南、广西、四川和云南。东南亚、南亚也有。

5. 鹅毛玉凤花 （图10-470）

Habenaria dentata (Sw.) Schltr.

植株高35～90cm。块茎1或2，肉质，长圆球形，长2～5cm。茎无毛，散生3～5叶，下部具1～3筒状鞘，上部具多枚披针形苞片状叶。叶片长圆形，先端渐尖，基部鞘状抱茎。总状花序密生3至多花；苞片披针形，先端长渐尖；花白色，中等大；中萼片直立，舟状，具5脉，侧萼片斜卵形，具3脉；花瓣披针形，不裂，与中萼片相靠成兜状；唇瓣3裂，中裂片条形，稍短于侧裂片，侧裂片半圆形，先端具细齿，基部具距；距下垂，向前稍弧曲，向末端逐渐膨大，距口具胼胝体；柱头2，突起物并行，具沟。花期8—9月，果期9—10月。

产于余杭、临安、北仑、余姚、天台、临海、莲都、遂昌、松阳、龙泉、庆元、云和、乐清、永嘉、文成、泰顺。生于林缘山坡、路旁和沟边草地。分布于华东、华中、华南和西南。东南亚、南亚及日本也有。

块茎可药用，有利尿消肿、壮腰补肾的功效。

图10-470　鹅毛玉凤花

6. 毛葶玉凤花 （图10-471）
Habenaria ciliolaris Kraenzl.

植株高25～60cm。块茎肉质，长圆柱形。茎粗壮，直立，常具棱和长柔毛，具4～6叶，集生于中部以下，上部具多枚披针形苞片状叶。叶片卵状披针形或长圆形。总状花序疏生6～14花；花序轴具棱，棱上疏被柔毛和星状毛；苞片卵形，具缘毛，先端长渐尖；花白色；中萼片卵形，兜状，具3脉，侧萼片偏斜的卵形，反折，具3脉；花瓣卵状披针形，不裂，先端尾尖，具1脉；唇瓣基部3深裂，裂片丝状条形，中裂片长约18mm，侧裂片长约21mm，下弯；距下垂，末端膨大，棒状，向前弯曲；子房具喙，先端明显弯曲。花期8—9月。

产于临安、临海、泰顺。生于山坡林下和沟边阴湿处。分布于华东、华中、华南、西南及甘肃。越南也有。

图10-471 毛葶玉凤花

7. 裂瓣玉凤花 （图10-472）
Habenaria petelotii Gagnep.

植株高35～50cm。块茎肉质，长圆柱状。茎无毛，中部集生5或6叶，下部具2～4筒状鞘，上部具多枚披针形苞片状叶。叶片椭圆形或椭圆状披针形，基部鞘状抱茎。总状花序长

4~12cm,疏生3至数花;苞片狭披针形;花淡绿色;中萼片卵形,舟状,具3脉,侧萼片长圆状卵形,先端渐尖,具3脉;花瓣从基部2裂,2裂片之间呈120°角伸展,裂片条形,边缘具缘毛;唇瓣3裂,裂片与花瓣的裂片相似,中裂片较侧裂片稍短,3裂片的边缘或多或少具缘毛;距下垂,中部以下向末端膨大成棒状,中部弧曲,末端钝。花期5—6月。

产于长兴、临安(天目山)、宁海、开化(古田山)、景宁、青田、文成(铜铃山)、苍南(莒溪)、泰顺(竹里)。生于山坡沟谷林下。分布于华东、华南、西南及湖南。越南也有。

图 10-472 裂瓣玉凤花

8. 丝裂玉凤花 丝裂玉凤兰
Habenaria polytricha Rolfe

植株高40~50cm。块茎肉质,长圆柱形。茎粗壮,直立,圆柱形,中部集生5~8叶,下部具3~5筒状鞘,上部具2或3披针形苞片状叶。叶片长椭圆形或长圆状披针形,基部收狭并抱茎。总状花序长15~20cm,具6~12密生的花,花葶无毛;子房圆柱形,扭转,无毛;花绿白色,中等大;萼片绿色,中萼片长椭圆形,凹陷,兜状,先端具芒尖,具3脉,侧萼片斜卵形,张开或反折,先端具芒尖,具3脉;花瓣淡绿色或白色,2深裂,上裂片再2裂,下裂片再4或5裂,裂条均为丝状,长14~17mm;唇瓣淡绿色或白色,基部之上3裂,每裂片再多裂,裂条均细丝状,长14~18mm;距白色,细圆筒状棒形,下垂,向末端膨大,向前稍弯曲,末端钝,较子房短;柱头2,隆起,长圆形。花期8—9月。

产于余杭(横湖)。生于林下阴湿处。分布于江苏、台湾、广西、四川。琉球群岛、菲律宾也有。

13 旗唇兰属 Kuhlhasseltia J.J. Sm.

地生小草本。根状茎匍匐，伸长，肉质，具节，节上生根。茎直立，圆柱形。叶互生。花茎顶生，直立，圆柱形；总状花序具少数花；花苞片绿色或粉红色，膜质；花小，倒置，纯白色或萼片背面带紫红色；唇瓣与花瓣多为白色，萼片在中部以下或多或少合生；花瓣与中萼片等长且与中萼片紧贴成兜状；唇瓣较萼片长，呈"T"字形或"Y"字形，基部扩大成具2浅裂的囊状距；距短，末端2浅裂；蕊柱直立，近圆柱形；花药2室，花粉块2，每个纵裂为2，为具小团块的粒粉质，具短的花粉块柄，共同具1黏盘；黏盘稍大，嵌入于蕊喙的叉口间；蕊喙位于蕊柱的顶端，直立，叉状2裂，裂片不等大；柱头2，位于蕊喙之下。

约10种，分布于东亚、东南亚。我国有1种；浙江也有。

旗唇兰 （图10-473）

Kuhlhasseltia yakushimensis (Yamam.) Ormerod — *Vexillabium yakushimense* (Yamam.) F. Maek.

株高8~13cm。根状茎细长或粗短，肉质，匍匐，具节，节上生根。茎直立，绿色，无毛，具4或5叶。叶片卵形，肉质，具3脉。花茎顶生，具1或2粉红色鞘状苞片。总状花序具3~7花；萼片粉红色，中萼片长圆状卵形，侧萼片斜镰状长圆形，直立伸展；花瓣白色，具紫红色斑块，为偏斜的半卵形，近顶部突然收狭成具钝的突尖头，与中萼片等长且与中萼片紧贴成兜状；唇瓣白色，呈"T"字形，从花被中伸出，前部扩大成倒三角形的片，片的前部2裂或微凹，中部爪细长，上部两边各具1~4小齿；蕊柱短。花期7—8月，果期9—10月。

产于临安、遂昌、泰顺（乌岩岭）。生于海拔约700m的林下或沟边岩壁石缝中。分布于安徽、湖南、台湾、四川和陕西。日本、菲律宾也有。

图10-473　旗唇兰

14 叉柱兰属 Cheirostylis Blume

地生或半附生草本。根状茎具节,匍匐或斜上升,肉质,呈莲藕状或毛虫状。茎直立,常较短,下部互生2~5叶。总状花序顶生,具2至数花;花较小,多不偏向一侧,倒置;萼片膜质,在中部或中部以上合生成筒状;花瓣与中萼片贴生;唇瓣直立,基部通常多少膨大成囊状,囊内通常在两侧的侧脉上具胼胝体;中部收狭成爪;前部扩大,常2裂,少不裂,边缘具流苏状裂条或锯齿或全缘;蕊柱短,顶部前侧具2枚臂状直立的附属物;花药直立,位于蕊喙的背面;花粉块2,每个纵裂为2,为具小团块的粒粉质,具短或长的花粉块柄,共同具1黏盘;蕊喙直立,2裂,叉状;柱头2,突出,离生,较大,位于蕊喙的基部两侧。

约20种,分布于非洲热带地区、亚洲热带地区至太平洋岛屿。我国有17种,分布于华南至西南;浙江有1种。

据《泰顺县维管束植物名录》记载,泰顺有云南叉柱兰 *Cheirostylis yunnanensis* Rolfe 的分布,但笔者未见标本。

琉球叉柱兰 琉球指柱兰 (图10-474)
Cheirostylis liukiuensis Masam.

植株高5~9cm。根状茎匍匐,肉质,具节,呈莲藕状,紫褐色。茎直立,带褐色,基部具3或4叶。叶片卵形至卵状圆形,长2~3cm,宽1~2cm,上面呈有光泽的暗灰绿色,背面带红色。总状花序具5~9花,花多向一侧开放;萼片白色,略带红褐色,下部的2/3处合生成筒状,萼筒上部1/3处3裂,裂片三角形;花瓣白色,斜长圆形至倒披针形,与中萼片紧贴;唇瓣白色,呈"T"字形,基部稍凹陷成浅囊状,囊内两侧各具1叉状2裂的柱状胼胝体,中部具爪,爪的先端突然扩大成2裂片,裂片近四方形,其前部边缘具不规则的齿,上面有毛,在裂片基部具1对绿

图10-474 琉球叉柱兰

色或灰色的斑点；蕊柱短，具2长臂状附属物，附属物与蕊喙先端的2裂片等长且贴近；蕊喙直立，深2裂，呈叉状；柱头2，位于蕊喙基部两侧。花期3—4月。

产于泰顺（垟溪）。生于山坡树林下。分布于我国台湾地区。日本也有。

15 斑叶兰属 Goodyera R. Br.

地生草本。根状茎常伸长，茎状，匍匐，具节，节上生根。茎直立，具叶。叶互生，稍肉质，具柄，上面常具杂色的斑纹。花序顶生，具少数至多花，总状，稀因花小、多而密似穗状；花常较小或小；萼片离生，近相似，背面常被毛，中萼片直立，凹陷，与花瓣黏合成兜状；侧萼片直立或张开；唇瓣围绕蕊柱基部，不裂，无爪，基部凹陷成囊状，前部渐狭，先端多少向外弯曲，囊内常有毛；蕊柱短，无附属物；花药直立或斜卧，位于蕊喙的背面；花粉块2个，狭长，每个纵裂为2，为具小团块的粒粉质，无花粉块柄，具黏盘；蕊喙直立，长或短，2裂；柱头1，较大，位于蕊喙之下。蒴果直立，无喙。

约100种，主要分布于北温带、亚热带，非洲南部、澳大利亚东北部也有。我国约有29种，分布于东南及西南各地；浙江有9种。

分种检索表

1. 叶片上面具白色或黄色的网状脉纹或斑纹。
　2. 叶片上面具由均匀细脉连接成的白色网状脉纹；花较大，长筒状，长约2.5cm ·· 1. 大花斑叶兰 G. biflora
　2. 叶片上面具由不均匀的细脉和色斑连接成的点状斑纹；花小，不具长筒。
　　3. 萼片长7～10mm，唇瓣囊内有毛 ·· 2. 斑叶兰 G. schlechtendaliana
　　3. 萼片长3～4mm，唇瓣囊内无毛。
　　　4. 萼片背面被腺状柔毛，中萼片卵形或卵状长圆形；唇瓣囊内无褶片和无乳头状突起 ·· 3. 小斑叶兰 G. repens
　　　4. 萼片背面无毛或中萼片背面仅近基部具少数腺状柔毛；中萼片椭圆状长圆形或狭卵形；唇瓣囊内具1枚褶片或中脉两侧各具2～4枚乳头状突起 ················ 4. 波密斑叶兰 G. bomiensis
1. 叶片上面无明显网状脉纹或无斑纹。
　5. 叶表面暗紫色或暗绿色，叶片上面沿中肋具1条白色或黄白色的带 ······ 5. 绒叶斑叶兰 G. velutina
　5. 叶表面绿色，叶片上面沿中肋无白色或黄白色的带。
　　6. 总状花序密生数十至更多花，似穗状，花序长6～15cm；花白色，花小，中萼片长3～4mm ·· 6. 高斑叶兰 G. procera
　　6. 总状花序疏生2～9花，花序较短；花白色略带粉红色或淡红褐色，花中等大，萼片长1～1.5cm。
　　　7. 叶质地薄；花红褐色；侧萼片颇为张开，且向后反折 ················ 7. 绿花斑叶兰 G. viridiflora
　　　7. 叶质地较厚；花白色略带粉红色；侧萼片仅上部稍张开，不向后反折。

8. 花序梗浅绿色；苞片绿色，萼片背面无毛 ·················· 8.光萼斑叶兰 G. henryi
8. 花序梗红褐色；苞片淡粉红色，萼片背面有毛 ·················· 9.多叶斑叶兰 G. foliosa

1. 大花斑叶兰 （图10-475）
Goodyera biflora Hook. f.

植株高5～15cm。茎上部直立，下部匍匐伸长成根状茎，基部具4～6叶。叶互生；叶片卵形，上面暗绿色，具白色细斑纹，下面带红色；叶柄基部扩大成鞘状抱茎。总状花序具2～8花；花大，带黄色或淡红色，长筒状；萼片披针形，具3脉，近等长，中萼片先端外弯，背面被短柔毛，长约2.5cm，先端稍钝；花瓣菱状条形，具3脉，和中萼片近等长并靠合成兜状；唇瓣长1.6～1.8cm，基部具囊，囊内面具刚毛，前部外弯，边缘膜质，波状；蕊柱内弯；蕊喙线状，叉状2裂；花药长而细，药隔伸长。花期6—7月，果期10月。

产于长兴、安吉、临安、淳安、临海、遂昌、松阳、景宁、泰顺。生于山坡林下或山坡草地中。分布于华东、华中、华南、西南及陕西南部、甘肃南部。日本、朝鲜半岛、尼泊尔、印度也有。

图10-475 大花斑叶兰

2. 斑叶兰 （图10-476）
Goodyera schlechtendaliana Rchb. f. — *G. melinostele* Schltr.

植株高15～25cm。茎上部直立，具长柔毛，下部匍匐伸长成根状茎，基部具4～6叶。叶互生；叶片卵形或卵状披针形，上面绿色，具黄白色斑纹，下面淡绿色；叶柄基部扩大成鞘状抱茎。总状花序长8～20cm，疏生数花至20余花；花序轴被柔毛；苞片披针形；花白色，偏向同一侧；萼片外面被柔毛，具1脉，中萼片狭椭圆状披针形，长7～10mm，舟状，先端急尖，与花瓣黏合成兜状，侧萼片卵状披针形，长7～10mm，先端急尖；花瓣倒披针形，具1脉；唇瓣基部囊状，囊内面具稀疏刚毛，基部围抱蕊柱；蕊柱极短；蕊喙2裂，呈叉状；花药卵形。花期9—11

月,果期10—11月。

产于湖州、杭州、宁波、衢州、金华、台州、丽水、温州及新昌、诸暨等地。生于山坡林下。分布于华东、华中、华南、西南及山西、陕西、甘肃。东南亚、南亚及朝鲜半岛南部、日本也有。

全草民间可入药。

图10-476　斑叶兰

3. 小斑叶兰 （图10-477）
Goodyera repens (L.) R. Br.

植株高10~25cm。根状茎伸长,茎状,匍匐,具节。茎直立,绿色,具5或6叶。叶片卵形或卵状椭圆形,上面深绿色,具白色斑纹,背面淡绿色,先端急尖,基部钝或宽楔形,具柄,基部扩大成鞘状抱茎。花茎直立或近直立,被白色腺状柔毛,具3~5鞘状苞片；总状花序具数花至10余花,密生,多少偏向一侧,长4~15cm；苞片披针形,先端渐尖；花小,白色或带绿色,半张开；萼片背面被或多或少腺状

图10-477　小斑叶兰

柔毛，具1脉，中萼片卵状长圆形，长3～4mm，先端钝，与花瓣合生成兜状，侧萼片斜卵形或卵状椭圆形，长3～4mm，先端钝；花瓣斜匙形，无毛，先端钝，具1脉；唇瓣卵形，基部凹陷成囊状，内面无毛，前部短的舌状，略外弯；蕊柱短；蕊喙直立，叉状2裂；柱头1，较大，位于蕊喙之下。花期7—8月。

产于江山（张村）、文成（石垟）。生于海拔700m左右的山坡、沟谷林下。分布于东北、华北、华东、华中、西南、西北及台湾。北亚、东亚、东南亚、南亚及欧洲、北美洲也有。为浙江分布新记录。

4. 波密斑叶兰 （图10-478）
Goodyera bomiensis K.Y. Lang

植株高19～30cm。根状茎短。叶基生，密集成莲座状，5或6枚；叶片卵圆形或卵形，上面绿色，具由不均匀的细脉和色斑连接成的白色斑纹，背面淡绿色，先端钝或急尖，基部心形或宽楔形，具柄。花葶细长，长17～25cm，被棕色腺状柔毛；总状花序长3～10cm，具10～20偏向一侧的花，下部具3～5鞘状苞片；苞片卵状披针形；花小，白色或淡黄白色，半张开；萼片白色或背面带淡褐色，先端钝，具1脉，中萼片狭卵形，仅背面近基部具少数棕色腺状柔毛，与花瓣合生成兜状，侧萼片狭椭圆形，背面无毛；花瓣白色，斜菱状倒披针形，先端钝，具1脉；唇瓣卵状椭圆形，基部凹陷成囊状，较厚，内面无毛，在中部中脉两侧各具2～4乳头状突起，近基部具1纵向脊状褶片，前部舟状，先端钝，外弯；蕊柱短；蕊喙直立，2裂，裂片披针形。花期5—9月。

产于景宁。生于山坡林下阴湿处。分布于湖北西部、云南及西藏东部。为浙江分布新记录。

图10-478 波密斑叶兰

5. 绒叶斑叶兰 （图10-479）

Goodyera velutina Maxim. ex Regel

植株高7～19cm。根状茎匍匐伸长。茎直立，被柔毛，下部具叶多枚。叶片卵状长圆形，上面暗紫绿色，呈天鹅绒状，中脉白色或黄白色，下面淡红色，边缘波状，具柄；叶柄基部扩大成鞘状抱茎。总状花序直立，长4～10cm，具数花至10余花；花序轴被柔毛；苞片淡红褐色，披针形，先端渐尖，较花柄连子房长；花白色或粉红色，偏向同一侧；萼片近等长，外面被柔毛，具1脉，中萼片长圆形，侧萼片长圆形，稍偏斜；花瓣长圆状菱形，与中萼片靠合成兜状；唇瓣凹陷成囊状，囊内面具毛；蕊柱短；蕊喙2裂，呈叉状，裂片细条形。花期7—10月。

产于临安（西天目山）、松阳（箬寮岘）、遂昌（九龙山）、龙泉（凤阳山）、庆元（百山祖）、泰顺（乌岩岭）。生于海拔900～1000m的山坡林下阴湿地或沟谷林下。分布于华南及福建、湖北、湖南、四川、云南。日本、朝鲜半岛也有。

图10-479　绒叶斑叶兰

6. 高斑叶兰 （图10-480）
Goodyera procera (Ker Gawl.) Hook.

植株高25～80cm。根状茎短。茎直立，无毛，下部具多叶。叶互生，稍肉质，淡绿色；叶片长圆形或狭椭圆形，上面无斑纹，先端急尖，基部楔形，具5～7脉；叶柄基部扩大成鞘状抱茎。总状花序长6～15cm，密生数十至更多花，似穗状；花苞片膜质；花小，直径约3mm，白色而带淡绿色，稍具香气；中萼片卵形或椭圆形，长3～4mm，凹陷，与花瓣合生成兜状，侧萼片偏斜的卵形，长3～3.5mm；花瓣匙形，白色，先端与中萼片靠合；唇瓣宽卵形，较肥厚，基部凹陷，囊状，内面有腺毛，前端反卷，唇盘上具2胼胝体；蕊柱短；蕊喙2裂；花药宽卵状三角形；蕊喙直立，2裂；柱头1，横椭圆形。花期4—5月。

产于苍南、泰顺。生于山坡林下或沟边阴湿处。分布于华东、华南、西南。东南亚、南亚及日本也有。

图10-480　高斑叶兰

7. 绿花斑叶兰 （图10-481）
Goodyera viridiflora (Blume) Lindl. ex D. Dietr.

植株高13～20cm。根状茎匍匐伸长，具节。茎直立，绿色，具3～5叶。叶片偏斜的卵形或卵状披针形，绿色，甚薄，先端急尖，基部圆形，骤狭成柄；叶柄和鞘长1～3cm。花序梗长7～10cm，淡红褐色，被短柔毛；总状花序具2～5疏生的花；苞片长披针形，红褐色；萼片红褐色，中萼片凹陷，与花瓣合生成兜状，侧萼片向后伸展；花瓣偏斜的菱形，白色，先端带褐色，急尖，基部渐狭，具1脉，无毛；唇瓣卵形，舟状，基部绿褐色，凹陷，囊状，内面具密的腺毛，前部白色，舌状，向下作"之"字形弯曲，先端向前伸。花期8—9月。

产于鄞州、象山、金华市区、临海、黄岩、景宁、乐清、瑞安、平阳、泰顺。生于林下、沟边阴湿处。分布于江西、福建、台湾、广东、香港、海南、云南等。东南亚、南亚及琉球半岛、澳大利亚也有。

图 10-481　绿花斑叶兰

8. 光萼斑叶兰（图 10-482）
Goodyera henryi Rolfe

植株高6~13cm。茎下部匍匐，上部直立，无毛，具多枚叶。叶在茎上部密生于花序之下，在茎下部疏生；叶片卵形，绿色，具3脉，先端急尖，基部楔形；叶柄基部抱茎。花序梗较短，浅绿色，总状花序具3~9疏生的花；苞片披针形，绿色；花中等大，白色略带浅粉红色；萼片背面无毛，中萼片卵状长圆形，内凹成舟状，先端钝，侧萼片披针形；花瓣长圆状披针形，稍呈镰状，具1脉，无毛，和中萼片靠合成兜状；唇瓣卵形，先端钝而外弯，基部凹陷成囊状，囊内面具长柔毛；蕊柱短；蕊喙长，叉状2裂。花期8—9月。

产于瑞安、泰顺。生于海拔450~1330m的沟谷林下岩石上或石缝中。分布于华东、华中、华南、西南及甘肃南部。朝鲜半岛南部、日本也有。

图 10-482 光萼斑叶兰

9. 多叶斑叶兰 （图 10-483）
Goodyera foliosa (Lindl.) Benth.

植株高15～25cm。茎下部匍匐，上部直立，具节，具4～6叶。叶疏生于茎上或集生于茎的上半部，叶片卵形至长圆形，绿色，先端急尖，基部楔形或圆形，具柄，基部扩大成抱茎的鞘。花序梗极短或长；花葶直立，长6～8cm，被毛；总状花序

图 10-483 多叶斑叶兰

具数朵至多朵密生而常偏向一侧的花；苞片披针形，长1~1.5cm，背面被毛；花中等大，半张开，白色带粉红色、白色带淡绿色或近白色；萼片狭卵形，背面被毛；花瓣斜菱形，先端钝，基部收狭，具爪，无毛，与中萼片合生成兜状；唇瓣基部凹陷成囊状，囊半球形，内面具多数腺毛，前部舌状，先端略反曲，背面有时具红褐色斑块；蕊柱长3mm；蕊喙直立，叉状2裂。花期8—9月。

产于泰顺（左溪）。生于林下或沟谷阴湿处。分布于福建、台湾、广东、广西、四川、云南、西藏。东南亚、南亚及日本、朝鲜半岛南部也有。为浙江分布新记录。

16 金线兰属 Anoectochilus Blume

地生草本，具根状茎。茎节上生根。叶近基生；绿色或上面具色彩和光泽。花序总状，顶生；苞片通常短于花；萼片离生，中萼片与花瓣靠合成盔状，侧萼片开展；花瓣较萼片短；唇瓣贴生于蕊柱基部，前部通常2裂，呈"Y"字形，中央缢缩成爪，两侧流苏状撕裂或具锯齿，或全缘；花药2室；花粉块2，每个多少纵裂为2，棒状，为具小团块的粒粉质，具长或短的花粉块柄，共同具1个黏盘；蕊喙通常直立，叉状2裂；柱头2，离生，突出，位于蕊喙基部前方或基部的两侧，极罕2柱头紧靠一起而合生成较大的，位于蕊喙前面之下的正中央。蒴果长圆柱形，直立。

约40种，分布于亚洲热带地区至大洋洲。我国有20种，分布于西南和东南沿海等地；浙江有2种。

1. 金线兰 花叶开唇兰 （图10-484）
Anoectochilus roxburghii (Wall.) Lindl.

植株高8~14cm。茎上部直立，下部具2~4叶。叶片卵圆形或卵形，上面暗紫色，具金黄色网纹脉和丝绒状光泽，下面淡紫红色，叶脉5~7，具叶柄，基部扩展抱茎。总状花序长3~5cm，疏生2~6花；苞片卵状披针形，先端尾尖；花白色或淡红色；中萼片卵形，向内凹陷，侧萼片卵状椭圆形，稍偏斜，与中萼片近等长；花瓣近镰刀状，和中萼片靠合成兜状；唇瓣前端2裂，呈"Y"字形，裂片舌状条形，边缘全缘，中部具爪，两侧具6条流苏状细条，基部具距；距末端指向唇瓣，中部生有胼胝体；子房长圆柱形。花期9—10月。

产于临安、象山、宁海、磐安、武义、遂昌、松阳、龙泉、庆元、景宁、青田、瑞安、文成、平阳、泰顺。生于常绿阔叶林下或沟谷阴湿处。现全省多地山区竹林下或阔叶林下有引种栽培。分布于华东、华南、西南及湖南。东南亚、南亚及日本也有。

全草可入药，具清热凉血、解毒消肿、润肺止咳的功效。

图 10-484 金线兰

2. 浙江金线兰 浙江开唇兰 （图 10-485）
Anoectochilus zhejiangensis Z. Wei et Y.B. Chang

植株高 8～16cm。根状茎匍匐。茎淡红褐色，肉质，被柔毛，下部集生 2～6 叶。叶片宽卵形至卵圆形，边缘微波状，全缘，上面呈鹅绒状绿紫色，具绢丝状光泽，叶脉 5～7，网脉金黄色，叶背面略带淡紫红色。总状花序具 1～4 花；苞片卵状披针形；萼片淡红色，近等长，中萼片卵形，凹陷成舟状，先端急尖，侧萼片长圆形，稍偏斜；花瓣白色，倒披针形，与中萼片靠合成兜状；唇瓣白色，呈"Y"字形，前端 2 深裂，裂片斜倒三角形，边缘全缘，中部收狭成爪，爪长约4mm，两侧各具 1 鸡冠状褶片，褶片具小齿 3 或 4，基部具距；距上举，向唇瓣方向翘起几成"U"字形，末端 2 浅裂，其内具 2 瘤状胼胝体；子房狭圆柱形。花期 8 月。

产于奉化、宁海、武义（牛头山）、金华市区（南山）、遂昌。生于海拔 600～1000m 的山坡或沟谷的密林下阴湿处。分布于福建、湖南、广西、广东。模式标本采自遂昌左源村杨梅坑。

本种营养体与金线兰颇相似，但唇瓣前部的 2 裂片较宽，呈倒斜三角形，爪部两侧各具 1 枚，上面具 3 或 4 小齿的鸡冠状褶片，非流苏状而易区别。

图10-485　浙江金线兰

⑰ 线柱兰属 Zeuxine Lindl.

地生草本。根状茎匍匐，肉质，具节，节上生根。茎直立，具叶。叶互生，常稍肉质。花葶直立，被毛或无毛；总状花序顶生，具少数或多花；花小，几乎不张开；中萼片凹陷，与花瓣合生成兜状，侧萼片围着唇瓣基部；花瓣与中萼片近等长，但较狭，较萼片薄；唇瓣基部与蕊柱贴生，凹陷成囊状，中部收狭成爪，爪通常很短，前部扩大，多少2裂，叉开；囊内近基部两侧各具1胼胝体；蕊柱短，前面两侧具或不具纵向、翼状附属物；花药2室；花粉块2，每个多少纵裂为2，为具小团块的粒粉质，具很短的花粉块柄，共同具1黏盘；蕊喙常显著，直立，叉状2裂；柱头2，突出，位于蕊喙的基部两侧。蒴果直立。

约80种，分布于非洲热带地区至亚洲热带和亚热带地区。我国有14种，分布于长江流域及其以南各地，尤以台湾为多；浙江有1种。

线柱兰 （图10-486）
Zeuxine strateumatica (L.) Schltr.

植株高5~25cm。根状茎短，匍匐。茎淡棕色，直立或近直立，具多叶。叶淡褐色，无柄，鞘状抱茎；叶片条形至条状披针形，长2~8cm，宽2~6mm。总状花序几乎无花序梗，具数朵至20余朵密生的花，长2~5cm；苞片卵状披针形，红褐色，长于花，背面无毛或有毛；花小，白色或黄白色；萼片背面无毛或有毛，中萼片狭卵状长圆形，凹陷，先端钝，具1脉，与花瓣合生成兜状，侧萼片偏斜的长圆形，先端急尖，具1脉；花瓣歪斜，半卵形或近镰状，与中萼片等长，先端钝，具1脉，无毛；唇瓣肉质或较薄，舟状，淡黄色或黄色，基部凹陷成囊状，其内面两侧各具1近三角形的胼胝体。蒴果椭圆球形，淡褐色。花期4月。

产于泰顺（彭溪镇西关村）。生于海拔约300m的山坡林缘草丛中。分布于华东、华中、华南及西南。东南亚、南亚及日本、阿富汗也有。

图10-486 线柱兰

⑱ 葱叶兰属 Microtis R. Br.

地生小草本，地下具小块茎。茎纤细，直立，具1叶。叶片圆筒状，近轴面具纵槽，细长，下部完全抱茎，无明显叶柄，基部被鳞片状鞘。总状花序顶生，具数花至多花；苞片小；花梗极短；花小，通常扭转；萼片与花瓣离生，中萼片与侧萼片相似或较大；花瓣通常小于萼片；唇瓣贴生于蕊柱基部，通常不裂，较少分裂，基部有时有胼胝体，无距；蕊柱肉质，很短，常有2耳状物或翅；花药前倾；花粉块4，成2对，粒粉质，具短的花粉块柄黏盘。

约14种，主要分布于亚洲热带地区至大洋洲热带地区。我国有1种，分布于东南至西南各地；浙江也有。

葱叶兰 (图10-487)
Microtis unifolia (G. Forst.) Rchb. f.

图10-487 葱叶兰

植株高15~30cm，具球状小块茎。茎短而直立，具1叶。叶近圆筒状，长约25cm，粗约3mm，腹面具槽，先端细尖，基部鞘状抱茎。花葶直立，穗状花序密生多数小花；苞片狭卵状三角形，先端锐尖；花淡绿色，直径约2.5mm；中萼片圆状卵形，兜状，长宽近相等，直立，侧萼片卵形或椭圆形，反卷，先端钝；花瓣条状长圆形；唇瓣舌状，稍肉质，下弯，边缘略波状，先端钝，基部截形，两边具疣状胼胝体；蕊柱短，先端钝；子房具短柄，长约3mm。蒴果卵球形或长圆柱形，直立。花期5—6月，果期9—10月。

产于普陀、金华市区（北山）、兰溪、临海、洞头、瑞安、平阳、苍南。生于海拔100~750m的山坡草地或荒坡草丛中。分布于安徽、江西、福建、台湾、湖南、广东、广西、四川。

⑲ 朱兰属 Pogonia Juss.

地生草本，较小，常有直生的短根状茎以及细长而稍肉质的根，有时有纤细横走的茎。茎较细，直立，在中上部具1叶。叶片扁平，椭圆形至长圆状披针形，草质至稍肉质，基部具抱茎的鞘，无关节。花中等大，通常单花顶生，少有2或3花；苞片叶状，但明显小于叶，宿存；萼片离生；花瓣通常较萼片略宽而短；唇瓣3裂或近于不裂，基部无距，前部或中裂片上常有流苏状或髯毛状附属物；蕊柱细长，上端稍扩大，无蕊柱足；药床边缘啮蚀状；花药顶生，有短柄，向前俯倾；花粉块2，粒粉质，无花粉块柄与黏盘；柱头单一；蕊喙宽而短，位于柱头上方。

共4种,分布于东亚与北美洲。我国有3种,几乎分布于全国;浙江有1种。

朱兰 （图10-488）
Pogonia japonica Rchb. f.

植株高12~23cm。根状茎短小,具3~7细长的根。茎细长,直立,在中部或中部以上具1叶。叶片长圆状披针形,直立,先端急尖,基部楔形,下延至茎。1花,顶生,淡紫红色;苞片狭长圆形,较子房长;萼片和花瓣几同形等长,狭长圆状倒披针形,长1.6~2cm,宽3~4mm,中部以上3裂,中裂片较长,舌状,边缘具流苏状锯齿,侧裂片较短,基部至中裂片先端具2纵褶片,褶片在中裂片上具明显鸡冠状突起;蕊柱长约7mm,稍弯曲,上部边缘稍扩大。花期5—6月,果期8—9月。

产于临安、武义、天台、缙云、遂昌、龙泉、青田、瓯海、瑞安、平阳、泰顺。生于山顶草丛中、山谷旁林下、灌丛下湿地。分布于东北、华北、华东、华中及广西北部、四川、贵州。日本、朝鲜半岛也有。

图10-488　朱兰

20 白及属 Bletilla Rchb. f.

地生草本。假鳞茎扁球形，具荸荠似的环纹，彼此连接成一串，生数条细长的根。茎直立，具3~9叶。叶互生，具折扇状叶脉，叶片与叶柄之间具关节，叶柄互相卷抱成茎状。总状花序顶生，具3至数花；苞片小，早落；花紫红色、黄色或白色，倒置，唇瓣位于下方；萼片离生，与花瓣相似；唇瓣3裂或几不裂，唇盘上面有3~5脊状褶片，基部无距；蕊柱细长，无蕊柱足，两侧具翅；花药2室；花粉块8，成2群，每室4个，成对而生，粒粉质，多颗粒状，具不明显的花粉块柄，无黏盘；柱头1，位于蕊喙之下。蒴果长圆状纺锤形，直立。

约6种，分布于东亚。我国有4种，分布于西南至东南各地；浙江有1种。

白及　白芨（图10-489）
Bletilla striata Rchb. f.

植株高30~80cm，具明显粗壮的茎。叶4或5；叶片狭长椭圆形或披针形，基部渐窄下延成长鞘状抱茎，叶面具多条平行纵褶。总状花序顶生，具4~10花；苞片长椭圆状披针形，开花时凋落；花较大，直径约4cm，紫红色或玫瑰红色；萼片离生，与花瓣几相似，狭卵圆形；唇瓣倒卵形，白色带红色，具紫色脉纹，中部以上3裂，侧裂片直立，围抱蕊柱，先端钝而具细齿，稍伸向中裂片，中裂片倒卵形，上面有5脊状褶片，褶片边缘波

图10-489　白及

状；蕊柱两侧具翅；具细长的蕊喙。花期5—6月，果期7—9月。

产于杭州、宁波、丽水、温州及德清、嵊州、普陀、定海、兰溪、磐安、武义、衢江、开化、临海、天台等地。生于沟谷山坡草丛中、沟谷边滩地上。分布于华东、华中、华南、西南及陕西、甘肃。日本、朝鲜半岛也有。

根可入药，具收敛止血、消肿生肌的功效；花色美丽，可供观赏。

21 头蕊兰属 Cephalanthera Rich.

地生草本，具缩短的根状茎和成簇的肉质纤维根。茎直立，不分枝，具茎生叶3～7。叶互生，折扇状，通常近无柄，基部鞘状抱茎。总状花序顶生，具数花；苞片小，鳞片状或下部较大；花白色或黄色，近直立或斜展，多少扭转，常不完全开放；萼片离生；花瓣常略短于萼片，有时与萼片多少靠合成筒状；唇瓣常近直立，3裂，基部凹陷成囊状或有短距，侧裂片较小，常多少围抱蕊柱，中裂片较大，上面有3～5褶片；蕊柱直立，近半圆柱形，蕊喙短小，不明显；花药生于蕊柱顶端背侧，直立，2室；花粉块2，每个稍纵裂为2，粒粉质，不具花粉块柄，也无黏盘；柱头凹陷，位于蕊柱前方近顶端处。蒴果直立。

约16种，主要分布于东亚和欧洲。我国有9种，主要分布于亚热带地区；浙江有2种。

1. 银兰 （图10-490）

Cephalanthera erecta (Thunb.) Blume

植株高20～30cm。根状茎短而不明显，具多数细长的根。茎直立，基部至中部具3或4枚膜质鞘，上部具3或4叶。叶片狭长椭圆形或卵形，先端急尖或渐尖，基部鞘状抱茎。总状花序顶生，具5～10花；花序轴有棱；苞片很小，鳞片状；花白色；萼片宽披针形，先端急尖或钝，具5脉，中萼片较侧萼片稍狭；花瓣与萼片近相似，但稍短；唇瓣长5～6mm，基部具囊状短距，中部缢缩，前部近心形，先端近急尖，

图10-490 银兰

上面具3纵褶片,后部凹陷,无褶片,两侧裂片卵状三角形或披针形,略抱蕊柱;距圆锥状,伸出侧萼片之外。花期5—6月,果期8—9月。

产于安吉、临安、余姚、磐安、天台、庆元、龙泉、文成、泰顺。生于海拔750~1100m的山坡林下、灌丛中。分布于华东、华中、华南、西南及陕西、甘肃。日本、朝鲜半岛也有。

全草可入药,用于治疗高热口干,小便不利。

2. 金兰 (图10-491)

Cephalanthera falcata (Thunb.) Blume —— *C. raymondiae* Schltr.

植株高24~50cm。根状茎粗短,具多数细长的根。茎直立,基部至中部具3~5鞘状鳞叶,上部具4~7叶。叶片椭圆形或椭圆状披针形,先端渐尖或急尖,基部鞘状抱茎。总状花序顶生,具5~10花;苞片较小,短于花梗连子房长;花黄色,直立,长约2cm,不完全展开;萼片卵状椭圆形,先端钝或急尖,共5脉;花瓣与萼片相似,但稍短;唇瓣长约5mm,宽约8mm,先端不裂或3浅裂,中裂片圆心形,先端钝,内面具7纵褶片,侧裂片三角形,基部围抱蕊柱;距圆锥形,伸出萼外;蕊柱长约9mm。花期5月,果期8—9月。

产于安吉、临安、慈溪、余姚、鄞州、奉化、宁海、象山、临海、黄岩、遂昌、缙云、龙泉、庆元、景宁、乐清、文成、泰顺。生于山坡林下。分布于华东、华中、华南及西南。日本和朝鲜半岛也有。

本种与银兰的主要区别在于花黄色,萼片卵状椭圆形,唇瓣基部内面具7纵褶片。

图10-491 金兰

22 火烧兰属 Epipactis Zinn

地生草本，通常具根状茎。茎直立，近基部具2或3枚鳞片状鞘，其上具3~7叶。叶互生；叶片从下向上由具抱茎叶鞘逐渐过渡为无叶鞘，上部叶片逐渐变小而成花苞片。总状花序顶生，花斜展或下垂，多少偏向一侧；花被片离生或稍靠合；花瓣与萼片相似，但较萼片短；唇瓣着生于蕊柱基部，通常分为2部分，即下唇（近轴的部分）与上唇（或称前唇，远轴的部分），下唇舟状或杯状，较少囊状，具或不具附属物，上唇平展，加厚或不加厚，形状各异；上、下唇之间缢缩或由一个窄的关节相连；蕊柱短；蕊喙常较大，光滑，有时无蕊喙；雄蕊无柄；花粉块4，粒粉质，无花粉块柄，也无黏盘。蒴果倒卵形至椭圆形，下垂或斜展。

约18种，分布于北温带。我国有6种，主要分布于西南、西北和华北；浙江有1种。

尖叶火烧兰 （图10-492）
Epipactis thunbergii A. Gray

植株高30~65cm。根状茎粗短，具多条长的细根。茎直立。叶多枚，上部的由下而上渐小成苞片状，下部的向下渐成鞘状乃至鳞片状；叶片长椭圆形至卵状披针形，长4~11cm，宽

图10-492 尖叶火烧兰

1～3cm，先端渐尖，基部楔形，鞘状抱茎，叶脉显著，在两面均突起。总状花序顶生，具数花至10余花；苞片叶状，卵状披针形，长0.8～2cm，较花梗连子房长；花黄绿色，开后下垂；中萼片卵状披针形，舟状，先端钝，侧萼片与中萼片近同形，等长，均具5脉；花瓣宽卵形，稍偏斜，先端钝圆，唇瓣分前后两部分，两部分的质地相同，前部近圆形，边缘波状，先端钝，后部耳状，直立，上面具2条纵褶片。蒴果长椭圆柱状，下垂。花期6—7月。

产于天台、临海、景宁、青田。生于林下。分布于日本、朝鲜半岛。

23 绶草属 Spiranthes Rich.

地生草本。根数条，指状，肉质，簇生。叶基生，多少肉质；叶片条形、椭圆形或宽卵形，稀为半圆柱形，基部下延成柄状鞘。总状花序顶生，具多数密生的小花，似穗状，常多少呈螺旋状扭转；花小，不完全展开，倒置（唇瓣位于下方）；萼片离生，中萼片直立，常与花瓣靠合成兜状，侧萼片基部常下延而膨大，有时呈囊状；唇瓣基部凹陷，常有2枚胼胝体，有时具短爪，多少围抱蕊柱，不裂或3裂，边缘常呈皱波状；蕊柱短或长，圆柱形或棒状，无蕊柱足或具长的蕊柱足；花药直立，2室，位于蕊柱的背侧；花粉块2，粒粉质，具短的花粉块柄和狭的黏盘；蕊喙直立，2裂；柱头2，位于蕊喙的下方两侧。

约50种，广泛分布于全球北温带，少数见于亚洲热带地区和南美洲。我国有3种，广泛分布于全国各地；浙江有2种。

1. 香港绶草 （图10-493）

Spiranthes hongkongensis S.Y. Hu et Barretto

植株高12～43cm。茎直立或匍匐。叶2～6，条形至倒披针形，先端锐尖。花葶直立，长10～42cm；花序长3.5～13cm，具多数呈螺旋状排列的小花；苞片披针形，被稀疏腺状短柔毛，先端渐尖；花白色；中萼片长圆形，与花瓣靠合成兜状，外表面被腺状短柔毛，先端钝，侧萼片长披针形，外表面被腺状短柔毛，先端钝；唇瓣长圆形，先端平截，皱缩，基部全缘，中部以上呈啮齿皱波状，表面具皱波纹和硬毛，基部稍凹陷，呈浅囊状，囊内具2突起；子房绿色，长约4mm，被腺状短柔毛。花期7—8月。

产于临安、余姚、宁海、磐安、江山、天台、三门、临海、仙居、庆元、景宁、乐清、永嘉、瑞安、文成、平阳、苍南、泰顺。生于海拔300～950m的溪谷林缘、沟边草地中。分布于江西、福建、广东及湖南。

有研究认为本种可能是绶草 *Spiranthes. sinensis* (Pers.) Ames 与欧亚绶草 *S. spiralis* (L.) Chevall. 自然杂交的异源多倍体。

图 10-493　香港绶草

2. 绶草　盘龙参　（图 10-494）

Spiranthes sinensis (Pers.) Ames — *S. stylites* Lindl.

植株高 15～45cm。茎直立，基部簇生数条肉质根。叶 2～8；叶片稍肉质，下部的条状倒披针形或条形，先端尖，中脉微凹，上部的呈苞片状。穗状花序长 4～20cm，具多数呈螺旋状排列的小花；苞片长圆状卵形，稍长于子房，先端长渐尖；花粉红色或紫红色；萼片几等长，中萼片长圆形，与花瓣靠合成兜状，侧萼片较狭；花瓣与萼片等长；唇瓣长圆形，先端平截，皱缩，基部全缘，中部以上呈啮齿皱波状，表面具皱波纹和硬毛，基部稍凹陷，呈浅囊状，囊内具 2 突起；蕊柱短，先端扩大，基部狭窄。花期 5—9 月。

产于全省各地。生于林缘草地、路边草地或沟边草丛中。广泛分布于全国各地。亚洲及澳大利亚也有。

带根全草可入药，具清热解毒、利湿消肿的功效。

与香港绶草的主要

图 10-494　绶草

区别在于本种花紫红色或粉红色，苞片、子房、萼片均无毛；香港绶草花白色，苞片、子房、萼片被腺状短柔毛。

24 对叶兰属 Listera R. Br.

地生小草本。根状茎略粗短，横走；根伸长，成簇。茎直立，常在近基部处具1～3圆筒状或鳞片状的膜质鞘。叶通常2，位于植株中部至近上部处，对生或近对生；叶片无柄或近无柄。通常多花排成顶生的总状花序；苞片宿存，通常短于子房；萼片与花瓣离生，相似，侧萼片常稍斜展；唇瓣明显大于萼片和花瓣，通常先端2深裂，无距；唇瓣裂片平行伸展、稍叉开至极叉开，边缘具细缘毛；蕊柱直立或稍向前弓曲；花药直立，2室；花粉块2，每个多少纵裂为2，粒粉质，无花粉块柄；蕊喙大，舌状或卵形，位于花药下方，平展或斜升；柱头凹陷，位于蕊喙下方。蒴果细小。

全属约有35种，分布于北温带，以东亚、北美洲种类较多。我国有21种，4变种，自西南、西北、华北、东北至台湾均有分布；浙江有1种。

日本对叶兰 （图10-495）

Listera japonica Blume — *Neottia japonica* (Blume) Szlach. — *L. shaoii* S.S. Ying

植株通常高15cm。茎细长，有棱，基部具1或2鞘，近中部处具2对生叶，叶以上部分具短柔毛。叶片卵状三角形，长、宽各约1.7cm，先端锐尖，基部近圆形或截形。总

图10-495 日本对叶兰

状花序顶生，长约6cm，具5～7花；花梗细长；花紫绿色；中萼片长椭圆形至椭圆形，先端急尖或钝，侧萼片斜卵形至卵状长椭圆形；花瓣长椭圆状条形；唇瓣楔形，长6mm，先端2叉裂，基部具1对长的耳状小裂片，耳状小裂片环绕蕊柱并在蕊柱后侧相互交叉，裂片先端叉开，条形，长约4mm，先端钝，两裂片间具1短三角状齿突，蕊柱甚短。花期4月。

产于景宁（望东垟）、泰顺（乌岩岭）。生于海拔900～1100m的山坡林下阴湿处。分布于台湾、湖南。琉球群岛也有。

25 带叶兰属 Taeniophyllum Blume

小型附生草本。茎短，几不可见，无绿叶，基部被多数淡褐色鳞片，具许多长而伸展的气生根。气生根圆柱形，扁圆柱形或扁平，紧贴于附体的树干表面，雨季常呈绿色，旱季时浅白色或淡灰色。总状花序直立，具少数花；花序柄和花序轴很短；苞片宿存，二列或多列互生；花小；萼片和花瓣离生或中部以下合生成筒；唇瓣不裂或3裂，着生于蕊柱基部，基部具距，先端有时具倒向的针刺状附属物；距内无任何附属物；蕊柱粗短，无蕊柱足；药帽前端伸长而收狭；花粉块4，蜡质，等大或不等大，彼此分离；黏盘柄短或狭长；黏盘长圆形或椭圆形，明显比黏盘柄宽。

约120种，主要分布于亚洲热带地区和大洋洲，向北到达我国南部和日本，也见于西非。我国有2或3种，分布于南方各地；浙江有1种。

带叶兰 蜘蛛兰 （图10-496）
Taeniophyllum glandulosum Blume

植株极小，无绿叶，具发达的根。茎几无，被多数褐色鳞片。根极多，簇生，稍扁而弯曲，长3～12cm，伸展成蜘蛛状附生于树干表皮。总状花序1～4，直立，具1～4花；花黄绿色，小；萼

图10-496 带叶兰

片和花瓣在中部以下合生成筒状,上部离生,中萼片卵状披针形,上部稍外折,在背面中肋呈龙骨状隆起,侧萼片与中萼片近等大,背面具龙骨状的中肋;花瓣卵形,先端锐尖;唇瓣卵状披针形,向先端渐尖,先端具1倒钩的刺状附属物,基部两侧上举而稍内卷;距短囊袋状,距口前缘具1肉质横隔。蒴果圆柱形。花期4—7月,果期6—10月。

产于开化(古田山)、龙泉(凤阳山)、景宁、泰顺(乌岩岭)。常附生于海拔450～900m的山地林中树干上。分布于福建、湖南、台湾、广东、海南、四川、云南。东南亚及日本、朝鲜半岛南部、新几内亚岛和澳大利亚也有。

26 钗子股属 Luisia Gaudich.

附生草本。茎簇生,圆柱形,木质化,通常坚挺,具多节,疏生多数叶。叶肉质,细圆柱形,基部具关节和鞘。总状花序侧生,远比叶短,花序轴粗短,密生少数至多花;花通常较小,多少肉质;萼片和花瓣离生,相似或花瓣较长而狭,侧萼片与唇瓣前唇并列而向前伸,在背面中肋常增粗或向先端变成翅,有时翅伸出先端之外又收狭成细尖或变为钻状;唇瓣肉质,牢固地着生于蕊柱基部,中部常缢缩而形成前后(上、下)唇,后唇常凹陷,基部常具围抱蕊柱的侧裂片(耳),前唇常向前伸展,上面常具纵皱纹或纵沟;蕊柱粗短,半圆柱形,无蕊柱足;蕊喙短而宽,先端近截形;花粉块2,蜡质,球形,具孔隙;黏盘柄短而宽,黏盘与黏盘柄等宽或更宽。

约50种,分布于亚洲热带地区至大洋洲。我国有10种,分布于热带和亚热带地区;浙江有1种。

纤叶钗子股 (图10-497)
Luisia hancockii Rolfe

植株高10～20cm。茎稍木质,通常不分枝,圆柱形。叶互生,二列;叶片纤细,肉质,圆柱形,先端钝,基部具关节。总状花序腋生,甚短,具2或3花;苞片小,三角状宽卵形,凹陷;花黄带紫色;中萼片椭圆状长圆形,凹陷,先端钝,侧萼片较中萼片稍短;花瓣倒卵状匙形,先端钝,萼片和花瓣均具5脉;唇瓣肉质,长约8mm,宽约4mm,暗紫色,近中部稍缢缩,前部先端浅2裂,后部基部扩大成耳状,唇盘基部凹陷,具数条疣状突起;蕊柱甚短。蒴果椭圆柱形。花期5—6月,果期8月。

产于临安、镇海、北仑、鄞州、慈溪、余姚、奉化、象山、宁海、普陀、天台、临海、温岭、洞头、乐清、永嘉、平阳、苍南、泰顺。附生于沟谷石壁上或山地疏生林中树干上。分布于福建、湖北。模式标本采自宁波。

民间以全草入药,用于治疗咽喉炎。

图 10-497 纤叶钗子股

27 槽舌兰属 Holcoglossum Schltr.

附生草本。茎短，被宿存的叶鞘所包，具许多长而较粗的根。叶肉质，圆柱形或半圆柱形，近轴面具纵沟，或横切面为"V"字形的狭带形，先端锐尖，基部具关节并且扩大为彼此套叠的鞘。花序侧生，不分枝，总状花序具少数至多花；苞片比花梗和子房短；花较大，萼片在背面中肋增粗或呈龙骨状突起，侧萼片较大，常歪斜；花瓣稍小，或与中萼片相似；唇瓣3裂，侧裂片直立，中裂片较大，基部常有附属物；距通常细长而弯曲；蕊柱粗短，具翅，无蕊柱足或具很短的足；蕊喙短而尖，2裂；花粉块2，蜡质，球形，具裂隙；黏盘柄狭窄，向基部变狭；黏盘比黏盘柄宽。

约8种，分布于东南亚至印度东北部。我国均产，分布于西南、东南各地；浙江有1种。

短距槽舌兰 （图 10-498）
Holcoglossum flavescens (Schltr.) Tsi

植株矮小。茎长1~2cm，全被互相套叠的宿存叶鞘所包围，基部密生多条长的肉质气生根。叶通常5~8；叶片针状，中脉上面具槽，先端急尖，基部鞘状抱茎，叶片与鞘以关节相连。通常1花腋生，白色；花梗纤细，基部具2或3管状鞘；苞片宽披针形，先端急尖，基部抱茎；中萼片与花瓣相似，倒卵状长圆形，具3脉，先端急尖，侧萼片较中萼片稍长，弯斜的卵状长圆形；唇瓣3裂，中裂片宽卵形，先端稍平截，中央微凹，侧裂片直立，斜三角形；距长角状；蕊柱长

3~4mm。蒴果长椭圆形。花期4—5月，果期8—9月。

产于开化、遂昌、龙泉、文成、泰顺。附生于海拔800~1200m的潮湿石壁上或常绿阔叶林中树干上。分布于福建北部、湖北西南部、四川西南部、云南北部。

图 10-498　短距槽舌兰

28 盆距兰属 Gastrochilus D. Don

附生草本，具粗短或细长的茎。茎具少数至多数节，节上长出长而弯曲的根。叶多数，稍肉质或革质，通常二列互生，扁平，先端不裂，或2、3裂，基部具关节和抱茎的鞘。花序侧生，比叶短，不分枝或少有分枝；总状花序常由于花序轴缩短而呈伞形花序，具少数至多花；花序柄和花序轴粗壮或纤细；花小至中等大，多少肉质；萼片和花瓣近相似，多少伸展成扇状；唇瓣分为前唇和后唇（囊距），前唇垂直于后唇而向前伸展，后唇牢固地贴生于蕊柱两侧，与蕊柱近于平行，盔状、半球形或近圆锥形，少有长筒形的；蕊柱粗短，无蕊柱足；蕊喙短，2裂；花药俯倾，药帽半球形，其前端收狭；花粉块2，蜡质，近球形，具1孔隙；黏盘厚，一端2叉裂，黏盘柄扁而狭长。

约47种，分布于亚洲热带和亚热带地区。我国有28种，分布于长江以南各地，台湾和西南地区尤为多；浙江有3种。

分种检索表

1. 叶较大，紧密互生 ··· 1. 黄松盆距兰 G. japonicus
1. 叶小，彼此疏离。
  2. 前唇肾形，边缘与上面密被短柔毛；后唇近圆锥形 ························· 2. 中华盆距兰 G. sinensis
  2. 前唇宽三角形或近半圆形，边缘全缘或稍波状；后唇近杯状 ············ 3. 台湾盆距兰 G. formosanus

1. 黄松盆距兰 （图10-499）

Gastrochilus japonicus (Makino) Schltr.

茎粗短，长2～10cm，粗3～5mm。叶二列互生；叶片长圆形、镰刀状长圆形或倒卵状披针形，长5～14cm，宽0.5～1.7cm，先端急尖而稍钩曲，基部具1关节和鞘，全缘或稍波状。总状花序缩短成伞状，具4～10花；花葶长1.5～2cm；苞片近肉质，卵状三角形，先端锐尖；花开展，萼片和花瓣淡黄绿色带紫红色斑点；中萼片和侧萼片相似而等大，倒卵状椭圆形或近椭圆形，先端钝；花瓣近似于萼片而较小，先端钝；前唇白色，先端黄色，近三角形，边缘啮蚀状或几乎全缘，上面除中央的黄色垫状物带紫色斑点和被细乳突外，其余无毛；后唇白色，近僧帽状或圆锥形，稍两侧压扁，上端口缘多少向前斜截，与前唇几乎在同一水平面上，末端圆钝、黄色；蕊柱短，淡紫色。花期6—9月。

产于龙泉、景宁。附生于海拔约300m的山沟林中树干上。分布于我国台湾、福建、香港。

图10-499 黄松盆距兰

2. 中华盆距兰

Gastrochilus sinensis Tsi

茎细长，匍匐。叶二列互生，平展；叶片椭圆形或长圆形，长1～2.5cm，宽不及1cm，革质，两面具紫红色斑点，先端细尖，基部收窄。总状花序具2或3花，有时1花；花葶侧生，长约1cm；苞片卵状三角形，近肉质；花黄绿色具紫红色斑点；花被片稍肉质，开展，中萼片舟状椭圆形，先端钝圆，侧萼片长圆形，稍偏斜，先端钝，背面中肋呈龙骨状突起；花瓣近倒卵形；唇瓣垫状增厚，前唇肾形，边缘与上面密被短柔毛，中央具增厚的垫状物，后唇近圆锥形，多少两侧压扁，末端圆钝并且稍向前弯曲，上端的口缘稍抬起而稍比前唇高，口缘的前端具宽的凹口，内侧密被髯毛；蕊柱长约2mm；药帽前端收窄成狭三角形。花期3—4月。

产于临安、建德。附生于海拔400～800m的林中树干或阴湿石壁上。分布于福建、贵州、云南。

3. 台湾盆距兰　（图10-500）
Gastrochilus formosanus (Hayata) Hayata

茎常细长，匍匐，长达37cm，常分枝，节间约5mm。叶二列互生，绿色，常两面带紫红色斑点，稍肉质，长圆形或椭圆形，先端急尖。总状花序缩短成伞状，具2或3花；花葶侧生；花淡黄色带紫红色斑点；中萼片椭圆形，先端钝，侧萼片与中萼片等大，斜长圆形，先端钝；花瓣倒卵形，先端圆形；前唇白色，宽三角形或近半圆形，先端近截形或圆钝，边缘全缘或稍波状，上面中央的垫状物黄色并且密布乳突状毛，后唇近杯状，上端的口缘截形并且与前唇几乎在同一水平面上；蕊柱长1.5mm；药帽前端收狭。花期3—4月。

产于景宁、平阳（顺溪）、泰顺（乌岩岭）。附生于海拔400～800m的林中树干或阴湿石壁上。分布于福建北部、台湾、湖北、陕西南部、四川。

图10-500　台湾盆距兰

29 白点兰属　Thrixspermum Lour.

附生草本。茎上举或下垂，短或伸长，有时匍匐状，具少数至多数近二列的叶。叶扁平，密生而斜立于短茎或较疏散地互生在长茎上。总状花序侧生于茎，长或短，单个或数个，具少数至多花；苞片常宿存，二列或呈螺旋状排列；花小至中等大，逐渐开放，花期短，常1天后凋萎；萼片和花瓣多少相似，短或狭长；唇瓣贴生在蕊柱足上，3裂；侧裂片直立，中裂片较厚，基部囊状或距状，囊的前面内壁上常具1胼胝体；蕊柱粗短，具宽阔的蕊柱足；花粉块4，蜡质，近球形，每不等大的2个成一对；黏盘柄短而宽；黏盘小或大，常呈新月状。蒴果圆柱形，细长。

约120种，分布于亚洲热带地区至大洋洲。我国有12种，分布于南方各地；浙江有1种。

长轴白点兰 （图10-501）
Thrixspermum saruwatarii (Hayata) Schltr.

茎直立或斜立，长不及2cm。叶二列，密集而斜立；叶片革质，长圆状镰刀形，长4~10cm，宽6~15mm，先端锐尖并且不等侧2裂。总状花序侧生，通常下垂，长达8cm，疏生1或2花，或

图10-501 长轴白点兰

数花；花序轴稍折曲而向上增粗，长1.8～4cm；苞片彼此疏离，螺旋状排列，向外伸展，宽卵状三角形，锐尖；花白色或黄绿色，后变为乳黄色，伸展，均同时开放；中萼片椭圆形，先端钝，侧萼片稍斜卵形，与中萼片近等大，先端锐尖；花瓣狭椭圆形，比萼片小，先端钝；唇瓣小，3裂，基部浅囊状，侧裂片直立，长椭圆形，先端圆钝，内面具许多橘红色条纹，中裂片肉质，红棕色，很小，齿状三角形，唇盘基部密布红紫色或金黄色毛；蕊柱白色带淡紫色；蕊柱足内面具紫红色斑点，与唇瓣连接处具1关节。花期3—4月。

产于遂昌（九龙山）、龙泉（道太）、景宁。附生于溪谷边大树枝干上。分布于江西、福建、湖南、台湾、广西。

30 隔距兰属 Cleisostoma Blume

附生草本。茎长或短，质地硬，直立或下垂，少有匍匐，分枝或不分枝，具多节。叶少数至多数；叶片质地厚，二列，扁平，半圆柱形或细圆柱形，先端锐尖或钝，并且不等侧2裂，基部具关节和抱茎的叶鞘。总状花序或圆锥花序侧生，具多花；花苞片小，远比花梗和子房短；花小，多少肉质，开放；萼片离生，侧萼片常歪斜；花瓣通常比萼片小；唇瓣贴生于蕊柱基部或蕊柱足上，基部具囊状的距，3裂，唇盘通常具纵褶片或脊突；距内具纵隔膜，在内面背壁上方具1形状多样的胼胝体；蕊柱粗短，呈金字塔状，具短的蕊柱足或无；蕊喙小；药帽前端伸长或不伸长；花粉块4，蜡质，每不等大的2个为一对，具形状多样的黏盘柄和黏盘。

约100种，分布于亚洲热带地区至大洋洲。我国约有17种，1变种，主要分布于西南地区；浙江有2种。

1. 大序隔距兰 （图10-502）
Cleisostoma paniculatum (Ker Gawl.) Garay

多年生常绿植物。茎伸长，长20～30cm，分枝或不分枝，近基部生根。叶片带状长圆形，先端不等2浅裂，基部对折，套叠状抱茎，具缝状关节。圆锥花序腋生，长20～25cm，疏生多花；花苞片鳞片状；花小，黄色，直径约8mm；中萼片椭圆形，先端钝，具红褐色条纹，侧萼片斜椭圆形，具红褐色条纹；花瓣长圆形，先端钝；唇瓣肉质，3裂，中裂片朝上，先端喙状，基部两侧具细长尖角状的小裂片，侧裂片三角形，直立，先端钝，唇盘中央具1褶片，与距内隔膜相连；距内侧背壁上方的胼胝体近方形，上表面凹，先端2裂，密生乳突状毛。花期4—5月。

产于庆元（菊水、隆宫）、瑞安（红双）、泰顺（黄桥、垟溪）。生于溪边林中的树干上或沟谷林下岩石上。分布于华东南部、华南及西南。越南、泰国、印度东北部也有。

图 10-502　大序隔距兰

2. 蜈蚣兰（图 10-503）

Cleisostoma scolopendrifolium (Makino) Garay — *Pelatantheria scolopendrifolia* (Makino) Aver.

茎显著伸长，通常匍匐分枝，多节。叶二列；叶片稍肥厚肉质，两侧对折成短剑状，先端钝，基部具缝状关节；鞘短筒状。花序短，腋生，具1或2花；花苞片卵形，膜质，先端急尖；花淡红色，直径约8 mm；花被片开展；中萼片卵状长圆形，侧萼片斜卵状长圆形；花瓣长圆形，先端圆钝；唇瓣肉质，3裂，中裂片舌状三角形，具黄紫色斑点，先端急尖，侧裂片三角形，先端钝；距近球形，袋状，距口下缘具1环乳突状毛，内侧背壁上胼胝体马蹄状，不与隔膜连接；蕊柱短而阔；黏盘僧帽状。果实长倒卵球形。花期6—7月。

产于临安、北仑、鄞州、余姚、奉化、宁海、象山、普陀、磐安、永康、武义、浦江、天台、临海、温岭、莲都、洞头、乐清、永嘉、瑞安、文成、平阳、苍南、泰顺。附生于树干上或石壁上。分布于河北、山东（崂山）、江苏、安徽、福建、四川。日本、朝鲜半岛也有。

与大序隔距兰的主要区别在于本种叶片明显短小，花序缩短，仅1或2花。

图 10-503　蜈蚣兰

31 萼脊兰属　Sedirea Garay et H.R. Sweet

附生草本。茎短，具数枚叶。叶二列，稍肉质或厚革质，扁平，狭长，先端钝并且不等侧2浅裂，基部无柄。总状花序从叶腋中发出，疏生数花；苞片宽卵形，比花梗连同子房短；花中等大，开展；萼片和花瓣近相似，侧萼片贴生在蕊柱足上；唇瓣基部以1活动关节与蕊柱基部或蕊柱足末端连接，3裂，侧裂片直立，中裂片下弯，基部有距；距长，向前弯曲并且向末端变狭；蕊柱较长，向前弯，具短的蕊柱足或无蕊柱足；柱头大，深凹陷，位于蕊柱近中部；蕊喙大，下弯，2裂；花粉块2，蜡质，近球形，每个具裂隙；黏盘柄带状，稍向基部变狭；黏盘大。

2种，分布于日本、朝鲜半岛南部。我国2种均产；浙江有2种。

1. 萼脊兰 (图 10-504)

Sedirea japonica Garay et H.R. Sweet

茎极短，被对折的叶基所包围，下部具肉质而长的气生根。根从下面叶腋长出，微曲，无毛。叶3~7，二列；叶片肉质，长圆形或椭圆状长圆形，先端钝而偏斜，基部对折抱茎，套叠成具线缝状关节。总状花序弧曲，下垂，长达15cm，疏生4~10花；苞片卵圆形，兜状；花多少肉质，开展，淡黄绿色；萼片与花瓣相似，长圆状卵圆形，先端钝，侧萼片基部具几条淡紫褐色横条纹；唇瓣3裂，中裂片外弯，匙形，先端扁形扩大，侧裂片小，三角形，唇盘中央具1纵的脊状隆起，基部具漏斗状向前伸出的距；蕊喙柄先端不扩大。花期5月。

产于文成（西坑）。附生于海拔约600m的疏林中树干上或山谷崖壁上。分布于云南。琉球群岛、朝鲜半岛南部也有。

图 10-504 萼脊兰

2. 短茎萼脊兰 (图 10-505)

Sedirea subparishii (Tsi) Christenson

茎短而斜上，被对折的叶基所包围，下部丛生气生根。气生根粗壮而长。叶3~5，二列；叶片稍肉质，长圆形，基部收窄抱茎，具线缝状关节，中脉明显。花茎1~4，生于茎基部叶腋；总状花序疏生4~10余花；苞片卵圆形；花淡黄绿色；萼片和花瓣近相似，长椭圆形，稍肉质，开展，具7脉，先端急尖，萼片背面中肋具脊状翅；唇瓣3裂，中裂片肉质，狭长圆形，从基部至先端具1高约1.5mm的褶片，侧裂片直立，半圆形，边缘具微齿，距口处具1圆锥状胼胝体。蒴果长椭圆球形。花期5—6月，果期9月。

产于临安、新昌、开化、仙居、龙泉、莲都、庆元、景宁、文成、泰顺。附生于海拔300～1100m的常绿阔叶林的树干上。分布于福建、湖北、湖南、广东、贵州、四川。模式标本采自开化。

本种与萼脊兰的主要区别在于萼片背面中肋具脊状翅，唇瓣先端不为扁形扩大，蕊喙柄先端扩大。

图 10-505　短茎萼脊兰

32 风兰属 Neofinetia Hu

附生小型草本，具长而弯曲、稍扁的发达气生根。茎极短，被多数密集而二列互生的叶。叶斜立而外弯成镰刀状，多少呈"V"字形对折，先端尖，基部具关节和鞘，在背面中肋隆起成龙骨状。总状花序腋生，极短，疏生少数花；花中等大，开放；萼片与花瓣相似，中萼片与花瓣稍反折，侧萼片向前叉开，稍扭转，内面朝下，背面朝上；唇瓣3裂，侧裂片直立，中裂片向前伸展而稍下弯，基部具附属物；距纤细，比花梗和子房长或短；蕊柱粗短，具翅，无蕊柱足；蕊喙2叉裂；药帽前端收狭成三角形，先端锐尖；花粉块2，蜡质，球形，具裂隙；黏盘柄狭卵状楔形，膝曲状；黏盘宽卵形。

约2种，分布于东亚。我国均产；浙江有1种。

风兰（图10-506）

Neofinetia falcata (Thunb.) Hu

植株高6~14cm。茎短而直立，具叶数枚。叶相互套叠成二列排列；叶片革质，条状长圆形，长3~8cm，宽6~8mm，通常呈"V"字形对折，先端急尖、渐尖或钝，基部具关节。总状花序腋生，疏生3或4花；苞片膜质，三角状卵形，长约5mm，宽约3.5mm；花白色，芳香，直径1.5~2cm，具长3~4cm的柄；萼片长披针形，长12~13mm，宽3~4mm，先端渐尖，中萼片较宽；花瓣和萼片近相似；唇瓣倒卵状椭圆形，与萼片等长，先端3裂，中裂片半椭圆形，先端钝圆，侧裂片较小；距细长，长3~5cm，下垂，向前弧弯；蕊柱短，肉质，具翅，无蕊柱足，具宽阔的蕊喙；子房长椭圆形，长2~3.5cm。花期4—6月，果期8月。

产于鄞州、奉化、宁海、象山、普陀、临海、温岭、松阳、庆元。附生于岩石或山地林中树干上。分布于江西、福建、湖北、四川、云南及甘肃南部。日本和朝鲜半岛南部也有。

本种株形雅观，花色清秀，是优良的观赏植物，常用作栽培观赏。

图10-506 风兰

33 象鼻兰属 Nothodoritis Tsi

附生草本。茎极短。叶二列,近丛生,基部与叶鞘相连接处具1关节。花序侧生于茎的基部,斜出或下垂,不分枝;总状花序具多数小花;苞片小,二列;中萼片卵状椭圆形,兜状,向前倾并且围抱蕊柱,侧萼片斜倒卵形,基部具爪;花瓣倒卵形,基部收狭为爪;唇瓣无爪,3裂,侧裂片狭长,上部分离,下部合生而下延成凹槽状,中裂片狭舟形,向前伸展,与侧裂片成直角,基部具囊;囊小,近半球形,在囊口处具1枚直立的附属物;蕊柱短,近圆柱形,前面近基部处具1钻状的附属物,具极短蕊柱足;柱头位于蕊柱基部;蕊喙狭长,先端具小钩,象鼻状;花粉块4,蜡质,近球形,分开,近等大;黏盘柄狭长;黏盘小,近圆形。

1种,我国特产;浙江也有。

象鼻兰 (图10-507)
Nothodoritis zhejiangensis Tsi

植株斜立或悬垂,冬季落叶。茎极短,被叶鞘所包,具多数气生根。叶常1~3,扁平,质地薄,倒卵形或倒卵状长圆形,基部收窄并具1关节,其下扩大为鞘,两面绿色,背面或边缘通常具细密的暗紫色斑点。花葶单生于茎的基部,不分枝,长8~13cm;总状花序长5~8cm,具8~19花,或更多;苞片黄绿色,狭披针形;花被质地薄,无香气;萼片白色,内面常具紫色横纹,具3脉;中萼片卵状椭圆形,兜状,围抱蕊柱,先端

图10-507 象鼻兰

钝，基部稍收狭，侧萼片歪倒卵形，先端截形，基部收狭为短爪；花瓣倒卵形，先端钝，基部具爪；唇瓣3裂，侧裂片狭长，直立，上部分离，其余部分合生而下延成凹槽状，中裂片狭长，舟状，与侧裂片几乎交成直角向外伸展，先端尖并且稍下弯，略凹缺，基部具囊；囊白色，近半球形，在囊口处具1白色的附属物；蕊喙狭长，似象鼻，几乎平伸，先端钩转而稍2裂。蒴果椭圆形。花期6月，果期7—8月。

产于临安、淳安、鄞州。附生于海拔350~900m的山地林中或林缘树上。分布于安徽、陕西、甘肃南部。模式标本采自临安西天目山。

34 吻兰属 Collabium Blume

地生草本，具匍匐根状茎和假鳞茎。假鳞茎细圆柱形或貌似叶柄，具1节，被筒状鞘，顶生1叶。叶片纸质，先端锐尖，基部收狭为长或短的柄，具关节。花葶从根状茎末端近假鳞茎基部处发出，直立；总状花序疏生数花；花序梗纤细，基部被膜质鞘；花中等大；萼片相似，狭窄，侧萼片基部彼此连接，并与蕊柱足合生而形成狭长的萼囊或距；花瓣常较狭；唇瓣具爪，贴生于蕊柱足末端，3裂，侧裂片直立，中裂片近圆形，较大，唇盘上具褶片；蕊柱细长，稍向前弯，基部具长的蕊柱足，两侧具翅；翅常在蕊柱上部扩大成耳状或角状，向蕊柱基部的萼囊内延伸；蕊喙短，先端平截；花粉块2，蜡质，近圆锥形，附着于较松散的黏质物上。

约10种，分布于亚洲热带地区和新几内亚岛。我国有3种，主要分布于南方各地；浙江有1种。

台湾吻兰 （图10-508）
Collabium formosanum Hayata

假鳞茎疏生于根状茎上，圆柱形，被鞘。叶厚纸质，长圆状披针形，上面有多数黑色斑点，边缘波状，具多数弧形脉。花葶长达38cm；总状花序疏生4~9花；萼片绿色，先端内面具红色斑纹，中萼片狭长圆状披针形，先端渐尖，具3脉，侧萼片镰刀状倒披针形，先端渐尖，基部贴生于蕊柱足，具3脉；花瓣相似于侧萼片，先端渐尖；唇瓣白色带红色斑点和条纹，近圆形，3裂，侧裂片斜卵形，先端钝，上缘具不整齐的齿，中裂片倒卵形，先端近圆形并稍凹入，边缘具不整齐的齿；距圆筒状，末端钝；蕊柱长约1cm。花期5—9月。

产于武义（牛头山）、庆元（左溪）、泰顺（乌岩岭）。生于海拔600~750m的山坡密林下或沟谷林下岩石边。分布于台湾、湖北、湖南、广东、广西、贵州、云南。越南也有。

图 10-508　台湾吻兰

35 美冠兰属 Eulophia R. Br.

地生草本或极罕腐生。假鳞茎通常具数节，疏生少数较粗厚的根。叶数枚，基生，有长柄，叶柄常互相套叠成假茎状，有关节，腐生种类无绿叶。总状花序有时有分枝而形成圆锥花序，极少减退为单花；萼片离生，相似，侧萼片常稍斜歪；花瓣与中萼片相似或略宽；唇瓣通常3裂并以侧裂片围抱蕊柱，少有不裂，多少直立，唇盘上常有褶片、鸡冠状脊、流苏状毛等附属物，基部大多有距或囊，较少无距无囊；蕊柱长或短，常有翅；蕊柱足有或无；花药顶生，向前俯倾，不完全2室，药帽上常有2暗色突起；花粉块2，蜡质，多少有裂隙，具短而宽阔的黏盘柄和圆形黏盘。

约200种，主要分布于非洲，其次是亚洲热带与亚热带地区，美洲和澳大利亚也有分布。我国有14种，分布于华南、西南各地；浙江有1种。

《浙江种子植物检索鉴定手册》记载浙江西北部山区还有美冠兰 Eulophia graminea Lindl.，但未见可靠标本，故未予收录。

无叶美冠兰　(图10-509)

Eulophia zollingeri (Rchb. f.) J.J. Sm.

腐生植物，无绿叶。假鳞茎块状生于地下，近长圆形，淡黄色，有节。花葶粗壮，褐红色，高40～60cm，自下至上有多鞘；总状花序直立，长达11cm，疏生数十花；苞片狭披针形或近钻形；

花褐黄色，直径2.5～3.5cm；中萼片椭圆状长圆形，先端渐尖，侧萼片近长圆形，明显长于中萼片，稍斜歪，基部着生于蕊柱足上；花瓣倒卵形，先端具短尖；唇瓣生于蕊柱足上，近倒卵形或长圆状倒卵形，长1.3～1.6cm，3裂，侧裂片近卵形或长圆形，多少围抱蕊柱，中裂片卵形，上面有5～7条粗脉下延至唇盘上部，脉上密生乳突状腺毛，唇盘上其他部分也疏生乳突状腺毛，中央有2近半圆形的褶片；基部圆锥形囊长约2mm；蕊柱长约5mm，基部有长达4mm的蕊柱足。花期6—7月。

产于泰顺（罗阳杨柳湾）。生于海拔400～500m的疏林下。分布于江西、福建、台湾、广东、广西、云南。东南亚、南亚及琉球群岛、澳大利亚北部也有。为浙江分布新记录。

图10-509　无叶美冠兰

36 兰属 Cymbidium Sw.

地生或附生草本，罕有腐生。根粗壮，肉质。茎极短或稍延长成假鳞茎，通常包藏于叶基部的鞘之内。叶丛生或基生；叶片带状或剑形，少为椭圆形而具柄，有关节。花葶侧生或发自假鳞茎基部，直立、外弯或下垂；总状花序具数花或多花，较少减退为单花；苞片长或短，在花期不落；花中等大，通常具香气；萼片与花瓣离生，多少相似；唇瓣3裂，侧裂片直立，常多少围抱蕊柱，中裂片一般外弯，唇盘上有2条纵褶片，基部贴生于蕊柱基部，无距；蕊柱较长，常多少向前弯曲，两侧有翅，无蕊柱足；花药顶生，1室或不完全2室；花粉块2，蜡质，近球形，有裂隙，生于共同的花粉块柄上。蒴果长椭圆球形。

约48种，分布于亚洲热带与亚热带地区，向南达新几内亚岛和澳大利亚。我国有29种，广泛分布于秦岭以南地区；浙江有8种。

本属的地生种类如春兰、蕙兰、寒兰、建兰、墨兰等被称为"国兰"，观赏价值高，在我国栽培历史悠久，深受广大人民喜爱。但近年来由于过度采挖，其野外种群数量锐减，迫切需做好资源的保护工作。

分种检索表

1. 叶片长圆形至狭椭圆形，基部楔形，收成明显的叶柄 ············· **1. 兔耳兰 C. lancifolium**
1. 叶片带形，无明显的叶柄。
    2. 假鳞茎小，数个聚生成根状茎状，仅最前面的1个假鳞茎有叶（2～4枚）；叶冬季凋落，春季生出······
    ··· **2. 落叶兰 C. defoliatum**
    2. 假鳞茎不明显，不聚生成根状茎状，只藏在叶丛中；叶常绿，数个假鳞茎均有叶。
        3. 附生植物；花序常下垂；苞片很短，卵状披针形，长约5mm ········· **3. 多花兰 C. floribundum**
        3. 地生植物；花序直立或略倾斜；苞片较长，至少达子房连花梗长度的1/3～1/2，有些甚至超过。
            4. 单花，少有2花的；花苞片长于子房连花梗；叶脉不透明，春季开花 ······· **4. 春兰 C. goeringii**
            4. 花序具花多于2花；花苞片短于子房连花梗或与之近等长。
                5. 叶中脉明显，叶脉通常透明；唇瓣上具发亮的小乳突；夏初开花 ······· **5. 蕙兰 C. faberi**
                5. 叶中脉不明显，叶脉不透明；唇瓣上无发亮的小乳突；夏季、秋冬或早春开花。
                    6. 花序在中部以上的苞片长超过1cm；萼片宽条形，长超过4cm ······· **6. 寒兰 C. kanran**
                    6. 花序在中部以上的苞片长不超过1cm；萼片不为宽条形，长不超过4cm。
                        7. 叶片宽1.5（2.5）cm，绿色，关节距基部2～4cm；花葶通常短于叶；花序具5～10花；花期夏季 ······································· **7. 建兰 C. ensifolium**
                        7. 叶片宽2～3cm，暗绿色，关节距基部3.5～7cm；花葶常长于叶；花序具10～20花；花期冬季 ·· **8. 墨兰 C. sinense**

1. 兔耳兰（图10-510）
Cymbidium lancifolium Hook.

地生植物，稀为附生。根粗壮，通常白色。假鳞茎长圆柱形。叶2～4；叶片革质，长圆形至狭椭圆形，先端渐尖，基部楔形，先端边缘具锯齿，叶脉两面突起，具长柄。花葶直立，长10～25cm；总状花序疏生4～8花；花白色带紫色，稍具香气，直径4～5cm；萼片倒披针形，侧萼片稍偏斜；花瓣倒卵状长圆形，稍偏斜，合抱于蕊柱上方，中脉红色；唇瓣卵圆形，白色，具紫红色斑纹，3裂，中裂片向下反卷，先端钝圆，侧裂片直立，三角形，具横的紫红色斑纹，唇盘

图10-510 兔耳兰

上从基部至中部有2平行的褶片；蕊柱长1.5cm，乳白色。花期5—6月。

产于龙泉、文成、泰顺。生于山坡林下或岩石上。分布于华南、西南及福建、湖南等地。自喜马拉雅地区至东南亚及日本南部、新几内亚岛均有。

2. 落叶兰 （图10-511）
Cymbidium defoliatum Y.S. Wu et S.C. Chen

地生草本。假鳞茎很小，常数个聚生成不规则的根状茎状，基部有数条粗厚的根。叶2～4，12月上旬开始逐渐凋落，4月与花葶同时萌生（但在温室条件下叶不全部凋落）；叶片带形，长15～25cm，宽0.5～1cm，斜立或近直立，除中脉在叶面凹陷外，其余均在两面浮凸。花葶高10～20cm；总状花序具2～4花；苞片近条状披针形；花小，直径2～3cm，有香气，带白色、浅红色或淡紫色；中萼片近狭长

图10-511　落叶兰

圆形，常具5脉，中萼片近直立，侧萼片平展；花瓣近狭卵形，近直立于蕊柱两侧；唇瓣近长圆状卵形，不明显3裂，侧裂片狭小，内弯，中裂片外卷，唇盘上2纵褶片位于上部近中裂片基部处，不向基部延伸；蕊柱长7～8cm。花期5—6月。

产于松阳、龙泉。生于海拔600～800m的山坡梯田草丛中。分布于四川、贵州、云南。

本种在西南各地常见栽培，花葶高于叶，有香味，具较高观赏价值。

3. 多花兰 （图10-512）
Cymbidium floribundum Lindl. —— *C. floribundum* Lindl. var. *pumilum* (Rolfe) Y.S. Wu et S.C. Chen

附生草本。假鳞茎卵状圆锥形，隐于叶丛中。叶3～6成束丛生；叶片坚纸质，带形，基部具明显关节，全缘。花葶直立、稍斜出或下垂，较叶短；总状花序密生20～50花；花无香气，红褐色；萼片近同形等长，狭长圆状披针形，侧萼片稍偏斜；花瓣长椭圆形，先端急尖，具紫褐色带黄色边缘；唇瓣卵状三角形，上面具乳突，明显3裂，中裂片近圆形，稍向下反卷，紫褐色，中部浅黄色，侧裂片半圆形，直立，具紫褐色条纹，边缘紫红色，唇盘从基部至中部具2黄色平行褶片；蕊柱长约1.2cm。花期4—5月，果期7—8月。

产于宁波、丽水、温州及衢江、开化、江山、磐安、武义、黄岩、临海、温岭等地。生于林缘或溪谷有覆土的岩石上。分布于华中、华南、西南及江西、福建等地。

本种叶片宽度、花序花的数目变异较大,与变种台兰 var. *pumilum* (Rolfe) Y.S. Wu et S.C. Chen 的区别仅在于台兰叶短小,具光泽,总状花序上的花较少,具15~20花,花葶稍下垂或外弯,唇瓣不明显3裂,中裂片先端钝圆。这些性状在实际应用中较难区别,同间 *Flora of China* 的归并意见。

图 10-512　多花兰

4. 春兰　草兰　（图 10-513）

Cymbidium goeringii (Rchb. f.) Rchb. f. — *C. pseudovirens* Schltr.

地生草本。根状茎短。假鳞茎集生于叶丛中。叶基生,4~6成束;叶片带形,先端锐尖,基部渐尖,边缘略具细齿。花葶直立,高3~7cm,具1花,稀2花;苞片膜质,鞘状包围花葶;花淡黄绿色,具清香,直径6~8cm;萼片较厚,长圆状披针形,中脉紫红色,基部具紫纹;花瓣卵状披针形,具紫褐色斑点,中脉紫红色,先端渐尖;唇瓣乳白色,不明显3裂,中裂片向下反卷,先端钝,侧裂片较小,位于中部两侧,唇盘中央从基部至中部具2褶片;蕊柱直立,长约1.2cm,宽约5mm。蒴果长椭圆柱形。花期2—4月,果期4—6月。

图 10-513　春兰

产于杭州、宁波、舟山、衢州、金华、台州、丽水、温州及安吉、德清等地。生于多石山坡、林缘、林中透光处。分布于华东、华中、华南、西南及陕西南部、甘肃南部。日本、朝鲜半岛也有。

本种为中国兰花中栽培历史最为悠久、最受人民喜爱的种类之一，现全国各地广为栽培，为我国传统十大名花之一。按花萼、花瓣的变化，分为许多类型（品种），如荷瓣、梅瓣、水仙瓣、蝶瓣等。

据文献记载浙江还有变种线叶春兰 var. *serratum* (Schltr.) Y.S. Wu et S.C. Chen，与本种的区别在于叶片较狭，宽4~5mm，边缘具明显的锯齿，花葶高出叶丛，花浓绿色。但本志作者未见可靠标本。

5. 蕙兰 九节兰 九子兰 夏兰 （图10-514）
Cymbidium faberi Rolfe

地生草本。根粗壮，带白色。假鳞茎不明显。叶6~10成束状丛生；叶片带形，革质，或多或少硬而直立或下弯，边缘具细锯齿，叶脉透明，中脉明显。花葶高30~60cm；总状花序具9~18花；花黄绿色或紫褐色，直径5~7cm，具香气；萼片狭长倒披针形，稍肉质，先端急尖；花瓣狭长披针形，基部具红线纹；唇瓣长圆形，苍绿色或浅黄绿色，具红色斑点，不明显3裂，中裂片椭圆形，向下反卷，边缘具不整齐的齿，皱褶呈波状，侧裂片直立，紫色，唇盘上有2弧形的褶片；蕊柱黄绿色，蕊柱翅明显。花期4—5月。

产于德清、临安、淳安、天台、临海、莲都、缙云、遂昌、松阳、龙泉、庆元、永嘉、瑞安、文成、泰顺。生于疏林下、灌丛中、山谷旁或草丛中。分布于长江流域以南各地。东南亚、南亚及日本也有。模式标本

图10-514 蕙兰

采自天台(天台山)。

著名观赏植物,全国各地均有栽培,并有许多品种或类型,如小叶蕙兰、狭叶蕙兰等。

6. 寒兰 (图10-515)
Cymbidium kanran Makino

地生草本。假鳞茎卵球状棍棒形,隐于叶丛中。叶4或5成束;叶片带形,革质,深绿色,略带光泽,先端渐尖,边缘近先端具细齿,叶脉在叶两面均突起。花葶直立,长30~54cm,稍长于、等于或短于叶;总状花序疏生5~12花;苞片披针形;花绿色或紫色,直径6~8cm,具香气;萼片条状披针形,中萼片稍宽,先端渐尖;花瓣披针形,先端急尖,基部收狭,具7脉;唇瓣卵状长圆形,有时具红色或紫红色斑点,不明显3裂或不裂,唇盘从基部至中部具2平行的褶片;蕊柱长1.2cm,宽约3mm。花期10—12月。

产于鄞州、余姚、遂昌、松阳、龙泉、景宁、乐清、永嘉、文成、泰顺。生于山坡林下、溪谷旁土壤腐殖质丰富之处。分布于华东、华中、华南及西南。

本种株形匀称修长,花色素雅,具较高观赏价值,在浙江南部瓯江流域已形成特色花卉产业。

图10-515 寒兰

7. 建兰 秋兰 (图10-516)
Cymbidium ensifolium Sw.

地生草本。根状茎短。假鳞茎卵球形。叶2~6成束;叶片带形,有光泽,先端急尖,基部收狭，边缘具不明显的钝齿，具3条两面突起的主脉。花葶高20～35cm，基部具膜质鞘；总状花序具5～10花；花苞绿色或黄绿色，具清香，直径4～5cm；萼片具5条深色的脉，中萼片长椭圆状披针形，侧萼片稍镰刀状；花瓣长圆形，具5紫色的脉；唇瓣卵状长圆形，具红色斑点和短硬毛，不明显3裂，向下反卷，先端急尖，侧裂片长圆形，浅黄褐色，唇盘上具2半月形白色褶片；蕊柱长约1.2cm。花期7—10月，一年有2至3次开花现象。

产于鄞州、余姚、宁海、临海、龙泉、庆元、瑞安、文成、苍南、泰顺。生于山坡林下或灌丛下腐殖质丰富的土壤中或碎石缝中。分布于华东、华中、华南、西南各地。东南亚、南亚及日本广泛分布。

本种为重要观赏花卉，全省各地均有栽培。

图 10-516　建兰

8. 墨兰（图10-517）

Cymbidium sinense (Jacks.) Willd.

地生草本。假鳞茎卵球形，包藏于叶基之内。叶3～5；叶片带形，近薄革质，暗绿色，长45～80cm，宽2～3cm，有光泽。花葶从假鳞茎基部发出，直立，较粗壮，长50～90cm，一般略长于叶；总状花序具10～20花或更多花；花色变化较大，常为暗紫色或紫褐色而具浅色唇瓣，偶有黄绿色、桃红色或白色，一般有较浓的香气；萼片狭长圆形或狭椭圆形；花瓣近狭卵形；唇瓣近卵状长圆形，不明显3裂，侧裂片直立，多少围抱蕊柱，具乳头状短柔毛，中裂片较大，外弯，也有类似的乳头状短柔毛，边缘略呈波状。蒴果狭椭圆球形。花期10月至次年3月。

分布于我国华南、西南及安徽南部、江西南部、福建等地。东南亚、南亚及琉球群岛也有。本省各地常见引种栽培观赏。

本种株形清秀,叶姿秀丽,花期长,为重要的年宵观赏花卉。

图 10-517　墨兰

37 竹叶兰属　Arundina Blume

地生草本,地下具粗壮的根状茎。茎从根状茎长出,丛生,长而直立,具多枚互生叶。叶二列,禾叶状,基部具关节和抱茎的鞘。花序顶生,不分枝或稍分枝,具少数花;苞片小,宿存;花大,粉红色或白色;萼片相似,侧萼片常靠合;花瓣明显宽于萼片;唇瓣贴生于蕊柱基部,3裂,基部无距,侧裂片围抱蕊柱,中裂片伸展,唇盘上有纵褶片;蕊柱细长,上端有狭翅,基部无明显的蕊柱足;花药2室;花粉块8,蜡质,4个成簇,具短的花粉块柄,多少附着于黏性物质上。

1或2种,分布于亚洲热带地区至大洋洲一些岛屿。我国有1种,分布于东南至西南各地;浙江也有。

竹叶兰　(图10-518)

Arundina graminifolia (D. Don) Hochr.

植株高30~100cm。地下根状茎常在连接茎基部处呈卵球形膨大,貌似假鳞茎,具较多的纤维根。茎直立，常数个丛生或成片生长，圆柱形，细竹竿状，通常为叶鞘所包，具多枚叶。叶互生，禾叶状，质坚韧；叶片条状披针形，基部呈鞘状抱茎，近基部具关节，叶脉在两面均突起。总状花序顶生，具2～10花；苞片鳞片状，先端渐尖或急尖；花大，直径约5cm，花粉红色或略带紫色或白色；萼片长圆状披针形，分离，中萼片稍宽；花瓣卵状长圆形；唇瓣轮廓近长圆状卵形，基部筒状，3裂，侧裂片耳状，内弯，围抱蕊柱，中裂片较大，边缘波状，先端2浅裂或微凹，唇盘上具3或5带黄色褶片，基部无囊，无距；蕊柱稍弓曲，长约2cm，具狭翅。花期9—10月，果期10—11月。

产于临海、莲都、龙泉、景宁、瓯海、乐清、永嘉、瑞安、文成、平阳、苍南、泰顺。生于溪谷山坡草地上、林缘或溪边草丛中。分布于华东、华南、西南及湖南。东南亚、南亚及琉球群岛、塔希提岛也有。

民间以根状茎入药；花美丽，可供观赏。

图 10-518　竹叶兰

38 蛤兰属 Conchidium Griff.

附生草本。茎常膨大成种种形状的假鳞茎，具1至多节，基部被鞘。叶1至数枚，通常生于假鳞茎顶端或近顶端的节上。花葶侧生或顶生于假鳞茎上，常排成总状，较少减退为单花，通常被毛；苞片小或稍大；花通常较小；萼片背面与子房被绒毛或无毛；萼片离生，侧萼片多少与蕊柱足合生成萼囊；花瓣与中萼片相似或较小；唇瓣生于蕊柱足末端，具或不具关节，无距，常3裂，上面通常有纵脊或胼胝体；蕊柱短或长，具长短不同的蕊柱足；花药为不完全的4室；花粉块8，蜡质，每4个成一群，基部收狭成柄状，附着于黏盘上。蒴果圆柱形。

约370种，主要分布于亚洲热带地区至大洋洲。我国有43种；浙江有2种。

1. 高山蛤兰　高山毛兰　连珠毛兰　（图10-519）

Conchidium japonicum (Maxim.) S.C. Chen et J.J. Wood — *Eria reptans* (Franch. et Sav.) Makino

植株高约10cm。假鳞茎密集着生，长卵形，外围被膜质鞘，顶生2叶。叶片长椭圆形或条形，长4～10cm，宽5～16mm，先端渐尖，基部收狭，具4或5主脉。花序1个，着生于叶的内侧，长5cm，纤细，有毛，具1～4花；苞片卵形，先端锐尖；花白色；中萼片窄椭圆形，先端钝，侧萼片卵形，偏斜，先端锐尖，基部与蕊柱足合生成萼囊；花瓣椭圆状披针形，近等长于中萼片，先端圆钝；唇瓣轮廓近倒卵形，基部收狭成爪状，3裂，侧裂片直立，三角形，先端锐尖，中裂片近四方形，肉质，先端近平截，中间稍有凹缺，唇盘基部发出3褶片，中间1条延伸到中裂片近先端处，侧生的褶片延伸到中裂片近基部；蕊柱长约3mm。花期6—7月，果期8月。

图10-519　高山蛤兰

产于临安（西天目山）、象山、临海（大雷山）、遂昌（九龙山）。附生于树干或林中岩石上。分布于安徽、福建、台湾、贵州。日本也有。

2. 蛤兰　小毛兰　（图10-520）

Conchidium pusillum Griff. — *Eria sinica* (Lindl. ex Benth.) Lindl.

植株极矮小，高仅1~2cm。假鳞茎密集着生，近球形或扁球形，顶端具2或3叶。叶片长卵形，长5~16mm，宽3~6mm，先端具细尖头，叶脉3~6，仅中央1条主脉伸至叶顶端。花序生

图10-520　蛤兰

于假鳞茎顶端叶的内侧，长1~2cm，具1或2花；花小，白色或淡黄色；中萼片卵状披针形，侧萼片卵状三角形，稍偏斜，先端渐尖，与蕊柱足合生成萼囊；花瓣披针形，先端渐尖；唇瓣近椭圆形，不裂，先端钝，基部稍收狭，中、上部边缘具不整齐细齿，上面中央自基部发出3不等长的线纹；蕊柱长仅1mm。花期10—11月。

产于景宁、永嘉、文成、平阳、泰顺。常与苔藓附生于溪谷石壁上。分布于福建、广东、香港和海南。

与高山蛤兰的区别在于本种植株极小，假鳞茎近球形或扁球形，叶小，唇瓣不裂。

39 带唇兰属 Tainia Blume

地生草本。根状茎横生。假鳞茎肉质，长纺锤形或长圆柱形，顶生1叶。叶片大，纸质，折扇状，具长柄；叶柄具纵条棱，无关节或在远离叶基处具1关节，基部被筒状鞘。花葶侧生于假鳞茎基部，直立，不分枝，被少数筒状鞘；总状花序具少数至多花；苞片膜质，披针形，比花梗和子房短；花中等大，开展；萼片和花瓣相似，侧萼片贴生于蕊柱基部或蕊柱足上；唇瓣贴生于蕊柱足末端，直立，基部具短距或浅囊，不裂或前部3裂，侧裂片多少围抱蕊柱，中裂片上面具脊突或褶片；蕊柱向前弯曲，两侧具翅，基部具蕊柱足；花粉块8，蜡质，倒卵形至压扁的哑铃形，每4个为一群，等大或其中2个较小，无明显的花粉块柄和黏盘。

约15种，分布于热带和亚热带地区。我国有11种，分布于西南至东南各地；浙江有1种。

带唇兰 （图10-521）
Tainia dunnii Rolfe

植株高32~60cm。根状茎匍匐伸长，节上生假鳞茎。假鳞茎圆锥状长圆柱形，紫褐色，顶生1叶。叶具长柄；叶片长椭圆状披针形，先端渐尖，基部渐狭。花葶直立，从假鳞茎侧边的根状茎上长出，高30~60cm，纤细；总状花序疏生10余花；苞片条状披针形，短于子房；花淡黄色；中萼片披针形，先端急尖，侧萼片与花瓣几等长，镰状披针形，萼囊钝；唇瓣长圆形，3裂，侧裂片镰状长圆形，中裂片横椭圆形，先端平截或中央稍凹缺，上面有3短的褶片，唇盘上有2纵褶片；蕊柱棍棒状，弧曲。花期5月，果期7月。

产于杭州、宁波、衢州、台州、丽水、温州及诸暨、新昌、磐安、武义等地。生于海拔350~800m的山谷沟边或山坡林下。分布于华南、西南及江西、福建、湖南等地。

图 10-521　带唇兰

④ 苞舌兰属　Spathoglottis Blume

地生草本，具宽卵形或扁球形的假鳞茎。假鳞茎长或短，具1~3叶。叶近基生，具柄。花葶侧生于假鳞茎侧面基部，直立，基部具数鞘；总状花序疏生数花；花倒置，唇瓣位于下方；萼片离生，几等长，侧萼片较宽；花瓣与萼片相似；唇瓣3裂，基部无距，侧裂片稍叉开，中裂片舌状或卵圆形，具爪，爪两侧常具齿或耳状物，唇盘具龙骨状或鸡冠状附属物；蕊柱半圆形，长而弧曲，两侧具翅，无蕊柱足；花药2室；花粉块8，蜡质，成2群，每室4，具花粉块柄。

约46种，分布于亚洲热带地区和大洋洲。我国有2种，分布于长江流域及其以南各地；浙江有1种。

苞舌兰 （图10-522）
Spathoglottis pubescens Lindl.

植株高30～50cm。假鳞茎扁球形，具1～3叶。叶片狭披针形，长20～30cm，宽1～2cm，先端渐尖，具柄。花葶从假鳞茎侧面基部长出，长30～50cm，被短柔毛；总状花序疏生2～8花；苞片披针形，长5～9mm，被柔毛；花黄色；萼片椭圆形，先端略钝，背面被毛；花瓣与萼片几等长，长圆形，先端钝；唇瓣3裂，侧裂片伸展叉开，镰状长圆形，中裂片倒卵状楔形，较萼片长，具爪，爪上有2半圆状肥厚的附属物，基部具长柔毛，从基部到先端有3龙骨状突起，中央具1肉质隆起；蕊柱圆柱状，长约8mm，两侧具翅；子房连花梗长2～2.5cm。花期6—9月。

产于遂昌、龙泉。生于山坡路旁和旷野草地上。分布于华南、西南及江西、福建、湖南。东南亚及印度东北部也有。

图10-522　苞舌兰

41 黄兰属 Cephalantheropsis Guillaumin

地生草本，具多数细长、被绒毛的根。茎丛生，直立，圆柱形，具多数节，基部或下部被筒状鞘。叶多数，互生，基部收狭并下延为抱茎的鞘，与叶鞘相连接处具1关节，具折扇状脉，干后呈靛蓝色。花葶1～3，侧生于茎中部以下的节上，直立或斜立，常不分枝，具多花；花序梗基部被数枚鞘；苞片早落；花中等大，上举，平展或下垂，张开或不甚张开；萼片和花瓣多少相似，离生，伸展或稍反折；唇瓣贴生于蕊柱基部，与蕊柱完全分离，基部浅囊状或凹陷，无距，上部3裂，侧裂片直立，多少围抱蕊柱，中裂片具短爪，向先端扩大，边缘皱波状，上面具许多泡状的小颗粒；蕊柱粗短，两侧具翅，基部稍扩大，顶端截形；蕊喙短小，卵形，先端尖；柱头顶生，近圆形；药床狭小；药帽卵状心形；花粉块8，蜡质，狭倒卵形，等大，每4个为一群，共同附着于1盾状的黏盘上。

约6种，主要分布于我国、日本至东南亚。我国有2种，分布于华东、华南、西南；浙江有1种。

黄兰　长茎虾脊兰（图10-523）
Cephalantheropsis obcordata (Lindl.) Ormerod —— *Calanthe gracilis* Lindl.

植株高30～34cm。茎细长，圆柱形，具数枚长7～8cm的鞘状鳞叶，节间明显。叶多枚，互生于茎的上部；叶片椭圆状披针形，基部收狭为短柄，呈鞘状抱茎。花葶直立，侧生于茎上的第2或3节处，下部具3～5膜质鞘；总状花序长7～20cm，疏生10余花；苞片小，膜质，狭长，早落；花淡黄色；花被片反折；萼片卵状披针形；花瓣长圆状卵形；唇瓣和花瓣近等长，3裂，中裂片近扁心形，边缘呈不整齐的皱波状，先端中央微凹，并具短尖，侧裂片直立，三角形，前缘具牙齿，唇盘上具2平行的褶片，无距；蕊柱白色。花期11月。

产于泰顺。生于山坡林下湿地。分布于福建、台湾、广东、香港、海南。东南亚、南亚及琉球群岛也有。

图10-523　黄兰

42 鹤顶兰属 Phaius Lour.

地生草本。假鳞茎丛生，长或短，具少至多数节，常被鞘。叶大，数枚，互生于假鳞茎上部，基部收狭为柄并下延为长鞘，具折扇状脉，干后变靛蓝色；叶鞘紧抱于茎或互相套叠而形成假茎。花葶1或2，侧生于假鳞茎节上或从叶腋中发出，高于或低于叶层；总状花序具数花；花通常大而美丽；萼片和花瓣近等大；唇瓣基部贴生于蕊柱基部，与蕊柱分离或与蕊柱基部上方的蕊柱翅多少合生，具短距或无距，近3裂或不裂，两侧围抱蕊柱；蕊柱长而粗壮，上端扩大，两侧具翅；蕊喙大或有时不明显，不裂；柱头侧生；花药2室；花粉块8，蜡质，每4个为一群，附着于1黏质物上。

约40种，分布于亚洲热带地区、非洲至大洋洲。我国有8种，分布于东南至西南各地；浙江有1种。

黄花鹤顶兰　斑叶鹤顶兰　（图10-524）
Phaius flavus (Blume) Lindl. — *P. woodfordii* (Hook.) Merr.

植株高30～100cm，具假鳞茎和多叶的茎。假鳞茎圆锥形，高约3cm，具光泽。叶5～8，紧密互生于假鳞茎上部；叶片椭圆状披针形，常具黄色斑块，先端渐尖或急尖，基部收狭成鞘状柄。花葶从假鳞茎的基部长出，高40～75cm；总状花序具数花；花黄色，直径约6cm；萼片几同形，长圆形，先端钝圆；花瓣与萼片几相似，稍偏斜；唇瓣管状，直立，围抱蕊柱，具红色边缘和纵的连续条纹，先端皱波状，不明显3裂；距长4～6mm；蕊柱长约1.7cm，前面具长柔毛。蒴果圆柱形，长约3cm。花期5—6月。

产于遂昌、龙泉、庆元、景宁、瑞安、平阳、文成、苍南、泰顺。生于山谷沟边和山坡林下阴湿处。分布于华中、华南、西南及福建、湖南等地。东南亚、南亚及日本、新几内亚岛也有。

图10-524　黄花鹤顶兰

43 虾脊兰属 Calanthe R. Br.

地生草本，具短的根状茎与叶鞘包围的假鳞茎。叶2至数枚；叶片通常较大，少数为带状，先端尖，基部下延成鞘状柄，或无柄，全缘，干后通常呈靛蓝色。花葶直立，从叶丛中长出，或从假鳞茎基部的一侧长出；总状花序具多花；花中等大，萼片与花瓣近相似，离生，开展；唇瓣大，基部全部或部分与蕊柱合生，通常3裂或不裂；蕊柱通常粗短，前面两侧具翅；蕊喙2裂或近3裂，裂片三角形；花药圆锥形，2室；花粉块8，蜡质，成2群；药帽心形。蒴果长圆柱形，常下垂。

约150种，分布于亚洲热带和亚热带地区、新几内亚岛、澳大利亚、非洲热带地区以及中美洲。我国有49种，主要分布于长江流域及其以南各地；浙江有8种。

分种检索表

1. 唇瓣无距。
    2. 花小，萼片长6mm；叶片长椭圆形，上面无毛，下面被柔毛；花后萼片和花瓣不反折 ··· **1.无距虾脊兰 C. tsoongiana**
    2. 花大，萼片长15～20mm；叶片椭圆形，两面无毛；花后萼片和花瓣均反折 ··· **2.反瓣虾脊兰 C. reflexa**
1. 唇瓣具距。
    3. 距长1～3mm ··· **3.细花虾脊兰 C. mannii**
    3. 距长3mm以上。
        4. 唇瓣在两侧裂片之间具多数肉瘤状的附属物或鸡冠状的褶片，中裂片先端2裂。
            5. 叶剑形或带形；苞片反折，花小，萼片长不及1cm ··· **4.剑叶虾脊兰 C. davidii**
            5. 叶椭圆形，基部骤狭为细长的柄；苞片不反折；花大，萼片长约1cm ··· **5.泽泻虾脊兰 C. alismatifolia**
        4. 唇瓣在两侧裂片之间或中裂片上具膜片状褶片或龙骨状突起，或完全不具此种附属物，中裂片先端不裂或微凹，有时具缺刻。
            6. 唇瓣中裂片先端深凹缺；唇盘上具3膜片状褶片 ··· **6.虾脊兰 C. discolor**
            6. 唇瓣中裂片微凹并具短尖，唇盘上具3～5龙骨状脊。
                7. 植株地下不具明显的根状茎；叶背面无毛；花被片淡黄色或黄褐色；唇盘上的龙骨状脊延伸至中裂片中部；蕊柱无毛 ··· **7.钩距虾脊兰 C. graciliflora**
                7. 植株地下具长而粗的根状茎；叶背面密被短毛；花被片白色或粉红色，有时白色带淡紫色；唇盘上的龙骨状脊延伸至中裂片近先端；蕊柱腹面有毛 ······ **8.翘距虾脊兰 C. aristulifera**

1. 无距虾脊兰 （图10-525）

Calanthe tsoongiana Tang et F.T. Wang

植株高约32cm。根细长，密被长绒毛；根状茎短。叶近基生；叶片长椭圆形，长约34cm，宽约5.5cm，上面无毛，下面被短柔毛，先端钝，基部渐窄延至叶柄，新叶下部具3鞘状鳞叶围抱花葶；叶柄较叶片短。花葶从叶丛中长出，直立，有槽，被稀疏长柔毛，具鳞片1，卵形，先端急尖，无毛；总状花序长达14cm，疏生多花；苞片卵形，先端急尖，宿存；中萼片长圆形，先端钝，具3脉，侧萼片长圆形，偏斜，具5脉，先端钝；花瓣匙形，先端钝，具3脉；唇瓣轮廓阔倒卵形，长约3.2mm，先端宽约3mm，唇盘上无褶片，3裂，裂片近相似，中裂片先端截形，中央稍凹并具细尖，侧裂片长圆形，向前伸，先端圆形，无距；蕊柱长3.5mm；子房瘦长，连花梗长约1.5cm，被短柔毛。花期4—5月。

产于临安、衢江（灰坪）。生于山坡林下。分布于江西、福建、贵州。模式标本采自临安西天目山。

图10-525　无距虾脊兰

2. 反瓣虾脊兰 （图10-526）

Calanthe reflexa Maxim.

植株高20~25cm。假鳞茎粗短，或有时不明显。假茎长2~3cm，具1或2鞘和4或5叶。叶片椭圆形，通常长15~20cm，宽3~6.5cm，先端锐尖，基部收狭为长2~4cm的柄，两面无毛，花时全体展开。花葶1或2，直立，远高出叶丛外；总状花序长8~15cm，疏生10~20花；花淡紫色，花后萼片和花瓣反折并与子房平行；中萼片卵状披针形，长15~20mm，先端呈尾状急尖，侧萼片斜卵状披针形，与中萼片等大，先端尾状急尖；花瓣条形，短于或约等长于萼片，先端渐尖；唇瓣基部与蕊柱中部以下的翅合生，3裂，无距，侧裂片长圆状镰刀形，与中裂片近等宽，全缘，先端钝，中裂片近椭圆形或倒卵状楔形，先端锐尖，前端边缘具不整齐的齿。花期5—7月，果期8月。

产于安吉、临安、文成、泰顺。生于海拔800～1000m的山坡林下阴湿地。分布于安徽、江西、湖北、湖南、台湾、广东、广西、四川、贵州、云南。日本、朝鲜半岛也有。

图10-526　反瓣虾脊兰

3. 细花虾脊兰（图10-527）
Calanthe mannii Hook. f.

植株高20～40cm。假鳞茎粗短，圆锥形，具3～5叶。叶片花期尚未展开，折扇状，倒披针形或长圆形，长26～29cm，宽3.3～3.6cm，先端急尖，基部近无柄或渐狭为长的柄。花葶从叶间长出，长达39cm，直立，高出叶；总状花序长19cm，密生30余花；萼片和花瓣暗褐色；中萼片卵状披针形或有时长圆形，凹陷，侧萼片斜卵状披针形，与中萼片近等长；花瓣倒卵状披针形，先端锐尖，无毛；唇瓣金黄色，基部合生在整个蕊柱翅上，3裂，侧裂片卵圆形或斜卵圆形，先端圆钝，中裂片横长圆形或近肾形，先端微凹并具短尖，边缘稍波状，无毛，唇盘上具3褶片或龙骨状脊，其末端在中裂片上呈三角形高高隆起；距短钝，伸直，长1～3mm，外面被毛；蕊柱白色，

图10-527　细花虾脊兰

上端扩大,腹面被毛。花期4—5月。

产于景宁、泰顺。生于海拔1000～1100m的山坡林下。分布于江西、湖北、广东、广西、四川、贵州、云南、西藏。尼泊尔、不丹、印度也有。

4. 剑叶虾脊兰　长叶根节兰　（图10-528）

Calanthe davidii Franch.

植株高50～60cm,紧密聚生,无明显的假鳞茎和根状茎,假茎通常长4～10cm,具数枚鞘和3或4叶。叶片剑形或带形,长达60cm,宽2～4cm,先端急尖,基部收窄,具3明显主脉。花葶自叶腋生出,直立,粗壮,长达1m或更长,密被短柔毛;总状花序长20～40cm,密生多花;花黄绿色或白色;萼片和花瓣反折;萼片相似,近椭圆形;花瓣狭长圆状倒披针形,与萼片等长;唇瓣的轮廓为宽三角形,基部无爪,与整个蕊柱翅合生,3裂,侧裂片长圆形或镰状长圆形,先端斜截形或钝,中裂片先端2裂,在裂口中央具1短尖,小裂片近长圆形,较侧裂片狭,向外叉开,先端斜截形;距圆筒形,镰刀状弯曲;蕊柱粗短,上端扩大;蕊喙2裂;黏盘小,颗粒状。蒴果卵球形。花期6—7月,果期9—10月。

产于衢江、莲都。生于海拔510m的沟谷阔叶林下。分布于江西、台湾、湖北、湖南、四川、贵州、西藏、陕西、甘肃。

图10-528　剑叶虾脊兰

5. 泽泻虾脊兰 细点根节兰
Calanthe alismatifolia Lindl.

植株高35~40cm。假鳞茎细圆柱形，具3~6叶，无明显的假茎。叶片椭圆形至卵状椭圆形，形似泽泻叶，通常长15~20cm，宽4~10cm，基部楔形或圆形并收狭为长柄，边缘稍波状；叶柄纤细，比叶片长或短，长10~20cm或更长。花葶1或2，从叶腋抽出，约与叶等长，在花序之下具1或2鞘和苞片状的叶；总状花序具3至10余花；苞片宿存，稍外弯，宽卵状披针形；花白色；萼片近相似，近倒卵形，长约1cm，先端稍钝，背面被黑褐色糙伏毛；花瓣近菱形，先端钝，基部收狭，具3脉；唇瓣基部与整个蕊柱翅合生，向前伸展，3深裂，侧裂片狭长圆形，先端圆形，两侧裂片之间具数个瘤状的附属物并密被灰色长毛，中裂片扇形，比侧裂片大得多，先端近截形，深2裂，近先端处宽约1cm，基部收狭为爪，无毛；距圆筒形，纤细，劲直，长约1cm。花期4月。

产于瑞安、泰顺。生于山坡林下。分布于湖北、台湾、四川、云南、西藏（墨脱）。日本、越南、印度东北部也有。

6. 虾脊兰（图10-529）
Calanthe discolor Lindl.

植株高30~50cm。假鳞茎粗短，近圆锥形，粗约1cm，具3或4鞘。假茎长6~10cm，粗达2cm。叶近基生，通常2或3枚；叶片狭倒卵状长圆形；叶柄明显，基部扩大。花葶从当年新株的幼叶叶丛中长出，长30~50cm，下部具几枚鞘状的鳞叶；总状花序具数花至10余花；花序轴被短柔毛；苞片膜质，披针形；花紫褐色，开展；萼片近等长，中萼片卵状椭圆形，侧萼片狭卵状

图10-529　虾脊兰

披针形；花瓣较中萼片小，倒卵状匙形或倒卵状披针形；唇瓣与萼片近等长，玫瑰色或白色，3裂，中裂片卵状楔形，先端2裂，边缘具齿，侧裂片斧状，稍内弯，全缘，唇盘上具3褶片；距细长，末端弯曲而非钩状。花期4—5月。

产于安吉、余杭、临安、慈溪、余姚、北仑、宁海、象山、遂昌、松阳、龙泉、缙云、乐清、永嘉、文成、泰顺。生于山坡林下阴湿地。分布于江苏、福建、湖北、广东、贵州。日本也有。

7. 钩距虾脊兰 （图10-530）
Calanthe graciliflora Hayata

植株高约70cm。假鳞茎短，近卵球形，具3或4鞘和3或4叶。假茎长5~15cm，粗约1.5cm。叶片椭圆形或椭圆状披针形，长达33cm，宽5.5~10cm，两面无毛。花葶出自假茎上端的叶丛间，长达70cm，密被短毛；总状花序长达32cm，疏生多花；花下垂；萼片和花瓣在背面淡黄色或黄褐色，内面淡黄色；中萼片近椭圆形，先端锐尖，基部收狭，侧萼片近似于中萼片，但稍狭；花瓣倒卵状披针形，先端锐尖，基部具短爪；唇瓣浅白色，3裂，侧裂片稍斜的卵状楔形，基部约1/3与蕊柱翅的外侧边缘合生，中裂片近方形或倒卵形，先端扩大，近截形并微凹，在凹处具短尖，唇盘上具4褐色斑点和3平行的龙骨状脊突，龙骨状脊突肉质，终止于中裂片的中部；距圆筒形，长10~13mm，常钩曲，末端变狭，外面疏被短毛，内面密被短毛；蕊柱长约4mm，无毛。花期4—5月。

产于宁波、丽水、温州及安吉、临安、普陀、开化、黄岩、天台、临海、仙居等地。生于山坡林下阴湿地。分布于华东、华中、华南及西南各地。

图10-530　钩距虾脊兰

8. 翘距虾脊兰 翘距根节兰 （图10-531）
Calanthe aristulifera Rchb. f.

植株高30～60cm。假鳞茎近球形，具3鞘和2或3叶。假茎长12～16cm。叶片纸质，倒卵状椭圆形或椭圆形，长15～30cm，宽4～8cm，先端急尖，背面密被短毛。花葶1或2，出自假茎上端，长25～60cm，密被短毛；总状花序长达25cm，疏生约10花；花白色或粉红色，有时白色带淡紫色，半开放；中萼片长圆状披针形，先端渐尖，基部收狭，侧萼片斜长圆形，与中萼片等长，但较狭，先端急尖；花瓣狭倒卵形或椭圆形，比萼片稍短，先端近锐尖；唇瓣的轮廓为扇形，与整个蕊柱翅合生，中部以上3裂，侧裂片近圆形的耳状或半圆形，基部约一半与蕊柱翅的外侧边缘合生；中裂片扁圆形，先端微凹并具细尖，边缘稍波状，唇盘上具3～5（7）龙骨状脊突，龙骨状脊突延伸至中裂片近先端；距圆筒形，常翘起，伸直或弯曲。花期4—5月。

产于遂昌（九龙山）、文成（石圩）。生于海拔710～800m的山地沟谷阴湿处和密林下。分布于福建、台湾、广东、广西。日本也有。

图10-531 翘距虾脊兰

㊹ 石豆兰属 Bulbophyllum Thouars

附生草本。根状茎匍匐。假鳞茎形状、大小变化甚大，彼此紧靠，聚生或疏离。叶通常1，稀2或3，生于假鳞茎顶端；叶片肉质或革质，先端稍凹或锐尖、圆钝。花葶侧生于假鳞茎基部或从根状茎的节上抽出；近伞形花序、总状花序或仅具1花；萼片近相似或不相似，全缘或边缘具齿、毛或其他附属物，侧萼片离生或对应边缘部分或大部分合生，基部贴生于蕊柱足两侧而形成囊状的萼囊；花瓣全缘或边缘具齿、毛等附属物；唇瓣肉质，向外下弯，基部与蕊柱足末端连接而形成活动或不动的关节；蕊柱短，具翅，基部延伸为足；花药俯倾，2室或由于隔膜消失而成1室；花粉块4，蜡质，成2对，无附属物。蒴果卵球形，无喙。

约1000种，分布于亚洲、美洲、非洲等热带和亚热带地区，大洋洲也有。我国有98种，主要分布于长江流域及其以南各地；浙江有8种。

分种检索表

1. 侧萼片约等长于中萼片或长不超过中萼片长的一倍，边缘内卷，基部不扭转，两侧萼片彼此离生。
   2. 假鳞茎在根状茎上聚生……………………………………………………………… 1. 齿瓣石豆兰 B. levinei
   2. 假鳞茎在根状茎上远离着生，彼此相距2～7cm…………………………… 2. 广东石豆兰 B. kwangtungense
1. 侧萼片明显比中萼片长，常超过一倍，两侧萼片的基部扭转而上下侧边缘彼此有不同程度的黏合或靠合，罕有彼此离生的。
   3. 中萼片和花瓣的边缘全缘。
      4. 唇瓣中部以上收狭为细圆柱状，先端呈拳卷状弯曲………………………… 3. 瘤唇卷瓣兰 B. japonicum
      4. 唇瓣中部以上不为圆柱状，先端圆，不呈拳卷状弯曲……………………… 4. 宁波石豆兰 B. ningboense
   3. 中萼片和花瓣的边缘具齿、流苏、睫毛或粒状等附属物。
      5. 中萼片和花瓣边缘具腺毛或粒状附属物………………………………… 5. 城口卷瓣兰 B. chondriophorum
      5. 中萼片和花瓣边缘具睫状缘毛、齿或流苏。
         6. 侧萼片先端稍钝………………………………………………………… 6. 毛药卷瓣兰 B. omerandrum
         6. 侧萼片先端渐狭为尾状或锐尖。
            7. 侧萼片较短，长2～3cm，先端锐尖；药帽前缘先端截形并且凹缺，具许多齿状突起………………………………………………………………………………………………… 7. 莲花卷瓣兰 B. hirundinis
            7. 侧萼片较长，长3.5～5cm，向先端逐渐变为长尾状；药帽前端边缘无齿………………………………………………………………………………………………… 8. 斑唇卷瓣兰 B. pecten-veneris

1. 齿瓣石豆兰 （图10-532）

Bulbophyllum levinei Schltr. —— *B. psychoon* auct. non Rchb. f.

根状茎匍匐。假鳞茎近圆柱形，在根状茎上聚生，彼此相互靠近，顶生1叶。叶片椭圆状披针形，先端钝，基部渐狭成短柄，中脉明显。花葶从假鳞茎基部长出，纤细，通常高出叶，长5～7cm；总状花序缩短成近伞形，具2～6花；苞片小，膜质，披针形，较花梗连子房短，先端渐尖；花白色；中萼片椭圆形，边缘具细齿，先端急尖，侧萼片狭卵状披针形，先端尾状；花瓣卵形，边缘流苏状，先端急尖；唇瓣戟状披针形，肉质，弯曲，先端钻状，基部平截；蕊柱短，无离生的蕊柱足，蕊柱齿钻状。蒴果椭圆球形。花期5—8月，果期6—11月。

产于临安、宁海、黄岩、天台、三门、临海、莲都、缙云、景宁、乐清、永嘉、瑞安、文成、平阳、苍南、泰顺。附生于林下沟谷石壁上。分布于江西、福建、湖南、广东、香港、广西。

图 10-532　齿瓣石豆兰

2. 广东石豆兰 （图10-533）

Bulbophyllum kwangtungense Schltr.

根状茎长而匍匐。假鳞茎长圆柱形，在根状茎上远离着生，彼此相距2～7cm，顶生1叶。叶片革质，长圆形，先端钝圆而凹，基部渐狭成楔形，具短柄，有关节，中脉明显。花葶从假鳞茎基部长出，高出于叶，长达8cm，有3～5膜质鞘；总状花序短，呈伞形状，具2～4花；花淡黄色；萼片近同形，条状披针形，中萼片长披针形，侧萼片稍长，上部边缘上卷呈筒状，先端尾状，基部贴生于蕊柱基部和蕊柱足上；花瓣狭披针形，长渐尖，全缘；唇瓣对折，较花瓣短，唇盘上具4褶片。蒴果长椭圆球形。花期5—6月，果期9—10月。

产于台州、丽水、温州及临安、萧山、建德、淳安、新昌、北仑、鄞州、奉化、宁海、象山、衢江、开化、磐安、武义。附生于溪沟边石壁上或树干上。分布于华东南部、华中南部、华南及西南各地。

图10-533 广东石豆兰

3. 瘤唇卷瓣兰 （图10-534）

Bulbophyllum japonicum (Makino) Makino

根状茎纤细。假鳞茎卵球形，在根状茎上相距7～18mm处着生，顶生1叶。叶片革质，长圆形或有时斜长圆形，先端锐尖，基部渐狭为长约2mm的柄，中部以上边缘具细乳突。花葶从假鳞茎基部抽出，高出于叶，长2～3cm；伞形花序常具2～4花；花紫红色；中萼片卵状椭圆形，先端短急尖，具3脉，边缘全缘，侧萼片披针形，向先端长渐尖或短渐尖，具3脉，中部以上两侧边缘内卷，基部上方扭转而侧萼片的上下侧边缘彼此靠合；花瓣近匙形，先端圆钝，具3脉，边缘全缘；唇瓣肉质，舌状，向外下弯，基部上方两侧对折，中部以上收狭为细圆柱状，先端扩大成拳卷状；蕊柱齿钻状；药帽半球形，前缘先端近圆形，全缘。花期7—9月。

产于黄岩（划岩山）、莲都（峰源）、泰顺（乌岩岭）。附生于林下溪沟山谷阴湿处岩石上。分布于江西、福建、湖南、台湾、广东、广西。

图 10-534　瘤唇卷瓣兰

4. 宁波石豆兰 （图 10-535）

Bulbophyllum ningboense G.Y. Li ex H.L. Lin et X.P. Li — *B. huangshanense* Y.M. Hu et X.H. Jin

附生兰。根状茎匍匐，纤细，全体无毛。假鳞茎卵球形，具6~8棱，在根状茎上紧靠或分离着生，分离者彼此相距6~10mm，顶生1叶。叶片硬革质，长圆形，先端圆钝且微凹，基部圆形，中脉明显，在上面显著凹陷，几无柄。花葶从假鳞茎基部抽出，光滑，细长，绿色，远长于叶片，基部具3或4膜质鞘，花葶中部以下有1关节，关节上着生1膜质鞘，鞘舟状；伞房状花序具4或

5花；苞片披针形，黄色，膜质；花梗连同子房长约1.5cm，全体黄色；花黄色；中萼片卵状披针形，全缘，先端渐尖，具3脉，2侧萼片中上部内卷成筒状并靠拢，直伸或稍弯曲，全缘，先端钝尖；花瓣宽卵形，先端圆钝，具3脉；唇瓣厚舌状，肉质，长约4mm，橙红色，先端圆，基部弯曲，具关节，与蕊柱足相连；蕊柱半圆柱形。花期5月。

产于余姚（四明山）、奉化（溪口）、景宁。附生于海拔100～150m的岩壁上。分布于湖北（罗田）、安徽（黄山、大别山）。模式标本采自奉化溪口。

图10-535 宁波石豆兰

5. 城口卷瓣兰　四棱卷瓣兰　浙杭卷瓣兰　（图10-536）
Bulbophyllum chondriophorum (Gagnep.) Seidenf. — *B. quadrangulum* Tsi

根状茎长而匍匐，纤细，具节，节上生根。假鳞茎卵球形，具4棱，在根状茎上远离着生，彼此相距1～1.5cm，顶生1叶。叶片革质，长圆形，先端钝而凹，基部圆形，中脉明显。花葶从根状茎末端的假鳞茎基部长出，长约2cm；伞形花序具3或4花；花金黄色；中萼片卵形，凹陷，先端短急尖，边缘密生棒状腺毛，具5脉，侧萼片狭披针形，先端渐尖成尾状，中下部内侧边缘多少互相黏合，基部贴生于蕊柱足上；花瓣卵形，边缘密生棒状腺毛，基部约2/5贴生于蕊柱足上；唇瓣肉质，舌状，中部以上稍外弯，先端钝，基部具凹槽。花期5月。

产于临安、泰顺。附生于林中石壁上。分布于福建、重庆、四川、陕西。模式标本采自泰顺。

图 10-536　城口卷瓣兰

6. 毛药卷瓣兰（图 10-537）
Bulbophyllum omerandrum Hayata

根状茎粗 2mm。假鳞茎卵球形，在根状茎上离生，相距 1.5~4cm，顶生 1 叶。叶片长圆形，先端稍凹缺。花葶生于假鳞茎基部，长 5~6cm；伞形花序具 1~3 花。花黄色；中萼片卵形，长 1~1.4cm，先端具 2 或 3 条髯毛，全缘，侧萼片披针形，长约 3cm，

图 10-537　毛药卷瓣兰

宽约5mm，先端稍钝，基部上方扭转，2侧萼片呈"八"字形叉开；花瓣卵状三角形，长约5mm，先端紫褐色、具细尖，上部边缘具流苏；唇瓣舌形，长约7mm，外弯，下部两侧对折，先端钝，边缘多少具睫毛，近先端两侧面疏生细乳突；蕊柱长约4mm，蕊柱足弯，长约5mm，离生部分长2mm，蕊柱齿三角形，长约1mm，先端尖齿状；药帽前缘具流苏。花期3—4月。

产于临安、鄞州、奉化、兰溪、武义、黄岩、临海、文成、泰顺。附生于山谷岩石上。分布于福建、湖北、湖南、台湾、广东、广西。

7. 莲花卷瓣兰 （图10-538）
Bulbophyllum hirundinis (Gagnep.) Seidenf.

根状茎粗1~2mm，具分枝。假鳞茎卵球形，聚生或彼此疏离而相间5~20mm，顶生1叶，干后表面具不规则的皱纹。叶片厚革质或肉质，长椭圆形或卵形。花葶从生有假鳞茎的根状茎节上抽出，直立，长3.5~13cm；伞形花序具3~5花；苞片披针形，先端渐尖；花黄色带红色；中萼片卵形，先端短急尖，边缘具流苏状缘毛，具3脉，侧萼片条形，长2~3cm，宽约2mm，基部上方扭转而下侧边缘彼此黏合，近先端处分开，先端近锐尖，边缘全缘或基部上方边缘具细齿；花瓣斜卵状三角形，长约3mm，中部宽约2mm，先端锐尖，边缘具流苏状的缘毛，两面有时密布细乳突，具3脉；唇瓣肉质，舌状，长约2.5mm，稍向外弯，先端钝，无毛；药帽前缘先端截形并且凹缺，具许多齿状突起。花期5—8月。

产于临安（清凉峰）、武义（牛头山）。附生于林下石壁上或林中树干上。分布于安徽、台湾、海南、广西、云南。越南也有。

图10-538　莲花卷瓣兰

8. 斑唇卷瓣兰 （图10-539）

Bulbophyllum pecten-veneris (Gagnep.) Seidenf. — *B. flaviflorum* (T.S. Liu et H.J. Su) Seidenf.

根状茎匍匐。假鳞茎卵状圆球形，在根状茎上离生，彼此相距5～10mm，顶生1叶。叶片革质，长圆状披针形。花葶从假鳞茎基部长出，光滑；伞形花序具3～8花；苞片膜质，狭披针形，先端渐尖；花黄色或橙黄色；中萼片卵圆形，凹陷，先端渐尖成芒状，边缘具长柔毛，具5脉，侧萼片通常长3.5～5cm，基部上方扭转而上下侧边缘分别彼此黏合，边缘内卷，先端渐尖成尾状；花瓣斜卵圆形，先端尾状，边缘具长柔毛，具3脉；唇瓣黄带红色，肉质，角状突起，基部以关节与蕊柱足相连，先端急尖弧弯；蕊柱半圆形。花期8—10月，果期11月至翌年6月。

产于临安、淳安、武义、天台、龙泉、乐清、永嘉、瑞安、文成、泰顺。附生于林中树上或岩石上。分布于安徽、福建、湖北、台湾、广东、海南、广西。东南亚也有。

图10-539 斑唇卷瓣兰

㊺ 厚唇兰属 Epigeneium Gagnep.

附生草本。根状茎匍匐，质地坚硬，密被栗色或淡褐色鞘。假鳞茎疏生或密生于根状茎上，基部被2或3枚鞘，单节间，顶生1或2枚叶。叶片革质，椭圆形至卵形，具短柄或几无柄，有关节。花单生于假鳞茎顶端，或为总状花序，具少数至多花；苞片膜质，栗色，大或小，远比花梗和子房短；萼片离生，相似，侧萼片基部歪斜，贴生于蕊柱足，与唇瓣形成明显的萼囊;花瓣与萼片等长,但较狭;唇瓣贴生于蕊柱足末端,中部缢缩而形成前后唇或3裂,侧裂片直立,中裂片伸展,唇盘上面常有纵褶片;蕊柱短,具蕊柱足,两侧具翅;蕊喙半圆形,不裂;花粉块4,蜡质,成2对,无黏盘和黏盘柄。

约35种,分布于亚洲热带地区。我国有7种,分布于西南和东南各地;浙江有1种。

单叶厚唇兰 (图10-540)

Epigeneium fargesii (Finet) Gagnep.

根状茎匍匐而不分枝。假鳞茎斜升,卵形,长约1cm,彼此相距约1cm,顶生1叶。叶片革质,卵形或宽卵状椭圆形,先端凹缺,基部圆形。花单生于假鳞茎顶端,紫红色而带白色;苞片小,膜质,位于花梗基部;中萼片卵形,先端急尖,侧萼片斜三角状卵形,基部与蕊柱足合生成萼囊,上部离生部分较中萼片长,先端急尖;花瓣与中萼片近相似,但稍长;唇瓣3裂,长约2.3cm,中部缢缩,分前后两部,前唇部阔倒卵状肾形,先端深凹,后唇部的两侧片半圆形;合蕊柱短,具长的蕊柱足。花期4—5月。

产于开化、武义、莲都、龙泉、遂昌、缙云、乐清、永嘉、文成、苍南、泰顺。附生于溪沟岩石或林中树干上。分布于华东、华中、华南及西南各地。印度东北部、不丹、泰国也有。

图10-540 单叶厚唇兰

46 石斛属 Dendrobium Sw.

附生草本。假鳞茎伸长成茎状，不分枝或分枝，丛生，直立或下垂，圆柱状，通常肉质，具多节，或有时假鳞茎膨大成多种形状。叶1至多枚；叶片革质、硬纸质或肉质，扁平，全缘，先端锐尖或不等侧2圆裂，基部具关节和膜质鞘，或无鞘。总状花序侧生于茎上部的节上，具数花至多花，稀具1花；花序梗通常很短；苞片细小或无；花大而艳丽；萼片相似，中萼片离生，侧萼片与蕊柱足合生成囊状的萼囊；花瓣多少与中萼片相似；唇瓣位于下方，贴生于蕊柱基部，先端3裂或不裂；蕊柱短，具或长或短的蕊柱足，先端通常具2钻状的蕊柱齿，蕊喙小；花药2室；花粉块4，蜡质，每室1对，离生，无附属物。蒴果卵球形、长圆柱形或倒卵球形。

约1000种，分布于亚洲热带和亚热带地区及大洋洲。我国有74种，分布于秦岭以南各地；浙江有3种。

本属许多种类为常用中药，具有滋阴养胃、解热生津的功效。

分种检索表

1. 花黄褐色或橙黄色，花被片强烈反卷且边缘呈波状··················**1. 梵净山石斛 D. fanjingshanense**
1. 花白色或黄绿色，花被片不反卷且边缘不呈波状。
　2. 茎较细，直径3～5mm，干后呈金黄色或黄色带深灰色；花白色或黄绿色；苞片白色带淡红色斑纹；唇盘具淡褐色或浅黄色的斑块；药帽顶端不裂··················**2. 细茎石斛 D. moniliforme**
　2. 茎稍粗，直径4～8mm，干后呈青灰色；花黄绿色至淡黄色；花苞片无斑纹；唇盘具紫红色条纹；药帽顶端2裂··················**3. 铁皮石斛 D. officinale**

1. 梵净山石斛 （图10-541）
Dendrobium fanjingshanense Tsi ex X.H. Jin et Y.W. Zhang

附生草本。茎细圆柱形，长20～40cm，粗2～6mm，不分枝，具多节，节间长1～2.5cm。叶5～8，在茎中部以上互生；叶片近革质，矩圆状披针形，长2～5cm，宽0.5～1.5cm，先端稍钝，基部下延为抱茎的鞘。总状花序2至数个，侧生于已落叶的老茎上部，常具1～3花；苞片卵状三角形，干膜质，具紫褐色的斑块；花黄褐色或橙黄色，花被片强烈反卷且边缘呈波状；中萼片长圆形，先端近钝尖，侧萼片为稍斜卵状披针形，与中萼片等长，先端钝；花瓣近椭圆形，先端近钝；唇瓣橙黄色，不明显3裂，基部具1条淡紫色的胼胝体，唇盘在两侧裂片之间密布短绒毛，近中裂片基部通常具1大的扇形深红色斑块；蕊柱乳白色；药帽近菱形，顶端浅2裂。花期5月上旬，果期9—10月。

产于武义、遂昌（九龙山）。附生于海拔500～700m的阔叶林中树干上。分布于贵州。

本种花色艳丽，可供栽培观赏。全株可入药。

图 10-541　梵净山石斛

2. 细茎石斛　铜皮石斛　（图 10-542）
Dendrobium moniliforme (L.) Sw.

附生草本。茎细圆柱形，通常长 10~35cm，或更长，粗 3~5mm，不分枝，具多节，节间长 2~4cm，节上具膜质筒状鞘，干后呈金黄色或黄色带深灰色。叶 3~8，常在茎的中部以上互生；叶片长圆状披针形，长 3~4.5cm，宽 0.5~1cm，先端钝并且稍不等侧 2 裂，基部下延为抱茎的鞘。总状花序 2 至数个，侧生于具叶和已落叶的老茎上部，常具 1~4 花；苞片卵状三角形，干膜

图 10-542 细茎石斛

质，白色带淡红色斑纹；花白色或黄绿色，稀白色带淡紫红色，直径 2～3cm，有时芳香；萼片与花瓣近相似，近长圆状披针形，侧萼片偏斜；唇瓣白色，卵状披针形，3 裂，基部常具 1 椭圆形胼胝体，唇盘在两侧裂片之间密布短柔毛，近中裂片基部通常具 1 淡褐色或浅黄色的斑块；蕊柱短，白色；药帽白色或淡黄色，圆锥形，顶端不裂。花期 4—5 月，果期 7—8 月。

产于德清、临安、淳安、嵊州、鄞州、象山、宁海、莲都、龙泉、庆元、景宁、泰顺。附生于林中树上或山谷岩壁上。分布于华东、华中、华南、西南及陕西、甘肃。日本、朝鲜半岛南部、印度东北部也有。

3. 铁皮石斛　黑节草　黄石斛　（图 10-543）

Dendrobium officinale Kimura et Migo —— *D. catenatum* Lindl., nom. rej. —— *D. tosaense* Makino, nom. rej.

附生草本。茎圆柱形，长 9～35cm，粗 4～8mm，不分枝，具多节，节间长 1.3～1.7cm，干后呈青灰色。叶 5～8，在茎中部以上互生；叶片纸质，长圆状披针形，长 3～7cm，宽 0.9～1.2cm，先端钝且多少钩转，基部下延为抱茎的鞘，叶鞘常具紫斑，老时其上缘与茎松离而张开，与节留下 1 环状铁青的间隙。总状花序 2 至数个，侧生于已落叶的老茎上部，常具 2 或 3 花；苞片卵形，干膜质，白色；花黄绿色至淡黄色，直径 2.5～4cm；萼片和花瓣近相似，长圆状披针形，侧萼片基

图 10-543 铁皮石斛

部较宽阔；唇瓣白色，卵状披针形，不裂或不明显3裂，基部具1绿色或黄色的胼胝体，中部以下两侧具紫红色条纹，唇盘密布细乳突状的毛，在中部以上具1紫红色斑块；蕊柱黄绿色；药帽长卵状三角形，顶端近锐尖并且2裂。花期4—5月。

产于临安、北仑、鄞州、余姚、奉化、宁海、象山、天台、仙居、洞头、永嘉、乐清。附生于山地半阴湿的岩石上。分布于安徽、福建、台湾、广西、四川、云南。日本也有。模式标本采自奉化。

本种茎可入药，为著名中草药，现在全省各地广泛栽培，并形成特色产业。

本种的学名和中名在不少文献中存在使用混乱的现象，Dendrobium catenatum 和 D. tosaense 均早于 D. officinale。刘仲健等指出铁皮石斛最早的合法名称为 D. catenatum。但 D. officinale 是近来提出的作为中药"铁皮石斛"的保留名，故在此使用这个名称。

47 鸢尾兰属 Oberonia Lindl.

附生草本，常丛生，直立或下垂。茎短或稍长，常包藏于叶基之内。叶二列，稍肉质，常两侧对折而压扁，近基部常稍扩大成鞘而彼此套叠，基部具或不具关节。花葶从叶丛中央或茎的顶端发出，下部常多少具不育苞片；苞片小，边缘常多少呈啮蚀状或有不规则缺刻；总状花序常具多数或极多花；花极小，直径仅1～2mm，常多少呈轮生状；萼片离生，相似；花瓣较萼片狭，边缘有细锯齿；唇瓣常3裂，少有不裂或4裂，边缘有时呈啮蚀状或有流苏，侧裂片常围抱蕊柱；蕊柱短，直立，无蕊柱足，近顶端常有翅状物；柱头凹陷，位于前上方；蕊喙小；花药顶生，俯倾，顶端加厚而成帽状；花粉块4，蜡质，成2对，无花粉块柄。

约331种，主要分布于亚洲热带地区。我国约29种，分布于长江流域以南；浙江有2种。

图 10-544　小叶鸢尾兰

1. 小叶鸢尾兰　台湾莪白兰　（图10-544）

Oberonia japonica (Maxim.) Makino

植株高10～13cm。茎长2～5cm。叶二列套叠；叶片两侧压扁，镰刀状披针形，长1～3cm，宽2～5mm，稍肉质，平滑无毛，先端急尖，基部具关节。总状花序长约8cm，具多花；苞片小，卵状披针形，长仅1mm，与花梗连子房等长；花小，直径约1mm，橙色；萼片卵圆形，长约0.5mm，宽0.4mm，侧萼片稍大；花瓣长圆形，长约0.5mm，宽0.3mm；唇瓣近圆形，长和宽均约0.6mm，3裂，中裂片较大，先端又3浅裂，中央裂片小或不明显，侧裂片三角形。花期5—6月。

产于龙泉（昴山、披云山）。附生于海拔约1000m的路旁树干或岩石上。分布于福建北部、台湾中部至北部、海南、广西。日本和朝鲜半岛南部也有。

2. 密花鸢尾兰 （图10-545）
Oberonia seidenfadenii (H.J. Su) Ormerod

多年生小型附生草本。全体无毛。茎匍匐，纤细，多分枝；叶大小不一，肥厚肉质，长卵形至椭圆形，长5～10mm，宽3～5mm，3或4枚呈二列套叠，先端钝或稍尖，全缘，基部有不甚明显的关节，叶脉不可见；穗状花序顶生，连花序梗长约2cm，花多数，无梗，密生而几无间隙，着生于肉质花序轴的凹陷中；苞片卵形，边缘啮蚀状，强烈反折，无脉；花黄色，长约2mm，宽约1.2mm，中萼片卵圆形，先端钝圆，无脉，侧萼片宽卵形，先端急尖，在近中部强烈反折；花瓣长圆形，先端圆钝，稍反卷；唇瓣位于上方，宽梯形，3浅裂，侧裂片边缘啮蚀状，中裂片明显2裂。蒴果小，倒卵球形。花期8—9月，果期10—12月。

产于鄞州、奉化、象山、宁海、温岭。附生于海拔50～110m的岩壁上。分布于广东、广西、台湾。

与小叶鸢尾兰的主要区别在于本种为穗状花序，长仅2cm，花极为密集，无花梗，黄色。

图10-545　密花鸢尾兰

48 羊耳蒜属 Liparis Rich.

地生或附生草本，通常具假鳞茎或有时具多节的肉质茎。假鳞茎密集或疏离，外面常被有膜质鞘。叶1至数枚；叶片草质、纸质至厚纸质，基部多少具柄，具或不具关节。花葶顶生，直立、外弯或下垂，常稍呈扁圆柱形并在两侧具狭翅；总状花序疏生或密生多花；苞片小，宿存；花小或中等大，扭转；萼片相似，离生，通常伸展或反折；花瓣通常比萼片狭；唇瓣不裂或偶见3裂，有时在中部或下部缢缩，上部或上端常反折，基部或中部常有胼胝体，无距；蕊柱较长，多少向前弓曲，上部两侧常多少具翅，无蕊柱足；花药俯倾，极少直立；花粉块4，蜡质，成2对，无明显的花粉块柄和黏盘。蒴果球形至其他形状，常多少具3钝棱。

约250余种，广泛分布于热带与亚热带地区，少数见于北温带地区。我国约52种，分布于西南、东南至东北；浙江有6种。

分种检索表

1. 地生植物；假鳞茎顶端具2至多叶；叶基部无关节。
  2. 植株具圆柱形、肥厚、肉质、多节的假鳞茎；叶片2～5，宽卵形或卵状椭圆形 ·················· 1. 见血青 L. nervosa
  2. 植株具卵形或卵状长圆形假鳞茎，完全包藏于叶鞘之内；叶常2或3。
    3. 叶片膜质、椭圆形或卵状椭圆形，边缘皱波状，具不规则细齿；唇瓣淡紫色，倒卵状长圆形，先端圆形并具短尖，基部具1胼胝体或有时不明显。
      4. 叶片边缘皱波状，具不规则细齿；唇瓣长10～15mm ············ 2. 长唇羊耳蒜 L. pauliana
      4. 叶边缘全缘或稍皱波状；唇瓣长约1cm ··················· 3. 福建羊耳蒜 L. dunnii
    3. 叶片纸质，狭长圆形至卵状披针形，全缘；唇瓣黄绿色，倒卵状楔形，先端近平截并微凹，基部有2胼胝体 ·················· 4. 香花羊耳蒜 L. odorata
1. 附生植物；假鳞茎顶端具1叶，叶基部具明显的关节。
  5. 叶片狭长圆形至倒披针形，长8～22cm；花梗和子房长度明显长于苞片；花浅褐黄色；唇瓣基部具2胼胝体 ·················· 5. 镰翅羊耳蒜 L. bootanensis
  5. 叶片椭圆形，长3～7cm；花梗和子房长度短于苞片；花浅黄绿色；唇瓣基部几无胼胝体 ·················· 6. 长苞羊耳蒜 L. inaperta

1. 见血青　虎头蕉　（图10-546）

Liparis nervosa (Thunb.) Lindl.

植株高12～30cm，地生。假鳞茎聚生，圆柱形，肉质，暗绿色，具节，外被膜质鳞片。叶通常2～5；叶片干后膜质，宽卵形或卵状椭圆形，先端渐尖，基部鞘状抱茎。花葶顶生，长8～30cm；总状花序疏生5～15花；苞片细小；花暗紫色；中萼片条形，先端钝，侧萼片卵状长圆形，稍偏斜，先端钝，通常扭曲反折；花瓣条状；唇瓣倒卵形，长约7mm，宽约5mm，先端平截或钝头，中央微凹而具短尖头，中部弯曲反折，基部稍收狭，上面具2胼胝体；蕊柱长约4mm，上部具翅，近先端的翅钝圆。花期5—6月，果期9—10月。

产于临安、象山、黄岩、临海、莲都、遂昌、松阳、龙泉、庆元、云和、景宁、瓯海、乐清、永嘉、瑞安、文成、平阳、苍南、泰顺。生于山坡路旁阔叶林缘。分布于华东、华中、华南、西南各地。广泛分布于全球热带与亚热带地区。

图 10-546　见血青

2. 长唇羊耳蒜 （图10-547）

Liparis pauliana Hand.-Mazz. — *L. cucullata* Chien

植株高8～30cm，地生。假鳞茎聚生，卵圆形，肉质，1.5～3cm，顶生2叶。叶片干后膜质，椭圆形、卵状椭圆形或阔卵形，先端锐尖或稍钝，基部宽楔形，鞘状抱茎。花葶长8～27cm；总

图 10-547　长唇羊耳蒜

状花序疏生多花；苞片小，卵状三角形，长约2mm；花大，浅紫色；萼片几相似，狭长圆形；花瓣条形，与萼片几等长；唇瓣倒卵状长圆形，长10～15mm，宽4～7mm，先端圆形并具短尖，边缘全缘，基部具1微凹的胼胝体或有时不明显；蕊柱长3.5～4.5mm，向前弯曲，顶端具翅，基部扩大、肥厚。花期4—5月，果期9—10月。

产于临安、建德、淳安、北仑、余姚、奉化、象山、宁海、开化、江山、磐安、天台、临海、缙云、遂昌、庆元、龙泉、永嘉、文成、泰顺。生于林下阴湿处或具覆土的岩石上。分布于华东、华中、华南北部及西南各地。

3. 福建羊耳蒜　大唇羊耳蒜　（图10-548）
Liparis dunnii Rolfe

植株高可达35cm。假鳞茎聚生，卵圆形，包藏于白色膜质鞘内。叶2；叶片卵状长圆形，膜质或草质，长约13cm，宽约6cm，先端钝，基部无关节。花葶长15～18cm；总状花序具多花；苞片卵形，长约2mm，先端急尖；花梗和子房长约1cm；萼片条状长圆形，长约1cm，先端急尖；花瓣丝状条形，长约1cm，先端急尖；唇瓣呈圆倒卵形，长约1cm，先端具短尖，边缘稍微波状，基部有1胼胝体，位于与蕊柱基部相连接处；蕊柱棒状，长约4mm，向前弯曲。花期6月。

产于莲都(雅溪)。生于海拔300m的山沟林下阴湿岩石上。分布于福建西部和北部。

图10-548　福建羊耳蒜

4. 香花羊耳蒜 （图 10-549）

Liparis odorata (Willd.) Lindl.

植株高20~40cm，地生。假鳞茎狭卵形。茎明显，圆柱形。叶2或3；叶片纸质，狭长圆形至卵状披针形，先端渐尖，基部下延，鞘状抱茎。花葶长16~30cm；总状花序疏生多花；苞片披针形，短于花梗连同子房长；花黄绿色；中萼片条状长圆形，侧萼片镰状长圆形，反折；花瓣条形；唇瓣倒卵状楔形，先端近平截，稍波状，中央微凹而具短尖头，基部具2棒状胼胝体；蕊柱长2.5~3mm，前弯，上部具翅，近先端的翅增大成钝圆或钝三角形。花期6—7月，果期10月。

产于临安、余姚、天台、松阳、庆元、龙泉、景宁、乐清、文成、泰顺。生于林下、疏林下或山坡草丛中。分布于华东、华中、华南、西南各地。东南亚、南亚及日本也有。

图 10-549　香花羊耳蒜

5. 镰翅羊耳蒜 （图 10-550）

Liparis bootanensis Griff.

植株高11~30cm，附生。根状茎匍匐，密生串珠状假鳞茎。假鳞茎圆柱状锥形，肉质，顶生1叶。叶片革质，狭长圆形至倒披针形，长8~22cm，先端急尖，基部连合成柄，具关节。花葶与叶近等长；总状花序具数花至20余花；苞片披针形，较花梗连同子房短，先端渐尖；花浅褐黄色；萼片几等长，先端钝，中萼片狭披针形，反折，侧萼片稍弯斜；花瓣条状，与萼片等长，反折；唇瓣楔状长圆形或长圆状倒卵形，先端近平截，具微齿或微凹具短尖，基部收狭具爪，具2乳突状胼胝体；蕊柱弯曲，近先端的蕊柱翅下弯成镰刀状。花期8—10月，果期次年3—5月。

产于乐清、瑞安、平阳、苍南、泰顺。附生于林缘溪边岩石上。分布于江西、福建、台湾、广东、海南、广西、四川、贵州、云南、西藏。东南亚、南亚及日本也有。

图 10-550　镰翅羊耳蒜

6. 长苞羊耳蒜　（图10-551）

Liparis inaperta Finet

植株高3～8cm，附生，具匍匐根状茎，根状茎上聚生串珠状假鳞茎。假鳞茎小，近球形，顶生1枚叶。叶片近革质，椭圆形，长3～7cm，先端急尖，基部连合成短柄，具关节。花葶与叶几等长，或稍长；总状花序疏生5～7花；苞片披针形，长于花梗连同子房长度；花浅黄绿色；中萼片披针形，直立，侧萼片镰状长圆形，直立，稍短于中萼片；花瓣镰状，与萼片几等长；唇瓣对折，楔状卵形，先端几平截，有齿，或微凹，中部稍缢缩，基部胼胝体不明显；蕊柱弯曲，基部扩大，上部具翅，先端的翅牙齿状，下弯。花期9—11月，果期次年5—6月。

产于文成、泰顺。附生于沟谷岩石上。分布于江西、福建、广西、四川、贵州。

图 10-551　长苞羊耳蒜

49 沼兰属 Malaxis Sol. ex Sw.

地生草本，稀附生。通常具多节的肉质茎或假鳞茎，外面常被有膜质鞘。叶通常2～8，稀1枚，草质或膜质，近基生或茎生，基部收狭成明显的柄；叶柄无关节。花葶顶生，通常直立，无翅或罕具狭翅；总状花序具数花或数十花；苞片宿存；花较小；萼片离生，相似或侧萼片较短而宽，通常展开；花瓣条形或条状披针形；唇瓣通常位于上方，极少位于下方，不裂或2、3裂，有时先端具齿或流苏状齿，基部常有一对向蕊柱两侧延伸的耳，较少无耳或耳向两侧横展；蕊柱短，直立，顶端常有2齿；花药生于蕊柱顶端后侧，直立或俯倾，一般在花枯萎后仍宿存；花粉块4，蜡质，成2对，无明显的花粉块柄和黏盘，仅在基部黏合。蒴果较小，椭圆球形至球形。

约300种，分布于全球热带和亚热带地区，少数也分布于温带地区。我国有21种，主要分布于西南至东南各地；浙江有4种。

本志采用广义沼兰属 *Malaxis* s.l.。

分种检索表

1. 植株细小；叶单一；花倒置，唇瓣在下方；苞片直立 ·························· **1. 小沼兰 M. microtatantha**
1. 植株较大；叶通常2～5；花不倒置，唇瓣在上方；苞片从基部反折，紧贴花葶。
　2. 无明显假鳞茎；唇瓣顶端3裂，基部不延成耳状 ························ **2. 阔叶沼兰 M. latifolia**
　2. 有假鳞茎，为叶鞘所包围；唇瓣先端2浅裂，基部下延成耳状围抱蕊柱。
　　3. 唇瓣中部两侧不收狭成肩状，先端2浅裂，裂口约1mm ············· **3. 浅裂沼兰 M. acuminata**
　　3. 唇瓣中部两侧骤然收狭成肩状，先端2深裂，裂口深1.5～2mm ······ **4. 深裂沼兰 M. purpurea**

1. 小沼兰 （图10-552）

Malaxis microtatantha (Schltr.) Tang et F.T. Wang —— *Microstylis microtatantha* Schltr. —— *Oberonioides microtatantha* (Schltr.) Szlach.

植株高3～8cm，地生。假鳞茎球形，肉质，绿色。叶1枚，生于假鳞茎顶端；叶片稍肉质，近圆形、卵形或椭圆形，先端钝圆或稍尖，基部宽楔形，并下延成鞘状柄；叶柄长3～10mm。花葶纤细，长2～2.8cm，生于假鳞茎顶端；总状花序密生多花；苞片二角状钻形，长约为子房连花梗长的1/2，直立；花小，直径1.5～2mm，黄色，倒置，唇瓣在下方；萼片等长，长圆形，先端钝；花瓣条形或舌状披针形，稍短于萼片；唇瓣近先端3深裂，侧裂片条形，稍短于花瓣，中裂片三角状卵形，稍长于侧裂片。花期3—4月，果期11月。

产于温州、丽水及临安、桐庐、建德、北仑、鄞州、余姚、奉化、宁海、诸暨、衢江、开化、磐安、武义、黄岩、天台、三门、临海、温岭等地。生于海拔50～800m的山坡林下或潮湿的岩石上。分布于江西、福建、台湾。

图 10-552　小沼兰

2. 阔叶沼兰　无耳沼兰
Malaxis latifolia Sm.

植株高30~35cm，地生，无假鳞茎。茎直立，圆柱形，长10~15cm，直径约1cm，肉质，下部具几枚鞘状鳞片。叶4~6；叶片椭圆形、长圆形或披针形，长10~20cm，宽4~7cm，先端急尖，基部楔形，偏斜，下延成鞘状柄；鞘柄长4~7cm。花葶顶生，长约26cm；总状花序密生多花；苞片条状披针形，基部向下反折，通常长于子房连花梗长；花小，绿色带紫色；中萼片长圆形，长约3mm，宽约1mm，先端钝，侧萼片与中萼片几等长，但较宽；花瓣条形，长约3mm，宽约0.5mm；唇瓣位于上方，卵形舟状，长约3mm，先端3浅裂，侧裂片耳状，中裂片狭长圆形，先端钝，基部无耳。花期5—6月。

产于龙泉。生于山坡林下。分布于福建、台湾、广东、海南、广西及云南。东南亚、南亚及日本、新几内亚岛和澳大利亚也有。

3. 浅裂沼兰　（图10-553）
Malaxis acuminata D. Don — *Crepidium acuminatum* (D. Don) Szlach.

植株高约22cm，地生。假鳞茎近球形。茎直立，长1.5~2.5cm，被鞘状叶柄所包围。叶2~5；叶片长圆形至长椭圆形，先端渐尖，基部阔楔形，并下延成鞘状柄。花葶长18~19cm；总状花序具多花；苞片披针形，长于或几等长于子房连花梗长，基部向下反折，先端渐尖；花黄绿色；中萼片椭圆形，先端急尖，侧萼片宽椭圆形，先端钝；花瓣条形，先端平截，中央微凹或钝头；唇瓣位于上方，整个轮廓为卵状长圆形或倒卵状长圆形，长约10mm，基部下延成耳状围抱蕊柱，先端2浅裂，裂口深约1mm。花期6—7月。

产于临海、景宁、永嘉、瑞安、泰顺。生于山谷林下、溪谷旁。分布于福建、台湾、湖南、广东、广西、四川、贵州、云南及西藏。东南亚、南亚及澳大利亚也有。

图10-553　浅裂沼兰

4.深裂沼兰（图10-554）

Malaxis purpurea (Lindl.) Kuntze —— *Crepidium purpureum* (Lindl.) Szlach.

植株高约15cm，地生。肉质茎圆柱形，长2~4cm，具数节，包藏于叶鞘之内。叶通常3或4，斜卵形或长圆形，先端渐尖或短尾状渐尖，基部收狭成柄；叶柄鞘状，下半部抱茎。花葶直立，长15~25cm，近无翅；总状花序长7~15cm，具10~30花或更多；花苞片披针形，短于花梗连同子房长；花淡红色或偶见浅黄色，直径8~10cm；中萼片近长圆形，先端钝，侧萼片宽长圆形或宽卵状长圆形，先端钝或急尖；花瓣狭线形；唇瓣位于上方，整个轮廓近卵状矩圆形，由前部和1对向后伸展的耳组成，前部通常在中部两侧骤然收狭而多少呈肩状，先端2深裂，裂口深1.5~2mm，耳卵形或卵状披针形；蕊柱粗短，长约1mm。花期6—7月。

产于武义（牛头山）、泰顺（竹里），生于海拔240~350m的林下阴湿处或溪边竹林下。分布于台湾、广西、四川、云南。南亚、东南亚也有。

图 10-554　深裂沼兰

50 石仙桃属 Pholidota Lindl. ex Hook.

附生草本。根状茎匍匐，具节，节上生根。假鳞茎常卵形，在根状茎上疏离或密集。叶1或2，生于假鳞茎顶端；叶片质厚，具短柄。花葶生于假鳞茎顶端；总状花序具数花或多花；花序轴常稍曲折；苞片大，二列，多少凹陷，宿存或早落；花小，常不完全张开；萼片相似，常多少凹陷，侧萼片背面常有龙骨状突起；花瓣通常小于萼片；唇瓣凹陷或仅基部凹陷成浅囊状，不裂或稀3裂，唇盘上有时有粗厚的脉或褶片，无距；蕊柱短，上端有翅，翅常围绕花药，无蕊柱足；蕊喙较大，拱盖于柱头穴之上；花药前倾，生于药床后缘上；花粉块4，蜡质，近等大，成2对，共同附着于黏质物上。蒴果较小，常有棱。

约30种，分布于亚洲热带和亚热带南缘地区。我国有14种，主要分布于西南至东南各地；浙江有2种。

1. 细叶石仙桃 （图10-555）
Pholidota cantonensis Rolfe

根状茎长而匍匐，被鳞片。假鳞茎疏生于根状茎上，卵球形至卵状长圆球形，顶端具2叶，幼时被鳞片。叶片革质，条状披针形，先端钝或短尖，基部收狭为短柄，叶脉明显。花葶着生于幼假鳞茎顶端；总状花序具10余朵二列排列的花；苞片卵状长圆形，开花时脱落；花小，白色或淡黄色；萼片近相似，椭圆状长圆形，离生，具1脉，侧萼片背面具狭脊；花瓣卵状长圆形，与萼片等长，但较宽，先端急尖；唇瓣兜状，唇盘上无褶片；蕊柱短，长约3 mm，顶端具3浅裂的翅。蒴果椭圆形。花期3—4月，果期8月。

产于杭州、台州、丽水、温州及安吉、新昌、象山、宁海、开化、磐安、武义。附生于沟谷或林下石壁上。分布于江西、福建、台湾、湖南、广东、广西。

全草可入药，具有滋阴润肺、清热凉血的功效。

图10-555　细叶石仙桃

2. 石仙桃 （图10-556）
Pholidota chinensis Lindl.

根状茎粗壮，匍匐生根。假鳞茎卵形或近球形，在根状茎上离生，彼此相距1~2 cm，顶生2叶。叶片长椭圆形或倒披针形，基部收狭成柄，叶脉明显；叶柄长。花葶生于假鳞茎顶端，从两叶间长出，长10～15cm，基部具鞘状卵形的鳞片；总状花序常具10～20余花，下弯；花绿白色；萼片近相似，卵形，背面具脊，先端钝，具3脉；花瓣条形，与萼片近等长，先端急尖，具1脉；唇瓣3裂，侧裂片叠盖于中裂片，基部凹陷成囊状，唇盘具3褶片；蕊柱极短，顶端翅状。蒴果卵形，具6纵棱。花期4—5月，果期7—8月。

产于泰顺（垟溪、乌岩岭、竹里）。附生于疏林中或林缘树上、岩壁上或岩石上。分布于福建、广东、海南、广西、贵州、云南、西藏。越南、缅甸也有。

与细叶石仙桃的主要区别在于本种假鳞茎远大于前者，且植株较大，叶片大，长椭圆形或倒披针形，苞片宿存，唇瓣3裂，唇盘上具3褶片。

图10-556　石仙桃

51 独蒜兰属 Pleione D. Don

附生、半附生或地生小草本。假鳞茎常较密集，卵形、圆锥形至陀螺形，叶脱落后顶端通常有皿状或浅杯状的环。叶1或2，生于假鳞茎顶端，通常纸质，多少具折扇状脉，有短柄，常在冬季凋落，少有宿存。花葶从老鳞茎基部发出，直立；花序具1或2花；苞片常有色彩，较大，宿存；花大而美丽；萼片离生，相似；花瓣常略狭于萼片；唇瓣不裂或3裂，基部常多少收狭，上部边缘啮蚀状或撕裂状，上面具2至数条纵褶片或沿脉具流苏状毛；蕊柱细长，稍向前弯曲，两侧具狭翅；花粉块4，蜡质，每2个成一对，每对常有1花粉块较大。蒴果纺锤状，具3纵棱，成熟时沿纵棱开裂。

约19种，产于亚洲热带地区。我国有16种，多分布于西南、华中和华东；浙江有2种。

1. 台湾独蒜兰　（图10-557）

Pleione formosana Hayata —— *P. bulbocodioides* auct. non (Franch.) Rolfe

半附生或附生草本。假鳞茎卵球形，绿色或暗紫色，顶端具1叶。叶在花期尚幼嫩，长成后叶片椭圆形或倒披针形，纸质。花葶从无叶的老假鳞茎基部发出，直立，长7~16cm，基部有2或3膜质的圆筒状鞘，顶端通常具1花，偶见2花；苞片条状披针形，明显长于花梗连同子房；花粉红色，稀白色；唇瓣色泽常略浅于花瓣，上面具有黄色、红色或褐色斑，有时略芳香；中萼片狭椭圆状倒披针形，侧萼片狭椭圆状倒披针形，多少偏斜；花瓣条状倒披针形；唇瓣宽卵状椭圆形至近圆形，不明显3裂，先端微缺，上部边缘撕裂状，上面具2~5褶片，中央1褶片短或不存在，褶片常有间断，全缘或啮蚀状；蕊柱长2.8~4cm，顶部多少膨大并具齿。蒴果纺锤状，黑褐色。花期4—5月，果期7月。

产于杭州、衢州、台州、丽水、温州及安吉、金华市区、磐安、武义。生于海拔400~1500m的林下或林缘腐殖质丰富的岩石上。分布于福建、台湾、江西。

假鳞茎药用，具清热解毒、消肿散结的功效。

《浙江植物志》中将本种误定为独蒜兰 Pleione bulbocdioides。

图10-557 台湾独蒜兰

2. 金华独蒜兰

Pleione jinhuana Z.J. Liu, M.T. Jiang et S.R. Lan

半附生或附生草本。假鳞茎卵球形，暗绿色，顶端具1叶。叶在花期尚幼嫩，长成后叶片椭圆形或倒披针形，纸质。花葶直立，长约6cm，基部具2膜质的圆筒状鞘，顶端通常具1花；苞片条状披针形，明显长于花梗连同子房；花淡紫色；中萼片狭椭圆状倒披针形，侧萼片狭椭圆状倒披针形，多少偏斜；花瓣条状倒披针形；唇瓣宽卵状椭圆形至近圆形，不明显3裂，侧裂片不包围蕊柱，先端边缘啮蚀状，上面具2间断的黄色褶片，中间有淡紫色斑延伸至基部；蕊柱长约

3.3cm，顶部多少膨大并具齿。花期4—5月。

产于磐安（泊公坑）。生于海拔1100m的常绿阔叶林下或林缘腐殖质丰富的岩石上。模式标本采自磐安。

与台湾独蒜兰的区别在于本种唇瓣侧裂片不包围蕊柱，先端边缘啮蚀状，上面具2间断的黄色褶片，中间有淡紫色斑延伸至基部。

52 独花兰属 Changnienia Chien

地生草本，地下具假鳞茎。假鳞茎球茎状，密接，有节。叶1枚，生于假鳞茎顶端，椭圆形至宽卵形，基部骤然收狭，有长柄。花葶自假鳞茎顶端发出，有2鞘；单花，较大，生于花葶顶端；萼片与花瓣离生，展开；3萼片相似；花瓣较萼片宽而短；唇瓣较大，先端3裂，侧裂片直立，斜卵状三角形，中裂片开展，具短而宽的爪，唇盘上具5条纵褶片，基部具粗大、角状的距；蕊柱长，具阔翅，无蕊柱足；花粉块4，蜡质，成2对，黏着于近方形的黏盘上。

仅1种，我国特有，仅见于我国亚热带地区；浙江也产。

独花兰 长年兰 （图10-558）
Changnienia amoena Chien

植株高10～18cm。假鳞茎卵状长圆球形或宽卵球形，具2或3节，肉质，顶生1叶。叶片宽

图10-558 独花兰

椭圆形或长圆形，长7～11cm，宽4.5～8cm，先端急尖至渐尖，基部圆形，全缘，下面紫红色，具9～11脉；叶柄长5.5～9.5cm。花葶从假鳞茎顶端长出，直立，长8～11cm，具2或3退化叶，顶生1花；苞片小，早落；花淡紫色，直径4～5cm；萼片长圆状披针形，先端钝，具腺体；唇瓣生于蕊柱基部，横椭圆形，基部圆形，具浅紫色和带深红色斑点，先端3裂，侧裂片直立，斜卵状三角形，中裂片斜出，近肾形，边缘具皱波状圆齿，唇盘上具附属物5枚，具短而宽的爪；距粗壮，角状，稍弯曲；蕊柱有阔翅，背面紫红色，长约2.2cm；蕊喙侧面具2三角状小齿。花期4月。

产于余杭、临安、奉化（四明山）、宁海（茶山）。生于疏林下腐殖质丰富的土壤上或沿山谷荫蔽处。分布于江苏、安徽、江西、湖北、湖南、广西、四川、河南、陕西、甘肃等地。模式标本采自临安西天目山与江苏宝华山。

本种为我国特有珍稀植物，为兰科的原始类型，在植物系统分类上有较重要的意义，列为国家二级保护植物，应该加以保护。

53 山兰属 Oreorchis Lindl.

地生草本。地下具纤细的根状茎；根状茎上生有球茎状的假鳞茎；假鳞茎具节，基部疏生纤维根。叶1或2，生于假鳞茎顶端，条形至狭长圆状披针形，具柄，基部常有1或2膜质鞘。花葶从假鳞茎侧面节上发出，直立；花序不分枝，总状，具数花至多花；苞片膜质，宿存；花小至中等大；萼片与花瓣离生，相似或花瓣略狭小，开展；2侧萼片基部有时多少延伸成浅囊状；唇瓣3裂、不裂或仅中部两侧有凹缺（钝3裂），基部有爪，无距，上面常有纵褶片或中央有具凹槽的胼胝体；蕊柱一般稍长，略向前弓曲，基部有时膨大并略突出而呈蕊柱足状，但无明显的蕊柱足；花药俯倾；花粉块4，近球形，蜡质，具1共同的黏盘柄和小的黏盘。

全属约16种，分布于喜马拉雅地区至日本和西伯利亚。我国有11种，分布于全国各地；浙江有1种。

长叶山兰 （图10-559）

Oreorchis fargesii Finet — *O. intermedia* Chien

假鳞茎椭圆形至近球形，有2或3节。叶2，偶有1枚，生于假鳞茎顶端；叶片条状披针形或条形，纸质，先端渐尖，基部收狭成柄，有关节。花葶从假鳞茎侧面发出，直立，长20～30cm，中下部有2或3筒状鞘；总状花序通常多少缩短，具较密集的花；10余花或更多，白色并有紫纹；萼片长圆状披针形，先端渐尖，侧萼片斜歪并略宽于中萼片；花瓣狭卵形至卵状披针形；唇瓣轮廓为长圆状倒卵形，近基部处3裂，侧裂片条形，先端钝，边缘多少具细缘毛，中裂片近椭圆状倒卵形，上半部边缘多少呈皱波状，先端有不规则缺刻，下半部边缘多少具细缘毛，稀近无毛，唇盘上在侧裂片之间具1短褶片状胼胝体，胼胝体中央有纵槽；蕊柱基部肥厚并略扩大。蒴果狭椭圆球形。花期5—6月，果期9—10月。

产于临安（西天目山）、遂昌（九龙山）、泰顺（乌岩岭）。生于海拔900~1400m的山坡林缘、灌丛中或沟谷旁。分布于福建、台湾、湖北、四川、陕西、甘肃。

图10-559 长叶山兰

54 杜鹃兰属 Cremastra Lindl.

地生草本，地下具根状茎与假鳞茎。假鳞茎球茎状或近块茎状，基部密生多数纤维根。叶1或2，生于假鳞茎顶端，常狭椭圆形，有时有紫色粗斑点，基部收狭成较长的叶柄。花葶侧生于假鳞茎上部的节上，直立或稍外弯，较长，中下部具2或3筒状鞘；总状花序具多花；花中等大，偏向同一侧，多少悬垂；萼片与花瓣离生，近相似，开展或多少靠合；唇瓣倒置，紫红色，长管状，仅先端张开，唇瓣下部或上部3裂，基部有爪并具浅囊，侧裂片常较狭而呈条形或狭长圆形，中裂片基部有1肉质突起；蕊柱细长，无蕊柱足；花粉块4，蜡质，成2对，两侧稍压扁，共同附着于黏盘上。

仅2种，分布于印度北部至日本。我国2种均产，分布于秦岭以南各地；浙江有1种。

杜鹃兰 （图10-560）
Cremastra appendiculata (D. Don) Makino

植株高可达40cm以上。假鳞茎卵球形，长1.5cm，宽1.2～2cm，通常具2节，外被膜质鳞片。叶通常1枚，生于假鳞茎顶端；叶片椭圆形至长圆形，长20～34cm，宽3～6cm，先端急尖，基部楔形，收狭成柄；叶柄长6～12cm。花葶侧生于假鳞茎上部的节上，长27～37cm，下部具2鞘状鳞片；总状花序具10～20花，偏向同一侧；苞片膜质，条状披针形；花玫瑰色或淡紫红色，长管状，悬垂；萼片和花瓣几同形，条状披针形，长25～35mm，宽4～5mm；花瓣稍短；唇瓣倒披针形，长约35mm，基部线囊状，先端3裂，侧裂片小，条形，中裂片大，三角状卵形，基部与蕊柱贴生，具1紧贴或多少分离的附属物；蕊柱长约2.5cm。花期5—6月，果期9—12月。

产于安吉、临安、鄞州。生于海拔800～1000m的沟谷和林下湿地。分布于华东、华中、西南及广东、山西、陕西、甘肃等。东南亚、南亚及日本也有。

图10-560 杜鹃兰

中名索引

A

阿里山薹草	95,149
阿穆尔莎草	59,73
阿齐薹草	95,143
矮扁鞘飘拂草	30,41
矮秆飘拂草	29,34
矮两歧飘拂草	47
矮飘拂草	29,31
矮生薹草	95,144
矮小山麦冬	255,257
安徽老鸦瓣	316,319
暗褐飘拂草	29,32
暗色菝葜	392
凹脉菝葜	392

B

芭蕉	213
芭蕉科	213
芭蕉属	213
菝葜	387,402
菝葜科	386
菝葜属	386
白背牛尾菜	386,388
白草藓	410
白点兰属	430,488
白蝴蝶花	363
白花马蔺	353,355
白花毛轴莎草	72
白花梭鱼草	239
白花鸢尾	362
白喙刺子莞	51,53
白芨	476
白芨黄精	283
白及	476
白及属	429,476
白肋朱顶红	342
白鳞莎草	59,63
白穗花	273
白穗花属	243,273
百部	382,383
百部科	382
百部属	382
百合	311
百合科	242
百合属	243,308
百里薹草	97,170
百球薦草	3,4
百子莲	264
百子莲属	242,263
斑唇卷瓣兰	522,529
斑点果薹草	92,107
斑点薹草	107
斑花美人蕉	227,228
斑叶鹤顶兰	514
斑叶兰	462,463
斑叶兰属	429,462
斑心吊兰	373
伴生薹草	94,133
苞舌兰	512
苞舌兰属	431,511
宝铎草	290
宝华山薹草	172
杯鳞薹草	94,139
杯颖薹草	139
北重楼	247
贝母属	243,314
荸荠	20
荸荠属	2,20
彼岸花	334
扁秆藨草	9
扁秆荆三棱	9
扁穗莎草	59,65
扁莎属	1,2,75
扁葶沿阶草	260,262
藨草	11
藨草属	1,3
滨海薹草	98,177,201
柄果薹草	99,202
波密斑叶兰	462,465
布朗薹草	169

C

彩虹鸢尾	360
苍绿薹草	151
糙叶薹草	95,145
槽舌兰属	430,485
草兰	502
叉唇角盘兰	450
叉柱兰属	429,461

钗子股属	430,484	穿孔薹草	93,116	大披针薹草	93,113
长苞羊耳蒜	536,540	穿龙薯蓣	404,406	大舌薹草	92,110
长唇羊耳蒜	536,537	垂穗薹草	193	大薯	416
长梗黄精	282,284	垂笑君子兰	329	大蒜	298
长梗山麦冬	256,258	垂序珍珠茅	87,89	大西坑水玉簪	423,426
长梗薹草	92,109	春兰	500,502	大叶仙茅	344
长尖莎草	59,61	刺毛缘薹草	127	大序隔距兰	490
长茎虾脊兰	513	刺子莞	50,51	带唇兰	510
长颈坚果薹草	97,183	刺子莞属	2,50	带唇兰属	431,510
长颈薹草	183	葱	294,297	带叶兰	483
长距兰	445	葱兰	330	带叶兰属	428,430,483
长囊薹草	98,186	葱莲	330	单苞鸢尾	354,358
长年兰	548	葱莲属	244,330	单性薹草	99,206
长寿花	328	葱属	243,293	单叶厚唇兰	530
长穗高秆莎草	59,70	葱叶兰	474	稻草石蒜	333,335
长穗飘拂草	30,49	葱叶兰属	429,473	稻田荸荠	25
长穗匍茎飘拂草	50	粗壮小鸢尾	364	等高薹草	98,189
长穗薹草	94,137			地涌金莲	216
长须阔蕊兰	451	**D**		地涌金莲属	215
长叶菝葜	392	达香蒲	212	地中海蓝瑰花	323
长叶根节兰	518	大百部	382,383	点囊薹草	98,195
长叶山兰	549	大百合属	243,306	吊兰	371
长轴白点兰	489	大唇羊耳蒜	538	吊兰属	368,371
长柱头薹草	98,197	大葱	297	叠鞘兰	433
长嘴薹草	97,173	大花斑叶兰	462,463	叠鞘兰属	428,433
常绿鸢尾	360	大花葱	294,300	丁香水仙	326,328
朝芳薹草	181	大花君子兰	328	顶冰花属	244,321
朝鲜韭	294,303	大花美人蕉	227,230	东北百合	308
朝鲜薤	303	大花无柱兰	440	东贝母	315
朝鲜薹草	95,142	大花萱草	273	东方薹草	93,122
陈诗薹草	97,178	大蕉	214	东方香蒲	211
陈氏薹草	178	大理薹草	195	东南飘拂草	30,38
城口卷瓣兰	522,526	大芦荟	367	东亚舌唇兰	443,444
齿瓣石豆兰	522	大明山舌唇兰	443,448	东阳贝母	315
重楼属	242,245	大盘山薹草	93,120	兜被兰属	429,439

独花兰	548	二叶兜被兰	439	福州薯蓣	404,407	
独花兰属	431,548	二叶郁金香	318	复序飘拂草	30,43	
独蒜兰属	431,546					
独穗飘拂草	29,31	**F**		**G**		
杜鹃兰	551	番红花	348	高斑叶兰	462,467	
杜鹃兰属	431,550	番红花属	347	高秆珍珠茅	86,88	
短柄肺筋草	265	反瓣虾脊兰	515,516	高山蛤兰	508	
短柄粉条儿菜	265	反折果薹草	96,162	高山毛兰	508	
短梗菝葜	386,391	梵净山石斛	531	高氏薹草	98,187	
短尖薹草	97,182	非洲天门冬	250,251	茖葱	293,294	
短茎萼脊兰	493	肺筋草	265,266	蛤兰	509	
短距槽舌兰	485	肺筋草属	242,264	蛤兰属	431,507	
短芒薹草	94,136	粉背菝葜	396	隔距兰属	430,490	
短蕊石蒜	333,339	粉背薯蓣	405,411	根花薹草	98,188	
短叶茳芏	59,71	粉被薹草	98,191	根足薹草	92,104	
短叶水蜈蚣	82,83	粉草藓	411	钩距虾脊兰	515,520	
对马薹草	94,134	粉美人蕉	227,229	古田山黄精	283	
对叶百部	383	粉条儿菜	266	牯岭藜芦	305	
对叶韭	293,295	风车草	60	管花鹿药	291	
对叶兰属	430,482	风兰	495	光萼斑叶兰	463,468	
对叶山葱	295	风兰属	430,494	光鳞水蜈蚣	83	
盾叶草藓	405	风信子	325	光叶菝葜	398	
盾叶薯蓣	404,405	风信子属	244,325	光叶薯蓣	405,420	
多花黄精	282,283	风雨花	330	广东石豆兰	522,523	
多花兰	500,501	凤凰薹草	97,181	广东薯蓣	421	
多穗扁莎	76,77	凤尾兰	376			
多叶斑叶兰	463,469	凤眼蓝	241	**H**		
多叶韭	294,300	凤眼莲	241	海南蔗草	4,6	
		凤眼莲属	238,240	海三棱蔗草	10	
E		佛焰苞飘拂草	30,38	寒兰	500,504	
峨眉舞花姜	221	辐射砖子苗	80	旱伞草	58,60	
鹅毛玉凤花	454,457	福草藓	407	禾叶山麦冬	255,257	
萼脊兰	493	福建薹草	95,151	禾状扁莎	76	
萼脊兰属	430,492	福建土砂仁	219	禾状薹草	96,157	
二型鳞薹草	98,193	福建羊耳蒜	536,538	合鳞薹草	125	

褐苞薯蓣	405,420	花葶薹草	92,99	火把莲	267
褐果薹草	98,199	花叶开唇兰	470	火把莲属	242,267
褐绿薹草	202	花叶美人蕉	230	火炬花	267
褐穗薹草	94,135	花叶水葱	13	火烧兰属	430,479
鹤顶兰属	431,513	华重楼	246		
黑果菝葜	387,394	华刺子莞	51,52	**J**	
黑节草	533	华东菝葜	386,391	鸡头黄精	286
黑鳞珍珠茅	86,87	华东藨草	4,5	吉祥草	278
黑龙麦冬	262	华克拉莎	54	吉祥草属	243,278
黑三棱	209	华山姜	218	戟叶薹草	98,187
黑三棱科	209	华鸢尾	364	假叶树	248
黑三棱属	209	怀山药	417	假叶树属	242,248
黑莎草	57	换锦花	334,340	尖叶菝葜	387,393
黑莎草属	2,57	黄白石蒜	339	尖叶火烧兰	479
黑紫藜芦	306	黄草薢	411	尖叶薯蓣	418
横果薹草	96,169	黄菖蒲	353,354	尖叶薹草	97,171
横纹薹草	94,127	黄独	405,414	间型沿阶草	260,261
红果山珊瑚	435	黄花百合	311	见血青	536
红孩儿	415	黄花菜	271	建兰	500,504
红口水仙	326,327	黄花鹤顶兰	514	剑麻	378
红蓝石蒜	340	黄花美人蕉	231	剑叶虾脊兰	515,518
红鳞扁莎	76	黄金水玉杯	427	剑叶沿阶草	260,261
红穗薹草	143	黄精	282,286	健壮薹草	97,177
洪林薹草	96,167	黄精属	243,282	渐尖穗莎草	20,26
厚唇兰属	431,529	黄精叶钩吻	385	江南䓤茅	20,21
忽地笑	333,336	黄兰	513	江苏石蒜	333,335
湖北黄精	282,287	黄兰属	431,512	姜	225
湖北薹草	98,198	黄石斛	533	姜花	222
湖瓜草	84	黄水仙	326,327	姜花属	217,222
湖瓜草属	2,84	黄松盆距兰	486,487	姜黄属	217,223
蝴蝶花	354,362	黄穗薹草	106	姜科	217
虎头蕉	536	黄药子	414	姜属	217,225
虎尾兰	374	灰化薹草	98,194	浆果薹草	92,101
虎尾兰属	368,374	灰帽薹草	94,128	蕉芋	227,231
花菖蒲	356	蕙兰	500,503	角盘兰属	429,449

藠头	294,301	巨球百合	311	**L**	
结壮飘拂草	31,49	具芒灰帽薹草	128	喇叭水仙	327
截喙薹草	93,118	具芒碎米莎草	59,66	兰花美人蕉	228,229
截鳞薹草	93,115	具芒崖壁薹草	123	兰花三七	259
金边虎尾兰	375	卷丹	308,311	兰科	428
金边宽叶吊兰	373	卷叶黄精	282	兰属	430,499
金边龙舌兰	380	卷柱头薹草	95,150	兰天麻	438
金刚刺	402	绢毛飘拂草	30,37	蓝瑰花属	244,322
金刚大	385	蕨状薹草	92,103	蓝壶花	324
金刚大属	384	君子兰	328	蓝壶花属	244,324
金华独蒜兰	547	君子兰属	244,328	蓝蝴蝶	361
金华薹草	93,115			榄绿果薹草	96,165
金兰	478	**K**		老鸦瓣	316
金色飘拂草	30,44	开口箭	279	老鸦瓣属	243,316
金穗薹草	152	开口箭属	243,279	类头状花序蔗草	17
金娃娃萱草	273	克拉莎属	2,54	藜芦属	243,304
金线吊白米	266	口红水仙	327	栗褐薹草	199
金线兰	470,471	宽翅水玉簪	423,425	连珠毛兰	508
金线兰属	429,470	宽距兰	438	莲花卷瓣兰	522,528
金线美人蕉	230	宽距兰属	428,438	镰翅羊耳蒜	536,539
金线水葱	13	宽叶吊兰	373	两歧飘拂草	30,46
金针菜	271	宽叶韭	293,296	裂瓣玉凤花	454,458
近头状薹草	93,111	宽叶老鸦瓣	316,318	裂颖茅	85
荆三棱	7	宽叶薹草	92,108	裂颖茅属	2,85
镜子薹草	98,193	宽叶香蒲	212	林氏薹草	92,100
九华薹草	97,179	宽叶沿阶草	261	鳞籽莎	56
九节兰	503	筐条菝葜	387,396	鳞籽莎属	2,56
九里青	358	盔花舌喙兰	442	铃兰	277
九龙盘	274,276	括苍山老鸦瓣	316,319	铃兰属	243,277
九子兰	503	阔蕊兰	451,453	流苏蜘蛛抱蛋	274
韭	294,299	阔蕊兰属	429,450	琉球叉柱兰	461
韭菜	299	阔叶老鸦瓣	318	琉球指柱兰	461
韭兰	330	阔叶山麦冬	256,259	瘤唇卷瓣兰	522,524
韭莲	330	阔叶沿阶草	261	六出花	343
菊科	265	阔叶沼兰	541,542		

六出花属	244,343	毛毯细莞	85	匿鳞薹草	96,155
龙革藓	406	毛藤日本薯蓣	419	粘鱼须	391
龙泉飘拂草	30,40	毛葶玉凤花	454,458	宁波石豆兰	522,525
龙舌兰	379	毛叶藜芦	305	牛毛毡	20,22
龙舌兰科	368	毛崖棕	92,109	牛尾菜	386,388
龙舌兰属	368,378	毛药卷瓣兰	522,527		
龙师草	20,23	毛芋头薯蓣	405,422	**O**	
芦荟	366	毛轴莎草	59,72	欧亚绶草	480
芦荟科	366	玫瑰石蒜	333,336		
芦荟属	366	眉县薹草	93,114	**P**	
芦笋	253	美冠兰	498	盘龙参	481
庐山藨草	4,6	美冠兰属	430,498	盆距兰属	430,486
鹿葱	334,341	美人蕉	227,230	蓬莱松	250,253
鹿药	292	美人蕉科	227	霹雳薹草	92,106
鹿药属	291	美人蕉属	227	飘拂草属	2,29
路易斯安娜鸢尾	354,360	梦佳薹草	181	匍匐茎飘拂草	31,49
绿花斑叶兰	462,467	密花舌唇兰	443,444	葡萄风信子	324
绿花阔蕊兰	453	密花鸢尾兰	535		
绿花油点草	268,270	密毛薹草	115	**Q**	
卵果薹草	99,206	密叶薹草	141	七叶一枝花	246
卵叶天门冬	250	绵草藓	405,413	畦畔莎草	59,62
卵叶无柱兰	440,442	绵枣儿	323	旗唇兰	460
轮叶黄精	282	绵枣儿属	244,323	旗唇兰属	429,460
落叶兰	500,501	面条草	30,35	签草	96,156
		墨兰	500,505	浅裂沼兰	541,542
M		木本牛尾菜	386,390	荞麦叶大百合	306
马甲菝葜	387,392	木立芦荟	367	荞头	301
麦冬	260,263			翘距根节兰	521
麦秆石蒜	335	**N**		翘距虾脊兰	515,521
麦门冬	263	南方玉凤花	454	鞘柄菝葜	387,395
蔓生百部	383	南投万寿竹	290	青岛百合	308
芒尖薹草	156	南亚薹草	94,138	青绿薹草	94,129
毛垂序珍珠茅	90	南玉带	250,254	穹隆薹草	99,204
毛萼山珊瑚	437	拟二叶飘拂草	35	秋兰	504
毛果珍珠茅	86,88	拟三穗薹草	94,123	秋生薹草	99,203

中 名 索 引 559

球穗扁莎	76,77	三轮草	73	麝香兰	324
球形莎草	59,69	三脉菝葜	387,400	参薯	405,416
球序韭	294,302	三品一枝花	423,424	深裂沼兰	541,543
球柱草	27	三十六桶	334	深裂竹根七	288
球柱草属	2,27	三穗薹草	94,124	湿地玉凤花	453,454
曲轴黑三棱	210	三阳薹草	94,126	十字兰	453,454
衢州山药	422	伞房刺子莞	7	十字薹草	92,102
		砂砧薹草	207	石刁柏	250,253
R		筛草	99,207	石豆兰属	431,521
蘘荷	226	山萆薢	405,408	石斛属	431,531
日本对叶兰	482	山菅	281	石山水玉簪	425
日本薯蓣	405,418	山菅兰	281	石蒜	333,334
日本薹草	96,154	山菅属	243,281	石蒜属	244,333
日南薹草	98,198	山姜	218,219	石仙桃	545
日照飘拂草	29,32	山姜属	217	石仙桃属	431,544
茸球薦草	6	山兰属	431,549	绶草	480,481
绒叶斑叶兰	462,466	山麦冬	255,256	绶草属	430,480
柔瓣美人蕉	227,228	山麦冬属	242,255	书带薹草	99,205
柔果薹草	95,153	山珊瑚属	428,436	疏果薹草	94,139
柔菅	169	山薯	405,421	鼠尾薹草	92,102
柔薹草	150	山蒜	301	薯莨	405,415
肉果兰属	428,435	山薹草	157	薯蓣	405,417
乳白石蒜	333,338	山药	417	薯蓣科	404
乳突薹草	98,190	扇脉杓兰	432	薯蓣属	404
瑞安薹草	150	杓兰属	428,432	双穗飘拂草	30,48
弱锈鳞飘拂草	30,45	少花万寿竹	289	水葱	10,12
		少囊薹草	95,148	水葱属	1,10
S		少穗飘拂草	30,47	水鬼蕉	332
三花顶冰花	321	舌唇兰	443,445	水鬼蕉属	244,332
三花洼瓣花	321	舌唇兰属	429,443	水葫芦	241
三俭草	7	舌叶薹草	95,140	水毛花	10,13
三棱草属	1,7	蛇不见	358	水生美人蕉	229
三棱秆薦草	18	射干	352	水虱草	32
三棱水葱	10,11	射干属	347,352	水莎草	74
三棱针蔺	18	麝香百合	308,309	水莎草属	1,2,74

水蜈蚣	82	台湾吻兰	497	皖郁金香	319
水蜈蚣属	1,2,82	台中薹草	157	皖浙老鸦瓣	316,317
水仙	326	薹草属	2,91	万年青	280
水仙属	244,326	唐菖蒲	349	万年青属	243,280
水玉杯属	427	唐菖蒲属	347,348	万寿竹属	243,289
水玉簪科	423	套鞘薹草	95,141	菱莪	285
水玉簪属	423	天麻	434	尾瓣舌唇兰	443,446
水烛	212	天麻属	428,434	温郁金	224
丝柄薹草	95,146	天门冬	250	文殊兰	331
丝兰	376	天门冬属	242,249	文殊兰属	244,331
丝兰属	368,375	天目贝母	314	文竹	250,255
丝裂玉凤花	454,459	天目山薹草	93,121	吻兰属	430,497
丝裂玉凤兰	459	天台薹草	95,142	无耳沼兰	542
丝叶球柱草	28	田葱	236	无根状茎荸荠	26
四棱卷瓣兰	526	田葱科	236	无喙囊薹草	94,131
四棱穗莎草	59,69	田葱属	236	无距虾脊兰	431,515
似横果薹草	96,157	条穗薹草	96,160	无毛肺筋草	265
似柔果薹草	95,152	条叶百合	308,312	无毛粉条儿菜	265
松叶薹草	92,105	铁皮石斛	531,533	无毛条穗薹草	96,161
蒜	294,298	铜皮石斛	532	无叶美冠兰	498
碎米莎草	59,65	筒距舌唇兰	443,447	无柱兰	440,441
穗芽水葱	10,14	头花水玉簪	423,424	无柱兰属	429,440
莎草	67	头蕊兰属	430,477	蜈蚣兰	491
莎草科	1	透明鳞荸荠	20,24	五棱秆飘拂草	29,33
莎草属	1,2,58	透明水玉簪	426	五叶薯蓣	422
莎草砖子苗	82	土茯苓	387,398	武当菝葜	387,400
莎状砖子苗	80,82	兔耳兰	500	武功山飘拂草	30,40
梭鱼草	238	托柄菝葜	387,398	武义薹草	98,192
梭鱼草属	238			舞鹤草属	243,291
		W		舞花姜	221
T		弯柄薹草	97,180	舞花姜属	217,220
台兰	502	弯喙薹草	97,176		
台湾独蒜兰	546	豌豆型薹草	94,136	**X**	
台湾莪白兰	534	晚香玉	381	西红花	348
台湾盆距兰	486,488	晚香玉属	368,380	西藏薹草	178

溪边薹草	92,97,173	线叶春兰	503	薤白	294,301
溪荪	353,358	线叶十字兰	453,455	雄黄兰	350
细草藓	412	线叶玉凤花	455	雄黄兰属	347,349
细柄薯蓣	405,412	线柱兰	473	锈点薹草	201
细齿菝葜	387,403	线柱兰属	429,472	锈果薹草	95,152
细点根节兰	519	线状匍茎蔗草	12	锈红穗薹草	93,112
细秆羊胡子草	19	相仿薹草	97,175	萱草	272
细梗薹草	197	香附子	59,67	萱草属	243,271
细花虾脊兰	515,517	香港绶草	480	玄界萌黄薹草	93,117
细喙薹草	96,165	香花羊耳蒜	536,539	旋鳞莎草	59,64
细茎石斛	531,532	香蒲	211	血红肉果兰	435
细匍匐茎水葱	10,12	香蒲科	211		
细葶无柱兰	441	香蒲属	211	**Y**	
细叶刺子莞	51	香雪兰	351	鸦葱属	265
细叶韭	294,298	香雪兰属	347,351	鸭舌草	240
细叶石仙桃	545	象鼻兰	496	崖壁薹草	93,122
虾脊兰	515,519	象鼻兰属	430,496	崖棕	108
虾脊兰属	431,515	肖菝葜	386,389	亚澳薹草	96,169
狭穗阔蕊兰	451,452	肖菝葜属	386	烟台飘拂草	30,36
狭穗薹草	96,166	小斑叶兰	462,464	延龄草	245
狭叶重楼	247	小葱	297	延龄草属	242,244
狭叶香蒲	212	小根葱	301	沿阶草属	242,260
夏兰	503	小果菝葜	387,401	艳山姜	218,220
夏飘拂草	30,42	小花蜻蜓兰	444	雁荡山薹草	98,185
夏水仙	341	小花鸢尾	354,364	羊齿天门冬	250,252
仙居油点草	268,270	小金梅草	346	羊耳蒜属	431,536
仙茅	345	小金梅草属	244,345	羊胡子草属	2,18
仙茅属	244,344	小毛兰	509	洋葱	294,296
仙台薹草	98,200	小球穗扁莎	79	洋水仙	327
纤维青菅	131	小舌唇兰	443,447	药百合	308,309
纤细薯蓣	405,410	小型珍珠茅	87,90	鹞落薹草	98,196
纤叶钗子股	484	小叶鸢尾兰	534	野百合	308,310
咸水草	71	小鸢尾	354,363	野葱	301
显舌薹草	95,147	小沼兰	541	叶门冬	248,250
线穗薹草	160	斜果薹草	96,164	宜昌飘拂草	30,39

宜昌薹草	93,118	云南大百合	307	中国石蒜	333,337
异型莎草	58,61	云亿薹草	105	中华盆距兰	486,487
翼秆薹草	153			中华薹草	94,131
翼果薹草	99,203	**Z**		肿胀果薹草	96,167
银边吊兰	372	再力花	234	仲氏薹草	93,118,119
银边龙舌兰	380	再力花属	234	皱苞薹草	119
银兰	477	藏红花	348	皱果薹草	163
鹦鹉六出花	343	藏薹草	97,178	朱顶红	342
盈江薯蓣	405,422	早花百子莲	264	朱顶红属	244,341
萤蔺	10,15	泽泻虾脊兰	515,519	朱蕉	377
硬果薹草	96,159	窄穗莎草	59,63	朱蕉属	368,377
油点草	268,269	蟑螂花	334	朱兰	475
油点草属	243,268	沼兰属	431,541	朱兰属	429,474
疣果飘拂草	30,36	折枝菝葜	392	珠穗薹草	166
有斑百合	308,313	浙贝母	315	猪毛草	10,16
羽毛鳞荸荠	20,22	浙赣舞花姜	221	竹根七属	243,287
雨久花科	238	浙杭卷瓣兰	526	竹叶百合	308
雨久花属	238,239	浙江百合	308	竹叶兰	506
玉蝉花	353,355	浙江黄精	282	竹叶兰属	430,506
玉凤花属	429,453	浙江金线兰	471	竹芋	233
玉帘	330	浙江开唇兰	471	竹芋科	233
玉山针蔺	17	浙江山麦冬	256,259	竹芋属	233
玉簪	369	浙江薹草	95,147	砖子苗	80,81
玉簪属	368	浙南菝葜	387,399	砖子苗属	1,2,80
玉竹	282,285	浙南薹草	97,174	紫苞鸢尾	353,359
郁金	223	针蔺属	1,17	紫萼	369,370
郁金香	320	针叶薹草	92,106	紫花鸢尾	355
郁金香属	244,320	珍薯	420	紫娇花	304
鸢尾	354,361	珍珠茅属	2,86	紫娇花属	243,303
鸢尾科	347	蜘蛛抱蛋	274,275	紫叶美人蕉	227,232
鸢尾兰属	431,534	蜘蛛抱蛋属	243,274	紫玉簪	369,370
鸢尾属	347,353	蜘蛛兰	332,483	遵义薹草	97,184
缘脉菝葜	387,397	直立百部	382,384		
远穗薹草	96,158	直球穗扁莎	78		
云南叉柱兰	461	直穗莎草	59,73		

拉丁名索引

A

Agapanthus	242,263
africanus	264
praecox	264
Agavaceae	368
Agave	368,378
americana	379
'Marginata'	380
var. **variegata**	380
sisalana	378
Aletris	242,264
glabra	265
scopulorum	265
spicata	265,266
Allium	243,293
cepa	294,296
chinense	294,301
fistulosum	294,297
giganteum	294,300
hookeri	293,296
listera	293,295
macrostemon	294,301
plurifoliatum	294,300
sacculiferum	294,303
sativum	294,298
tenuissimum	294,298
thunbergii	294,302
tsoongii	296
tuberosum	294,299
victorialis	293,294
var. *listera*	295
Aloe	366
arborescens	367
var. **natalensis**	367
vera	366
var. *chinensis*	366
Aloeaceae	366
Alpinia	217
japonica	218,219
oblongifolia	218
zerumbet	218,220
Alstroemeria	244,343
× *hybrida*	343
pulchella	343
Amana	243,316
anhuiensis	316,319
edulis	316
erythronioides	316,318
kuocangshanica	316,319
wanzhensis	316,317
Amitostigma	429,440
gracile	440,441
hemipilioides	440,442
pinguicula	440
Andropogon dulcis	20
Anoectochilus	429,470
roxburghii	470

zhejiangensis	471	kwangtungense	522,523
Arundina	430,506	levinei	522
graminifolia	506	ningboense	522,525
Asparagus	242,249	omerandrum	522,527
asparagoides	249,250	pecten-veneris	522,529
cochinchinensis	250	*psychoon*	522
var. *longifoliatus*	250	*quadrangulum*	526
densiflorus	250,251	**Bulbostylis**	2,27
filicinus	250,252	barbata	27
officinalis	250,253	densa	28
oligoclonos	250,254	*disticha*	27
var. *purpurascens*	254	**Burmannia**	423
retrofractus	250,253	championii	423,424
setaceus	250,255	coelestis	423,424
Aspidistra	243,274	*cryptopetala*	426
elatior	274,275	var. *daxikangensis*	426
fimbriata	274	daxikangensis	423,426
lurida	274,276	*fadouensis*	425
		nepalensis	423,425
B		**Burmanniaceae**	423
Barnardia	244,323		
japonica	323	**C**	
Belamcanda	347,352	**Calanthe**	431,515
chinensis	352	alismatifolia	515,519
Bletilla	429,476	aristulifera	515,521
striata	476	davidii	515,518
Bolboschoenus	1,7	discolor	515,519
planiculmis	9	graciliflora	515,520
yagara	7	*gracilis*	513
Bulbophyllum	431,521	mannii	515,517
chondriophorum	522,526	reflexa	515,516
flaviflorum	529	tsoongiana	431,515
hirundinis	522,528	*Caloscordum exsertum*	301
huangshanense	525	**Campylandra**	243,279
japonicum	522,524	chinensis	279

Canna	227	*brownii*	96,169
edulis	227,231	**brunnea**	98,199
flaccida	227,228	var. *stipitinux*	202
× **generalis**	227,230	**canina**	98,187
glauca	227,229	*capillacea*	105
indica	227,230	**cercidascus**	95,142
var. **flava**	231	*chaofangii*	181
orchioides	227,228	**cheniana**	97,178
warszewiczii	227,232	**chinensis**	94,131
Cannaceae	227	**chungii**	93,118,119
Cardiocrinum	243,306	**ciliatomarginata**	92,109
cathayanum	306	**cinerascens**	98,194
giganteum var. **yunnanense**	307	**cruciata**	92,102
Carex	2,91	*dabieensis*	142
aequialta	98,189	**dapanshanica**	93,120
alopecuroides	96,157	**davidii**	94,131
aphanolepis	96,155	**densipilosa**	93,115
argyi	95,143	**dickinsii**	95,142
arisanensis	95,149	**dimorpholepis**	98,193
subsp. **ruianensis**	150	*dispalata*	163
ascotreta	93,118	**dolichostachya**	94,137
austrozhejiangensis	97,174	**doniana**	96,156
autumnalis	99,203	**duvaliana**	94,126
baccans	92,101	**egena**	95,148
baohuashanica	172	*emineus*	102
blinii	97,170	*exerta*	109
bodinierl	98,201	**fedia**	94,138
boottiana	177	**ferruspiculata**	93,112
bostrychostigma	95,150	*fibrillosa*	131
breviaristata	94,136	**filicina**	92,103
breviculmis	94,129	**filipes** var. **rouyana**	95,146
form. *fibrillosa*	131	var. *sparsinux*	146
subsp. *fibrillosa*	131	*fluviatilis* var. *unisexualis*	206
var. **fibrillosa**	131	**fokienensis**	95,151
brevicuspis	97,182	**foraminata**	93,116

formosensis	118	maculata	92,107
genkaiensis	93,117	form. *viridans*	107
gibba	99,204	**manca**	97,180
glossostigma	92,109	subsp. *jiuhuaensis*	179
grandiligulata	92,110	subsp. **takasagoana**	181
haematorrhyncha	162	**maubertiana**	95,141
hancei	176	**maximowiczii**	98,190
hangzhouensis	173	**meihsienica**	93,114
harlandii	98,186	**metallica**	95,152
hastata	187	*minquinensis*	151
hebecarpa	94,139	*minuticulmis*	170
var. *ligulata*	140	**mitrata**	94,128
henryi	98,198	subsp. *aristata*	128
honglinii	96,167	var. **aristata**	128
ichangensis	118	**mollicula**	95,153
infossa	171	**myosurus**	92,102
ischnostachya	96,166	**nachiana**	98,198
var. *subtumida*	167	**nemostachys**	96,160
jackiana form. *oxyphylla*	171	var. *subglabra*	161
japonica	96,154	**neurocarpa**	99,203
jiuhuaensis	97,179	**obliquicarpa**	96,164
jiuxianshanensis	151	**olivacea**	96,165
kaoi	98,187	**onoei**	92,106
kobomugi	99,207	**otaruensis**	98,196
lanceolata	93,113	**oxyphylla**	97,171
laticeps	97,176	*pallideviridis*	151
leucochlora	129	**perakensis**	92,106
ligulata	95,140	**phacota**	98,193
lingii	92,100	**phoenicis**	97,181
liui	157	*pilosa* var. *auriculata*	126,127
longerostrata	97,173	**pisiformis**	94,136
var. *exaristata*	171	*pocilliformis*	125
var. *hoi*	171	**poculisquama**	94,139
maackii	99,206	**pruinosa**	98,191
macroglossa	95,147	**pseudotristachya**	94,123

pumila	95,144	**submollicula**	95,152
purpureotincta	162	**subtransversa**	96,157
var. *sphaerocarpa*	162	**subtumida**	96,167
putuoensis	177	*taliensis*	195
qingdaoensis	177	**teinogyna**	98,197
qingliangensis	137	**tenuirostrata**	96,165
radiciflora	98,188	**thibetica**	97,178
rara	92,105	**tianmushanica**	93,121
remotistachya	96,158	**transversa**	96,169
retrofracta	96,162	**tristachya**	94,124
rhizopoda	92,104	var. **pocilliformis**	125
rhynchophora	97,183	**truncatigluma**	93,115
rivulorum	92,97,173	**truncatirostris**	93,118
robusta	177	**tsushimensis**	94,134
rochebrunii	99,205	**tungfangensis**	93,122
rouyana	146	**unisexualis**	99,206
rubrobrunnea	98,195	**wahuensis** subsp. **robusta**	97,177
var. *taliensis*	195	*wilfordii*	177
rugata	94,127	**yandangshanica**	98,185
sabynensis	94,135	*yunyiana*	104,105
scabrifolia	95,145	**zhejiangensis**	95,147
scaposa	92,99	**zunyiensis**	97,184
sclerocarpa	96,159	**Cephalanthera**	430,477
scopulus	93,122	**erecta**	477
subsp. **aristata**	123	**falcata**	478
sendaica	98,200	*raymondiae*	478
shanghaiensis	170	**Cephalantheropsis**	431,512
siderosticta	92,108	**obcordata**	513
var. *pilosa*	109	**Chamaegastrodia**	428,433
simulans	97,175	**shikokiana**	433
sociata	94,133	**Changnienia**	431,548
stipitinux	99,202	**amoena**	548
subcapitata	93,111	**Cheirostylis**	429,461
subcernua	98,192	**liukiuensis**	461
subglabra	96,161	*yunnanensis*	461

Chlorophytum	368,371	*japonica*	385
capense	373	**Curculigo**	244,344
var. **marginata**	373	**capitulata**	344
var. **mediapictum**	373	**orchioides**	345
comosum	371	**Curcuma**	217,223
'Varigatum'	372	**aromatica**	223
Cladium	2,54	'Wenyujin'	224
chinense	54	*wenyujin*	224
jamaicense subsp. **chinense**	54	**Cymbidium**	430,499
Cleisostoma	430,490	**defoliatum**	500,501
paniculatum	490	**ensifolium**	500,504
scolopendrifolium	491	**faberi**	500,503
Clivia	244,328	**floribundum**	500,501
miniata	328	var. *pumilum*	501,502
nobilis	329	**goeringii**	500,502
Collabium	430,497	var. *serratum*	503
formosanum	497	**kanran**	500,504
Conchidium	431,507	**lancifolium**	500
japonicum	508	*pseudovirens*	502
pusillum	509	**sinense**	500,505
Convallaria	243,277	**Cyperaceae**	1
majalis	277	**Cyperus**	1,2,58
Cordyline	368,377	*alternifolius* subsp. *flabelliformis*	60
fruticosa	377	**amuricus**	59,73
Cremastra	431,550	var. *subiroides*	73
appendiculata	551	**compressus**	59,65
Crepidium acuminatum	542	**cuspidatus**	59,61
Crepidium purpureum	543	*cyperoides*	81
Crocus	347	var. *microstachys*	81
sativus	348	**difformis**	58,61
Crinum	244,331	**exaltatus** var. **megalanthus**	59,70
asiaticum var. **sinicum**	331	*flavidus*	77
Crocosmia	347,349	var. *nilagiricus*	79
× **crocosmiflora**	350	var. *strictus*	78
Croomia	384	*globosus*	77

var. *nilagiricus*	79	**Dianella**	243,281
var. *strictus*	78	**ensifolia**	281
glomeratus	59,69	'Sterling'	282
haspan	59,62	**Dioscorea**	404
involucratus	58,60	**alata**	405,416
iria	59,65	*belophylloides*	418
malaccensis subsp. **monophyllus**	59,71	**bulbifera**	405,414
var. *brevifolius*	71	**cirrhosa**	405,415
michelianus	59,64	**collettii** var. **hypoglauca**	405,411
microiria	59,66	**fordii**	405,421
monophyllus	71	**futschauensis**	404,407
nilagiricus	79	**glabra**	405,420
nipponicus	59,63	**gracillima**	405,410
orthostachys	59,73	**japonica**	405,418
pilosus	59,72	var. **pilifera**	419
var. **albliquus**	72	**kamoonensis**	405,422
radians	80	**nipponica**	404,406
rotundus	59,67	*opposita*	417
serotinus	74	*pentaphylla*	422
strictus	78	**persimilis**	405,420
tenuiculmis	59,69	**polystachya**	405,417
tenuispica	59,63	**spongiosa**	405,413
Cypripedium	428,432	**tenuipes**	405,412
cathayenum	432	**tokoro**	405,408
japonicum	432	**wallichii**	405,422
Cyrtosia	428,435	**zingiberensis**	404,405
septentrionalls	435	**Dioscoreaceae**	404
		Diplacrum	2,85
D		**caricinum**	85
		Diplomeris chinensis	440
Dendrobium	431,531	**Disporopsis**	243,287
catenatum	533,534	*aspersa*	289
fanjingshanense	531	**pernyi**	288
moniliforme	531,532	**Disporum**	243,289
officinale	531,533,534	*flavens*	289
tosaense	533,534		

nantouense	290	**F**		
sessile	289,290	**Fimbristylis**	2,29	
subsp. *flavens*	289	**aestivalis**	30,42	
var. *pachyrrhizum*	289	**bisumbellata**	30,43	
uniflorum	289	**complanata** var. **exalata**	30,41	
		form. *exalata*	41	
E		var. *kraussiana*	41	
Eichhornia	238,240	**cymosa** var. **spathacea**	30,38	
crassipes	241	*depauperata*	47	
Eleocharis	2,20	**dichotoma**	30,46	
attenuata	20,26	form. *depauperata*	47	
var. **erhizomatosa**	26	subsp. **depauperata**	47	
dulcis	20	*diphylla* var. *depauperata*	47	
equisetina	20	**diphylloides**	30,35	
japonica	25	**dipsacea** var. **verrucifera**	30,36	
migoana	20,21	*ferrugineae* var. *sieboldii*	45	
pellucida	20,24	**fimbristyloides**	29,31	
var. **japonica**	25	**fusca**	29,32	
tetraquetra	20,23	**henryi**	30,39	
tuberosa	20	**hookeriana**	30,44	
wichurae	20,22	**littoralis**	29,32	
yokoscensis	20,22	**longispica**	30,49	
Epigeneium	431,529	**longquanensis**	30,40	
fargesii	530	*miliacea*	32	
Epipactis	430,479	**minuticulmis**	29,34	
thunbergii	479	*monostachya*	31	
Eria reptans	508	*nanofusca*	31	
sinica	509	**ovata**	29,31	
Eriophorum	2,18	**pierotii**	30,38	
gracile	19	**quinquangularis**	29, 33	
Eulophia	430,498	var. *elata*	33	
graminea	498	**rigidula**	31,49	
zollingeri	498	**schoenoides**	30,47	
		sericea	30,37	

sieboldii	30,45	*chekiangensis*	221
spathacea	38	*emeiensis*	221
stauntonii	30,36	**racemosa**	221
stolonifera	31,49	**Goodyera**	429,462
var. **cylindrica**	50	**biflora**	462,463
subbispicata	30,48	**bomiensis**	462,465
verrucifera	36	**foliosa**	463,469
wukungshanensis	30,40	**henryi**	463,468
Freesia	347,351	*melinostele*	463
refracta	351	**procera**	462,467
Fritillaria	243,314	**repens**	462,464
chekiangensis	315	**schlechtendaliana**	462,463
collicola	315	**velutina**	462,466
monantha	314	**viridiflora**	462,467
var. *tonlingensis*	314		
thunbergii	315	**H**	
var. *chekiangensis*	315	**Habenaria**	429,453
		ciliolaris	454,458
G		**dentata**	454,457
Gagea	244,321	**humidicola**	453,454
triflora	321	**linearifolia**	453,455
Gahnia	2,57	**malintana**	454,456
tristis	57	**petelotii**	454,458
Galeola	428,436	**polytricha**	454,459
lindleyana	437	**schindleri**	453,454
septentrionalis	435	**Hedychium**	217,222
Gastrochilus	430,486	**coronarium**	222
formosanus	486,488	**Hemerocallis**	243,271
japonicus	486,487	**citrina**	271
sinensis	486,487	**fulva**	272
Gastrodia	428,434	var. *kwanso*	272
elata	434	× *hybrida*	273
Gladiolus	347,348	'Stella de Oro'	273
× **gandavensis**	349	*Hemipilia galeata*	442
Globba	217,220	**Herminium**	429,449

lanceum	450	*pseudorossii* var. *valida*	364
Heterosmilax	386	**ruthenica**	354,359
japonica	389	var. *nana*	359
Hippeastrum	244,341	**sanguinea**	353,358
reticulatum	342	**speculatrix**	354,364
vittatum	342	**tectorum**	354,361
Holcoglossum	430,485	form. *alba*	362
flavescens	485		
Hosta	368	**J**	
plantaginea	369	**Juncellus**	1,2,74
sieboldii	369,370	**serotinus**	74
ventricosa	369,370		
Hyacinthus	244,325	**K**	
orientalis	325	**Kniphofia**	242,267
Hymenocallis	244,332	**uvaria**	267
americana	332	**Kuhlhasseltia**	429,460
littoralis	332	**yakushimensis**	460
Hypoxis	244,345	**Kyllinga**	1,2,82
aurea	346	**brevifolia**	82
		var. **leiolepis**	83
I		*cyperinus*	82
Iridaceae	347		
Iris	347,353	**L**	
anguifuga	354,358	**Lepidosperma**	2,56
ensata	353,355	**chinense**	56
var. **hortensis**	355,356	**Liliaceae**	242
germanica	353	**Lilium**	243,308
hybrida 'Louisiana'	354,360	**brownii**	308,310
japonica	354,362	var. **giganteum**	311
form. **pallescens**	363	var. **viridulum**	311
lactea	353,355	**callosum**	308,312
var. *chinensis*	355	**concolor** var. **pulchellum**	308,313
proantha	354,363	*distichum*	308
var. **valida**	364	*hansonii*	308
pseudacorus	353,354	**lancifolium**	308,311,312

longiflorum	308,309	*haywardii*	340
medeoloides	308	houdyshelii	333,335
speciosum var. gloriosoides	308,309	radiata	333,334
tigrinum	311,312	rosea	333,336
tsingtauense	308	sprengeri	334,340
Liparis	431,536	squamigera	334,341
bootanensis	536,539	straminea	333,335
cucullata	537		
dunnii	536,538		

M

inaperta	536,540	Maianthemum	243,291
nervosa	536	henryi	291
odorata	536,539	japonicum	292
pauliana	536,537	Malaxis	431,541
Lipocarpha	2,84	acuminata	541,542
microcephala	84	latifolia	541,542
squarrosa	85	microtatantha	541
Liriope	242,255	purpurea	541,543
graminifolia	255,257	Maranta	233
longipedicellata	256,258	arundinacea	233
minor	255,257	Marantaceae	233
muscari	256,259	Mariscus	1,2,80
'Gold Banded'	259	cyperinus	80,82
spicata	255,256	*cyperoides*	81
zhejiangensis	256,259	radians	80
Listera	430,482	umbellatus	80,81
japonica	482	var. *microstachys*	81
shaoii	482	*Microstylis microtatantha*	541
Lloydia triflora	321	Microtis	429,473
Luisia	430,484	unifolia	474
hancockii	484	Monochoria	238,239
Lycoris	244,333	vaginalis	240
albiflora	333,338	Musa	213
aurea	333,336	basjoo	213
caldwellii	333,339	× paradisiaca	214
chinensis	333,337	Musaceae	213

Muscari	244,324	*intermedia*	549
botryoides	324		
Musella	215	**P**	
lasiocarpa	216	*Pancratium littoralis*	332
		Paris	242,245
N		polyphylla	246
Narcissus	244,326	var. **chinensis**	246
jonquilla	326,328	var. **stenophylla**	247
poeticus	326,327	verticillata	247
pseudonarcissus	326,327	*Pelatantheria scolopendrifolia*	491
tazetta var. **chinensis**	326	**Peristylus**	429,450
Neofinetia	430,494	calcaratus	451
falcata	495	densus	451,452
Neottia japonica	482	goodyeroides	451,453
Neottianthe	429,439	**Phaius**	431,513
cucullata	439	flavus	514
Nothodoritis	430,496	*woodfordii*	514
zhejiangensis	496	**Philydraceae**	236
		Philydrum	236
O		lanuginosum	236
Oberonia	431,534	**Pholidota**	431,544
japonica	534	cantonensis	545
seidenfadenii	535	chinensis	545
Oberonioides microtatantha	541	**Platanthera**	429,443
Ophiopogon	242,260	damingshanica	443,448
chekiangensis	263	hologlottis	443,444
intermedius	260,261	japonica	443,445
'Argenteomarginatus'	262	mandarinorum	443,446
jaburan	260, 261	minor	443,447
japonicus	260,263	tipuloides	443,447
planiscapus	260,262	ussuriensis	443,444
'Nigrescens'	262	**Pleione**	431, 546
Orchidaceae	428	*bulbocodioides*	546
Oreorchis	431,549	formosana	546
fargesii	549	jinhuana	547

Pogonia	429,474
japonica	475
Polianthes	368,380
tuberosa	381
Polygonatum	243,282
cirrhifolium	282
cyrtonema	282,283
var. **gutianshanicum**	283
filipes	282,284
odoratum	282,285
sibiricum	282,286
verticillatum	282
zanlanscianense	282,287
zhejiangense	282
Pontederiaceae	238
Pontederia	238
cordata	238
'Alba'	239
lanceolata	238
Pycreus	1,2,75
chekiangensis	76
flavidus	76,77
var. **nilagiricus**	79
var. **strictus**	78
globosus	77
var. *nilagiricus*	79
var. *strictus*	78
polystachyus	76,77
sanguinolentus	76
unioloides	76

R

Reineckia	243,278
carnea	278
Rhynchospora	2,50
brownii	51,53
chinensis	51,52
corymbosa	7
faberi	51
rubra	50,51
rugosa subsp. *brownii*	53
Rohdea	243,280
japonica	280
'Variegata'	280
Ruscus	242,248
aculeatus	248

S

Sansevieria	368,374
trifasciata	374
var. **laurentii**	375
Schoenoplectiella	14
gemmifera	14
juncoides	15
lineolata	12
triangulata	13
wallichii	16
Schoenoplectus	1,10
gemmifer	10,14
juncoides	10,15
lineolatus	10,12
tabernaemontani	10,12
'Albescens'	13
'Zebrinus'	13
triangulatus	10,13
triqueter	10,11
wallichii	10,16
Scilla	244,322
peruviana	323
scilloides	323

Scirpus	1,3	*pubescens*	88
attenuatus	26	*pubigera*	90
cyperoides	81	**rugosa**	87,89
gemmifer	14	var. **pubigera**	90
hainanensis	4,6	*terrestris*	86,88
juncoides	15	*Scorzonera*	265
karuizawensis	4,5	**Sedirea**	430,492
lineolatus	12	**japonica**	493
lushanensis	4,6	**subparishii**	493
× *mariqueter*	9,10	**Smilacaceae**	386
mattfeldianus	18	*Smilacina*	291
mucronatus subsp. *robusta*	13	*henryi*	291
mucronatus var. *robusta*	13	*japonica*	292
neochinensis	85	**Smilax**	386
planiculmis	9	**arisanensis**	387,393
rosthornii	3,4	**austrozhejiangensis**	387,399
squarrosus	85	**china**	387,402
stauntonii	63	var. *straminea*	402
subcapitatus	17	**corbularia**	387,396
tabernaemontani	12	**davidiana**	387,401
triangulatus	13	**discotis**	387,398
triqueter	10,11	**glabra**	387,398
triangulata	13	**glaucochina**	387,394
validus	12	*hypoglauca*	396
var. *laeviglumis*	12	**lanceifolia**	387,392
wallichii	16	var. *elongata*	392
yagara	7	var. *impressinervia*	392
yokoscensis	22	var. *lanceifolia*	392
Scleria	2,86	var. *lanceolata*	392
herbecarpa	88	var. *opaca*	392
hookeriana	86,87	**ligneoriparia**	386,390
levis	86,88	**microdonta**	387,403
var. *pubescens*	88	**nervomarginata**	387,397
onoei	89	var. *liukiuensis*	397
parvula	87,90	**nipponica**	386,388

outanscianensis	387,400
riparia	386,388
scobinicaulis	386,391
sieboldii	386,391
stans	395,396
stemonifolia	386,389
trinervula	387,400
vaginata	387,395
var. *stans*	396
Sparganiaceae	209
Sparganium	209
fallax	210
stoloniferum	209
Spathoglottis	431,511
pubescens	512
Speirantha	243,273
gardenii	273
Spiranthes	430,480
hongkongensis	480
spiralis	480
sinensis	480,481
stylites	481
Stemona	382
japonica	382,383
sessilifolia	382,384
tuberosa	382,383
Stemonaceae	382

T

Taeniophyllum	428,430,483
glandulosum	483
Tainia	431,510
dunnii	510
Thalia	234
dealbata	234

Thismia	427
huangii	427
Thrixspermum	430,488
saruwatarii	489
Trichophorum	1,17
mattfeldianum	18
subcapitatum	17
Tricyrtis	243,268
chinensis	268,269
macropoda	269
viridula	268,270
xianjuensis	268,270
Trillium	242,244
tschonoskii	245
Tulbaghia	243,303
violacea	304
Tulipa	244,,320
gesneriana	320
Tulotis ussuriensis	444
Tupistra chinensis	279
Typha	211
angustifolia	212
davidiana	212
latifolia	212
var. *orientalis*	211
orientalis	211
Typhaceae	211

V

Veratrum	243,304
grandiflorum	305
japonicum	306
schindleri	305
warburgii	305
Vexillabium yakushimense	460

Y

Yoania 428,438
    japonica 438
Yucca 368,375
    gloriosa 376
    smalliana 376

Z

Zephyranthes 244,330
    candida 330
    carinata 330
    tsoui 330
Zeuxine 429,472
    strateumatica 473
Zingiber 217,225
    mioga 226
    officinale 225
Zingiberaceae 217

附 录

照片提供作者名录(非本卷编著者)

李根有 水葱(左),花叶水葱(1),金线水葱(1),水毛花(2),穗芽水葱(2),华克拉莎(3),鳞籽莎(2),风车草(2),十字薹草(左),曲轴黑三棱(右下),温郁金(右),柔瓣美人蕉(右上、右下),斑花美人蕉(左),粉美人蕉(下),大花美人蕉(2),紫叶美人蕉(3),田葱(左),梭鱼草(3),仙居油点草(2),管花鹿药(中、右下),茖葱(2),对叶韭(1),宽叶韭(右上、右下),细叶韭(1),大花葱(3),朝鲜韭(3),黄花百合(2),雄黄兰(3),香雪兰(上左、上右、下左),玉蝉花(上左、下左),溪荪(下左、下右),芦荟(2),玉簪(2),紫萼(3),紫玉簪(下右),吊兰(3),银边吊兰(1),金边宽叶吊兰(2),斑心吊兰(2),凤尾兰(下左、下右),朱蕉(3),剑麻(2),龙舌兰(中、右),银边龙舌兰(1),参薯(左),光叶薯蓣(3),小叶鸢尾兰(1),密花鸢尾兰(左上、右)。共91张。

陈征海 扁秆薦草(左上、右上),独穗飘拂草(1),细叶刺子莞(左、中),异型莎草(2),短叶茳芏(3),辐射砖子苗(2),十字薹草(右下),黑三棱(4),香蒲(2),水烛(3),大蕉(4),华山姜(2),山姜(3),舞花姜(3),姜花(左、右下),温郁金(左),姜(2),蘘荷(4),柔瓣美人蕉(左),斑花美人蕉(右),粉美人蕉(上左、上右),美人蕉(3),田葱(右上),凤眼蓝(下),南投万寿竹(4),番红花(2),唐菖蒲(2),玉蝉花(下右),鸢尾(3),粗壮小鸢尾(左),紫玉簪(上右),凤尾兰(上),武当菝葜(3),头花水玉簪(3),宽翅水玉簪(3),线柱兰(3)。共79张。

王军锋 矮飘拂草(2),矮扁鞘飘拂草(1),金色飘拂草(2),双穗飘拂草(右下),单性薹草(2),天门冬(上),刁竹柏(3),流苏蜘蛛抱蛋(2),毛叶藜芦(左、右),荞麦叶大百合(右上),云南大百合(3),药百合(2),仙茅(3),福州薯蓣(左),薯莨(左上),天麻(2),毛萼山珊瑚(上、右下),卵叶无柱兰(上、下左),大明山舌唇兰(右),波密斑叶兰(3),绒叶斑叶兰(上左、上右),葱叶兰(2),朱兰(右),长轴白点兰(3),高山蛤兰(中),反瓣虾脊兰(3),剑叶虾脊兰(4),翘距虾脊兰(左、右下),宁波石豆兰(下右),斑唇卷瓣兰(左、右),铁皮石斛(左下、右),福建羊耳蒜(3),香花羊耳蒜(上、下左),长苞羊耳蒜(下左、下右),长叶山兰(右上、右下)。共69张。

注:括号中的数字为张数。

王健生　扇脉杓兰(中)，毛萼山珊瑚(左下)，长须阔蕊兰(2)，绿花斑叶兰(左)，金线兰(右下)，朱兰(左下)，白及(左、右上、右中)，火烧兰(3)，大序隔距兰(4)，蜈蚣兰(左上、右下)，短茎萼脊兰(左下、右)，象鼻兰(右)，建兰(左上、左下)，高山蛤兰(左、右)，毛药卷瓣兰(3)，莲花卷瓣兰(左下)，单叶厚唇兰(上)，梵净山石斛(3)，铁皮石斛(左上)，长唇羊耳蒜(中、右上)，深裂沼兰(3)。共40张。

刘　军　延龄草(左)，天门冬(左下)，非洲天门冬(1)，羊齿天门冬(左上)，文竹(1)，绿花油点草(1)，管花鹿药(左上)，葱(3)，紫娇花(右)，荞麦叶大百合(左下、右下)，三花顶冰花(3)，君子兰(左上)，垂笑君子兰(2)，文殊兰(2)，大百部(1)，十字兰(下右)，小斑叶兰(1)，浙江金线兰(右上)，象鼻兰(左)，无距虾脊兰(3)，虾脊兰(2)，莲花卷瓣兰(左上、右)，独花兰(左下)，杜鹃兰(左下)。共35张。

丁炳扬　华东藨草(2)，牛毛毡(左)，龙师草(2)，球柱草(2)，锈弱鳞飘拂草(2)，双穗飘拂草(中)，刺子莞(1)，华刺子莞(2)，扁穗莎草(2)，香附子(2)，毛轴莎草(2)，多穗扁莎(2)，高秆珍珠茅(2)，毛果珍珠茅(2)，浆果薹草(下左、下中)，松叶薹草(1)，毛藤日本薯蓣(上左、上右)，裂瓣玉凤花(2)。共32张。

刘　西　血红肉果兰(左、右上、右中)，卵叶无柱兰(下右)，筒距舌唇兰(左)，大明山舌唇兰(左)，台湾吻兰(右上)，多叶斑叶兰(左)，兔耳兰(2)，细花虾脊兰(1)，城口卷瓣兰(右下)，斑唇卷瓣兰(中)，香花羊耳蒜(下右)，镰翅羊耳蒜(3)，长苞羊耳蒜(上)。共18张。

陈煜初　花菖蒲(9)，路易斯安娜鸢尾(7)。共16张。

李华东　盾叶薯蓣(右)，穿龙薯蓣(中)，绵枣藓(4)，毛芋头薯蓣(下左)，光萼斑叶兰(2)，浙江金线兰(左下)，宁波石豆兰(上、下左)，独花兰(左上、右下)。共14张。

华国军　十字兰(下左)，萼脊兰(2)，风兰(上左)，苞舌兰(2)，城口卷瓣兰(左、右上)，独花兰(右上)，长叶山兰(左上、左下)，杜鹃兰(左上、右)。共13张。

王　泓　芭蕉(3)，鸭舌草(左、右下)，黄菖蒲(3)，金边龙舌兰(1)，白及(右下)。共10张。

刘　冰　水莎草(2)，南玉带(3)，剑叶沿阶草(2)，间型沿阶草(下左、下右)。共9张。

胡仁勇　牛尾菜(上)，白背牛尾菜(左)，缘脉菝葜(上左)，浙南菝葜(2)，菝葜(3)，翘距虾脊兰(右上)。共9张。

叶喜阳　田葱(右下)，扁茎沿阶草(1)，球序韭(1)，鹦鹉六出花(1)，大叶仙茅(2)。共6张。

朱鑫鑫　羊齿天门冬(左下、右),间型沿阶草(上),湖北黄精(3)。共6张。

谢文远　五棱秆飘拂草(2),复序飘拂草(2),芭蕉(右下),粗壮小鸢尾(右)。共6张。

鲍洪华　叉唇角盘兰(3),蜈蚣兰(左下、右上),风兰(下)。共6张。

张鹏翀　江苏石蒜(2),短蕊石蒜(2)。共4张。

陈亮俊　多叶斑叶兰(右上、右下),黄兰(2)。共4张。

林巍岐　斑叶兰(上左、上右),银兰(左),多花兰(右)。共4张。

王黎明　旗唇兰(3)。共3张。

吴鼎顺　大西坑水玉簪(3)。共3张。

张佳平　百子莲(3)。共3张。

岳晋军　宽距兰(3)。共3张。

夏国华　浙江山麦冬(3)。共3张。

蒋　虹　二叶兜被兰(左、中),绶草(左)。共3张。

刘宗才　矮小山麦冬(2)。共2张。

陈坚波　黄金水玉杯(2)。共2张。

陈贤兴　福州薯蓣(中、右)。共2张。

周家宝　少穗飘拂草(2)。共2张。

周喜乐　条叶百合(2)。共2张。

顾余兴　毛垂序珍珠茅(2)。共2张。

徐绍清　烟台飘拂草(2)。共2张。

潘成椿　浙江金线兰(左上、右下)。共2张。

马丹丹　血红肉果兰(右下)。

冯琦栋　白肋朱顶红(1)。

池方河　龙舌兰(左)。

许若禹　丁香水仙(1)。

孙观灵　裂颖茅(右)。

林海伦　密花鸢尾兰(左下)。

郑小明　紫娇花(左)。

柳新红　落叶兰(1)。

徐永福　宜昌飘拂草(1)。

徐克学　裂颖茅(左)。

徐跃良　绒叶斑叶兰(下)。

尉阮杰　短茎萼脊兰(左上)。